“十二五”普通高等教育本科国家级规划教材
普通高等教育“十一五”国家级规划教材

电力系统分析基础

第2版

主编　李庚银
参编　徐衍会　梁海峰　栗　然
胡俊杰　郑　乐　胡永强

机 械 工 业 出 版 社

本书是“十二五”普通高等教育本科国家级规划教材。

本书力求能充分反映当代电力系统分析领域的新成就，突出电力系统分析基础的特点，以基本理论、基本概念和基本方法为主，着重阐述电力系统的基本概念、电力系统元件的参数和数学模型、电力系统潮流分布计算、电力系统有功功率和频率调整、电力系统无功功率和电压调整、电力系统短路计算等基本内容。在保证体系完整、理论严谨的基础上，力求简洁、实用、概念明晰，删除那些不必要的冗长的计算和推导过程，并将较复杂的电力系统暂态分析内容调整到后续其他课程。

本书既可供高等学校电气类有关专业师生使用，也可供从事电力系统工作的专业技术人员自学参考。

本书配有免费电子课件，欢迎选用本书作教材的老师登录 www.cmpedu.com 注册下载。

图书在版编目（CIP）数据

电力系统分析基础/李庚银主编. —2 版 .—北京：机械工业出版社，2023.11（2024.12 重印）

“十二五”普通高等教育本科国家级规划教材 普通高等教育“十一五”国家级规划教材

ISBN 978-7-111-74310-1

Ⅰ.①电… Ⅱ.①李… Ⅲ.①电力系统-系统分析-高等学校-教材 Ⅳ.① TM711

中国国家版本馆 CIP 数据核字（2023）第 225033 号

机械工业出版社（北京市百万庄大街 22 号 邮政编码 100037）

策划编辑：王雅新　　责任编辑：王雅新　刘琴琴

责任校对：龚思文　张　薇　　封面设计：马若濛

责任印制：李　昂

河北宝昌佳彩印刷有限公司印刷

2024 年 12 月第 2 版第 3 次印刷

184mm×260mm · 17.25 印张 · 423 千字

标准书号：ISBN 978-7-111-74310-1

定价：55.00 元

电话服务　　网络服务

客服电话：010-88361066　　机 工 官 网：www.cmpbook.com

010-88379833　　机 工 官 博：weibo.com/cmp1952

010-68326294　　金 书 网：www.golden-book.com

机工教育服务网：www.cmpedu.com

前　言

自本书第1版出版以来，电力工程科学和技术飞快发展，尤其在电力系统数学模型、分析方法、运行控制等方面都取得了长足的进步。在本书使用的十余年中也发现了部分内容有所缺失。本书再版时进行了更为全面、系统、精细的计算和分析，期望本书可以作为电气工程相关专业的教学用书和国内电力行业工作者的参考书籍。

本书共8章，在内容上力求充分反映当代电力系统分析领域的新成就，增加了一些最新且成熟的知识和成果。在结构体系上，突出电力系统分析基础的特点，以基本理论、基本概念和基本方法为主，着重阐述电力系统的基本概念、电力系统各元件的参数和数学模型、电力系统潮流分布计算、电力系统有功功率和频率调整、电力系统无功功率和电压调整、电力系统短路计算等基本内容，在保证体系完整、理论严谨的基础上，力求简洁、实用、概念明晰，删除那些不必要的冗长的计算和推导过程，并将较复杂的电力系统暂态分析内容调整到后续其他课程。

针对本书的重要知识点，编者制作了在线课程视频，将知识目标、能力目标、情感价值观目标等进行了有机融入。在知识传授和能力培养的过程中，帮助学生塑造正确的世界观、人生观、价值观，将学生培养成德智体美劳全面发展的社会主义建设者和接班人。

本书主要面向电气工程及其自动化专业的本科学生，内容力求和生产实际结合，既要保证学生掌握电力系统分析的基础知识，又要为学生学习后续专业课程乃至将来的实际工作奠定基础。由于国内各学校电气工程及其自动化专业的发展背景不同，事实上对该专业内涵的把握以及人才培养模式上有很大差异，本书力图适应不同类型学校对该课程教学的共同需求，力争使其发挥最大的社会效益。

本书由李庚银主编，第1章由李庚银编写，第2章由徐衍会编写，第3、4章由胡俊杰编写，第5章由梁海峰编写，第6章由郑乐编写，第7章由胡永强编写，第8章由栗然编写，全书由李庚银统稿。全书承蒙华北电力大学艾欣教授、北京交通大学高沁翔教授审阅，他们提出了宝贵的修改意见与建议。本书的立项和出版得到教育部高教司、机械工业出版社和华北电力大学的大力支持与帮助，谨在此一并表示衷心感谢。

本书第1版多次重印，被多所学校电气工程及其自动化专业选作教材或作为参考书。使用过程中曾得到很多同仁的意见和建议，在此向大家表示感谢。

由于编者水平有限，书中难免有不妥之处，恳请广大读者和同仁不吝指正。联系方式：ligy@ ncepu. edu. cn。

编　者

目　　录

第 1 章　电力系统的基本概念

本章阐述电力系统的基本概念、电力系统运行的特点和要求、电力系统接线方式和电压等级等问题，从中了解电力系统的重要性和整体性。

1.1　电力系统概述

1.1.1　电力系统、电力网及动力系统

电力系统通常是指由发电机、变压器、电力线路、用户等组成的三相交流系统。图 1-1 所示为一个简单电力系统，图 1-2 所示为一个复杂的电力系统。

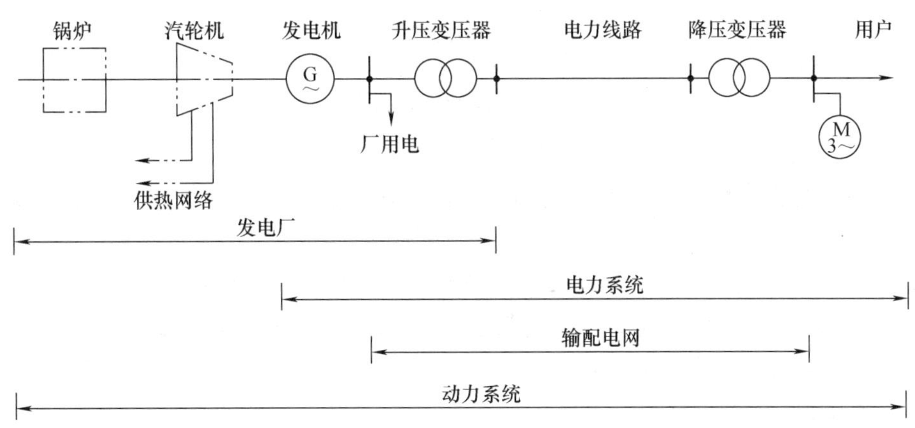

图 1-1　简单电力系统

电力系统中的电气设备也称电力系统的元件，它们之间互相作用完成发电/输配电/用电的过程。发电机产生电能，升压变压器把发电机发出的低压电能变换为高压电能，电力线路输送高压电能，降压变压器把网络中的高压电能变换为低压电能便于用户使用电能。这样一个产生电能、输送和分配电能、使用电能所连接起来的有机整体称为电力系统。

确切地说，电力系统是指由发电机、变压器、电力线路、用户等在电气上相互连接所组成的有机整体。

在图 1-1 所示简单电力系统中，除去发电机、用户，剩下的部分，即电力线路和它两边连接的变压器，称为输配电网，简称电网。

电网是指由各种电压等级的输、配电线路以及由它们所联系起来的各类变电所所组成的电力网络。

由电源向电力负荷中心输送电能的线路，称为输电线路，包含输电线路的电力网称为输电网。而主要担负分配电能任务的线路称为配电线路，包含配电线路的电力网称为配电网。

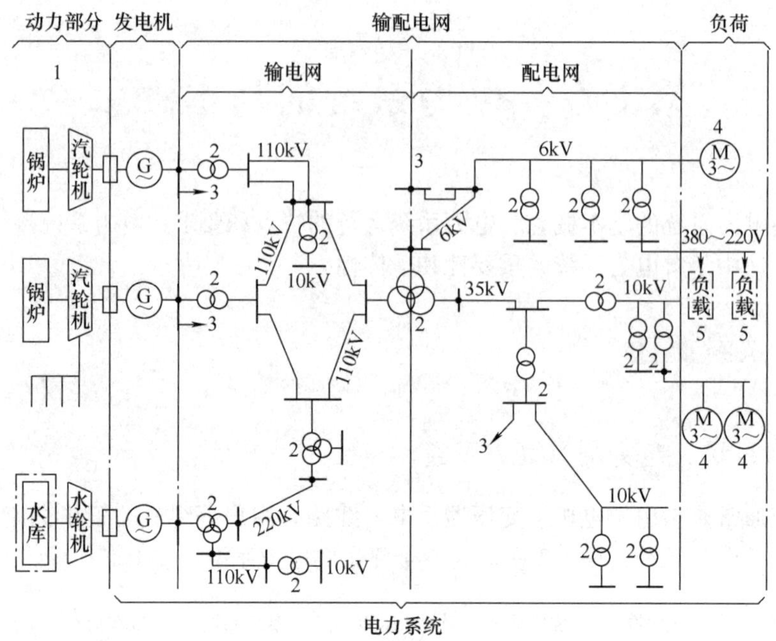

图 1-2　复杂电力系统

1—动力部分　2—变压器　3—负荷　4—电动机　5—低压负载

电力系统再加上它的动力部分称为动力系统。换言之，动力系统是指“电力系统”与“动力部分”的总和。

所谓动力部分，是指随电厂的性质不同而不同，主要有以下几种：

1）火力发电厂的锅炉、汽轮机、供热网络等，如图 1-1 中所示。

2）水力发电厂的水库、水轮机。

3）核能发电厂的反应堆。

4）风能、太阳能等。

由以上分析可知，电力网是电力系统的一个组成部分，而电力系统又是动力系统的一个组成部分。

动力部分是产生电能的动力。下面以火力发电厂凝汽式汽轮发电机组为例说明电能的生产过程。

如图 1-3 所示，原煤由输煤传送带运至原煤斗后又落入到磨煤机中，磨成煤粉后再经过粗粉及细粉分离器进入煤粉仓里，排粉机给出的煤粉与风机送来的暖风混合后送入炉膛燃烧，使水冷壁管中的水加热蒸发为蒸汽，蒸汽经过汽包、过热器变为过热蒸汽，然后通过主蒸汽管道被送入汽轮机。进入汽轮机的蒸汽膨胀做功，喷打汽轮机的叶片，推动汽轮机的大轴转动。由于发电机与汽轮机同轴，发电机的转子固定在大轴上随大轴一起转动，定子固定不动，在定子槽内放有按一定规律连接的 a、b、c 三相定子绕组。在转子磁极上缠绕励磁绕组，当给励磁绕组通上直流电后，转子转动就形成了旋转磁场，定子绕组在旋转的磁场中切割磁场，于是便感应产生了电动势，因定子回路与外电路形成闭合的三相电路，于是有三相交流电流流通。发电机发出的电能，再经升压后送入高压电力网。

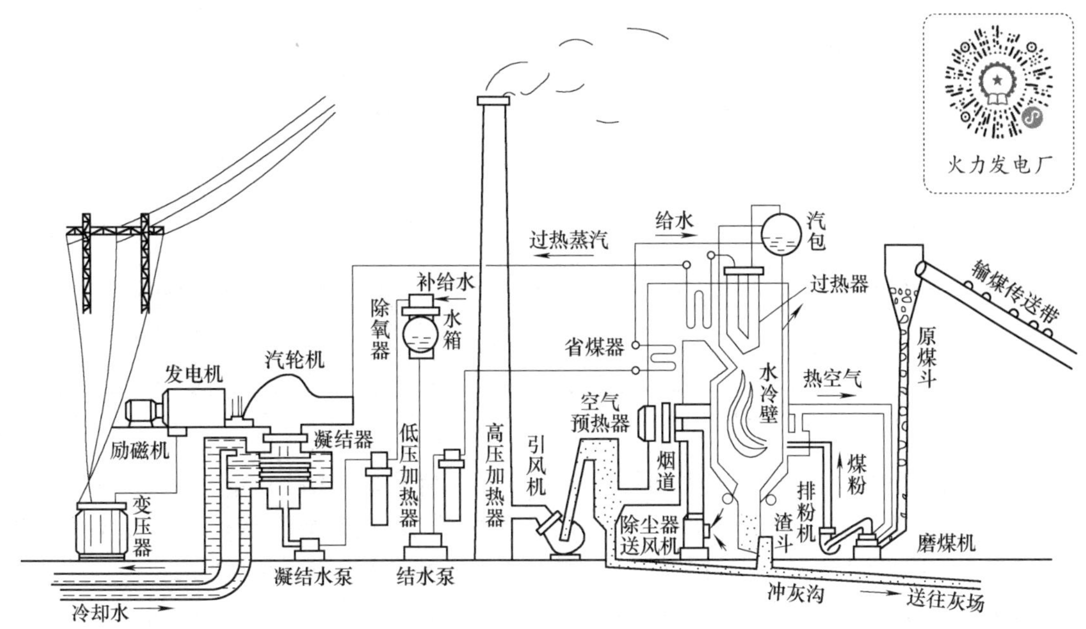

图 1-3 凝汽式火力发电厂生产过程

1.1.2 我国电力系统的发展

我国的电力工业起步很早，几乎与世界同步。自 1879 年 5 月上海公共租界点亮第一盏电灯开始写下了中国使用电力照明的历史。1882 年中国第一家公用电业公司——上海电气公司在上海创办，建成的第一个发电厂是上海乍浦路电灯厂，装机只有 11.8kW（16 马力）。到 1949 年 10 月新中国成立时，全国发电装机容量仅有 185 万 kW，发电量 43 亿 kW · h，分别居世界第 21 位和第 25 位。

新中国成立后，我国电力工业得到迅速发展。从 1950 ~ 1978 年，国产 10 万 kW、12.5 万 kW、20 万 kW、30 万 kW 汽轮发电机组和国产 15 万 kW、22.5 万 kW、30 万 kW 的水轮发电机组相继制成并投产。至 1978 年年底，全国发电装机容量达到 5712 万 kW，年发电量达到 2566 亿 kW · h，分别居世界第 8 位和第 7 位。2006 年底，全国发电装机容量达到 62200 万 kW，连续 10 年居世界第 2 位。

2009 年 1 ~ 7 月，我国电力装机突破了 8 亿 kW。

截至 2022 年底，我国全口径发电机装机容量约 25.6 亿 kW，我国发电装机容量和发电量增长情况见表 1-1。

表 1-1 我国发电装机容量和发电量增长情况

年 份	装机容量 /万 kW	装机容量在国际排位	年发电量 /亿 kW · h	年发电量在国际排位	备 注
1882 ~ 1949	185(16)	21	43(7)	25	建国前 67 年
1960	1192(194)	9	594(74)	—	装机容量突破 1000 万 kW
1987	10290(3019)	5	4973(1000)	—	装机容量突破 1 亿 kW
1995	21722(5218)	4	10069(1868)	—	装机容量突破 2 亿 kW

（续）

年　份	装机容量/万 kW	装机容量在国际排位	年发电量/亿 kW·h	年发电量在国际排位	备　注
1996	23654(5558)	2	10794(1869)	2	全国电力供需基本平衡
2000	31932(7935)	2	13685(2431)	2	装机容量突破 3 亿 kW
2003	38450	2	19080(2830)	2	
2006	62200(12857)	2	28344(4167)	2	装机容量突破 6 亿 kW
2022	256000(41000)	1	88500(13031)	1	已连续十年稳居全球第一装机大国

注：括号内为其中的水电装机容量及年发电量。

2020 年 9 月 22 日，习近平主席在第七十五届联合国大会一般性辩论上宣布，“中国将提高国家自主贡献力度，采取更加有力的政策和措施，二氧化碳排放力争于 2030 年前达到峰值，努力争取 2060 年前实现碳中和。”这是事关中华民族永续发展和构建人类命运共同体的重大决策，属于一场广泛而深刻的经济社会系统性变革。2022 年 10 月，中国共产党第二十次全国代表大会报告明确提出，“积极稳妥推进碳达峰碳中和”“加快规划建设新型能源体系”。在我国，能源活动碳排放占二氧化碳排放总量的 88% 左右，而电力行业碳排放又占能源行业碳排放的 42% 左右。因此，实现“双碳”目标，能源是主战场，电力是主力军。

未来电网的发展方向是建设以特高压电网为骨干网架（通道），以输送清洁能源为主导，全球互联的坚强智能电网，适应各种分布式电源接入需要，能够将风能、太阳能、海洋能等清洁能源输送到各类用户，是服务范围广、配置能力强、安全可靠性高、绿色低碳的全球能源配置平台。

1.2　电力系统运行的特点和要求

1.2.1　电能的优点

由于电能在各种能源中具有特殊的地位，它有许多优点，例如：

1）电能可以很方便地转换成其他形式的能，如光能、热能、机械能和化学能等。

2）电能便于生产、输送、分配、使用，易于控制。

3）自然界中具有丰富的电力资源，如煤、石油、天然气、水力、核能和太阳能等，可以方便地转化为电能。

由于这些原因，所以电能是被人们广泛使用着的一种能源。

1.2.2　电力系统运行的特点

任何一个系统都有它自己的特征。电力系统的运行和其他工业系统比较起来，具有如下明显的特点：

1. 电能不能大量储存

电能的产生、输送、分配和使用实际上是同时进行的，每时每刻系统中发电机发出的电能必须等于该时刻用户使用的电能，再加上传输这些电能时在电网中损耗的电能。这个产销平衡关系是电能生产的最大特点。

2. 过渡过程非常迅速

电能的传输近似于光的速度，以电磁波的形式传播，传播速度为 30 万 km/s，“快”是它的一个极大特点。如电能从一处输送至另一处所需要的时间仅千分之几秒；电力系统从一种运行状态过渡到另一种运行状态的过渡过程非常快。

3. 与国民经济各部门密切相关

现代工业、农业、国防、交通运输业等都广泛使用着电能，此外在人民日常生活中也广泛使用着各种电器，而且各部门的电气化程度愈来愈高。因此，电能供应的中断或不足，不仅直接影响各行业的生产，造成人民生活紊乱，而且在某些情况下甚至会造成政治上的损失或极其严重的社会性灾难。

由于这些特点的存在，对电力系统的运行提出了严格要求。

1.2.3 对电力系统运行的基本要求

评价电力系统的性能指标是安全可靠性、电能质量和经济性能。根据电力系统运行的特点，电力系统应满足以下基本要求。

1. 保证可靠地持续供电

电力系统运行首先要满足可靠、不间断供电的要求。虽然保证可靠、不间断的供电是电力系统运行的首要任务，但并不是所有负荷都绝对不能停电，一般可按负荷对供电可靠性的要求将负荷分为三级，运行人员根据各种负荷的重要程度不同，区别对待。

一级负荷：属于重要负荷，如果对该负荷中断供电时，将会造成人身事故、设备损坏、产生大量废品，或长期不能恢复生产秩序，给国民经济带来巨大损失。

二级负荷：如果对该级负荷中断供电时，将会造成大量减产、工人窝工、机械停止运转、城市公用事业和人民生活受到影响等。

三级负荷：指不属于第一、二级负荷的其他负荷，短时停电不会带来严重后果。如工厂的不连续生产车间或辅助车间、小城镇、农村用电等。

通常对一级负荷要保证不间断供电。对二级负荷，如有可能也要保证不间断供电。当系统中出现供电不足时，三级负荷可以短时断电。当然，对负荷的这种分级不是一成不变的，它是随着国家的技术经济政策而转变的。

2. 保证良好的电能质量

我国已先后颁布了 7 个有关电能质量的国家标准，即供电电压偏差、电力系统频率偏差、公用电网谐波、三相电压不平衡、电压波动和闪变、暂时过电压和瞬态过电压、公用电压间谐波。这些国家标准的制定，无疑保证了我国电力系统的电能质量。

电力系统的电压和频率正常是保证电能质量的两大基本指标，电压质量和频率质量一般以偏离额定值的大小来衡量。实际用电设备均按额定电压设计，若电压偏高或偏低都将影响用电设备运行的技术和经济指标，甚至不能正常工作。一般规定，电压偏移范围为额定电压的 ±5%。频率的变化同样影响用电设备的正常工作，以电动机为例，频率降低引起转速下降，频率升高则转速上升。电力系统运行规定，频率偏移范围为 ±(0.2～0.5Hz)。

近些年来，随着冶金工业、化学工业及电气化铁路的发展，电力系统中的非线性负荷

（如整流设备、电力机车、电解设备等）及冲击性负荷（如电弧炉、轧钢机等）使电网的非线性、非对称性和波动性日趋严重。由于大量非线性负荷接入系统，引起谐波比重增大，交流电波形达不到规定的标准。正弦交流电的波形质量一般以谐波畸变率衡量。所谓谐波畸变率是指周期性交流量中谐波含量（减去基波分量后所得的量）的方均根值与其基波分量的方均根值之比（用百分数表示）。谐波畸变率的允许值随电压等级的不同而不同，如 110kV 供电时为 2%，35kV 供电时为 3%，10kV 供电时为 4%。

为使电力系统中的冲击性负荷对供电电压质量的影响控制在合理的范围内，按标准规定，电力系统公共供电点，由冲击性负荷产生的电压波动允许值：在 10kV 及以下为 2.5%、35～110kV 为 2%、220kV 及以上为 1.6%。电压闪变 ΔU_{10}（等效 10Hz 电压闪变值）允许值：对照明要求较高的白炽灯负荷为 0.4%、一般性照明负荷为 0.6%。

三相电力系统中三相不对称的程度称为三相不平衡度。用电压或电流负序分量与正序分量的方均根值百分比表示。按标准规定，电力系统公共连接点正常电压不平衡度允许值为 2%，短时不得超过 4%。

由此可知，衡量电能质量的主要指标是电压偏差、频率偏差、谐波畸变率、三相不平衡度及电压波动和闪变（电压的短暂变动）。如果不能满足这些指标要求，无论对用户还是对电力系统本身都会产生不良后果。因此，运行人员必须随时调节电力系统的电压和频率，并在一些地点实施相应的限制电压波动措施及谐波治理措施，以保证电力系统的电能质量。

3. 努力提高电力系统运行的经济性

电力系统运行的经济性主要反映在降低发电厂的能源消耗、厂用电率和电力网的电能损耗等指标上。

电能所消耗的能源在国民经济能源的总消耗中占的比重很大，使电能在生产、输送和分配的过程中耗能小、效率高，最大限度地降低电能成本有着十分重要的意义。电能成本的降低，不仅意味着能量资源的节省，还将影响到各用电部门成本的降低，对整个国民经济带来很大益处。而要实现经济运行，除了进行合理的规划设计外，还需对整个电力系统实施最佳的经济调度。

以上对电力系统运行的基本要求，前两条必须保证，在保证可靠性、电能质量的前提下力求减少能源消耗。另外，环境保护问题也越来越受到人们的关注，在当代提倡“绿色能源，低碳能源”的理念下，更为环保的新能源，如风能、太阳能发电、潮汐发电也成为人们研究的热点，并取得了长足的进展。

1.3 电力系统的接线方式和电压等级

1.3.1 电力系统的接线方式和接线图

电力系统分布在非常广大的地域上，只能通过看各元件连接情况的单线图，才能了解到整个系统的连接情况。

1. 电力系统的接线图

接线图有电气接线图和地理接线图两种。

（1）电气接线图

电力系统的电气接线图如图 1-4 所示。在电气接线图上，要求突出表明电力系统各主要元件之间（发电机、变压器、线路等）的电气连接关系。要求接线清楚，一目了然，而不过分重视实际的位置如何、距离的比例关系。

（2）地理接线图

电力系统的地理接线图如图 1-5 所示。在地理接线图上，很强调电厂与变电所之间的实际位置关系，各条输电线的路径长度都按一定比例反映出来，但各主要元件之间的电气联系、连接情况不必详细表示。

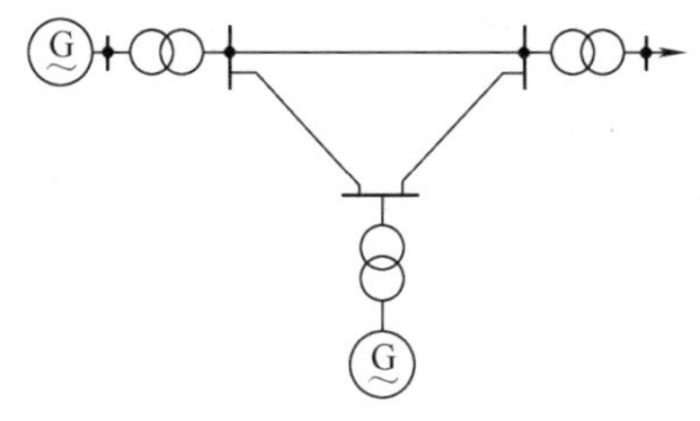

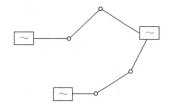

图 1-4　电力系统的电气接线图

图 1-5　电力系统的地理接线图

通常为了清楚、确切地掌握电力系统实际连接情况，往往将这两种图配合使用。

2. 电力系统的接线方式

电力系统的接线方式应满足电力系统运行的基本要求：

1）必须保证用户供电的可靠性。

2）必须能灵活地适应各种可能的运行方式。

3）应力求节约设备和材料，减少设备费用和运行费用，使电力网的建设和运行比较经济。

4）应保证在各种运行方式下运行人员都能够安全灵活地操作。

按照以上要求，不管是户内网络、城市网络，还是区域网络，其接线方式大致可分为无备用和有备用两类。

（1）无备用接线

无备用接线就是指用户只能从一个方向取得电源的接线方式，包括放射式、干线式、链式，如图 1-6 所示。

无备用接线的特点是简单、经济、运行方便，但供电可靠性差、电能质量差。为了提高这类电网的供电可靠性，除了加强检查与维护外，通常还要在适当的地点装设保护装置，以便使故障线路的切断有一定的选择性，从而尽可能地缩小停电范围。

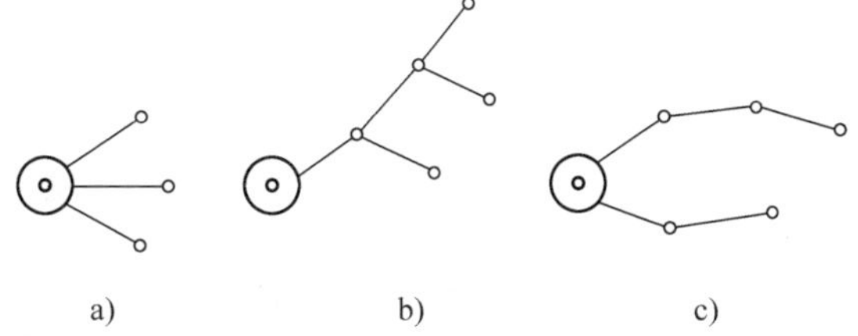

图 1-6　无备用接线方式

a）放射式　b）干线式　c）链式

（2）有备用接线

有备用接线是指用户可以从两个或两个以上方向取得电源的接线方式，包括双回路的放射式、干线式、链式和环式、两端供电网等，如图 1-7 所示。

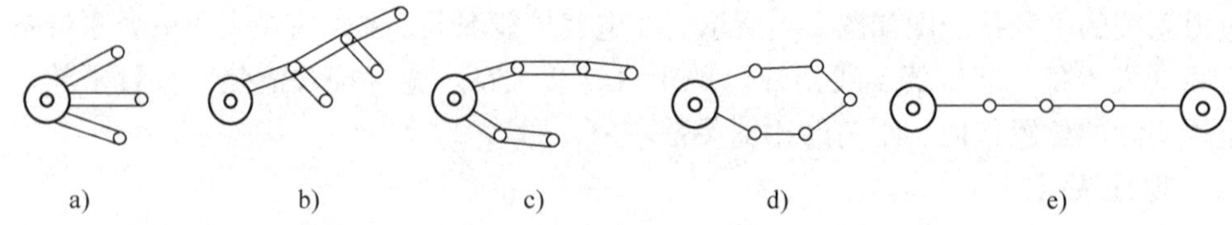

图 1-7　有备用接线方式

a）双回路放射式　b）双回路干线式　c）双回路链式　d）环式　e）两端供电网

有备用接线的优点是供电可靠、电能质量高；缺点是运行操作和继电保护复杂，经济性较差。

由以上可知，不同形式的接线各有优缺点，在实际中应该采用哪一种方案好，需要进行技术和经济性能的比较。除了比较供电可靠性、电能质量、经济性、操作方便与灵活性等 4 个方面外，还应考虑当前国家的经济政策，最后确定出可行的接线方案。

1.3.2　电力系统的电压等级

1. 电力系统各元件的额定电压

电气设备的额定电压通常是由制造厂商根据其工作条件确定的电压。电力系统正常运行时，发电机、变压器、用电设备等，各种电气设备只有在额定电压运行时，技术经济性能才最好，安全可靠运行及使用寿命才都能得到保证。但是，从设备制造及运行管理的角度考虑，额定电压等级不宜过多，且电压级差不宜过小。为了使电力工业和电工制造业的生产标准化、系列化和统一化，许多国家和有关国际组织都制定有关于标准电压等级的条例。我国规定的各种电气设备额定电压，按电压的高低分为三类。

第一类是 100V 以下的额定电压，见表 1-2，它们主要用于安全照明、蓄电池及开关设备的直流操作电源。表 1-2 中的三相 36V 电压等级，只作为特殊情况下安全照明负荷用。

表 1-2　第一类额定电压

直流电压/V	交流电压/V	
	三相(线电压)	单　相
1	—	—
12	—	12
24	—	—
—	36	36
48	—	—

第二类是 100V 以上、1000V 以下的额定电压，见表 1-3，它们主要用于一般电力负荷及照明设备。表中括号内的电压，只用于矿井下或其他安全条件要求较高之处。

第三类是 1000V 以上的额定电压，见表 1-4，它们主要用于发电机、变压器及用电设备。

表 1-3　第二类额定电压

用电设备			发电机		变压器			
直流电压/V	三相交流电压/V		直流电压/V	交流三相线电压/V	交流电压/V			
					三相		单相	
	线电压	相电压			一次绕组	二次绕组	一次绕组	二次绕组
110	—	—	115	—	—	—	—	—
—	(127)	—	—	(133)	(127)	(133)	(127)	(133)
220	220	127	230	230	220	230	220	230
—	380	220	—	400	380	400	380	—
400	—	—	460	—	—	—	—	—

表 1-4　第三类额定电压

用电设备电压/kV	发电机线电压/kV	变压器线电压/kV		用电设备电压/kV	发电机线电压/kV	变压器线电压/kV	
		一次绕组	二次绕组			一次绕组	二次绕组
3	3.15	3，3.15	3.15，3.3	110	—	110	121
6	6.3	6，6.3	6.3，6.6	220	—	220	242
10	10.5	10，10.5	10.5，11	330	—	330	345，363
—	15.75	15.75	—	500	—	500	525，550
—	23	23	—	750	—	750	788，825
35	—	35	38.5	1000	—	1000	1050，1100

注：1. 变压器一次绕组栏内3.15kV、6.3kV、10.5kV、15.75kV及23kV电压适用于和发电机端直接连接的升压变压器。

2. 变压器二次绕组栏内3.3kV、6.6kV及11kV电压适用于短路电压值在7.5%及以上的降压变压器。

3. 为证明在技术上和经济上有特殊优点时，水轮发电机的额定电压容许用非标准电压。

从表1-4中可以看出，即使在同一个电压等级中，各种电气设备（发电机、变压器、电力线路、用电设备等）的额定电压并不完全相等。某一级的额定电压是以用电设备的额定电压为中心而定的，为了使互相连接的电气设备都能运行在较有利的电压下，各电气设备的额定电压之间有一个相互配合的问题。

电力系统中发电机、变压器、电力线路、用电设备等额定电压的确定：

（1）用电设备的额定电压

用电设备的额定电压为 U_N（最理想、最经济的工作电压），也是其他元件的参考电压。

（2）电力线路的额定电压

电压沿线路长度的分布如图1-8所示。线路的始端和末端均可接有用电设备，而用电设备的端电压一般允许在额定电压的 ±5% 以内波动。因而在没有调压设备的情况下，可容许在线路始末两端之间的电压损耗不大于10%。于是：

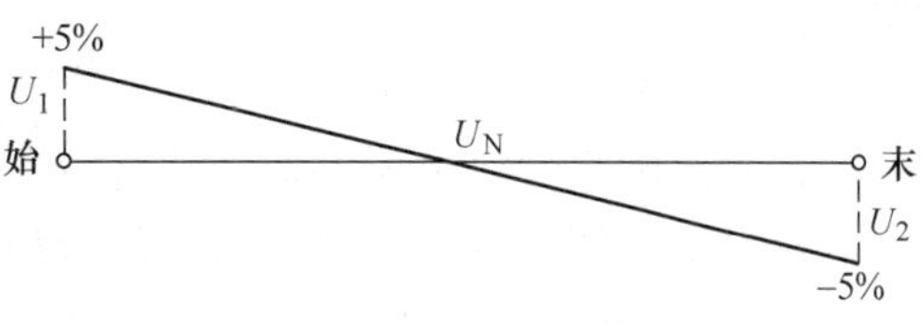

图1-8　电压沿线路长度的分布

线路始端电压比用电设备的额定电压高5%，即 $U_1 = U_N(1+5\%)$；

线路末端电压比用电设备的额定电压低 5%，即 $U_2 = U_N(1-5\%)$；

电力线路的额定电压为始末端电压的平均值，即 $(U_1+U_2)/2 = U_N$。

可见，电力线路的额定电压和用电设备的额定电压是相等的。

（3）发电机的额定电压

发电机作为直接配电的电源，总是接在线路的始端，为了补偿线路运行时产生的电压降，所以发电机的额定电压应该比线路的额定电压高 5%（与线路始端电压相当），即为 $U_{GN} = U_N(1+5\%)$。

例如发电机接在额定电压为 10kV 线路的始端时，该发电机的额定电压为 10.5kV。对于没有直配负荷的大容量发电机，其额定电压按自身的技术经济条件来确定，如国家 125MW、200MW 及 300MW 的汽轮发电机，额定电压分别为 13.8kV、15.75kV 及 18kV。

（4）变压器的额定电压

变压器两侧的额定电压之比，称为变压器电压比。例如，确定图 1-9 中变压器的电压比，首先应确定变压器两侧的额定电压。变压器在传输电能的过程中，具有负荷和电源的双重地位。它的一次侧是接收电能的，相当于用电设备；它的二次侧是送出电能的，相当于电源。因此，变压器的一次侧额定电压等于用电设备的额定电压，即 $U_{1N} = U_N$。但是，直接和发电机相连的变压器（见图 1-9 中的 T1、T4），其一次侧额定电压等于发电机的额定电压，即 $U_{1N} = U_{GN} = U_N(1+5\%)$。变压器的二次侧额定电压应高于后面网络额定电压的 5%，即 $U_{2N} = U_N(1+5\%)$，这是指空载运行情况。当变压器带负荷运行时，在变压器内部绕组会有约 5% 的电压降，所以要保持在正常工作时变压器的二次侧的输出电压比电力线路的额定电压高 5%，就必须规定变压器二次侧的额定电压比线路的额定电压高 10%，即 $U_{2N} = U_N(1+10\%)$。

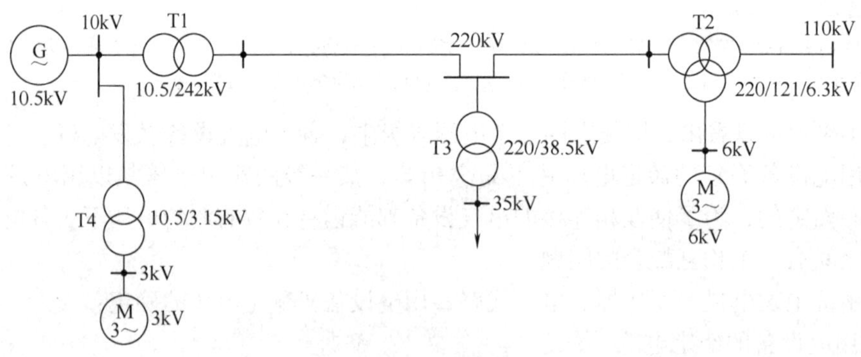

图 1-9　电力系统各元件的额定电压

必须指出，一台变压器的电压比是可以调整的，根据电力系统的运行需要，通常在变压器的高压绕组上（三绕组变压器的高压、中压绕组上）会设有若干个分接抽头，供调压选择使用。

2. 电力网电压等级的选择

输、配电网络额定电压的选择又称电压等级的选择，它是关系到电力系统建设费用的高低、运行是否方便、设备制造是否经济合理的一个综合性问题。在输送距离和输送容量一定的条件下，所选的额定电压愈高，则线路上的电流愈小，相应线路上的功率损耗、电能损耗和电压损耗也就愈小，且可以采用较小截面积的导线以节约有色金属。但是，电压等级愈高，线路的绝缘愈要加强，杆塔的几何尺寸也要随着导线之间距离和导线对地之间距离的增加而增大。这样，线路的投资和杆塔的材料消耗就要增加。同样，线路两端的升、降压变电所的变压器以及断路器等设备的投资也要随着电压的增高而增大。因此，采用过高的额定电压并不一定恰当。

根据电压等级的高低，目前电力网大体分为低压、中压、高压、超高压和特高压 5 种。电压等级在 1kV 以下的电力网称为低压电网；1 ~35kV 之间的电力网称为中压电网；高于 35kV 而低于 330kV 的电力网称为高压电网；330 ~ 1000kV 之间的电力网称为超高压电网，1000kV 及以上的电力网称为特高压电网。

根据运行经验，电力网的额定电压等级应根据输送距离和输送容量经过全面的技术经济比较来选定。电力网的额定电压与输送容量及输送距离的关系见表 1-5。表 1-5 可作为选择电力网额定电压时的参考。图 1-10 表示了 330 ~ 750kV 电压线路的输送容量与输送距离的大致关系。

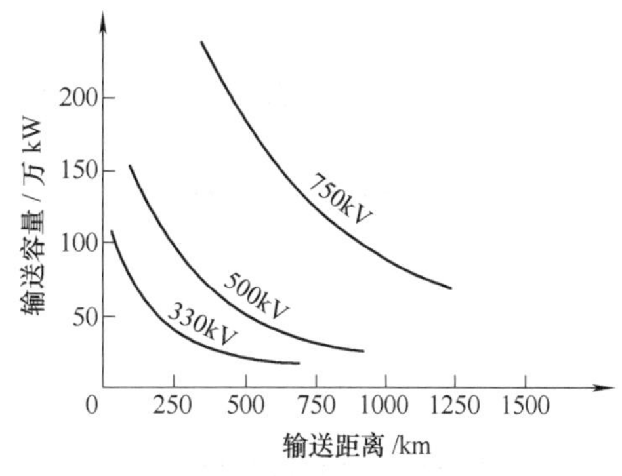

图 1-10　330 ~ 750kV 电压线路的输送容量与输送距离关系

表 1-5　电力网的额定电压与输送容量及输送距离的关系

额定电压/kV	输送容量/MW	输送距离/km	额定电压/kV	输送容量/MW	输送距离/km
3	0.1 ~ 1.0	1 ~ 3	220	100 ~ 500	100 ~ 300
6	0.1 ~ 1.2	4 ~ 15	330	200 ~ 800	200 ~ 600
10	0.2 ~ 2.0	6 ~ 20	500	600 ~ 1500	400 ~ 800
35	2 ~ 10	20 ~ 50	750	2000 ~ 2500	500 以上
110	10 ~ 50	50 ~ 100	1000		

1.4　电力系统中性点的运行方式

电力系统的中性点一般指星形联结的变压器或发电机的中性点。这些中性点的运行方式是很复杂的问题，它关系到绝缘水平、通信干扰、接地保护方式、电压等级、系统接线等很多方面。我国电力系统目前所采用的中性点接地方式主要有三种，即不接地、经消弧线圈接地和直接接地。一般电压在 35kV 及其以下的中性点不接地或经消弧线圈接地，称小电流接地方式；电压在 110kV 及其以上的中性点直接接地，称大电流接地方式。

1. 不接地方式

图 1-11 所示为中性点不接地系统（空载）及单相接地的情况。在正常情况下，A、B、C 三相对称，网络各相电压 $\dot{U}_A$、$\dot{U}_B$、$\dot{U}_C$ 是对称的，中性点电压 $\dot{U}_{N0}=0$，$\dot{I}_{AC}+\dot{I}_{BC}+\dot{I}_{CC}=0$，所以地中没有电容电流，即 $\dot{I}_{N0}=0$。

在故障情况下，如在线路的首端 C 相故障点 f 发生单相接地短路，因而各相对地电压发生变化，对地电容电流也发生变化，即 $\dot{U}_{N0}\neq0$、$\dot{I}_{N0}\neq0$，短路点有短路电流 $\dot{I}_{Cf}$ 存在，故障点各相电压、电流都发生变化，变化的情况如下：

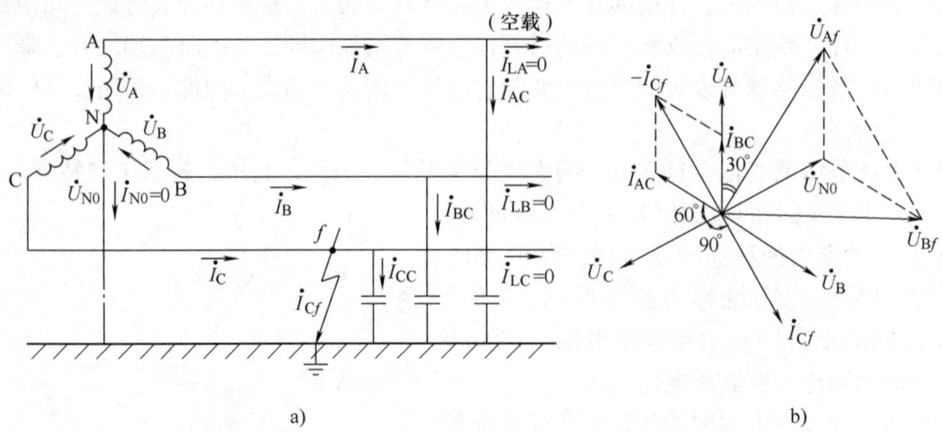

图 1-11 中性点不接地系统及单相接地

a）接线图 b）相量图

1）故障相：C 相对地电压为零，$\dot{U}_{Cf}=0$。因为 $\dot{U}_{Cf}=\dot{U}_C+\dot{U}_{N0}$，所以 $\dot{U}_{N0}=-\dot{U}_C$。

2）非故障相：A 相 $\dot{U}_A$ 变成 $\dot{U}_{Af}$，即

$$\dot{U}_{Af}=\dot{U}_A+\dot{U}_{N0}=\dot{U}_A-\dot{U}_C=\sqrt{3}\dot{U}_C e^{-j150^\circ} \tag{1-1}$$

B 相 $\dot{U}_B$ 变成 $\dot{U}_{Bf}$，即

$$\dot{U}_{Bf}=\dot{U}_B+\dot{U}_{N0}=\dot{U}_B-\dot{U}_C=\sqrt{3}\dot{U}_C e^{j150^\circ} \tag{1-2}$$

故障前后三相电压相量图如图 1-11b 所示。

在中性点不接地的三相系统中，当一相接地后，虽然中性点电压不为零，由图 1-11b 可见，中性点发生位移，相电压发生不对称（接地相电压为零，未接地的 A、B 两相对地电压升高到相电压的$\sqrt{3}$倍)，但线—线之间的电压仍是对称的。所以，发生单相接地后，整个线路仍能继续运行一段时间。

3）接地电流：$\dot{I}_{Cf}=-(\dot{I}_{AC}+\dot{I}_{BC})=\dot{I}_{CC}$（本身的电容电流）。因为

$$\dot{I}_{Af}=\frac{\dot{U}_{Af}}{-jX_C}=\frac{\sqrt{3}\dot{U}_C e^{-j150^\circ}}{-j\dfrac{1}{\omega C}}=\sqrt{3}\omega C\dot{U}_C e^{-j60^\circ} \tag{1-3}$$

$$\dot{I}_{Bf}=\frac{\dot{U}_{Bf}}{-jX_C}=\frac{\sqrt{3}\dot{U}_C e^{-j150^\circ}}{-j\dfrac{1}{\omega C}}=\sqrt{3}\omega C\dot{U}_C e^{-j120^\circ} \tag{1-4}$$

所以

$$\dot{I}_{Cf}=-\sqrt{3}\omega C\dot{U}_C(e^{-j60^\circ}+e^{-j120^\circ})=j3\omega C\dot{U}_C \quad \text{（容性）} \tag{1-5}$$

可见，单相接地时，通过接地点的电容电流为未接地时每一相对地电容电流的 3 倍。如果故障处短路电流很大，在接地点会产生电弧。

综上所述，中性点不接地的三相系统中，当一相发生接地时，结果如下：

1）未接地两相对地电压升高到相电压的$\sqrt{3}$倍，即等于线电压，所以在这种系统中，相对地的绝缘水平应根据线电压来设计。

2）各相间的电压大小和相位仍然不变，三相系统的平衡没有遭到破坏，因此可以继续

运行一段时间，这便是不接地系统的最大优点，但不允许长期带接地运行，一相接地系统允许继续运行的时间最多不得超过 2h。

3）接地点通过的电流为容性电流，其大小为原来相对地电容电流的 3 倍。这种电容电流不易熄灭，可能在接地点引起“弧光接地”，周期性的熄灭和重新发生电弧。“弧光接地”的持续间歇电弧很危险，可能引起线路的谐振现象而产生过电压，损坏电气设备或发展成为相间短路。

2. 中性点经消弧线圈接地

前述中性点不接地的三相系统发生单相接地故障时，虽然可以继续供电，但在单相接地的故障电流较大时，如 35kV 系统大于 10A、10kV 系统大于 30A 时，却不能继续供电。为了防止单相接地时产生电弧，尤其是间歇电弧，则出现了经消弧线圈接地方式，即在变压器或发电机的中性点接入消弧线圈，以减小接地电流。

消弧线圈是一个具有铁心的可调电感线圈，如图 1-12 所示，当中性点加消弧线圈后，一相短路时，消弧线圈上的电流为

$$\dot{I}_{L}=\frac{-\dot{U}_{N0}}{jX_{L}}=\frac{-(-\dot{U}_{C})}{j\omega L}=\frac{\dot{U}_{C}}{j\omega L} \tag{1-6}$$

可见，$\dot{I}_L$ 落后于 $\dot{U}_C 90°$，是感性电流，而短路电流 $\dot{I}_{Cf}$ 超前于 $\dot{U}_C 90°$，是容性电流，从相量图 1-12b 看出，$\dot{I}_L$ 与 $\dot{I}_{Cf}$ 方向相反。所以，在短路回路中，电感电流 $\dot{I}_L$ 可以和电容性电流 $\dot{I}_{Cf}$ 互相补偿，或是完全抵消，或使接地处的电容电流有所减小，易于切断，从而消除了接地处的电弧以及由它所产生的危害，使系统仍能继续运行。

这种补偿又可分为全补偿、欠补偿和过补偿。电感电流等于电容电流，接地处的电流为零，此种情况为全补偿；电感电流小于电容电流为欠补偿；电感电流大于电容电流为过补偿。从理论上讲，采用全补偿可使接地电流为零，但因采用全补偿时，感抗等于容抗，系统有可能发生串联谐振，谐振电流若很大，将在消弧线圈上形成很大的电压降，使中性点对地电位大大升高，可能使设备绝缘损坏，因此一般不采用全补偿。

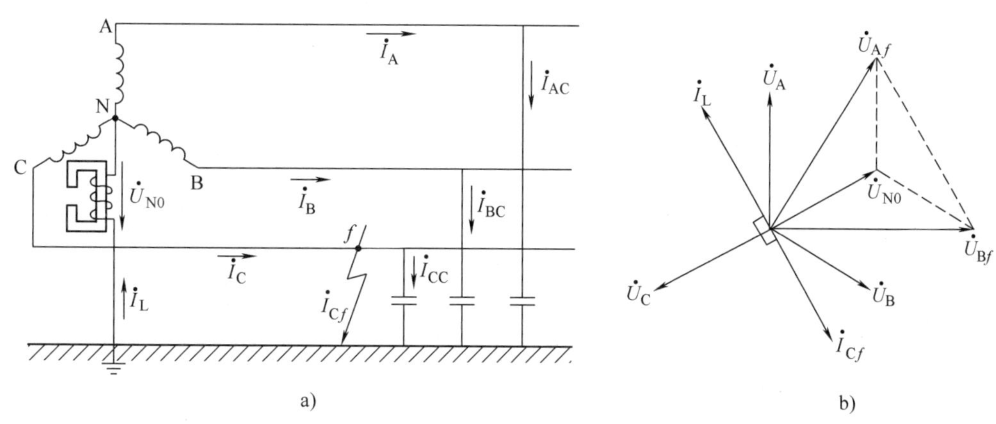

图 1-12　中性点经消弧线圈接地

a）接线图　b）相量图

3. 中性点直接接地

对于电压在 110kV 及以上的电力网，由于电压较高，要求的绝缘水平也很高，若中性

点不接地，则当发生接地故障时，其相电压升高$\sqrt{3}$倍，达到线电压，对设备的影响很大，需要的设备绝缘水平就更高。为了既要节省绝缘费用，保证其经济性，又要防止单相接地时产生间歇电弧过电压，通常将系统的中性点直接接地，或经电抗器接地。中性点直接接地的三相系统如图 1-13 所示。

设 A 相故障点 f 对地短路，则短路电流 $\dot{I}_f=\dot{U}_A/(jX_A)$，由于 X_A 较小，所以 $\dot{I}_f$ 较大，很大的短路电流 I_f 可能烧坏电气设备。

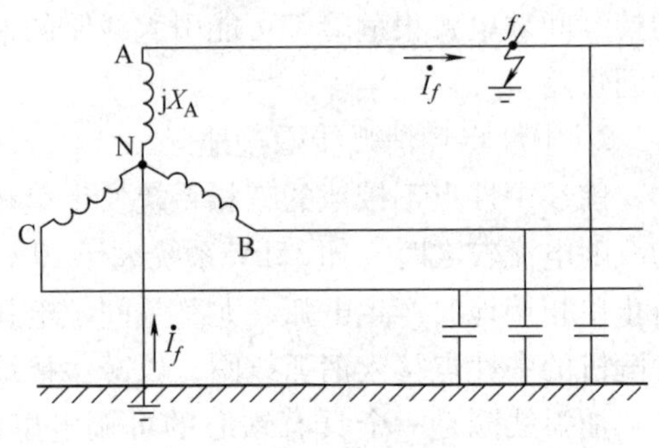

图 1-13　中性点直接接地的三相系统

中性点接地系统当发生单相接地时，故障相由接地点通过大地形成单相的短路回路。单相短路回路电流 I_f 很大，可使继电保护装置动作，断路器断开，将故障部分切除。如果是瞬时性的故障，当自动重合闸成功时，系统又能继续运行。

可见，中性点直接接地的缺点是供电可靠性差，每次发生单相接地故障，断路器跳闸，都会造成供电中断。而现在的高电压网络设计，一般都能保证供电可靠性，如双回线或两端供电，当一回路故障时，断开电路，而且高压线上不直接连用户，对用户的供电完全可以由另一回路保证。

第 2 章　电力系统各元件的参数和数学模型

为了保证电力系统运行安全、可靠、优质而又经济，必须进行一系列的技术经济计算。电力系统计算包括机械方面的计算和电气方面的计算，本课程主要研究电气方面的计算。无论是研究电力系统的正常运行，还是研究电力系统的暂态运行，其等值网络和网络参数都是电气计算的基础。所谓等值网络，是指电力系统或电力网的等效电路；所谓网络参数，是指网络中各元件（如电力线路、变压器、电抗器、发电机、负荷等）的电阻、电抗、电导和电纳。实际上这些参数往往并不直接测量获得，而是由给出其他条件间接计算取得。例如，输电线路已知导线型号、导线排列方式、线路长度；变压器铭牌上标出短路实验和空载实验数据；发电机提供其额定容量、功率因数、电抗百分值等。如何根据这些已知条件求出电力系统各元件的参数，这是本章首先要讨论的问题。而电力系统或电力网的等值网络图上的参数必须是归算在同一电压等级上的参数，因此，制作电力系统的等值网络还要涉及参数的归算问题。

综上所述，本章主要讨论两个问题：一是电力系统中各元件的参数和数学模型；二是电力系统等值网络图的绘制。

2.1　电力系统各元件的参数和数学模型

2.1.1　电力线路的参数和数学模型

2.1.1.1　电力线路的参数

电力线路的电气参数包括导线的电阻、电导，以及由交变电磁场而引起的电感和电容 4 个参数。线路的电感以电抗的形式表示，而线路的电容则以电纳的形式表示。电力线路是均匀分布参数的电路，也就是说，它的电阻、电抗、电导和电纳都是沿线路长度均匀分布的。线路每 km（单位长度）的电阻、电抗、电导和电纳分别以 r_1、x_1、g_1 和 b_1 表示。

1. 线路的电阻

线路的直流电阻 R 可按下式计算：

$$R = \frac{\rho}{S}l \tag{2-1}$$

式中　ρ——导线材料的电阻率（$\Omega \cdot mm^2/km$）；

S——导线的额定截面积（mm^2）；

l——导线的长度（km）。

由于趋肤效应和邻近效应的影响，交流电阻与直流电阻不同。在同一种材料的导体上，其单位长度的电阻 r_1 是相同的，只要知道 r_1，再乘以它的长度 l 就可以求出导体的电阻。而单位长度的电阻为

$$r_1 = \frac{\rho}{S} \tag{2-2}$$

在电力系统计算中，导线材料的电阻率可以查表，见表2-1。表中的数据，不是各种导体材料原有的电阻率，而是修正以后的电阻率，应考虑到下面三个因素：

1）在电力网中，所用的导线和电缆大部分都是多股绞线，绞线中线股的实际长度要比导线的长度长2%～3%，因而它们的电阻率要比同样长度的单股线的电阻率大2%～3%。

2）在电力网计算时，所用的导线和电缆的实际截面积比额定截面积要小些，因此，应将导线的电阻率适当增大，以归算成与额定截面积相适应。

3）一般表中的电阻率数值都是对应于20℃的情况。当温度改变时，电阻率ρ的大小要改变，线路的电阻也要变化。而线路的实际工作环境温度异于20℃时，可按下式修正：

$$r_t = r_{20}[1+\alpha(t-20℃)] \tag{2-3}$$

式中　r_{20}——20℃时的电阻（Ω/km）；

r_t——实际温度t时的电阻（Ω/km）；

α——电阻的温度系数，对于铝，$\alpha=0.0036(1/℃)$；对于铜，$\alpha=0.00382(1/℃)$。

表2-1　导线材料计算用电阻率ρ和电导率γ

导线材料	铜	铝
$\rho/(\Omega \cdot mm^2/km)$	18.8	31.5
$\gamma/(m/\Omega \cdot mm^2)$	53	32

2. 线路的电抗

当交流电流流过导线时，就会在导线周围空间产生交变的磁场，电流变化时，将引起磁通的变化，由楞次定律可知，磁通的变化将在导线自身内（自感）和邻近的其他导线上（互感）感应出电动势来。在导线自身内感应的电动势称自感电动势；在其他导线上感应的电动势称互感电动势。自感电动势和互感电动势均是反电动势，这个反电动势是阻止电流流动的。阻碍电流流动的能力用电抗来度量。

三相导线对称排列或虽不对称排列但经整循环换位时，每相导线单位长度的电抗由电工原理已知，可按下式计算：

$$x_1 = 2\pi f\left(4.6\lg\frac{D_m}{r}+\frac{\mu_r}{2}\right)\times 10^{-4} \tag{2-4}$$

式中　x_1——导线单位长度的电抗（Ω/km）；

r——导线的半径（cm或mm）；

μ_r——导线材料的相对磁导率，对铝、铜等，取$\mu_r=1$；

f——交流电的频率（Hz）；

D_m——三相导线的几何平均距离，简称几何均距（cm或mm），其单位应与r单位相同，$D_m=\sqrt[3]{D_{AB}D_{BC}D_{CA}}$；

D_{AB}、D_{BC}、D_{CA}——AB相之间、BC相之间、CA相之间的距离。

如将$f=50$，$\mu_r=1$代入式（2-4），可得

$$x_1 = 0.1445\lg\frac{D_m}{r}+0.0157 \tag{2-5}$$

式（2-5）又可改写为

$$x_1 = 0.1445\lg\frac{D_m}{r'} \tag{2-6}$$

式（2-6）中的 r' 常称导线的几何平均半径，而由式（2-5）不难看出，$r'=0.779r$。

由于电抗与几何均距、导线半径之间为对数关系，导线在杆塔上的布置和导线截面积的大小对线路的电抗没有显著影响，架空线路的电抗一般都在 0.40Ω/km 左右。

对于分裂导线线路的电抗，应按如下考虑：

分裂导线的采用，改变了导线周围的磁场分布，等效地增大了导线半径，从而减小了每相导线的电抗。

若将每相导线分裂成 n（若干）根，则决定每相导线电抗的将不是每根导线的半径 r，而是等效半径 r_{eq}，如图 2-1 所示。

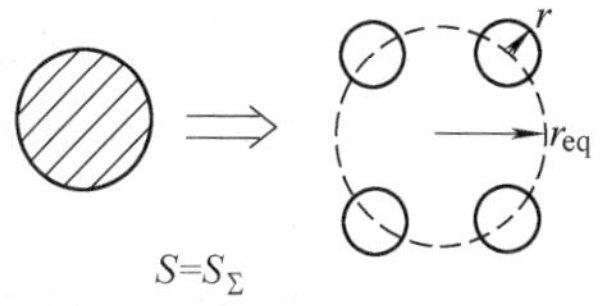

图 2-1　分裂导线的等效半径

于是每相具有 n 根分裂导线的单位电抗为

$$x_1 = 0.1445\lg\frac{D_m}{r_{eq}} + \frac{0.0157}{n} \tag{2-7}$$

式中　r_{eq}——分裂导线的等效半径，$r_{eq} = \sqrt[n]{r(d_{12}d_{13}\cdots d_{1n})}$；

r——每根导线的半径；

$d_{12}d_{13}\cdots d_{1n}$——某根导线与其余 $n-1$ 根导线间的距离。

采用分裂导线时，分裂导线的根数愈多，电抗下降的也多，但分裂导线根数超过 4 根时，电抗的下降并不明显，图 2-2 表明了分裂导线的根数 n 与电抗 x_1 的关系。目前，我国运行电压 500kV 的线路采用的是四分裂导线。

对于同杆并架的双回输电线路，两回线互相之间的互感，从整体上说，由于正常运行时 A、B、C 三相电流之和为零，所以一回线对另外一回线路的互感影响小，总影响近似为零，可略去不计，因之，仍可按式（2-5）计算电抗。

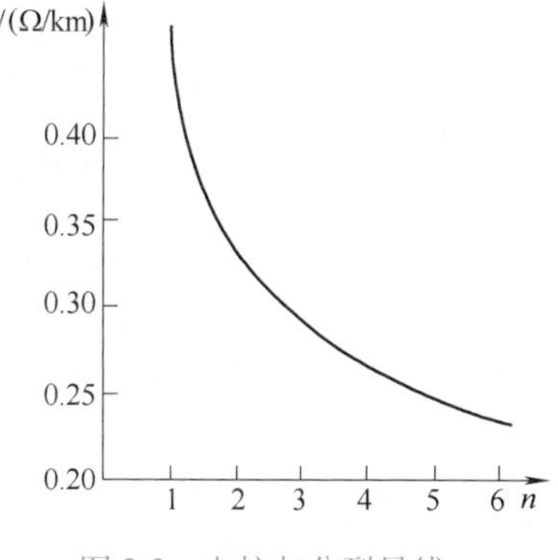

图 2-2　电抗与分裂导线根数的关系曲线

3. 线路的电导

线路的电导主要是由沿绝缘子的泄漏电流和电晕现象决定的。通常由于线路的绝缘水平较高，沿绝缘子泄漏很少，往往可以忽略不计，只有在雨天或严重污秽等情况下，泄漏电流才会有所增加，所以线路的电导主要取决于电晕现象。

所谓电晕现象，就是指导线周围空气的电离现象。导线周围空气之所以会产生电离，是由于导线表面的电场强度很大，而架空线路的绝缘介质是空气，一旦导线表面的电场强度达到或超过空气分子的游离强度时，空气的分子就被游离成离子。这时能听到“滋滋”的放电声，或看到导线周围发生的蓝紫色荧光，还可以闻到氧分子被游离后又结合成臭氧（O_3）的气味，最后形成空气的部分电导。这种在强电磁场作用下，导线周围空气的电离现象称为电晕现象。

电晕是要消耗电能的。此外，空气放电时产生的脉冲电磁波对无线电和高频通信产生干扰，电晕还会使导线表面发生腐蚀，从而降低导线的使用寿命。因此，输电线路应考虑避免发生电晕现象。

电晕现象的发生，主要决定于导线表面的电场强度。在导线表面开始产生电晕的电场强度，称为电晕起始电场强度。使导线表面达到电晕起始电场强度的电压，称为电晕起始电压，或称临界电压。对于三相三角形架设的普通导线线路，校核线路是否会发生电晕，其电晕临界电压的经验公式为

$$U_{cr} = 49.3m_1 m_2 \delta r \lg \frac{D_m}{r} \tag{2-8}$$

式中 U_{cr}——电晕临界相电压（kV）；

m_1——导线表面的光滑系数，对表面完好的多股导线，$m_1=0.83\sim0.966$，当股数在20股以上时，m_1 均大于0.9，可取 $m_1=1$；

m_2——反映天气状况的气象系数，干燥或晴朗天气 $m_2=1$，在有雾、雨、霜、暴风雨时 $m_2<1$，在最恶劣的情况时 $m_2=0.8$；

δ——空气的相对密度，$\delta=\frac{0.0386b}{273+t}$，如当 $b=7600\text{Pa}$，$t=20℃$时，$\delta=1$；

b——大气压力（Pa）；

t——空气的温度（℃）；

r——导线的半径（cm）；

D_m——三相导线的几何均距（cm）。

采用分裂导线时，由于导线的分裂，减小了电场强度，电晕临界相电压也改为

$$U_{cr} = 49.3m_1 m_2 \delta r f_{nd} \lg \frac{D_m}{r_{eq}} \tag{2-9}$$

式中 r_{eq}——分裂导线的等效半径（cm）；

f_{nd}——与分裂状况有关的系数，$f_{nd}=n/\left[1+2(n-1)\frac{r}{d}\sin\frac{\pi}{n}\right]$，一般取 $f_{nd}\geq1$；

n——分裂导线根数；

r——每根导体的半径（cm）；

其余符号——意义与式（2-8）相同。

导线水平排列时，边相导线的电晕临界电压 U_{cr1}，比按式（2-8）、式（2-9）求得的 U_{cr} 高6%，即 $U_{cr1}=1.06U_{cr}$；中间相导线的电晕临界电压 U_{cr2} 比按式（2-8）、式（2-9）求得的 U_{cr} 低4%，即 $U_{cr2}=0.96U_{cr}$。

以上介绍了电晕临界电压的求法，在实际线路工作电压一旦达到或超过临界电压时，电晕现象就会发生。

电晕将消耗有功功率。电晕损耗 ΔP_c 在临界电压时开始出现，而且工作电压超过临界电压越多，电晕损耗就越大。若再考虑沿绝缘子的泄漏损耗 ΔP_1（很小），则总的功率损耗 $\Delta P_g=\Delta P_c+\Delta P_1$。一般 ΔP_g 为实测的三相线路的泄漏损耗和电晕损耗之和。

从而可确定线路的电导

$$g_1 = \frac{\Delta P_g}{U^2}\times10^{-3} \tag{2-10}$$

式中 g_1——导线单位长度的电导（S/km）；

ΔP_g——三相线路泄漏损耗和电晕损耗功率之和（kW/km）；

U——线路的工作线电压（kV）。

应该指出，实际上在线路设计时，经常按式（2-8）校验所选导线的半径能否满足在晴朗天气不发生电晕的要求。若在晴朗天气就发生电晕，则应加大导线截面积或考虑采用扩径导线或分裂导线。规程规定：对普通导线，330kV 线路，直径不小于 33.2mm（相当于 LGJQ—600 型）；220kV 线路，直径不小于 21.3mm（相当于 LGJQ—240 型）；110kV 线路，直径不小于 9.6mm（相当于 LGJ—50 型），就可不必验算电晕。因为在导线制造时，已考虑了躲开电晕发生。通常由于线路泄漏很小，所以一般情况下都可设 $g_1=0$。

4. 线路的电纳

线路的电纳取决于导线周围的电场分布，与导线是否导磁无关。因此，各类导线线路电纳的计算方法都相同。在三相线路中，导线与导线之间或导线与大地之间存在磁的联系，相当于存在着电容，线路的电纳正是导线与导线之间及导线与大地之间存在着电容的反映。

三相线路对称排列或虽不对称排列但经整循环换位时，每相导线单位长度的电容由电工原理已知，可按下式计算：

$$C_1=\frac{0.0241}{\lg\frac{D_m}{r}}\times10^{-6} \tag{2-11}$$

式中　C_1——导线单位长度的电容（F/km）；

D_m、r——意义与式（2-4）相同。

于是，频率为 50Hz 时，单位长度的电纳为

$$b_1=2\pi fC_1=\frac{7.58}{\lg\frac{D_m}{r}}\times10^{-6} \tag{2-12}$$

式中　b_1——导线单位长度的电纳（S/km）。

显然，由于电纳与几何均距、导线半径之间存有对数关系，架空线路的电纳变化也不大，其值一般在 2.85×10^{-6}S/km 左右。

采用分裂导线的线路仍可按式（2-12）计算其电纳，只是这时导线的半径 r 应以等效半径 r_{eq} 替代。

另外，对于同杆并架的双回线路，在正常稳态状况下仍可近似按式（2-12）计算每回每相导线的等效电纳。

【例 2-1】 某 220kV 输电线路选用 LGJ—300 型导线，直径为 24.2mm，水平排列，线间距离为 6m，试求线路单位长度的电阻、电抗及电纳，并校验是否会发生电晕。

解　LGJ—300 型导线的额定截面积 $S=300\text{mm}^2$，直径 $d=24.2$mm，半径 $r=24.2/2\text{mm}=12.1$mm，电阻率 $\rho=31.5\Omega\cdot\text{mm}^2/\text{km}$。由题意，可计算几何均距为

$$D_m=\sqrt[3]{D_{AB}D_{BC}D_{CA}}=\sqrt[3]{6\times6\times2\times6}\text{m}=7.56\text{m}=7560\text{mm}$$

于是可求单位长度的参数：

根据式（2-2）计算单位长度的电阻

$$r_{20}=\frac{\rho}{S}=\frac{31.5}{300}\Omega/\text{km}=0.105\Omega/\text{km}$$

根据式（2-5）计算单位长度的电抗

$$x_1 = \left(0.1445\lg\frac{D_m}{r} + 0.0157\right)\Omega/\text{km} = \left(0.1445\lg\frac{7560}{12.1} + 0.0157\right)\Omega/\text{km} = 0.42\Omega/\text{km}$$

根据式（2-12）计算单位长度的电纳

$$b_1 = \frac{7.58}{\lg\frac{D_m}{r}} = \frac{7.58}{\lg\frac{7560}{12.1}} \times 10^{-6}\text{S/km} = 2.7 \times 10^{-6}\text{S/km}$$

校验是否发生电晕：

根据式（2-8）计算临界电晕电压

$$U_{cr} = 49.3m_1m_2\delta r\lg\frac{D_m}{r}$$

取 $m_1=1$，$m_2=0.8$，$\delta=1$ 时

$$U_{cr} = \left(49.3\times1\times0.8\times1\times1.21\times\lg\frac{756}{1.21}\right)\text{kV} = 133.42\text{kV}$$

工作相电压

$$U = (220/\sqrt{3})\text{kV} = 127.02\text{kV}$$

可见，工作电压小于临界电晕电压（127.02kV<133.42kV），所以不会发生电晕。

2.1.1.2 电力线路的数学模型

输电线路在正常运行时三相参数是相等的，因此可以只用其中的一相作出它的等效电路。每相单位长度的导线可用电阻 r_1、电抗 x_1、电导 g_1 及电纳 b_1 共 4 个参数表示，设它们是沿线路均匀分布的，如果把一条长为 l 的线路分成无数多小段，则在每小段上每相导线的电阻 r_1 与电抗 x_1 串联，每相导线与中性线之间并联着电导 g_1 与电纳 b_1，整个线路可以看成由无数个这样的小段串联而成，这就是用分布参数表示的等效电路，如图 2-3 所示。

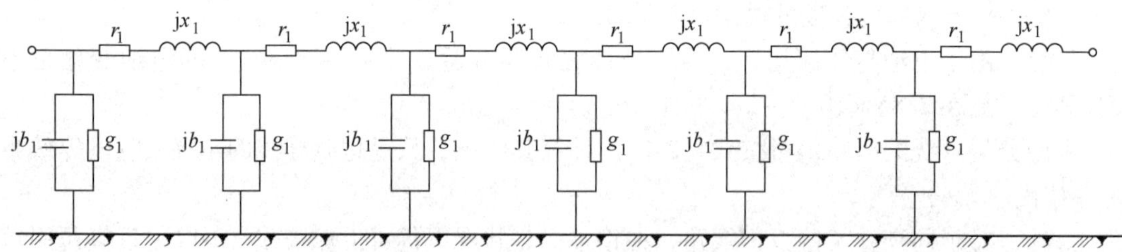

图 2-3　电力线路的单相等效电路

输电线路的长度往往长达数十千米乃至数百千米，如将每千米的电阻、电抗、电导、电纳都一一绘于图上，所得用分布参数表示的等效电路十分繁琐，而且用它来进行电力系统的电气计算更是复杂，因此不实用。通常为了计算上的方便，考虑到当线路长度在 300km 以内时，需要分析的又往往只是线路两端的电压、电流及功率，可以不计线路的这种分布参数特性，即可以用集中参数来表示，只有对长度超过 300km 的远距离输电线路，才有必要考虑分布参数特性的影响。

按上所述，一条长为 l 的输电线路，若以集中参数 R、X、G、B 分别表示每相线路的总电阻、电抗、电导及电纳，则将单位长度的参数乘以长度即可得到，即

$$R = r_1 l,\quad X = x_1 l,\quad G = g_1 l,\quad B = b_1 l \tag{2-13}$$

这时用集中参数表示的等效电路如图 2-4 所示。线路的总阻抗集中在中间，线路的总导

纳分为两半，分别并联在线路的首末两端。

如前所述，由于线路导线截面积的选择是以晴朗天气不发生电晕为前提的，而沿绝缘子的泄漏又很小，可设 $G=0$。

一般电力线路按长度又可分为短线路、中等长度线路和长线路，其等效电路有所区别。

1. 短线路的数学模型

短线路是指线长 $l<100\text{km}$ 的架空线路，且电压在 35kV 及以下。由于电压不高，这种线路电纳 B 的影响不大，可略去。因此短线路的等效电路十分简单，线路参数只有一个串联总阻抗 $Z=R+\text{j}X$，如图 2-5 所示。

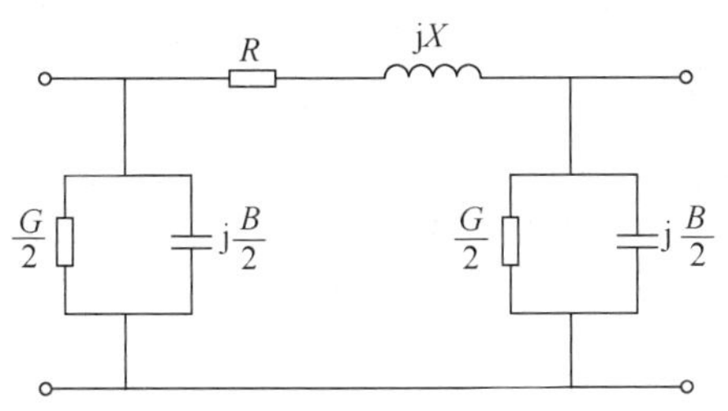

图 2-4　集中参数表示线路的等效电路

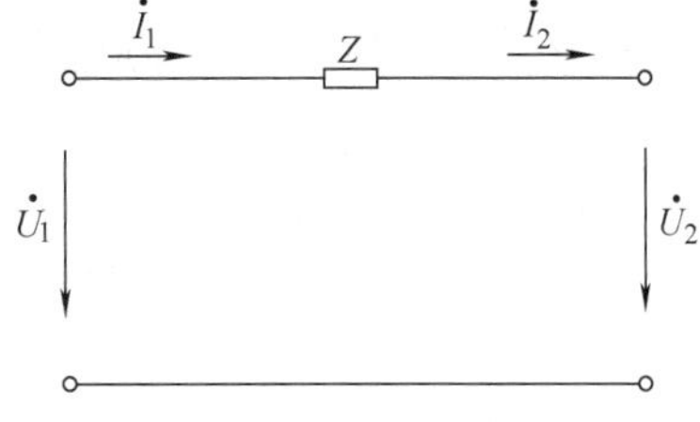

图 2-5　短线路的等效电路

显然，如电缆线路不长，电纳的影响不大时，也可采用这种等效电路。

由图 2-5 得基本方程为

$$\begin{cases}\dot{U}_1 = \dot{U}_2 + Z\dot{I}_2\\ \dot{I}_1 = \dot{I}_2\end{cases} \tag{2-14}$$

写成矩阵形式

$$\begin{pmatrix}\dot{U}_1\\ \dot{I}_1\end{pmatrix} = \begin{pmatrix}1 & Z\\ 0 & 1\end{pmatrix}\begin{pmatrix}\dot{U}_2\\ \dot{I}_2\end{pmatrix} = \begin{pmatrix}A & B\\ C & D\end{pmatrix}\begin{pmatrix}\dot{U}_2\\ \dot{I}_2\end{pmatrix} \tag{2-15}$$

显然，$A=1$，$B=Z$，$C=0$，$D=1$。

2. 中等长度线路的数学模型

对于电压为 110～330kV、线长 $l=100$～300km 的架空线路及 $l<100\text{km}$ 的电缆线路均可视为中等长度线路。

这种线路，由于电压较高，线路的电纳一般不能忽略，等效电路常为 π 形，如图 2-6 所示。在 π 形等效电路中，除串联的线路总阻抗 $Z=R+\text{j}X$ 外，还将线路的总导纳 $Y=\text{j}B$ 分为两半，分别并联在线路的始末两端。

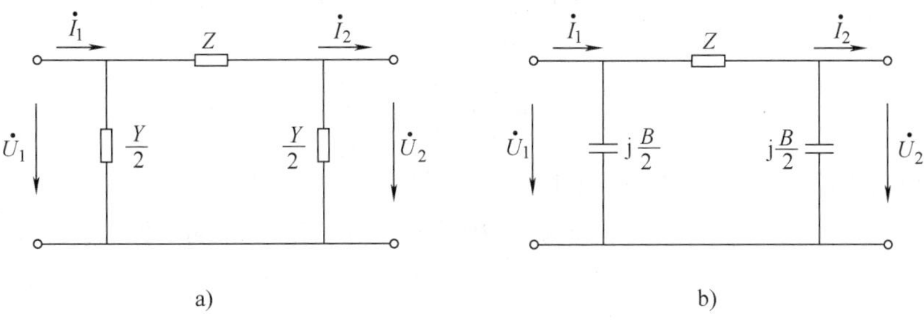

图 2-6　中等长度线路的等效电路

a）一般形式　b）$G=0$ 形式

基本方程以图 2-6a 所示为例。流入末端导纳支路的电流为$\frac{Y}{2}\dot{U}_2$，阻抗支路的电流为$\left(\dot{I}_2+\frac{Y}{2}\dot{U}_2\right)$，则始端电压为

$$\dot{U}_1=\left(\dot{I}_2+\frac{Y}{2}\dot{U}_2\right)Z+\dot{U}_2 \qquad ①$$

而流入始端导纳支路的电流为$\frac{Y}{2}\dot{U}_1$，则始端电流为

$$\dot{I}_1=\frac{Y}{2}\dot{U}_1+\frac{Y}{2}\dot{U}_2+\dot{I}_2 \qquad ②$$

联立式①、②，并写成矩阵形式

$$\begin{pmatrix}\dot{U}_1\\ \dot{I}_1\end{pmatrix}=\begin{pmatrix}\frac{ZY}{2}+1 & Z\\ Y\left(\frac{ZY}{4}+1\right) & \frac{ZY}{2}+1\end{pmatrix}\begin{pmatrix}\dot{U}_2\\ \dot{I}_2\end{pmatrix}=\begin{pmatrix}A & B\\ C & D\end{pmatrix}\begin{pmatrix}\dot{U}_2\\ \dot{I}_2\end{pmatrix} \tag{2-16}$$

显然，$A=\frac{ZY}{2}+1$，$B=Z$，$C=Y\left(\frac{ZY}{4}+1\right)$，$D=\frac{ZY}{2}+1$。

3. 长线路的数学模型

对于电压为 330kV 及以上、线长 $l>300\text{km}$ 的架空线路和线长 $l>100\text{km}$ 的电缆线路，一般称之为长线路。这种线路电压高，线路又长，因此必须考虑分布参数特性的影响，按线路参数实际分布情况绘出分布参数等效电路。

而用分布参数表示线路非常麻烦，若能找到一个用集中参数等效代替分布参数的方法，等效电路就简单多了。在工程计算中，首先以数学为工具作了推证，结论表明：只要将分布参数乘以适当的修正系数就变成了集中参数，从而就可绘制出用集中参数表示的 π 形等效电路，如图 2-7 所示。

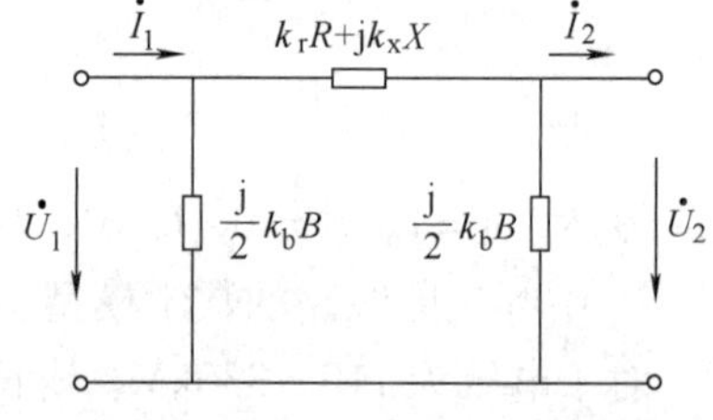

图 2-7　长线路的简化等效电路

图 2-7 中 R、X、B 为全线路的一相集中参数，k_r、k_x、k_b 分别是电阻、电抗及电纳的修正系数，这些修正系数分别为

$$\begin{cases}k_r=1-x_1b_1\frac{l^2}{3}\\ k_x=1-\left(x_1b_1-\frac{r_1^2b_1}{x_1}\right)\frac{l^2}{6}\\ k_b=1+x_1b_1\frac{l^2}{12}\end{cases} \tag{2-17}$$

应该指出，上述修正系数只适用于计算线路始、末端的电流和电压，线路长度超过 300km、小于 750km 的架空线路及长度超过 100km、小于 250km 的电缆线路。超过上述长度的远距离线路并要求较准确计算线路中任一点电压和电流值时，应按均匀分布参数的线路方程计算。

2.1.2 电抗器的参数和数学模型

电抗器的作用是限制短路电流，它是由电阻很小的电感线圈构成的，因此等效电路可用电抗来表示。普通电抗器每相用一个电抗表示即可，如图 2-8 所示。

$X_R\%$　　jX_R

a)　　b)

图 2-8　电抗器的图形符号和等效电路

a）图形符号　b）等效电路

一般电抗器铭牌上给定它的额定电压 U_{RN}、额定电流 I_{RN} 和电抗百分值 $X_R\%$，由此可求电抗器的电抗。

按百分值定义，有

$$X_R\% = X_{R*} \times 100 = \frac{X_R}{X_N} \times 100 \tag{2-18}$$

而

$$X_N = \frac{U_{RN}}{\sqrt{3} I_{RN}}$$

于是得

$$X_R = \frac{X_R\% U_{RN}}{100\sqrt{3} I_{RN}} \tag{2-19}$$

式中　U_{RN}——电抗器的额定电压（kV）；

I_{RN}——电抗器的额定电流（kA）；

X_R——电抗器的每相电抗（Ω）。

变压器

2.1.3 变压器的参数和数学模型

变压器有双绕组变压器、三绕组变压器、自耦变压器、分裂变压器等。变压器的参数包括电阻、电导、电抗和电纳。这些参数要根据变压器铭牌上厂商提供的短路试验数据和空载试验数据来求取。变压器一般都是三相的，在正常运行的情况下，由于三相变压器是均衡对称的电路，因此等效电路可以只用一相代表。下面以电机学为基础，讨论变压器的参数和等效电路。

2.1.3.1 双绕组变压器

由电机学可知，双绕组变压器的 T 形等效电路如图 2-9a 所示，由于励磁支路阻抗 $Z_m = R_m + jX_m$ 相对较大，励磁电流 $\dot{I}_m$ 很小，$\dot{I}_m$ 在 Z_1 上引起的电压降也不大，所以可将励磁支路前移组成如图 2-9b 所示的 Γ 形等效电路，励磁支路以阻抗形式表示。若将励磁支路的阻抗换成以导纳形式表示，则如图 2-9c 所示。图 2-9c 中阻抗支路的阻抗 $Z_T = R_T + jX_T$，励磁支路的导纳

$$Y_T = \frac{1}{Z_m} = \frac{1}{R_m + jX_m} = \frac{R_m}{R_m^2 + X_m^2} - j\frac{X_m}{R_m^2 + X_m^2} = G_T - jB_T \tag{2-20}$$

变压器的 R_T、X_T、G_T、B_T 分别反映了变压器的 4 种基本功率损耗，即铜损耗、漏磁损耗、铁损耗和励磁损耗。

变压器出厂时，铭牌上或出厂试验书中都要给出代表电气特性的 4 个数据：负载损耗 P_k，空载损耗 P_0，阻抗电压百分值 $U_k\%$ 和空载电流百分值 $I_0\%$。此外变压器的型号上还标

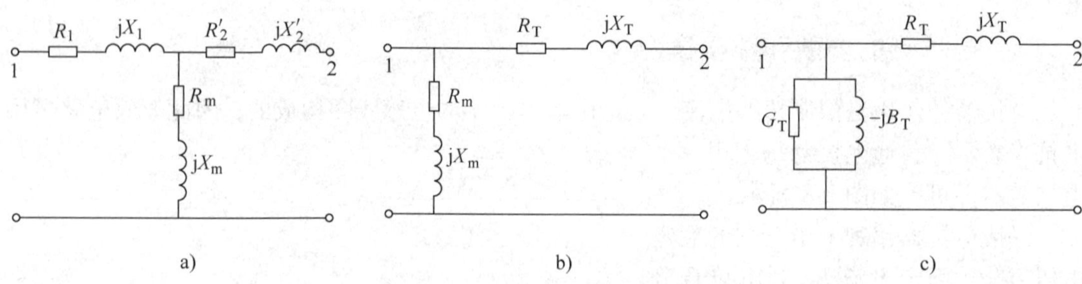

图 2-9　双绕组变压器等效电路

a）T 形等效电路　b）、c）Γ 形等效电路

出额定容量 S_N 和额定电压 U_N。下面介绍由这 6 个（P_k、P_0、$U_k\%$、$I_0\%$、S_N、U_N）已知量求变压器的 4 个参数（R_T、X_T、G_T、B_T）的方法。

1. 电阻 R_T

变电器电阻 R_T 反映经过归算后的一、二次绕组电阻之和，通过短路试验数据求得。

变压器短路试验接线图如图 2-10 所示。进行短路试验时，二次侧短路，一次侧通过调压器接到电源，所加电压必须比额定电压低，当一次侧所加电流达到或近似于额定值时，二次绕组中电流也同时达到额定值，这时从一次侧测得负载损耗 P_k 和阻抗电压 U_k。

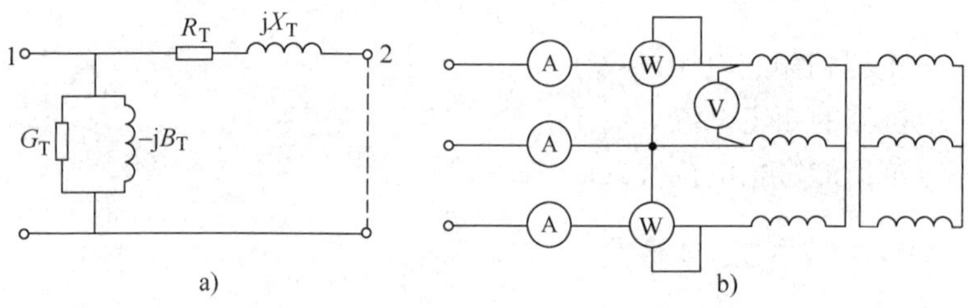

图 2-10　变压器短路试验接线图

a）单相等效电路　b）三相测试接线图

由于短路试验时，一次侧外加的电压是很低的，只是在变压器漏阻抗上的压降，所以铁心中的主磁通也十分小，完全可以忽略励磁电流，铁心中的损耗也可以忽略，这样变压器负载损耗 P_k 近似等于额定电流流过变压器时高低压绕组中总的铜耗 P_{Cu}，于是有

$$P_k = P_{Cu} = 3I_N^2 R_N = 3\left(\frac{S_N}{\sqrt{3}U_N}\right)^2 R_T = \frac{S_N^2}{U_N^2}R_T \tag{2-21}$$

可解得

$$R_T = \frac{P_k U_N^2}{S_N^2} \tag{2-22}$$

式（2-22）中，各物理量均为基本单位，U_N 以 V、S_N 以 VA 为单位，P_k 以 W 为单位。而工程上常采用的电气量的单位见表 2-2。于是有

$$R_T = \frac{P_k U_N^2}{1000 S_N^2} \tag{2-23}$$

式中　R_T——变压器高低压绕组的总电阻（Ω）；

U_N——变压器额定线电压（kV）；

S_N——变压器额定容量（MVA）；

P_k——变压器三相负载损耗（kW）。

表 2-2　电气量的单位

电　气　量	基本单位	工程单位	电　气　量	基本单位	工程单位
电压 U	V	kV	无功功率 Q	var	kvar
电流 I	A	kA	阻抗 Z	Ω	Ω
视在功率 S	VA	MVA	导纳 Y	S	S
有功功率 P	W	kW			

2. 电抗 X_T

变压器电抗 X_T 反映经过归算后一、二次绕组的漏抗之和，也是通过短路试验数据求得。当变压器二次绕组短路时，使绕组中通过额定电流，在一次侧测得的电压即为阻抗电压，它等于变压器的额定电流在一、二次绕组中所造成的电压降，即 $\dot{U}_k=\sqrt{3}\dot{I}_N(R_T+jX_T)$。

对于大容量的变压器，$X_T >> R_T$，则可认为阻抗电压主要降落在 X_T 上，有 $U_k\approx\sqrt{3}I_NX_T$，从而得

$$X_T=\frac{U_k}{\sqrt{3}I_N}$$

而 $U_k=\frac{U_k\%}{100}U_N$，再用 $I_N=\frac{S_N}{\sqrt{3}U_N}$代入上式，则有

$$X_T=\frac{U_k\%\,U_N^2}{100S_N} \tag{2-24}$$

式中　X_T——变压器一、二次绕组的总电抗（Ω）；

$U_k\%$——变压器的阻抗电压百分值；

U_N、S_N——意义与式（2-23）相同。

3. 电导 G_T

变电器电导 G_T 反映与变压器励磁支路有功损耗相应的等效电导，通过空载试验数据求得。变压器空载试验接线图如图 2-11 所示。进行空载试验时，二次侧开路，一次侧加上额定电压，在一次侧测得空载损耗 P_0 和空载电流 I_0。

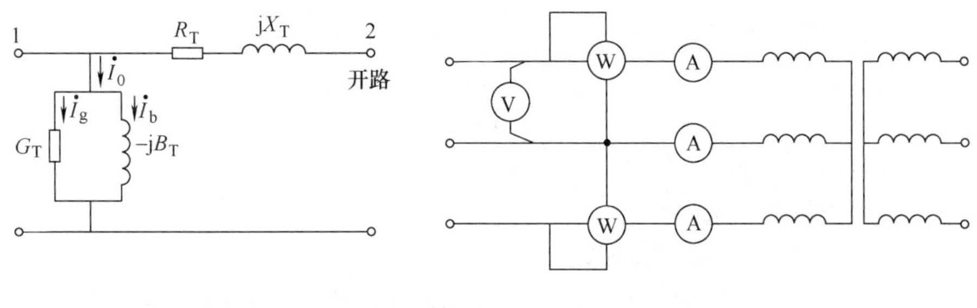

图 2-11　变压器空载试验接线图

a）单相等效电路　b）三相测试接线图

变压器励磁支路以导纳 Y_T 表示时，其中电导 G_T 对应的是铁耗 P_{Fe}，而空载损耗包括铁耗和空载电流引起的绕组中的铜耗。由于空载试验的电流很小，变压器二次侧处于开路，所以此时的绕组铜耗很小，可认为空载损耗主要损耗在 G_T 上了，因此，铁耗 P_{Fe} 近似等于空载损耗 P_0，于是有

$$P_0 = P_{Fe} = U_N^2 G_N \tag{2-25}$$

而

$$G_T = \frac{P_0}{U_N^2}$$

式（2-25）中，U_N 以 V、P_0 以 W 为单位。采用工程单位时，有

$$G_T = \frac{P_0}{1000 U_N^2} \tag{2-26}$$

式中　G_T——变压器的电导（S）；

P_0——变压器的三相空载损耗（kW）；

U_N——变压器的额定电压（kV）。

4. 电纳 B_T

变压器电纳 B_T 反映与变压器主磁通的等效参数（励磁电抗）相应的电纳，也是通过空载试验数据求得。

变压器空载试验时，流经励磁支路的空载电流 $\dot{I}_0$ 分解为有功电流 $\dot{I}_g$（流过 G_T）和无功电流 $\dot{I}_b$（流过 B_T），且有功分量 $\dot{I}_g$ 比无功分量 $\dot{I}_b$ 小得多，如图 2-12 所示，所以在数值上 $I_0 \approx I_b$，即空载电流近似等于无功电流。由 $U_N = \sqrt{3} I_0 \frac{1}{B_T} = \sqrt{3} I_b \frac{1}{B_T}$ 得

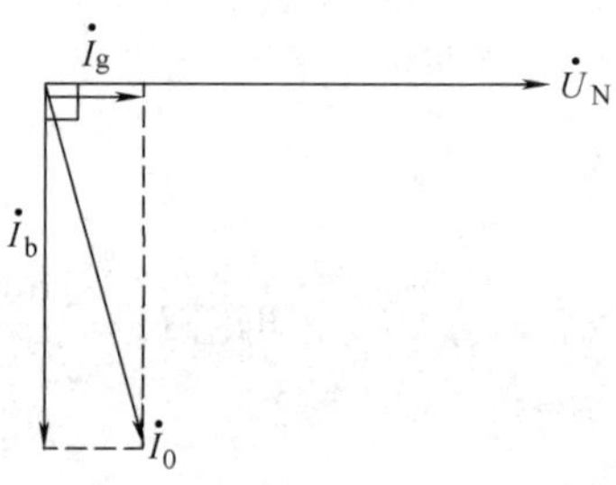

图 2-12　双绕组变压器空载运行时的相量图

$$I_b = \frac{U_N}{\sqrt{3}} B_T \qquad ①$$

又由 $I_0\% = \frac{I_0}{I_N} \times 100$ 得

$$I_0 = \frac{I_0\%}{100} I_N = \frac{I_N\%}{100} \frac{S_N}{\sqrt{3} U_N} \qquad ②$$

令式①、式②相等，解得

$$B_T = \frac{I_0\%}{100} \frac{S_N}{U_N^2} \tag{2-27}$$

式中　B_T——变压器的电纳（S）；

$I_0\%$——变压器的空载电流百分值；

U_N、S_N——意义与式（2-23）相同。

求得变压器的阻抗、导纳后，即可作出变压器的等效电路。在电力系统计算中，常用 Γ 形等效电路，且励磁支路接电源侧。

需注意，变压器电纳的符号与线路电纳的符号正相反，因前者为感性，而后者为容性。

在工程计算中，因变压器的电压变化不太大，往往将变压器的励磁支路以额定电压下的

励磁功率来代替，于是变压器的等效电路又可用图 2-13 表示。其中励磁功率损耗为

$$\Delta P_0 = \frac{P_0}{1000}$$

$$\Delta Q_0 = \frac{I\% S_N}{100} \tag{2-28}$$

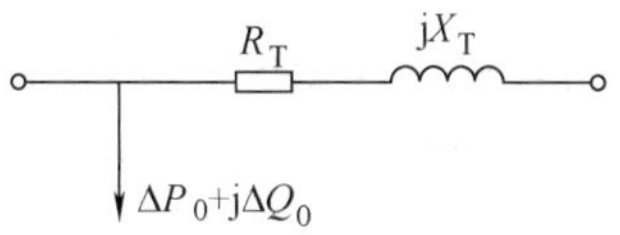

图 2-13　以励磁功率表示的变压器 Γ 形等效电路

式中　P_0——变压器的空载损耗（kW）；

$I\%$——变压器的空载电流百分值；

S_N——变压器的额定容量（MVA）；

ΔP_0——在额定运行条件下变压器励磁支路的有功损耗（MW）；

ΔQ_0——在额定运行条件下变压器励磁支路的无功损耗（Mvar）。

【例 2-2】　试计算 SFLl—20000/110 型双绕组变压器归算到高压侧的参数，并画出它的等效电路。变压器铭牌给出该变压器的电压比为 110kV/11kV、$S_N = 20\text{MVA}$、$P_k = 135\text{kW}$、$P_0 = 22\text{kW}$、$U_k\% = 10.5$、$I_0\% = 0.8$。

解　按照式（2-23），由负载损耗（亦称短路损耗）$P_k = 135\text{kW}$ 可求得变压器电阻为

$$R_T = \frac{P_k U_N^2}{1000 S_N^2} = \frac{135 \times 110^2}{1000 \times 20^2}\Omega = 4.08\Omega$$

按照式（2-24），由阻抗电压（亦称短路电压）百分值 $U_k\% = 10.5$ 可求得变压器电抗为

$$X_T = \frac{U_k\% U_N^2}{100 S_N} = \frac{10.5 \times 110^2}{100 \times 20}\Omega = 63.53\Omega$$

按照式（2-26），由空载损耗 $P_0 = 22\text{kW}$ 可求得变压器励磁支路的电导为

$$G_T = \frac{P_0}{1000 U_N^2} = \frac{22}{1000 \times 110^2}\text{S} = 1.82 \times 10^{-6}\text{S}$$

按照式（2-27），由空载电流百分值 $I_0\% = 0.8$ 可求得变压器励磁支路的电纳为

$$B_T = \frac{I_0\% S_N}{100 U_N^2} = \frac{0.8 \times 20}{100 \times 110^2}\text{S} = 1.322 \times 10^{-5}\text{S}$$

于是，等效电路如图 2-14 所示。

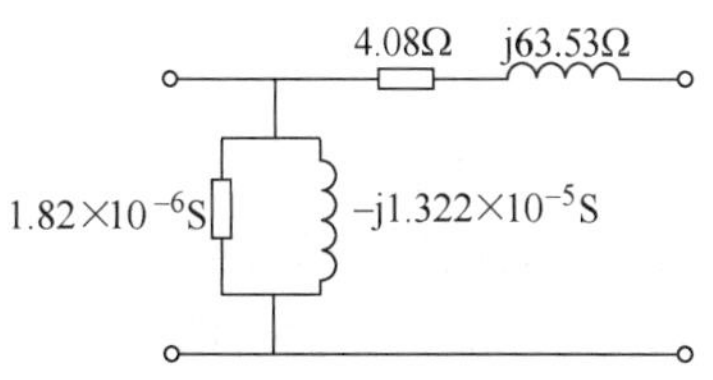

图 2-14　例 2-2 的等效电路

2.1.3.2　三绕组变压器

三绕组变压器的等效电路如图 2-15 所示。阻抗支路比双绕组变压器多了一个支路，$Z_{T1} = R_{T1} + jX_{T1}$、$Z_{T2} = R_{T2} + jX_{T2}$、$Z_{T3} = R_{T3} + jX_{T3}$ 分别代表在忽略励磁电流条件下得到的，归算到同一电压等级的三个绕组的等效阻抗。变压器的励磁支路仍以导纳 $Y_T(Y_T = G_T - jB_T)$ 表示，它代表励磁回路在同一电压等级下的等效导纳。

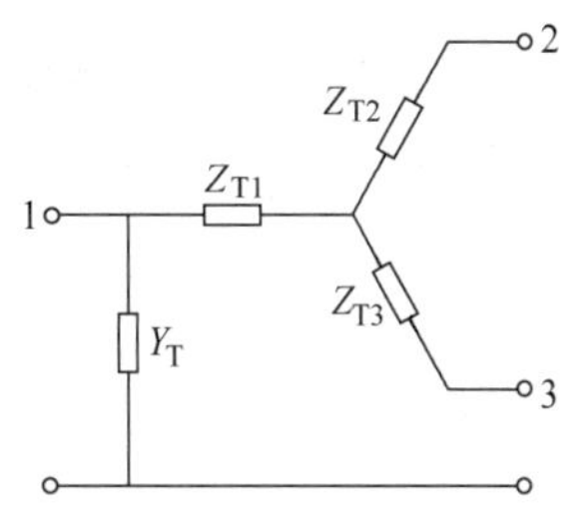

图 2-15　三绕组变压器的等效电路

三绕组变压器各绕组阻抗及励磁支路导纳的计算方法与计算双绕组变压器时没有本质的区别，也是根据厂商提供的短路试验数据和空载试验数据求取。但由于三绕组变压器三个绕组的容量比有不同的组合，且各绕组在铁心上的排列又有不同方式，所以存在一些归算问题。

三绕组变压器按三个绕组容量比的不同有三种不同类型：第Ⅰ种为100%/100%/100%，即三个绕组的容量都等于变压器额定容量。第Ⅱ种为100%/100%/50%，即第三绕组的容量仅为变压器额定容量的50%。第Ⅲ种为100%/50%/100%，即第二绕组的容量仅为变压器额定容量的50%。

三绕组变压器出厂时，厂商提供三个绕组两两间在短路电流为额定电流条件下，做短路试验时测得的负载损耗 $P_{k(1\text{-}2)}$、$P_{k(2\text{-}3)}$、$P_{k(3\text{-}1)}$ 和两两间的阻抗电压百分值 $U_{k(1\text{-}2)}\%$、$U_{k(2\text{-}3)}\%$、$U_{k(3\text{-}1)}\%$；空载试验数据仍提供空载损耗 P_0、空载电流百分值 $I_0\%$。根据这些数据求得变压器各绕组的阻抗及其励磁支路的导纳。

1. 求各绕组的电阻（R_{T1}、R_{T2}、R_{T3}）

对第Ⅰ种类型100%/100%/100%的变压器，由已知的三绕组变压器两两间的短路损耗 $P_{k(1\text{-}2)}$、$P_{k(2\text{-}3)}$、$P_{k(3\text{-}1)}$ 来求取电阻 R_{T1}、R_{T2}、R_{T3}。

由于

$$
\begin{aligned}
P_{k(1\text{-}2)} &= P_{k1} + P_{k2} \\
P_{k(2\text{-}3)} &= P_{k2} + P_{k3} \\
P_{k(3\text{-}1)} &= P_{k3} + P_{k1}
\end{aligned}
$$

所以可求得各绕组的负载损耗

$$
\begin{cases}
P_{k1} = \dfrac{1}{2}\left[P_{k(1\text{-}2)} + P_{k(3\text{-}1)} - P_{k(2\text{-}3)}\right] \\
P_{k2} = \dfrac{1}{2}\left[P_{k(1\text{-}2)} + P_{k(2\text{-}3)} - P_{k(3\text{-}1)}\right] \\
P_{k3} = \dfrac{1}{2}\left[P_{k(2\text{-}3)} + P_{k(3\text{-}1)} - P_{k(1\text{-}2)}\right]
\end{cases}
\tag{2-29}
$$

然后按与双绕组变压器相似的公式计算各绕组的电阻

$$
\begin{cases}
R_{T1} = \dfrac{P_{k1}}{1000}\dfrac{U_N^2}{S_N^2} \\
R_{T2} = \dfrac{P_{k2}}{1000}\dfrac{U_N^2}{S_N^2} \\
R_{T3} = \dfrac{P_{k3}}{1000}\dfrac{U_N^2}{S_N^2}
\end{cases}
\tag{2-30}
$$

对于第Ⅱ、Ⅲ种类型变压器，由于各绕组的容量不同，厂商提供的短路损耗数据不是额定情况下的数据，而是使绕组中容量较大的一个绕组达到 $I_N/2$，容量较小的一个绕组达到它的额定电流时，测得的这两绕组间的负载损耗，所以应先将两绕组间的负载损耗数据归算为额定电流下的值，再运用上述公式求取各绕组的负载损耗和电阻。

例如，对100%/50%/100%类型变压器，由于厂商提供的负载损耗 $P_{k(1\text{-}2)}$、$P_{k(2\text{-}3)}$ 都是第二绕组中流过它本身的额定电流，即1/2变压器额定电流时测得的数据，因此应首先将它们归算到对应于变压器的额定电流时的负载损耗，即

$$
\begin{cases}
P_{k1} = \left(\dfrac{S_{N1}}{S_{N2}}\right)^2 P'_{k(1\text{-}2)} \\
P_{k2} = \left(\dfrac{S_{N3}}{S_{N2}}\right)^2 P'_{k(2\text{-}3)} \\
P_{k(3\text{-}1)} = P'_{k(3\text{-}1)}
\end{cases}
\tag{2-31}
$$

然后再按式（2-29）及式（2-30）求得各绕组的电阻。

对于三个绕组的容量分布不均的变压器，如100%/100%/50%、100%/100%/66.7%类型的变压器，一般厂商仅提供一个最大负载损耗P_{kmax}。所谓最大负载损耗，是指做短路试验时，让两个100%容量的绕组中流过额定电流，另一个容量较小的绕组空载所测得的损耗。这时的损耗为最大，可由P_{kmax}求得两个100%容量绕组的电阻，然后根据“按同一电流密度选择各绕组导线截面积”的变压器设计原则，得到另一个绕组的电阻。

如设第一、二绕组的容量为S_N，第三绕组开路，$S_{N3}=0$，则有

$$P_{kmax}=3I_N^2(R_{T1}+R_{T2})=6I_N^2R_{T(100)}=2\frac{S_N^2}{U_N^2}R_{T(100)}$$

因而有

$$R_{T(100)}=\frac{P_{kmax}U_N^2}{2S_N^2}$$

采用工程单位后，即有

$$R_{T(100)}=\frac{P_{kmax}U_N^2}{2000S_N^2} \tag{2-32}$$

式中　$R_{T(100)}=R_{T1}=R_{T2}$——100%容量绕组的电阻（Ω）；

P_{kmax}——最大负载损耗（kW）；

U_N、S_N——意义与式（2-23）相同。

然后可求得另一个容量较小的绕组上的电阻，如$R_{T(50)}=2R_{T(100)}$或$R_{T(66.7)}=(100/66.7)R_{T(100)}$等。

2. 求各绕组的电抗（X_{T1}、X_{T2}、X_{T3}）

三绕组变压器的电抗是根据厂商提供的各绕组两两间的阻抗电压百分值$U_{k(1\text{-}2)}\%$、$U_{k(2\text{-}3)}\%$、$U_{k(3\text{-}1)}\%$来求取。由于三绕组变压器各绕组的容量比不同，各绕组在铁心上排列方式不同，因而，各绕组两两间的阻抗电压也不同。

三绕组变压器按其三个绕组在铁心上排列方式的不同，有两种不同的结构，即升压结构和降压结构，如图2-16所示。设高、中、低压绕组分别为1、2、3，对应的等效电路如图2-17所示。

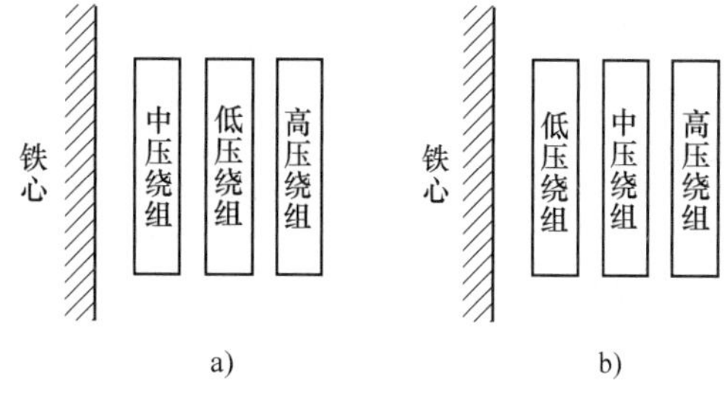

图2-16　三绕组变压器绕组的两种排列方式

a）升压结构　b）降压结构

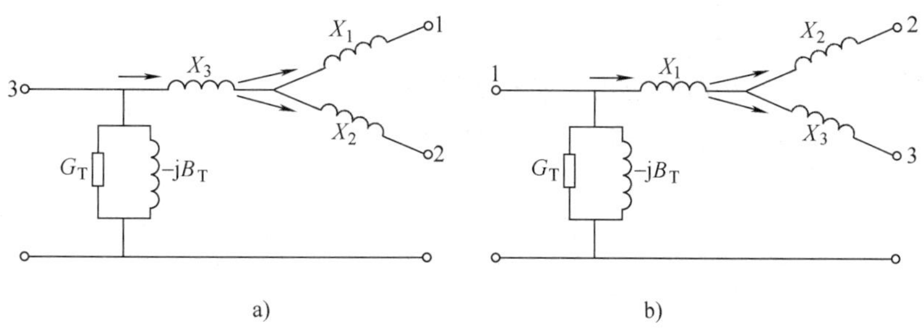

图2-17　升、降压结构变压器的等效电路

a）升压结构　b）降压结构

图2-17a示出了第一种排列方式，此时高压绕组与中压绕组之间间隙相对较大，即漏磁通道较大，相应的阻抗电压$U_{k(1-2)}\%$也大。此种排列方式使低压绕组与高、中压绕组的联系均紧密，有利于功率从低压侧向高、中压侧传送，因此常用于升压变压器，此种结构也称为升压结构。由图2-17a可看出，在低压绕组电抗X_3上通过的是全功率，功率是由低压侧向高、中压侧传输，两个交换功率的绕组之间，其漏磁通道均较小，这样$U_{k(3-1)}\%$、$U_{k(2-3)}\%$都较小。

图2-17b示出了第二种排列方式，此时高、低压绕组间间隙相对较大，即漏磁通道较大，相应的阻抗电压$U_{k(3-1)}\%$也大，此种绕组排列使高压绕组与中压绕组联系紧密，有利于功率从高压向中压侧传送，因此常用于降压变压器，此种结构也称降压结构。由图2-17b可看出，功率是由高压侧向中、低压侧传送的。从高压侧来的功率，若主要是通过中压绕组（X_2）外送，则选这种排列方式的变压器。

表2-3列出了110kV三相三绕组变压器在不同的绕组排列方式下的阻抗电压百分值。

表2-3　三相三绕组变压器的阻抗电压百分值

排 列 方 式	$U_{k(1-2)}$(%)	$U_{k(2-3)}$(%)	$U_{k(3-1)}$(%)
升压结构	17.5	6.5	10.5
降压结构	10.5	6.5	17.5

由表2-3可见，由于绕组的排列方式不同，各绕组间的漏磁通道以及由此引起的阻抗电压百分值不同，进而各绕组上的等效电抗也会不同。

根据绕组两两间阻抗电压百分值$U_{k(1-2)}\%$、$U_{k(2-3)}\%$、$U_{k(3-1)}\%$可求出各绕组的阻抗电压百分值。

由于

$$\begin{cases} U_{k(1-2)}\% = U_{k1}\% + U_{k2}\% \\ U_{k(2-3)}\% = U_{k2}\% + U_{k3}\% \\ U_{k(3-1)}\% = U_{k3}\% + U_{k1}\% \end{cases} \tag{2-33}$$

所以有

$$\begin{cases} U_{k1}\% = \dfrac{1}{2}[U_{k(1-2)}\% + U_{k(3-1)}\% - U_{k(2-3)}\%] \\ U_{k2}\% = \dfrac{1}{2}[U_{k(1-2)}\% + U_{k(2-3)}\% - U_{k(3-1)}\%] \\ U_{k3}\% = \dfrac{1}{2}[U_{k(2-3)}\% + U_{k(3-1)}\% - U_{k(1-2)}\%] \end{cases} \tag{2-34}$$

再按与双绕组变压器相似的公式，求各绕组的电抗

$$\begin{cases} X_{T1} = \dfrac{U_{k1}\%}{100}\dfrac{U_N^2}{S_N} \\ X_{T2} = \dfrac{U_{k2}\%}{100}\dfrac{U_N^2}{S_N} \\ X_{T3} = \dfrac{U_{k3}\%}{100}\dfrac{U_N^2}{S_N} \end{cases} \tag{2-35}$$

求取电抗与求取电阻时不同，按国家标准规定，对于绕组容量不等的普通三绕组变压器给出的阻抗电压，是归算到各绕组通过变压器额定电流时的值，因此计算电抗时，对阻抗电压不必再进行归算。

3. 电导 G_T 和电纳 B_T

求取三绕组变压器励磁支路导纳的方法与双绕组变压器相同，即仍可用式（2-26）求电导 G_T，用式（2-27）求电纳 B_T。

三绕组变压器的励磁支路也可以用励磁功率 $\Delta P_0 + j\Delta Q_0$ 来表示。

2.1.3.3 自耦变压器

因为自耦变压器只能用于中性点直接接地的电网中，所以电力系统中广泛应用的自耦变压器都是星形联结。自耦变压器除了自耦联系的高压绕组和中压绕组外，还有一个第三绕组。由于铁心的饱和现象，电压和电流不免有3次谐波出现，为了消除3次谐波电流，所以第三绕组单独连接成三角形，如图2-18a所示。第三绕组与自耦联系的高压及中压绕组，只有磁的联系，无电的联系。第三绕组除补偿3次谐波电流外，还可以连接发电机、同步调相机以及作为变电所附近用户的供电电源或变电所的所用电源。因此，自耦变压器和一个普通的三绕组变压器的等效电路相同、短路试验和空载试验相同、参数的确定也基本相同。唯一要注意的是：由于自耦变压器第三绕组的容量小，总是小于额定容量，厂商提供的短路试验数据中，不仅负载损耗没有归算，甚至负载电压百分值也是未经归算的数值。如需作这种归算，可将负载损耗 $P'_{k(3\text{-}1)}$、$P'_{k(2\text{-}3)}$ 乘以 $(S_N/S_3)^2$，将短路电压百分值 $U'_{k(3\text{-}1)}\%$、$U'_{k(2\text{-}3)}\%$ 乘以 (S_N/S_3)，即

$$P_{k(1\text{-}2)} = P'_{k(1\text{-}2)} \qquad P_{k(3\text{-}1)} = \left(\frac{S_N}{S_3}\right)^2 P'_{k(3\text{-}1)} \qquad P_{k(2\text{-}3)} = \left(\frac{S_N}{S_3}\right)^2 P'_{k(2\text{-}3)}$$

$$U_{k(1\text{-}2)}\% = U'_{k(1\text{-}2)}\% \qquad U_{k(3\text{-}1)}\% = \left(\frac{S_N}{S_3}\right) U'_{k(3\text{-}1)}\% \qquad U_{k(2\text{-}1)}\% = \left(\frac{S_N}{S_3}\right) U'_{k(2\text{-}3)}\%$$

然后可按式（2-29）、式（2-30）求各绕组的电阻，按式（2-34）、式（2-35）求各绕组的电抗。

自耦变压器的励磁支路与普通变压器的励磁支路表示方法相同，参数计算方法也相同。

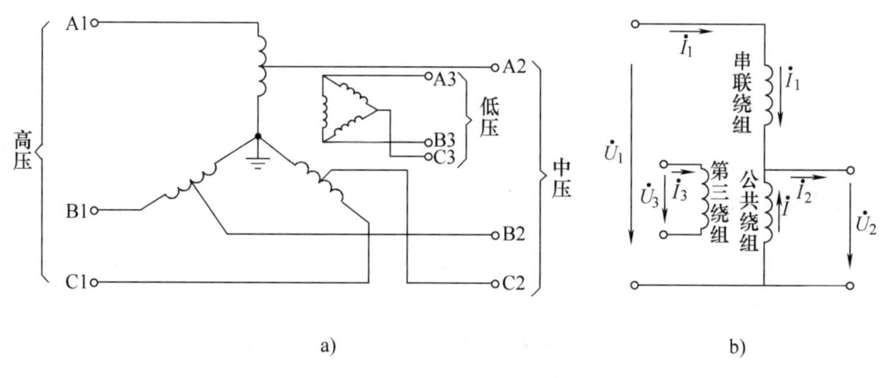

图2-18　自耦变压器接线图

a）三相接线　b）单相接线

【例2-3】　某变电所装设一台OSFPSL—90000/220型三相三绕组自耦变压器，各绕组

电压为220kV/121kV/38.5kV，容量比为100%/100%/50%，实测的空载短路试验数据如下：$P_{k(1-2)}=333\text{kW}$，$P'_{k(3-1)}=265\text{kW}$，$P'_{k(2-3)}=277\text{kW}$；$U_{k(1-2)}\%=9.09$，$U'_{k(3-1)}\%=16.45$，$U'_{k(2-3)}\%=10.75$；$P_0=59\text{kW}$；$I_0\%=0.332$。试求该自耦变压器的参数并绘制等效电路。

解 归算容量 $P_{k(1-2)}=333\text{kW}$

$$P_{k(3-1)}=\left(\frac{S_N}{S_3}\right)^2 P'_{k(3-1)}=4\times 265\text{kW}=1060\text{kW}$$

$$P_{k(2-3)}=\left(\frac{S_N}{S_3}\right)^2 P'_{k(2-3)}=4\times 277\text{kW}=1108\text{kW}$$

所以，根据式（2-23）求各绕组的负载损耗

$$P_{k1}=\frac{1}{2}(333+1060+1108)\text{kW}=142.5\text{kW}$$

$$P_{k2}=\frac{1}{2}(333+1108-1060)\text{kW}=190.5\text{kW}$$

$$P_{k3}=\frac{1}{2}(1108+1060-333)\text{kW}=917.5\text{kW}$$

根据式（2-30）求各绕组的电阻

$$R_{T1}=\frac{P_{k1}U_N^2}{1000S_N^2}=\frac{142.5\times 220^2}{1000\times 90^2}\Omega=0.85\Omega$$

$$R_{T2}=\frac{P_{k2}U_N^2}{1000S_N^2}=\frac{190.5\times 220^2}{1000\times 90^2}\Omega=1.14\Omega$$

$$R_{T3}=\frac{P_{k3}U_N^2}{1000S_N^2}=\frac{917.5\times 220^2}{1000\times 90^2}\Omega=5.48\Omega$$

归算出电压

$$U_{k(1-2)}\%=U'_{k(1-2)}\%=9.09$$

$$U_{k(3-1)}\%=\left(\frac{S_N}{S_3}\right)U'_{k(3-1)}\%=\frac{100}{50}\times 16.45=32.9$$

$$U_{k(2-1)}\%=\left(\frac{S_N}{S_3}\right)U'_{k(2-3)}\%=\frac{100}{50}\times 10.75=21.5$$

根据式（2-34）求各绕组的阻抗电压

$$U_{k1}\%=\frac{1}{2}\times(9.09+32.9-21.5)=10.245$$

$$U_{k2}\%=\frac{1}{2}\times(9.09+21.5-32.9)=-1.155$$

$$U_{k3}\%=\frac{1}{2}\times(21.5+32.9-9.09)=22.655$$

根据式（2-35）求各绕组的电抗

$$\begin{cases} X_{T1} = \dfrac{U_{k1}\%}{100}\dfrac{U_N^2}{S_N} = \dfrac{10.245}{100}\times\dfrac{220^2}{90}\Omega = 55.10\Omega \\ X_{T2} = \dfrac{U_{k2}\%}{100}\dfrac{U_N^2}{S_N} = \dfrac{-1.155}{100}\times\dfrac{220^2}{90}\Omega = -6.21\Omega \\ X_{T3} = \dfrac{U_{k3}\%}{100}\dfrac{U_N^2}{S_N} = \dfrac{22.655}{100}\times\dfrac{220^2}{90}\Omega = 121.83\Omega \end{cases}$$

励磁支路的电导和电纳

$$G_T = \frac{P_0}{1000U_N^2} = \frac{59}{1000\times220^2}S = 1.22\times10^{-6}S$$

$$B_T = \frac{I_0\%S_N}{100U_N^2} = \frac{0.332\times90}{100\times220^2}S = 6.17\times10^{-6}S$$

等效电路如图 2-19 所示。

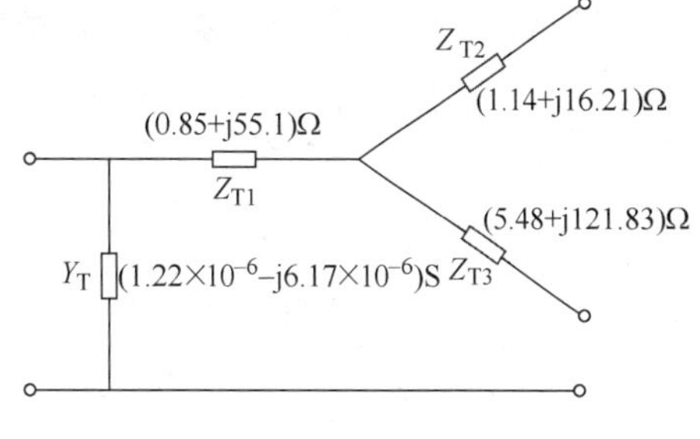

图 2-19 例 2-3 的等效电路

2.1.4 发电机、负荷的参数和数学模型

1. 发电机的参数和数学模型

发电机是供电的电源，其等效电路有两种，如图 2-20 所示。

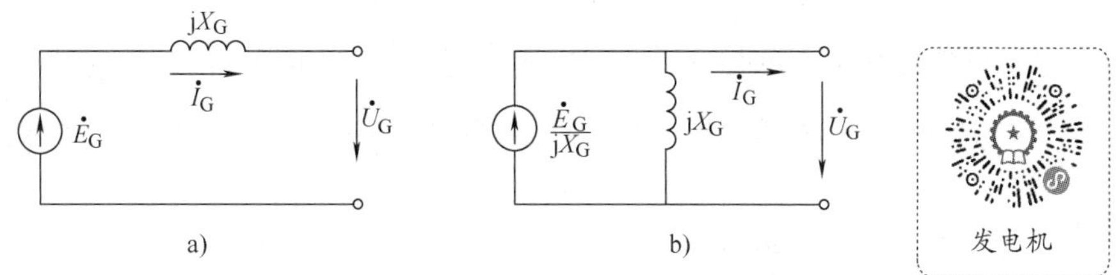

图 2-20 发电机简化等效电路

a）电压源 b）电流源

在电力系统计算中，一般不计发电机的电阻，因此发电机参数只有一个电抗 X_G。

一般发电机出厂时，厂商提供的参数有发电机额定容量 S_N、额定有功功率 P_N、额定功率因数 $\cos\varphi_N$、额定电压 U_N 及电抗百分值 $X_G\%$，据此可求得发电机电抗 X_G。

按百分值定义，有

$$X_G\% = \frac{X_G}{X_N}\times100 \tag{2-36}$$

而 $X_N = \dfrac{U_{GN}}{\sqrt{3}I_N}$，$I_N = \dfrac{S_N}{\sqrt{3}U_{GN}}$，代入式（2-36）可解得

$$X_G = \frac{X_G\%}{100}\frac{U_{GN}^2}{S_N} \tag{2-37}$$

式中 X_G——发电机电抗（Ω）；

$X_G\%$——发电机电抗百分值；

U_{GN}——发电机的额定电压（kV）；

S_N——发电机的额定功率（MVA）。

2. 负荷的功率和阻抗

这里所指的负荷是系统中母线上所带的负荷。根据工程上对计算要求的精度不同，负荷的表示方法也不同，一般有如下几种表示方法：

1）把负荷表示成恒定功率 P_L = constant、Q_L = constant。

2）把负荷表示成恒定阻抗 Z_L = constant。

3）用感应电机的机械特性表示负荷。

4）用负荷的静态特性方程表示负荷。

通常最常用的是前两种，其等效电路如图 2-21 所示。

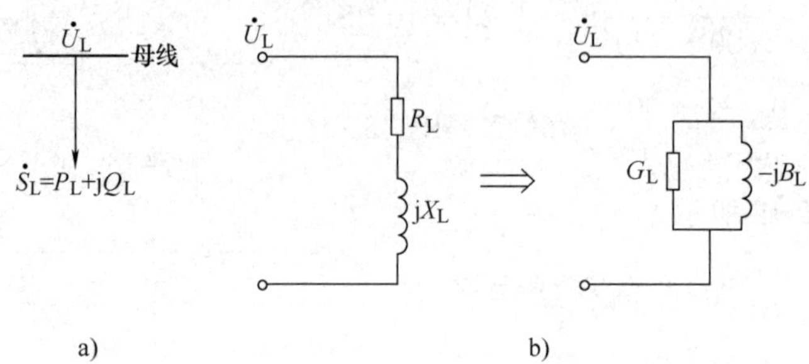

图 2-21 负荷的等效电路

a）用恒定功率表示负荷 b）用恒定阻抗及导纳表示负荷

负荷以恒定功率表示时，通常采用 $\dot{S}=\dot{U}\hat{I}$ 表示复功率，因此负荷功率可表示为

$$\dot{S}_L = \dot{U}_L\hat{I}_L = U_LI_L\angle(\varphi_u-\varphi_i) = U_LI_L\angle\varphi_L = U_LI_L\cos\varphi_L + jU_LI_L\sin\varphi_L = P_L + jQ_L \tag{2-38}$$

式中 P_L——有功功率负荷；

Q_L——无功功率负荷。

可见，负荷为感性，负荷端电压 $\dot{U}_L$ 超前于负荷电流 $\dot{I}_L$ 一个 φ_L 角。

负荷以恒定阻抗表示时，阻抗值与功率、电压的关系如下：

由 $\dot{S}_L=\dot{U}_L\hat{I}_L=\dot{U}_L\left(\dfrac{\hat{U}_L}{\hat{Z}_L}\right)=\dfrac{\dot{U}_L\hat{U}_L}{\hat{Z}_L}$得

$$Z_L = \frac{\hat{U}\dot{U}}{\hat{S}_L}\frac{\dot{S}_L}{\dot{S}_L} = \frac{U_L^2}{S_L^2}\dot{S}_L = \frac{U_L^2}{S_L^2}(P_L + jQ_L) = R_L + jX_L \tag{2-39}$$

显然，$R_L=\dfrac{U_L^2}{S_L^2}P_L$，$X_L=\dfrac{U_L^2}{S_L^2}Q_L$。

当然，负荷也可以以恒定导纳表示，其导纳为

$$Y_L = \frac{1}{Z_L} = \frac{1}{R_L + jX_L} = \frac{R_L}{R_L^2 + X_L^2} - j\frac{X_L}{R_L^2 + X_L^2} = G_L - jB_L \tag{2-40}$$

2.2 简单电力系统的等值网络

2.1 节讨论了电力系统各主要元件的参数和等效电路。电力系统的等效电路，显然就是

这些单个元件的等效电路连接在一起的。考虑到电力系统中可能有多个变压器存在，也就有不同的电压等级。因此，不能仅仅将这些简单元件的等效电路按元件原有参数简单的相连，而要进行适当的参数归算，将全系统各元件的参数归算至同一个电压等级，才能将各元件的等效电路连接起来，成为系统的等值网络。

究竟将参数归算到哪一个电压等级，要因具体情况而定，归算到哪一级，就称哪一级为基本级。在电力系统潮流计算中，一般选择系统的最高电压等级为基本级。

对图 2-22a 所示的简单电力系统，如果选 220kV 电压等级为基本级，将各元件的参数全部归算到基本级后，即可连成系统的等效电路，如图 2-22b 所示。

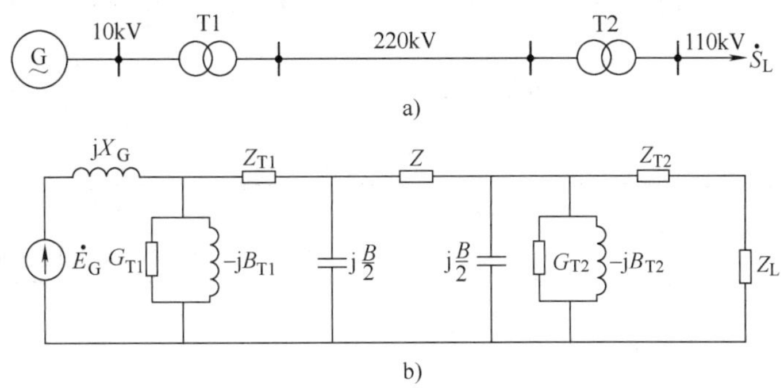

图 2-22　简单电力系统及等效电路

a）接线图　b）等效电路

电力系统的等效电路是进行电力系统各种电气计算的基础，在电力系统的等效电路中，其元件参数可以用有名值表示，也可以用标幺值表示，这取决于计算的需要。

2.2.1　用有名值计算时的电压级归算

求得各元件的等效电路后，就可以根据电力系统的接线图绘制出整个系统的等效电路。其中要注意电压等级的归算。对于多电压级的复杂系统，首先应选好基本级，其参数归算过程如下。

1. 选基本级

基本级的确定取决于研究的问题所涉及的电压等级。例如，在电力系统稳态计算时，一般以最高电压等级为基本级；在进行短路计算时，以短路点所在的电压等级为基本级。

2. 确定电压比

变压器的电压比分为两种，即实际额定电压比和平均额定电压比。实际额定电压比是指变压器两侧的额定电压之比；平均额定电压比是指变压器两侧母线的平均额定电压之比。变压器的电压比是基本级侧的电压与待归算级侧的电压之比。

3. 参数归算

工程上要求的精度不同，参数的归算要求也不同。在精度要求比较高的场合，采用变压器的实际额定电压比进行归算，即准确归算法。在精度要求不太高的场合，采用变压器的平均额定电压比进行归算，即近似归算法。

（1）准确归算法

变压器的实际额定电压比为

$$K = \frac{\text{基本级侧的额定电压}}{\text{待归算级侧的额定电压}} \tag{2-41}$$

按这个电压比把参数归算到基本级。

设待归算级的参数为 Z'、Y'、U'、I'，归算到基本级后为 Z、Y、U、I，二者的关系为

$$Z = K^2Z', \quad Y = \frac{1}{K^2}Y', \quad U = KU', \quad I = \frac{1}{K}I' \tag{2-42}$$

式中　K——实际额定电压比，$K = K_1K_2\cdots K_n$。

（2）近似归算法

采用变压器的平均额定电压比进行参数归算，而变压器两侧母线的平均额定电压一般较网络的额定电压约高5%。

各级额定电压和平均额定电压见表2-4。

表2-4　各级额定电压和平均额定电压

额定电压 U_N/kV	3	6	10	35	110	220	330	500	750	1000
平均额定电压 U_{av}/kV	3.15	6.3	10.5	37	115	230	345	525	787.5	1050

变压器平均额定电压比为

$$K_{av} = \frac{U_{avb}}{U_{av}} \tag{2-43}$$

式中　U_{avb}——基本级侧的平均额定电压；

U_{av}——待归算级侧的平均额定电压。

采用平均额定电压比时，参数的归算可按下式进行：

$$Z = K_{av}^2Z', \quad Y = \frac{1}{K_{av}^2}Y', \quad U = K_{av}U', \quad I = \frac{1}{K_{av}}I' \tag{2-44}$$

采用平均额定电压比的优越性在于：对多电压等级的复杂网，参数的归算按近似归算法进行时，可以大大减轻计算工作量。

图2-23所示的电力系统给出了变压器两侧的额定电压，末端负荷以恒定阻抗 Z'_L 表示，试用准确归算法和近似归算法将参数归算至基本级。

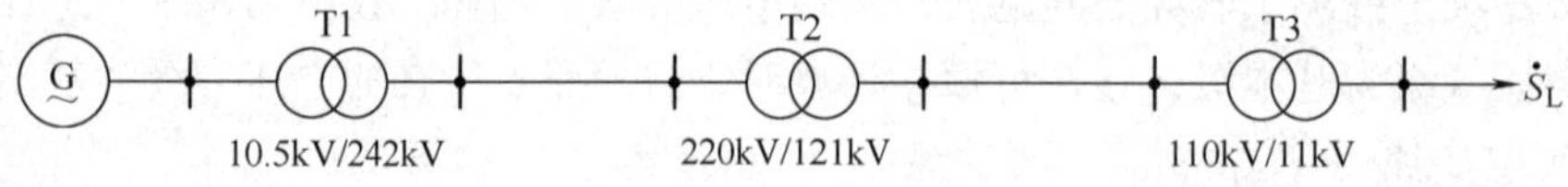

图2-23　简单电力系统

1）选定基本级：220kV级。

2）确定电压比：

实际额定电压比

$$K_1 = 242\text{kV}/10.5\text{kV}, \quad K_2 = 220\text{kV}/121\text{kV}, \quad K_3 = 110\text{kV}/11\text{kV}$$

平均额定电压比

$$K_1 = 230\text{kV}/10.5\text{kV}, \quad K_2 = 230\text{kV}/115\text{kV}, \quad K_3 = 115\text{kV}/10.5\text{kV}$$

3）参数归算：

准确归算

$$Z_{\mathrm{L}}=Z_{\mathrm{L}}'K_3^2K_2^2=Z_{\mathrm{L}}'\left(\frac{110}{11}\right)^2\times\left(\frac{220}{121}\right)^2$$

近似归算

$$Z_{\mathrm{L}}=Z_{\mathrm{L}}'K_3^2K_2^2=Z_{\mathrm{L}}'\left(\frac{115}{10.5}\right)^2\times\left(\frac{230}{115}\right)^2=Z_{\mathrm{L}}'\left(\frac{230}{10.5}\right)^2$$

可见采用平均额定电压比时，归算过程中中间电压等级的电压可以上下抵消。所以中间的变压器电压比已知与否无关紧要，只要知道基本级和待归算级的电压，就可将参数归算到基本级上去，显然比按实际额定电压比进行参数归算来得简化。对于经过多个变压器电压比才能归算到基本级的情况，采用平均额定电压比进行归算的优越性更为显著。

2.2.2 用标幺值计算时的电压级归算

所谓标幺值是相对单位制的一种表示方法，在标幺制中参与计算的各物理量都是用无单位的相对数值表示。标幺值的一般数学表达式为

$$标幺值=\frac{实际值(任意单位)}{基准值(与实际值同单位)} \tag{2-45}$$

标幺值之所以在电力系统计算中广泛采用，因为它有很多优点。

1. 标幺值的特点

1）标幺值是无量纲的量（为两个同量纲的数值比）。某物理量的标幺值不是固定的，随着基准值的不同而不同。如发电机的电压 $U_{\mathrm{G}}=10.5\mathrm{kV}$，若选基准电压 $U_{\mathrm{B}}=10\mathrm{kV}$，则发电机电压的标幺值 $U_{\mathrm{G}*}=10.5/10=1.05$；若选基准电压 $U_{\mathrm{B}}=10.5\mathrm{kV}$，则发电机电压的标幺值为 $U_{\mathrm{G}*}=10.5/10.5=1.0$。两种情况，虽然标幺值不同，但它们表示的物理量却是一个。两者之间的不同是因为基准值选得不同。所以当谈及一个物理量的标幺值时，必须同时说明它的基准值。

2）标幺值计算结果清晰，便于迅速判断计算结果的正确性，可大大简化计算。从上面的例子还可以看出，只要基准值取得恰当，采用标幺值可将一个很复杂的数字变成一个很简单的数字，从而使计算得到简化。工程上都习惯把额定值选为该物理量的基准值，这样如果该物理量处于额定状态下，其标幺值为 1.0，标幺值的名字即由此而来。

3）标幺值与百分值有关系，即

$$百分值=标幺值\times 100 \tag{2-46}$$

在进行电力系统分析和计算时，会发现有些物理量的百分值是已知的，可利用标幺值与百分值的关系求得标幺值。百分值也是一个相对值，两者的意义很接近。但在电力系统的计算中，标幺值的应用比百分值要广泛得多，因为利用标幺值计算比较方便。

标幺值还有其他特点，在此不赘述。

2. 三相系统中基准值的选择

采用标幺值进行计算时，第一步的工作是选取各个物理量的基准值，当基准值选定后，它所对应的标幺值即可根据标幺值的定义很容易地算出来。

通常，对于对称的三相电力系统进行分析和计算时，均化成等效单相电路。因此，电压、电流的线与相之间的关系以及三相功率与单相功率之间的关系为

$$I=I_{ph},U=\sqrt{3}U_{ph},S=3S_{(1)} \tag{2-47}$$

式中 U、U_{ph}——分别为线电压、相电压；

I、I_{ph}——分别为线电流、相电流；

S、$S_{(1)}$——分别为三相功率、单相功率。

电力系统计算中，5 个能反映元件特性的电气量 U、I、Z、Y、S 不是相互独立的，它们存在如下关系：

在有名值中

$$S=\sqrt{3}UI,U=\sqrt{3}IZ,Z=\frac{1}{Y}$$

在基准值中，由于基准值选择有两个限制条件：①基准值的单位与有名值单位相同；②各电气量的基准值之间符合电路的基本关系式。因此有

$$S_B=\sqrt{3}U_BI_B,U_B=\sqrt{3}I_BZ_B,Z_B=\frac{1}{Y_B} \tag{2-48}$$

式中 Z_B、Y_B——分别为每相阻抗、导纳的基准值；

U_B、I_B——分别为线电压、线电流的基准值；

S_B——三相功率的基准值。

从理论上讲，5 个电气量可以任意选择它们各自的基准值，但为了使基准值之间也同有名值一样满足电路基本关系式，一般首先选定 S_B、U_B 为功率和电压的基准值，其他三个基准值可按电路关系派生出来，即有

$$Z_B=\frac{U_B^2}{S_B},Y_B=\frac{S_B}{U_B^2},I_B=\frac{S_B}{\sqrt{3}U_B} \tag{2-49}$$

3. 标幺值用于三相系统

虽然在有名制中某物理量在三相系统中和单相系统中是不相等的，如线电压与相电压存在$\sqrt{3}$倍的关系，三相功率与单相功率存在 3 倍的关系，但它们在标幺制中是相等的，即有

$$U_*=\frac{U}{U_B}=\frac{\sqrt{3}IZ}{\sqrt{3}I_BZ_B}=I_*Z_*=U_{ph*}$$

$$S_*=\frac{S}{S_B}=\frac{\sqrt{3}IU}{\sqrt{3}I_BU_B}=I_*U_*=S_{(1)*}$$

可见，采用标幺值时，线电压等于相电压，三相功率等于单相功率。这就省去了那种线电压与相电压之间$\sqrt{3}$倍的关系，三相功率与单相功率之间 3 倍的关系。显然标幺制的益处是给计算带来方便。

4. 采用标幺值时的电压级归算

对多电压等级的网络，网络参数必须归算到同一个电压等级上。若这些网络参数是以标幺值表示的，则这些标幺值是依基本级上取的基准值为基准的标幺值。

若要求作出图 2-24 所示电力网的等效电路，其参数以标幺值表示。下面以图中所指的基本级和待归算级为例，说明参数的归算方法。

根据计算精度要求不同，参数在归算过程中可按变压器的实际额定电压比归算，也可按平均额定电压比归算。其归算途径有两个：

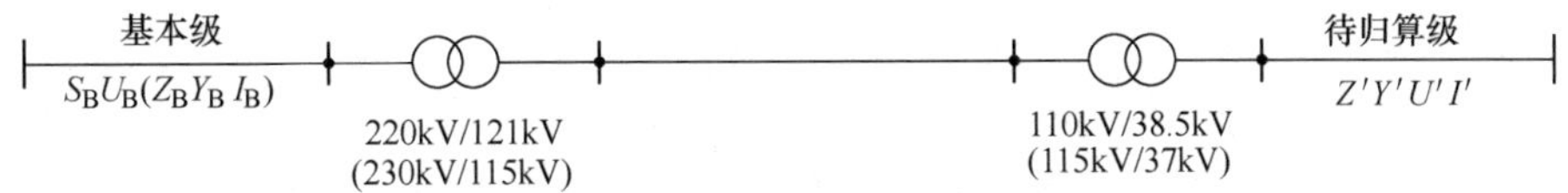

图 2-24　简单电力网

1）先将网络中各待归算级各元件的阻抗、导纳以及电压、电流的有名值参数归算到基本级上，然后再除以基本级上与之相对应的基准值，得到标幺值参数，即先有名值归算，后取标幺值。

归算过程中用到的公式：

归算（低→高）

$$\begin{cases} Z = K^2 Z' \\ Y = \dfrac{1}{K^2} Y' \\ U = KU' \\ I = \dfrac{1}{K} I' \end{cases} \tag{2-50}$$

取标幺值

$$\begin{cases} Z_* = \dfrac{Z}{Z_B} = Z \dfrac{S_B}{U_B^2} \\ Y_* = \dfrac{Y}{Y_B} = Y \dfrac{U_B^2}{S_B} \\ U_* = \dfrac{U}{U_B} \\ I_* = \dfrac{I}{I_B} = I \dfrac{\sqrt{3} U_B}{S_B} \end{cases} \tag{2-51}$$

式中　Z'、Y'、U'、I'——待归算级的有名值阻抗、导纳、电压和电流；

Z、Y、U、I——归算到基本级的有名值阻抗、导纳、电压和电流；

Z_B、Y_B、U_B、I_B、S_B——基本级上的基准值阻抗、导纳、电压、电流和功率；

Z_*、Y_*、U_*、I_*——以基本级上的基准值为基准的标幺值阻抗、导纳、电压和电流。

2）先将基本级上的基准值电压、电流、阻抗、导纳归算到各待归算级，然后再被待归算级上相应的电压、电流、阻抗、导纳分别去除，得到标幺值参数。即先基准值归算，后取标幺值。

归算过程中用到的公式：

归算（高→低）

$$\begin{cases} Z'_B = \dfrac{Z_B}{K^2} \\ Y'_B = K^2 Y_B \\ U'_B = \dfrac{1}{K} U_B \\ I'_B = K I_B \end{cases} \tag{2-52}$$

取标幺值

$$\begin{cases} Z_* = \dfrac{Z'}{Z'_B} = Z'\dfrac{S_B}{U'^2_B} \\ Y_* = \dfrac{Y'}{Y'_B} = Y'\dfrac{U'^2_B}{S_B} \\ U_* = \dfrac{U'}{U'_B} \\ I_* = \dfrac{I'}{I'_B} = I'\dfrac{\sqrt{3}U'_B}{S_B} \end{cases} \tag{2-53}$$

式中 Z'_B、Y'_B、U'_B、I'_B——分别为待归算级的基准值阻抗、导纳、电压和电流。

由于一般先取 S_B U_B 为基准值，而功率又不存在归算问题，因此实际上先作基准值归算时，仅需基准电压的归算，而待归算级上的基准阻抗、导纳、电流可由基准功率和归算后的基准电压派生出来。

以上两种归算途径得到的标幺值参数是相等的。实际应用中，哪种方便用哪一种，或哪种习惯用哪一种均可。

5. 基准值改变后的标幺值换算

在前面讨论的发电机、变压器、电抗器的电抗，厂商仅提供以百分值表示的数据 $X_G\%$、$U_k\%$、$X_R\%$，百分值除以 100 即得标幺值，这个标幺值是以元件本身的额定参数（额定电压、额定容量）为基准的标幺值。在电力网计算中，当选定基本级后，应把这些电抗标幺值换算成以基本级上的参数为基准的标幺值，则需先将已知的发电机、变压器、电抗器的标幺值电抗还原出它的有名值，再按所选定的基本级上的基准值为基准，且考虑所经过的变压器电压比，算出归算到基本级的标幺值电抗。

设已知 Z_{0*}（以元件本身的额定值为基准值的标幺值阻抗），求 Z_{n*}（以选定的基本级为基准的标幺值阻抗）。

由 $Z_{0*} = Z\dfrac{S_N}{U_N^2}$，还原 $Z = Z_{0*}\dfrac{U_N^2}{S_N}$，然而

$$Z_{n*} = Z\frac{S_B}{U'^2_B} = Z_{0*}\frac{U_N^2}{S_N}\frac{S_B}{U'^2_B} = Z_{0*}\left(\frac{U_N}{U'_B}\right)^2\frac{S_B}{S_N} \tag{2-54}$$

式中 S_N、U_N——分别为元件本身的额定容量、额定电压；

U'_B——由基本级归算到待归算级的基准电压。

于是，基准值改变后的发电机、变压器、电抗器的标幺值电抗如下：

发电机

$$X_{G*} = \frac{X_G\%}{100}\frac{U_N^2}{U'^2_B}\frac{S_B}{S_N}$$

变压器

$$X_{T*} = \frac{U_k\%}{100}\frac{U_N^2}{U'^2_B}\frac{S_B}{S_N}$$

电抗器

$$X_{R*}=\frac{X_R\%}{100}\frac{U_{RN}}{U'_B}\frac{I'_B}{I_{RN}}$$

这里 U'_B、I'_B是考虑电压比后，由基本级的基准值归算至待归算级的电压、电流。

在计算中，若各级电压的基准值正好等于各级电压额定值，即 $U'_B=U_N$，则上式又可得到简化。

采用标幺值时的网络参数归算，显然较有名值归算复杂些，但对于电力系统的潮流计算、调压计算及短路计算等，采用以标幺值参数表示的等效电路进行计算较为方便。

电力系统等效电路的绘制，即是将参数归算到同一电压等级后的各元件的等效电路连接起来，成为电力系统等效电路。为了计算方便，等效电路越简单越好。

【例 2-4】 试用准确计算和近似计算法计算图 2-25 所示输电系统各元件的标幺值电抗，并标于等效电路中。

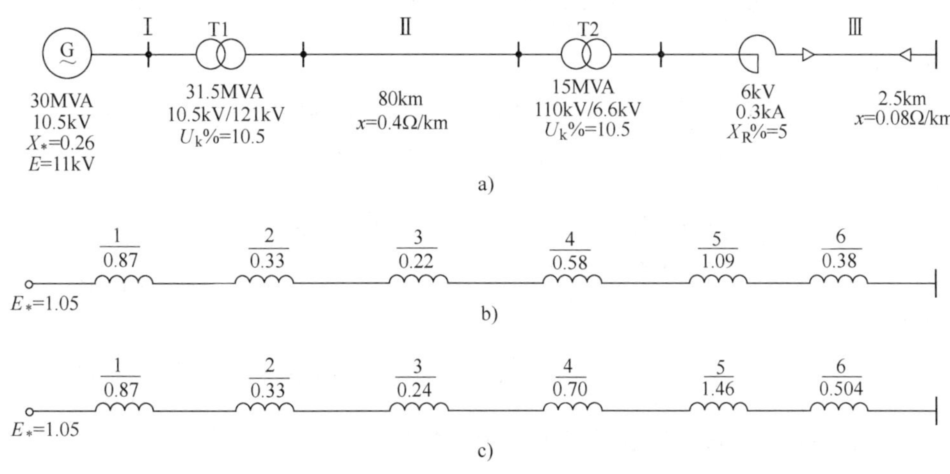

图 2-25 例 2-4 的计算用图

a）接线图 b）准确计算等效电路 c）近似计算等效电路

解 （1）准确计算法（途径：先基准值归算，后取标幺值）。

选第Ⅱ段为基本段，并取 $U_{B2}=121\text{kV}$、$S_B=100\text{MVA}$ 为基准值，变压器电压比为

$$K_1=\frac{121}{10.5},K_2=\frac{110}{6.6}$$

于是，其他两段的基准电压分别为

$$U_{B1}=U_{B2}\frac{1}{K_1}=121\times\frac{10.5}{121}\text{kV}=10.5\text{kV}$$

$$U_{B3}=U_{B2}\frac{1}{K_2}=121\times\frac{6.6}{110}\text{kV}=7.26\text{kV}$$

各段的基准电流为

$$I_{B1}=\frac{S_B}{\sqrt{3}U_{B1}}=\frac{100}{\sqrt{3}\times10.5}\text{kA}=5.5\text{kA}$$

$$I_{B2}=\frac{S_B}{\sqrt{3}U_{B2}}=\frac{100}{\sqrt{3}\times121}\text{kA}=0.477\text{kA}$$

$$I_{B3}=\frac{S_B}{\sqrt{3}U_{B3}}=\frac{100}{\sqrt{3}\times 7.26}\text{kA}=7.95\text{kA}$$

各元件的标幺值电抗如下：

发电机

$$X_{*1}=X_G\frac{S_B}{S_G}=0.26\times\frac{100}{30}=0.87$$

变压器 T1

$$X_{*2}=\frac{U_k\%}{100}\frac{S_B}{S_T}=\frac{10.5}{100}\times\frac{100}{31.5}=0.33$$

输电线路

$$X_{*3}=x_1l\frac{S_B}{U_{B2}^2}=0.4\times 80\times\frac{100}{121^2}=0.22$$

变压器 T2

$$X_{*4}=\frac{U_k\%}{100}\frac{U_N^2}{S_N}\frac{S_B}{U_{B2}^2}=\frac{10.5}{100}\times\frac{110^2}{15}\times\frac{100}{121^2}=0.58$$

电抗器

$$X_{*5}=\frac{X_R\%}{100}\frac{U_{RN}}{I_{RN}}\frac{I_{B3}}{U_{B3}}=\frac{5}{100}\times\frac{6}{0.3}\times\frac{7.95}{7.26}=1.09$$

电缆线

$$X_{*6}=x_1l\frac{S_B}{U_{B3}^2}=0.08\times 2.5\times\frac{100}{7.26^2}=0.38$$

（2）近似计算法。各段基准电压和基准电流分别为

$$U_{B1}=10.5\text{kV},I_{B1}=\frac{100}{\sqrt{3}\times 10.5}\text{kA}=5.5\text{kA}$$

$$U_{B2}=115\text{kV},I_{B2}=\frac{100}{\sqrt{3}\times 115}\text{kA}=0.5\text{kA}$$

$$U_{B3}=6.3\text{kV},I_{B3}=\frac{100}{\sqrt{3}\times 6.3}\text{kA}=9.2\text{kA}$$

各元件的标幺值电抗如下：

发电机

$$X_{*1}=X_G\frac{S_B}{S_G}=0.26\times\frac{100}{30}=0.87$$

变压器 T1

$$X_{*2}=\frac{10.5}{100}\times\frac{100}{31.5}=0.33$$

输电线路

$$X_{*3}=0.4\times 80\times\frac{100}{115^2}=0.24$$

变压器 T2

$$X_{*4}=\frac{10.5}{100}\times\frac{100}{15}=0.7$$

电抗器

$$X_{*5}=\frac{5}{100}\times\frac{6}{0.3}\times\frac{9.2}{6.3}=1.46$$

电缆线

$$X_{*6}=0.08\times2.5\times\frac{100}{6.3^2}=0.504$$

电源电动势标幺值为

$$E_{*}=\frac{11}{10.5}=1.05$$

两种计算法计算的标幺值电抗表示的等效电路如图 2-25b、c 所示。

小　　结

本章主要讨论的内容分为两大部分：一是电力系统各主要元件的参数和数学模型；二是电力系统的等值网络。

首先介绍了电力系统各主要元件的参数和数学模型，重点是电力线路和变压器的参数及数学模型。对于电力线路，要求能根据导线标号及其在杆塔上布置的形式，求出线路电阻、电抗、电导、电纳和电晕临界电压，尤其是掌握单位长度参数 r_1、x_1、g_1、b_1 的计算公式和电晕临界电压 U_{cr}的计算公式，并制定 π 形等效电路。按长度不同，线路大致分为短线路、中长线路和长线路，与之对应的等效电路稍有不同。

对于变压器，讨论其参数和数学模型时，是根据变压器铭牌中给出的额定容量、额定电压和短路试验数据（P_k、$U_k\%$）、空载试验数据（P_0、$I_0\%$），求取变压器的电阻 R_T、电抗 X_T、电导 G_T 及电纳 B_T。从易到难，首先讨论双绕组变压器的 4 个参数和等效电路，在此基础上，又讨论了三绕组变压器的参数和等效电路、自耦变压器的参数和等效电路。相互之间的参数求取和等效电路有区别，但无本质的区别，均是由短路试验数据和空载试验数据求得其参数。

发电机和负荷的参数及数学模型较简单。讨论发电机的参数，仅是一个电抗 X_G，按发电机铭牌中给出的百分值电抗 $X_G\%$ 和额定容量、额定电压即可求得。发电机的等效电路，常用一个电动势和一个电抗串联来表示。负荷常用恒定的复功率或恒定的阻抗来表示。

本章讨论的第二部分是电力系统等值网络的绘制。等值网络中参数可以用有名值表示，也可用标幺值表示，对此分别进行了讨论。制定用有名值表示的等效电路，重点是对多电压级网络，要进行参数的归算。首先选定基本级，确定出变压器的电压比，然后将全网的参数按变压器的电压比归算至基本级，即可联成电力系统的等值网络图。制定用标幺值表示的等效电路较为繁琐，对参数的整理需要一边归算，一边标幺值化。参数归算的途径有两个：一是先有名值归算（先将待归算级的有名值参数按变压器的电压比归算到基本级），后取标幺值；二是先基准值归算（先将基本级的基准值参数按变压器的电压比归算到各待归算级），后取标幺值。这两种方法得出的标幺值参数是相同的。所以，可任用一种得出电力系统各元件的标幺值参数，然后联成全网的等值网络图。

本章要求能熟练掌握多电压级网络参数的归算方法，会制定电力系统的等值网络，为后面章节的分析和计算打下坚实基础。

思 考 题

2-1 电力线路单位长度的电阻、电抗、电导、电纳如何计算？

2-2 架空线路采用分裂导线有什么好处？220kV、330kV、500kV 分别采用几分裂的导线？

2-3 电力线路的工作电压等于或大于电晕起始电压时，就会发生电晕。电晕起始电压的计算公式是什么？与哪些因素有关？

2-4 电力线路的等效电路如何表示？常用的等效电路是什么？

2-5 何谓电晕现象？电晕现象有什么危害？

2-6 双绕组变压器电阻、电抗、电导、电纳的计算公式是什么？与变压器短路试验数据和空载试验数据是怎样的对应关系？公式中电压 U_N 用哪一侧的值？

2-7 三绕组变压器励磁支路电导、电纳的计算公式与双绕组变压器的计算公式相同吗？

2-8 三绕组变压器按三个绕组的容量比不同分为几种类型？当三个绕组的容量不同时，三个绕组的电阻应如何计算？电抗应如何计算？

2-9 三绕组变压器三个绕组的排列应遵循什么原则？升压变压器的三个绕组如何排列？降压变压器的三个绕组如何排列？其等效电路中哪一个绕组的等效电抗最小？为什么？

2-10 自耦变压器第三绕组的容量总是小，接成三角形联结有什么益处？自耦变压器与普通三绕组变压器的区别是什么？自耦变压器的电阻、电抗如何计算？存在容量归算问题吗？

2-11 制作电力系统等值网络的基本要求是什么？如何把多电压等级的电力系统等值成用有名值表示的等值网络？

2-12 在进行电力系统等值网络的参数归算过程中，注意：变压器电压比的方向是由基本级到待归算级的。准确归算法与近似归算法有什么不同？

2-13 何谓变压器的平均额定电压比？

2-14 用标幺值表示的电力系统的等值网络，其参数归算较复杂，归算途径有两个，具体是什么？

习 题

2-1 有一条 110kV、80km 的单回输电线路，导线型号为 LGJ—150，水平排列，其线间距离为 4m，求此输电线路在 40℃时的参数，并画出等效电路。

2-2 某 220kV 输电线路选用 LGJ—300 型导线，直径为 24.2mm，水平排列，线间距离为 6m，试求线路单位长度的电阻、电抗和电纳，并校验是否发生电晕。

2-3 某 220kV 线路，选用 LGJJ—2×240 分裂导线，每根导线直径为 22.4mm，分裂间距为 400mm，导线水平排列，相间距离为 8m，光滑系数 m_1 取 0.85，气象系数 m_2 取 0.95，空气相对密度为 1.0。试求输电线每千米长度的电阻、电抗、电纳及电晕临界电压。

2-4 有一回 500kV 架空线路，采用型号为 LGJQ—4×400 的分裂导线，长度为 250km。每一导线的计算外径为 27.2mm，分裂根数 $n=4$，分裂间距为 400mm。三相导线水平排列，相邻导线间距离为 11m，求该电力线路的参数，并作等效电路。

2-5 某变电所装设的三相双绕组变压器，型号为 SFL—31500/110，额定电压比为 110kV/38.5kV，空载损耗 $P_0=86\text{kW}$，负载损耗 $P_k=200\text{kW}$，阻抗电压 $U_k\%=10.5$，空载电流 $I_0\%=2.7$，试求变压器的阻抗及导纳参数，并绘制出等效电路。

2-6 三相双绕组变压器的型号为 SSPL—63000/220，额定容量为 63000kVA，额定电压比为 242kV/10.5kV，负载损耗 $P_k=404\text{kW}$，阻抗电压 $U_k\%=14.45$，空载损耗 $P_0=93\text{kW}$，空载电流 $I_0\%=2.41$。求该

变压器归算到高压侧的参数，并作出等效电路。

2-7 某电力网由双回 110kV 的输电线向末端变电所供电，其接线图如图 2-26a 所示，输电线长 100km，用 LGJ—120 型导线，在杆塔上布置图如图 2-26b 所示。末端变电所装两台 110kV/11kV、20000kVA 的三相铝线变压器，其型号为 SFL1—20000/110。$P_k = 135kW$，$P_0 = 22kW$，$U_k\% = 10.5$，$I_0\% = 0.8$。试求：

（1）用查表法计算 40℃时，每千米架空线路的参数；

（2）求末端变压器归算到 110kV 侧的参数；

（3）求并联运行后的等效参数，并画出其等效电路；

（4）校验此线路在 $t = 25$℃正常大气压下是否会发生电晕。

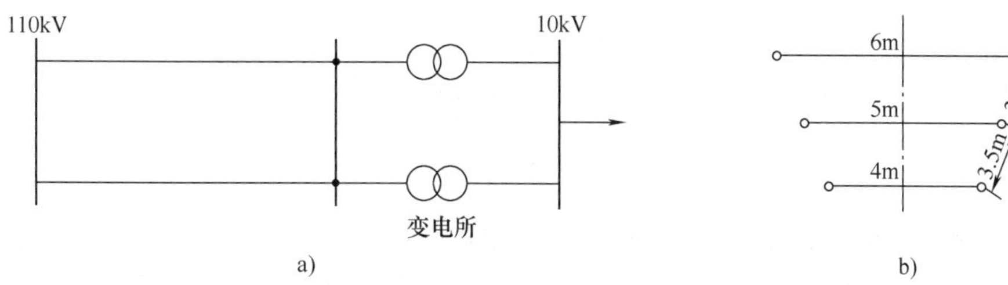

图 2-26 习题 2-7 图

a）接线图 b）导线在杆塔上的布置图

2-8 某发电厂装设一台三相三绕组变压器，额定容量为 60MVA，额定电压比为 121kV/38.5kV/10.5kV，各绕组容量比为 100/100/100，两两绕组间的阻抗电压为 $U_{k(1\text{-}2)}\% = 17$，$U_{k(3\text{-}1)}\% = 10.5$，$U_{k(2\text{-}3)}\% = 6$，空载损耗 $P_0 = 150kW$。最大负载损耗 $P_{k,max} = 410kW$，空载电流 $I_0\% = 3$，试求变压器参数，并作等效电路。

2-9 有一台容量为 20MVA 的三相三绕组变压器，三个绕组的容量比为 100/100/50，额定电压为 121kV/38.5kV/10.5kV，负载损耗为 $P_{k(1\text{-}2)} = 152.8kW$，$P'_{k(3\text{-}1)} = 52kW$，$P'_{k(2\text{-}3)} = 47kW$，阻抗电压 $U_{k(1\text{-}2)}\% = 10.5$，$U_{k(3\text{-}1)}\% = 18$，$U_{k(2\text{-}3)}\% = 6.5$，空载损耗 $P_0 = 75kW$，空载电流 $I_0\% = 4.1$。试求该变压器的阻抗、导纳参数，并作出等效电路。

2-10 有一台容量为 90/90/45MVA 的三相三绕组自耦变压器，额定电压为 220kV/121kV/11kV。负载损耗为 $P_{k(1\text{-}2)} = 325kW$，$P'_{k(3\text{-}1)} = 345kW$，$P'_{k(2\text{-}3)} = 270kW$。阻抗电压 $U_{k(1\text{-}2)}\% = 10$，$U'_{k(3\text{-}1)}\% = 18.6$，$U'_{k(2\text{-}3)}\% = 12.1$，空载损耗 $P_0 = 104kW$，空载电流 $I_0\% = 0.65$。试求该自耦变压器的参数（注：P'_k、U'_k是最小绕组容量为基值给出的）。

2-11 简化系统如图 2-27 所示，元件参数如下：

架空线：$U_N = 110kV$，$x_1 = 0.4\Omega/km$，长 70km。

变压器：两台 SFL—20000/110 型号变压器并联运行，阻抗电压为 $U_k\% = 10.5$。

电抗器：额定电压为 6kV，额定电流为 300A，电抗百分值为 4%。

电缆线：双回铜电缆线路，$U_N = 6kV$，长 2.5km，缆芯截面积 $S = 70mm^2$，$x_1 = 0.08\Omega/km$，电阻系统 $\rho = 18.8\Omega \cdot mm^2/km$。

当选基准容量 $S_B = 100MVA$ 时，基准电压为各段的平均电压。试求该系统各元件的标幺值参数，并作等效电路。

2-12 已知电力网如图 2-28 所示，各元件参数如下：

变压器：T1：$S = 400MVA$，$U_k\% = 12$，242kV/10.5kV；

T2：$S = 400MVA$，$U_k\% = 12$，220kV/121kV。

线路：$l_1 = 200km$，$x_1 = 0.4\Omega/km$（每回路）；

$l_2 = 60km$，$x_1 = 0.4\Omega/km$。

其余参数均略去不计，取基准容量 $S_B = 1000\text{MVA}$，基准电压 $U_B = U_{av}$，试作出等效电路，并标上各元件的标幺值参数。

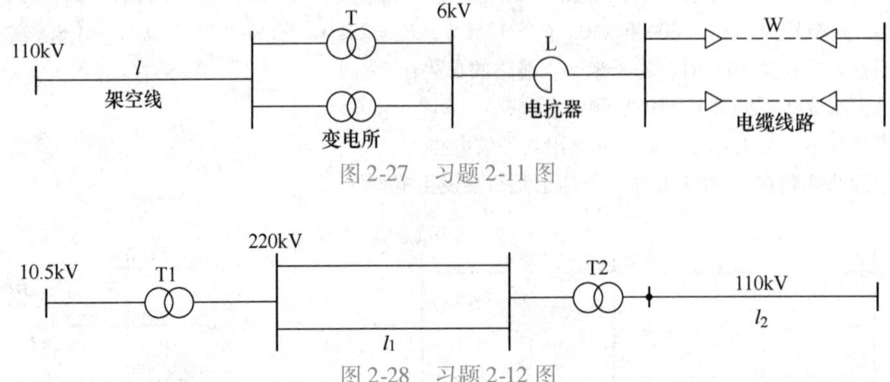

图 2-27　习题 2-11 图

图 2-28　习题 2-12 图

2-13　某系统如图 2-29 所示，如果已知变压器 T1 归算至 121kV 侧的阻抗为（2.95 + j48.7）Ω，T2 归算至 110kV 侧的阻抗为（4.48 + j48.4）Ω，T3 归算至 35kV 侧的阻抗为（1.127 + j9.188）Ω，输电线路的参数已标于图中，试分别作出元件参数用有名值和标幺值表示的等效电路。

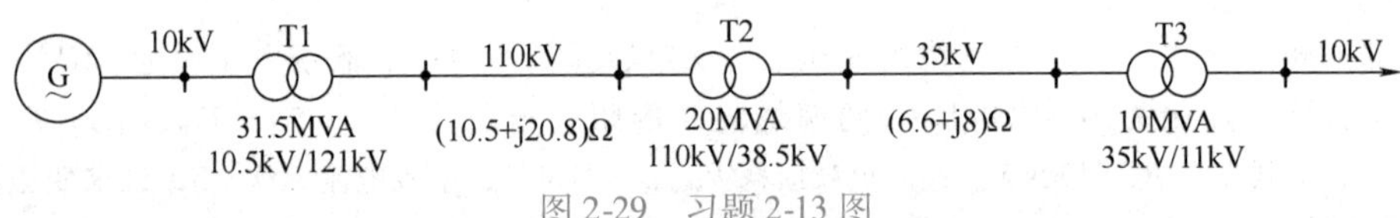

图 2-29　习题 2-13 图

第 3 章　简单电力系统的潮流分布计算

前面的讨论已经介绍了电力系统中各个元件的电阻、电抗、电导、电纳等参数计算，而且介绍了绘制电力系统等值网络。本章利用电力系统等值网络，讨论电力系统正常运行状况的电气计算。电力系统的潮流分布是描述电力系统运行状态的技术术语，它表明电力系统在某一确定的运行方式和接线方式下，系统中从电源到负荷各处的电压、电流的大小和方向以及功率的分布情况。对电力系统在各种运行方式下进行潮流分布计算，可以全面地、准确地掌握电力系统中各元件的运行状态，正确地选择电气设备和导线截面积，确定合理的供电方案，合理地调整负荷。通过潮流分布计算，还可以发现系统中的薄弱环节，检查设备、元件是否过负荷，各节点电压是否符合要求等，从中发现问题，提出必要的改进措施，实施相应的调压措施，保证电力系统运行时各点维持正常的电压水平，并使整个电力系统获得最大的经济性。

进行电力系统潮流分布计算时，对于简单网络，可采用手算方法；对于复杂网络，则可借助计算机进行计算。本章从简单网络入手，进行电力系统潮流分布的分析和计算。

在讨论潮流分布之前，对复功率的表示作一说明，本书中将采用国际电工委员会推荐的约定，取复功率为 $\dot{S}=\dot{U}\hat{I}$；若负荷为感性时，电流$\dot{I}$滞后于电压$\dot{U}$，复功率表示为 $\dot{S}=UI\angle\varphi=UI\cos\varphi+\mathrm{j}UI\sin\varphi=P+\mathrm{j}Q$；若负荷为容性时，电流$\dot{I}$超前于电压$\dot{U}$，复功率表示为 $\dot{S}=UI\angle-\varphi=UI\cos\varphi-\mathrm{j}UI\sin\varphi=P-\mathrm{j}Q$。

由此可见，采用以上功率表示式时，感性负荷时无功功率取正号，容性负荷时无功功率取负号。

3.1　电力线路运行状况的分析与计算

电流或功率从电源向负荷沿电力网流动时，在电力网元件上将产生功率损耗和电压降落。要了解整个电力系统的潮流分布，必然要进行电力网元件上的功率损耗和电压降落的计算。

3.1.1　电力线路上的功率损耗和电压降落

电力线路的 π 形等效电路如图 3-1 所示，若已知线路参数和末端电压 $\dot{U}_2$、功率 $\dot{S}_2$，求始端的电压 $\dot{U}_1$ 和功率 $\dot{S}_1$。

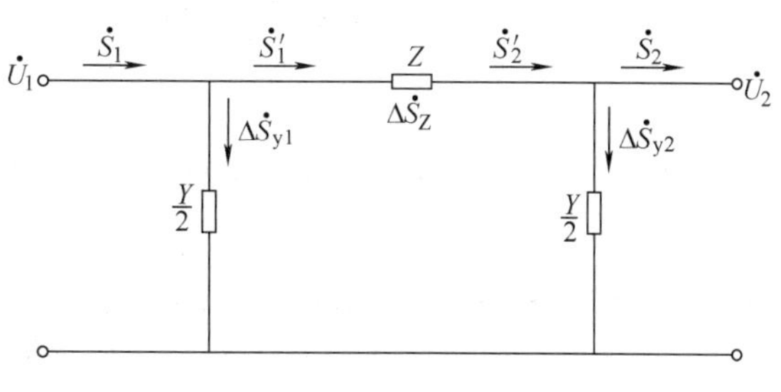

图 3-1　电力线路的 π 形等效电路

因为这种电路较简单，可以运用基本的电路关系式写出有关的计算公式。图 3-1 中，设末端电压（线电压）$\dot{U}_2=U_2\angle0°$，末端功率（三相功率）$\dot{S}_2=P_2+\mathrm{j}Q_2$，则

末端导纳支路的功率损耗 $\Delta\dot{S}_{y2}$ 为

$$\Delta\dot{S}_{y2}=\dot{U}_2\left(\frac{\hat{Y}}{2}\hat{U}_2\right)=U_2^2\left(\frac{G}{2}-\mathrm{j}\frac{B}{2}\right)=\frac{1}{2}GU_2^2-\frac{1}{2}\mathrm{j}BU_2^2=\Delta P_{y2}-\mathrm{j}\Delta Q_{y2} \tag{3-1}$$

阻抗支路末端的功率 $\dot{S}_2'$ 为

$$\begin{aligned}\dot{S}_2'&=\dot{S}_2+\Delta\dot{S}_{y2}=(P_2+\mathrm{j}Q_2)+(\Delta P_{y2}-\mathrm{j}\Delta Q_{y2})\\&=(P_2+\Delta P_{y2})+\mathrm{j}(Q_2-\Delta Q_{y2})=P_2'+\mathrm{j}Q_2'\end{aligned}$$

阻抗支路中损耗的功率 $\Delta\dot{S}_Z$ 为

$$\begin{aligned}\Delta\dot{S}_Z&=\left(\frac{S_2'}{\dot{U}_2}\right)^2Z=\frac{P_2'^2+Q_2'^2}{U_2^2}(R+\mathrm{j}X)\\&=\frac{P_2'^2+Q_2'^2}{U_2^2}R+\mathrm{j}\frac{P_2'^2+Q_2'^2}{U_2^2}X=\Delta P_Z+\mathrm{j}\Delta Q_Z\end{aligned} \tag{3-2}$$

阻抗支路始端的功率 $\dot{S}_1'$ 为

$$\begin{aligned}\dot{S}_1'&=\dot{S}_2'+\Delta\dot{S}_Z=(P_2'+\mathrm{j}Q_2')+(\Delta P_Z+\mathrm{j}\Delta Q_Z)\\&=(P_2'+\mathrm{j}\Delta P_Z)+\mathrm{j}(Q_2'+\Delta Q_Z)=P_1'+\mathrm{j}Q_1'\end{aligned}$$

始端导纳支路的功率 $\Delta\dot{S}_{y1}$ 为

$$\begin{aligned}\Delta\dot{S}_{y1}&=\dot{U}_1\left(\frac{\hat{Y}}{2}\hat{U}_1\right)=U_1^2\left(\frac{G}{2}-\mathrm{j}\frac{B}{2}\right)\\&=\frac{1}{2}GU_1^2-\frac{1}{2}\mathrm{j}BU_1^2=\Delta P_{y1}-\mathrm{j}\Delta Q_{y1}\end{aligned} \tag{3-3}$$

始端功率 $\dot{S}_1$ 为

$$\begin{aligned}\dot{S}_1&=\dot{S}_1'+\Delta\dot{S}_{y1}=(P_1'+\mathrm{j}Q_1')+(\Delta P_{y1}-\mathrm{j}\Delta Q_{y1})\\&=(P_1'+\mathrm{j}\Delta P_{y1})+\mathrm{j}(Q_1'-\Delta Q_{y1})=P_1+\mathrm{j}Q_1\end{aligned}$$

这就是电力线路功率计算的全部内容。以上 $\Delta\dot{S}_{y1}$、$\Delta\dot{S}_{y2}$ 是导纳支路的功率损耗，ΔS_Z 是阻抗支路的功率损耗。

但实际计算时，始端导纳支路功率 $\Delta\dot{S}_{y1}$ 及始端功率 $\dot{S}_1$，都是在求得始端电压 $\dot{U}_1$ 以后才能求得的。求取始端电压 $\dot{U}_1$ 的方法如下：

设末端电压 $\dot{U}_2=U_2\underline{/0^\circ}$（参考电压），线路接感性负荷，则线路阻抗在 Z 上的电压降落为

$$\mathrm{d}\dot{U}=\frac{\hat{S}_2'}{\hat{U}_2}Z=\frac{P_2'-\mathrm{j}Q_2'}{U_2}(R+\mathrm{j}X)=\frac{P_2'R+Q_2'X}{U_2}+\mathrm{j}\frac{P_2'X-Q_2'R}{U_2}$$

令

$$\frac{P_2'R+Q_2'X}{U_2}=\Delta U,\frac{P_2'X-Q_2'R}{U_2}=\delta U \tag{3-4}$$

于是，$\mathrm{d}\dot{U}=\Delta U+\mathrm{j}\delta U$。因此线路始端电压为

$$\dot{U}_1=\dot{U}_2+\mathrm{d}\dot{U}=(U_2+\Delta U)+\mathrm{j}\delta U$$

电压相量图如图 3-2 所示，$\dot{U}_2$ 为线路末端电压，$\mathrm{d}\dot{U}=\dot{U}_1-\dot{U}_2$ 为线路阻抗上的电压降

落，d $\dot{U}$ 可分解为 ΔU 和 δU，ΔU 为电压降落 d $\dot{U}$的纵分量，δU 为电压降落 d $\dot{U}$的横分量，$\dot{U}_1$ 即为线路的始端电压。始端电压的模值

$$U_1 = \sqrt{(U_2 + \Delta U)^2 + (\delta U)^2} \tag{3-5}$$

始、末两端电压夹角

$$\delta = \arctan \frac{\delta U}{U_2 + \Delta U} \tag{3-6}$$

由于一般情况下，$U_2 + \Delta U >> \delta U$，只有在 220kV 及以上的超高压电力网中才计及 δU 对电压降落的影响；对于 110kV 及以下的电力网，δU 对电压降落的影响不大，可忽略不计。因而始端电压可简化为

$$\dot{U}_1 \approx \dot{U}_2 + \Delta U = \dot{U}_2 + \frac{P_2'R + Q_2'X}{U_2} \tag{3-7}$$

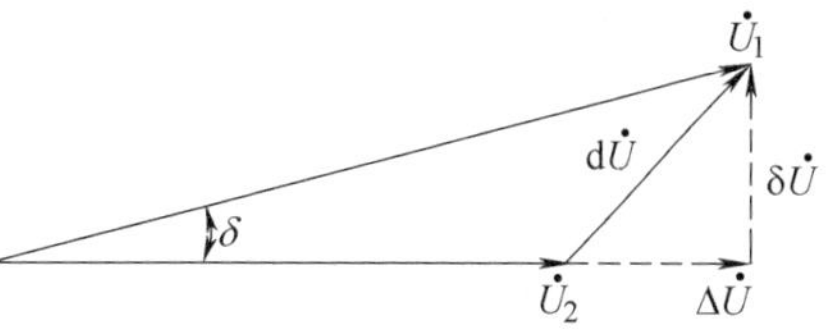

图 3-2　电力线路的电压相量图

这就是电力线路电压计算的全部内容。

相似于这种推导，还可获得从始端电压$\dot{U}_1$、始端功率 $\dot{S}_1$，求取末端电压$\dot{U}_2$、末端功率 $\dot{S}_2$ 的计算公式。其中计算功率的部分与式（3-1）、式（3-3）并无原则区别，计算电压的部分则应改为如下：

设$\dot{U}_1 = U_1 \angle 0°$（参考电压），线路阻抗 Z 上的压降为

$$\mathrm{d}\,\dot{U} = \frac{\hat{S}_1'}{\hat{U}_1}Z = \frac{P_1' - \mathrm{j}Q_1'^2}{U_1^2}(R + \mathrm{j}X) = \Delta U' + \mathrm{j}\delta U' \tag{3-8}$$

式中

$$\Delta U' = \frac{P_1'R + Q_1'X}{U_1}, \delta U' = \frac{P_1'X - Q_1'R}{U_1}$$

则

$$\dot{U}_2 = \dot{U}_1 - \mathrm{d}\,\dot{U} = (U_1 - \Delta U') - \mathrm{j}\delta U'$$

电压相量图如图 3-3 所示，由图可得末端电压$\dot{U}_2$ 的模值以及始末两端电压的夹角为

$$U_2 = \sqrt{(U_1 - \Delta U')^2 + (\delta U')^2} \tag{3-9}$$

$$\delta = \arctan \frac{-\delta U}{U_1 - \Delta U'} \tag{3-10}$$

比较图 3-2 和图 3-3 可知，当已知末端功率、末端电压，求始端电压时，是取$\dot{U}_2$ 作为参考的；而当已知始端功率、始端电压，求末端电压时，是以$\dot{U}_1$ 为参考的。所以两种情况下，$\Delta U' \neq \Delta U$、$\delta U' \neq \delta U$。

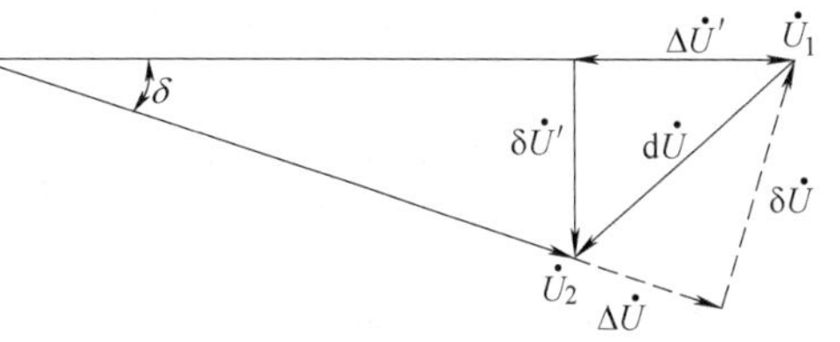

图 3-3　电力线路的电压相量图

求得线路两端电压后，就可以计算标志电压质量的指标，如电压降落、电压损耗及电压偏移等。

所谓电压降落是指线路始、末两端电压的相量差（d $\dot{U} = \dot{U}_1 - \dot{U}_2$）。

所谓电压损耗是指线路始、末两端电压的数值差（$U_1 - U_2$）。

对于 110kV 及以下的电力网，若忽略横分量 δU 对电压损耗的影响，则电压损耗近似等

于电压降落的纵分量 ΔU。电压损耗还常以百分值表示，即为

$$电压损耗\% = \frac{U_1 - U_2}{U_N} \times 100 \tag{3-11}$$

式中　U_N——线路的额定电压。

所谓电压偏移是指网络中某一点的电压与该网络额定电压的数值差。如线路始端或末端电压与线路额定电压的数值差为$(U_1 - U_N)$或$(U_2 - U_N)$。电压偏移也常以百分值表示，即为

$$始端电压偏移\% = \frac{U_1 - U_N}{U_N} \times 100 \tag{3-12}$$

$$末端电压偏移\% = \frac{U_2 - U_N}{U_N} \times 100 \tag{3-13}$$

通过以上的电压计算，就可以确定出电力网的电压损耗与各负荷点的电压偏移，以便分析其原因，采取相应的调压措施，使网络中各点电压都维持在允许的偏移范围以内。

3.1.2　电力线路的电能损耗

电力线路的电能损耗直接影响到电力系统的经济效益，对于电力系统的设计和运行都是一个重要指标。在求出有功功率损耗 ΔP 后，进而可计算电能损耗。

如果在一段时间 t 内，电力网的负荷不变，则相应的电能损耗为

$$\Delta W = \Delta P t = \frac{P^2 + Q^2}{U^2} R t$$

由于电力系统的实际负荷随时都在改变，因而通过电力网的功率也不断变化，因此，功率损耗是时间 t 的函数。

下面介绍计算电力线路上电能损耗的方法。

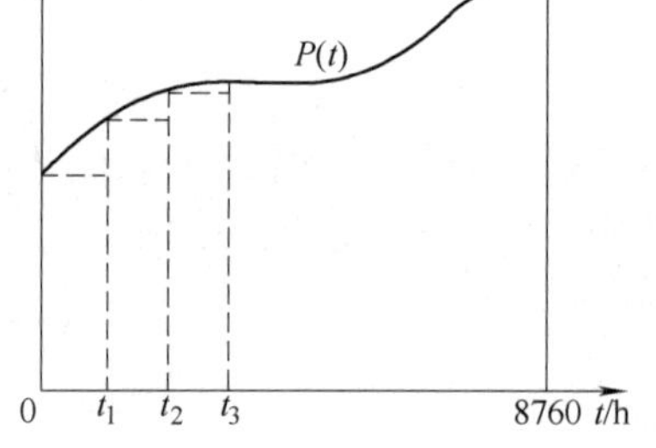

图 3-4　年负荷曲线

1. 折线代曲线的方法

某年负荷曲线如图 3-4 所示，把曲线分成若干个时间小段，认为每小段 $P(t) = c$，若将一年分成 k（$k = 1, 2, \cdots, n$）个时间小段，一天以 24h 计算，则时间 $t = 24\text{h} \times 365 = 8760\text{h}$，全年的电能损耗为

$$\begin{aligned}\Delta W_Z &= \int_0^{8760} \Delta P(t)\,\mathrm{d}t = \Delta W_{Z1} + \Delta W_{Z2} + \cdots + \Delta W_{Zk} + \cdots = \sum_{k=1}^{n} \Delta W_{Zk} \\ &= \frac{P_1^2 + Q_1^2}{U_1^2} R t_1 + \frac{P_2^2 + Q_2^2}{U_2^2} R t_2 + \cdots + \frac{P_k^2 + Q_k^2}{U_k^2} R t_k + \cdots = \sum_{k=1}^{n} \left(\frac{P_k^2 + Q_k^2}{U_k^2} \right) R t_k\end{aligned}$$

2. 最大功率损耗时间法

在电力线路中电能损耗的大小与用户的用电负荷大小有关。负荷的运行方式为最大负荷运行时，在网络中的有功功率损耗也最大（ΔP_{max}），电能损耗 ΔW_Z 也最大；以最小负荷运行时，在网络中的有功功率损耗也最小（ΔP_{min}），相应的电能损耗 ΔW_Z 也最小。

最大功率损耗时间法：首先根据不同行业，从有关手册中查得最大负荷利用小时数 T_{max}，然后由 T_{max} 和负荷的功率因数 $\cos\varphi$ 直接从表 3-1 中查得最大功率损耗时间 τ_{max}，然后

再由最大负荷时的功率损耗 ΔP_{max}，进而求出全年的电能损耗。

表 3-1　最大功率损耗时间 τ_{max} 与最大负荷利用小时数 T_{max} 的关系　　（单位：h）

T_{max}/h \ $\cos\varphi$	0.80	0.85	0.90	0.95	1.00
2000	1500	1200	1000	800	700
2500	1700	1500	1250	1100	950
3000	2000	1800	1600	1400	1250
3500	2350	2150	2000	1800	1600
4000	2750	2600	2400	2200	2000
4500	3150	3000	2900	2700	2500
5000	3600	3500	3400	3200	3000
5500	4100	4000	3950	3750	3600
6000	4650	4600	4500	4350	4200
6500	5250	5200	5100	5000	4850
7000	5950	5900	5800	5700	5600
7500	6650	6600	6550	6500	6400
8000	7400	—	7350	—	7250

如图 3-5 所示，若已知负荷损耗特性曲线 $\Delta P(t)$，则曲线下面的面积表示实际全年网络中的电能损耗，表示为

$$\Delta W_Z = \int_0^{8760} \Delta P(t)\,dt$$

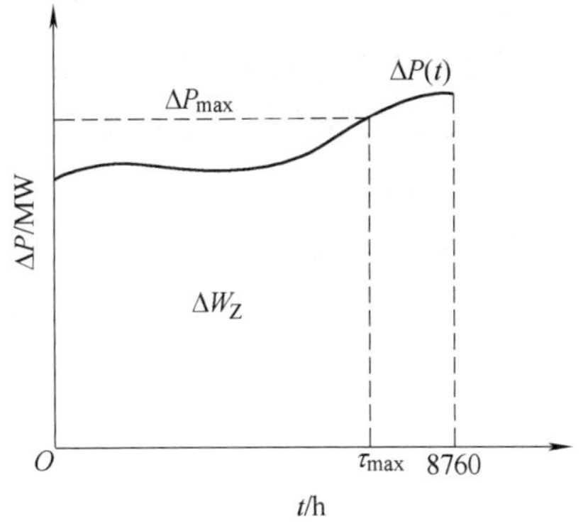

图 3-5　负荷损耗特性曲线

假定负荷不变，功率损耗始终相当于最大负荷运行时在网络中造成的损耗，经过 τ_{max} 时间后，网络中的电能损耗相当于实际负荷运行时在网络中造成的损耗，则称 τ_{max} 为最大功率损耗时间。

定义：最大功率损耗时间——指全年电能损耗 ΔW_Z 除以最大负荷时的功率损耗 ΔP_{max}，即有

$$\tau_{max} = \frac{\Delta W_Z}{\Delta P_{max}}$$

由图 3-5 可知，负荷损耗曲线围成的面积近似等于矩形面积，于是电能损耗可表示为

$$\Delta W_Z = \int_0^{8760} \Delta P(t)\,dt = \Delta P_{max}\tau_{max}$$

因此，在没有负荷曲线的情况下，如果知道 τ_{max}，再乘以最大功率损耗，即可求出网络中全年的电能损耗。

实际上任何一个用户，其全年所使用的电能很容易通过电能表记录而得出，所以其最大负荷使用的时间 T_{max} 可以由 $W = P_{max}T_{max}$ 求得。这样经过较长时间的运行经验，不难定出各类负荷的 T_{max} 值。但是，某一网络全年的电能损耗不易直接知道，因为没有这样一种专门测

量网络各部分电能损耗的测量装置。因此也不易通过网络的运行经验定出各类负荷的 τ_{max} 值。因 τ_{max} 与负荷曲线有关，T_{max} 也与负荷曲线有关，常常利用这种近似关系，如图 3-6 所示，由 T_{max} 求出 τ_{max}，以求得全年的电能损耗。

某一个负荷曲线对应一定的 T_{max} 和 τ_{max}，一个 T_{max} 值可以对应很多负荷曲线，因为尽管负荷曲线的形状不同，但只要负荷曲线与纵轴横轴间所包围的面积相同，T_{max} 值就相同，其 τ_{max} 值不一定相同。τ_{max} 不仅与 T_{max} 有关，而且还与线路传输功率的功率因数 $\cos\varphi$ 有关，见如下推导：

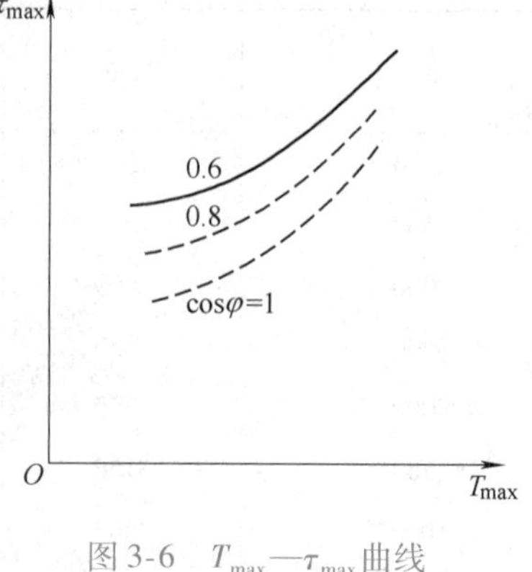

图 3-6　T_{max}—τ_{max} 曲线

$$\Delta W_Z = \int_0^{8760} \Delta P(t)\,dt = \int_0^{8760} \frac{S^2(t)}{U^2(t)} R\,dt = \int_0^{8760} \frac{P^2(t)R}{U^2(t)\cos^2\varphi} dt$$

可见，$\cos\varphi$ 越小，ΔW_Z 越大，则 τ_{max} 越大。每个 T_{max} 对应的 τ_{max} 不是唯一的，还取决于 $\cos\varphi$ 的大小，由 T_{max}—τ_{max} 曲线可知，在 T_{max}、$\cos\varphi$ 确定后，τ_{max} 才唯一确定。

3. 经验法

在工程计算中，求取电能损耗常常采用经验法。根据负荷的特性，从有关手册中查得最大负荷利用小时数 T_{max}，进而求得年负荷率 f，再求年负荷损耗率 F，由此求得全年的电能损耗 ΔW_Z。

用经验法求电能损耗的步骤：

1）按负荷特性（$\cos\varphi$）从有关手册中查得 T_{max}。

2）求年负荷率 f：所谓年负荷率 f，是指一年中负荷消费的电能 W 除以最大负荷户 P_{max} 与一年（8760h）的乘积。即有

$$f = \frac{W}{8760P_{max}}$$

进而有

$$f = \frac{P_{max}T_{max}}{8760P_{max}} dt = \frac{T_{max}}{8760}$$

3）求年负荷损耗率 F：按经验公式

$$F = kf + (1-k)f^2$$

式中　k——经验数据，一般取 0.1～0.4。

所谓年负荷损耗率 F，是指全年电能损耗 ΔW_Z 除以最大负荷时的功率损耗 ΔP_{max} 与一年 8760h 的乘积。即有

$$F = \frac{\Delta W_Z}{8760\Delta P_{max}}$$

4）全年的电能损耗

$$\Delta W_Z = 8760F\Delta P_{max}$$

这样，整个过程是：由负荷特性查得 T_{max}，求出年负荷率 f 和年负荷损耗率 F，再求出最大负荷时的功率损耗 ΔP_{max}，于是可按上述公式计算全年电能损耗。

求得电能损耗后，又可求标志经济性能的指标——线损率。

线损率是指线路上损耗的电能与线路始端输入电能的比值。若不计对地电导或不计电晕损耗时，它就指线路电阻中损耗的电能 ΔW_Z 与线路始端输入电能 W_1 的比值，以百分值表示为

$$线损率\% = \frac{\Delta W_Z}{W_1} \times 100 = \frac{\Delta W_Z}{W_2 + \Delta W_Z} \times 100$$

式中　W_2——末端输出的电能。

3.2　变压器运行状况的分析与计算

3.2.1　变压器的功率损耗和电压降落

求得电力线路的功率和电压的计算公式后，就可以将它们套用于变压器的功率、电压计算，如图 3-7 所示变压器的等效电路。

1. 变压器的功率损耗

阻抗支路中的功率损耗 $\Delta \dot{S}_{ZT}$ 为

$$\begin{aligned}\Delta \dot{S}_{ZT} &= \left(\frac{S_2'}{U_2}\right)^2 Z_T = \frac{P_2'^2 + Q_2'^2}{U_2^2}(R_T + jX_T) \\ &= \frac{P_2'^2 + Q_2'^2}{U_2^2}R_T + j\frac{P_2'^2 + Q_2'^2}{U_2^2}X_T \\ &= \Delta P_{ZT} + j\Delta Q_{ZT}\end{aligned} \tag{3-14}$$

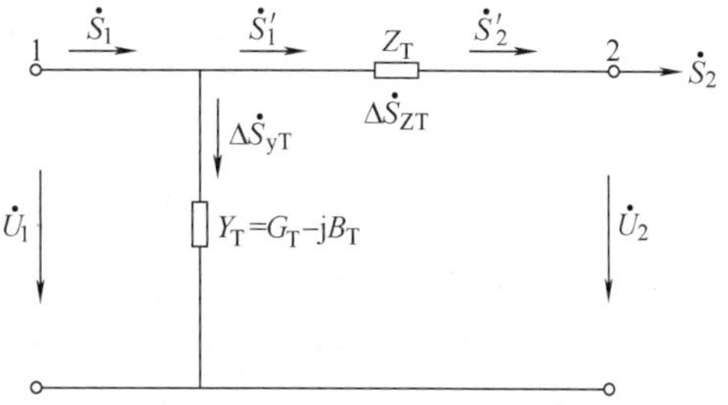

图 3-7　变压器的等效电路

励磁支路中的功率损耗 $\Delta \dot{S}_{yT}$ 为

$$\Delta \dot{S}_{yT} = U_1^2 \hat{Y}_T = U_1^2(G_T + jB_T) = U_1^2 G_T + jU_1^2 B_T = \Delta P_{yT} + j\Delta Q_{yT} \tag{3-15}$$

可见，变压器励磁支路的无功功率与线路对地支路的无功功率符号相反。

通常，变压器的功率损耗也可直接由变压器铭牌上的试验数据 P_k、$U_k\%$、P_0、$I_0\%$ 等进行计算。计算变压器功率损耗的公式可由 R_T、X_T、G_T、B_T 的计算式（2-18）~式（2-21）代入式（3-14）、式（3-15）得到。

通常，对变电所的变压器往往已知负荷侧的功率，而对发电厂的变压器往往已知电源侧的功率。下面把适用于变电所和适用于发电厂的计算公式对照列出来。

变电所的变压器　　发电厂的变压器

$$\begin{cases}\Delta P_{ZT} = \dfrac{P_k U_N^2 S_2'^2}{1000 U_2^2 S_N^2} & \Delta P_{ZT} = \dfrac{P_k U_N^2 S_1'^2}{1000 U_1^2 S_N^2} \\ \Delta Q_{ZT} = \dfrac{U_k\% U_N^2 S_2'^2}{100 U_2^2 S_N} & \Delta Q_{ZT} = \dfrac{U_k\% U_N^2 S_1'^2}{100 U_1^2 S_N} \\ \Delta P_{yT} = \dfrac{P_0 U_1^2}{1000 U_N^2} & \Delta P_{yT} = \dfrac{P_0 U_1^2}{1000 U_N^2} \\ \Delta Q_{yT} = \dfrac{I_0\% S_N U_1^2}{100 U_N^2} & \Delta Q_{yT} = \dfrac{I_0\% S_N U_1^2}{100 U_N^2}\end{cases} \tag{3-16}$$

如考虑到 $S_2 = S_2'$，并取 $S_1 = S_1'$，认为 $U_1 = U_2 = U_N$，式（3-16）可简化为

$$
\begin{cases}
\Delta P_{\mathrm{ZT}}=\dfrac{P_{\mathrm{k}}S_2^2}{1000S_{\mathrm{N}}^2} & \Delta P_{\mathrm{ZT}}=\dfrac{P_{\mathrm{k}}S_1^2}{1000S_{\mathrm{N}}^2}\\
\Delta Q_{\mathrm{ZT}}=\dfrac{U_{\mathrm{k}}\% S_{\mathrm{N}}S_2^2}{100S_{\mathrm{N}}^2} & \Delta Q_{\mathrm{ZT}}=\dfrac{U_{\mathrm{k}}\% S_{\mathrm{N}}S_1^2}{100S_{\mathrm{N}}}\\
\Delta P_{\mathrm{yT}}=\dfrac{P_0}{1000} & \Delta P_{\mathrm{yT}}=\dfrac{P_0}{1000}\\
\Delta Q_{\mathrm{yT}}=\dfrac{I_0\%}{100}S_{\mathrm{N}} & \Delta Q_{\mathrm{yT}}=\dfrac{I_0\%}{100}S_{\mathrm{N}}
\end{cases}
\tag{3-17}
$$

假定在额定条件下运行时，还可让 $S_2=S_{\mathrm{N}}$、$S_1=S_{\mathrm{N}}$，于是有

$$
\begin{cases}
\Delta P_{\mathrm{ZT}}=\dfrac{P_{\mathrm{k}}}{1000} & \Delta P_{\mathrm{ZT}}=\dfrac{P_{\mathrm{k}}}{1000}\\
\Delta Q_{\mathrm{ZT}}=\dfrac{U_{\mathrm{k}}\%}{100}S_{\mathrm{N}} & \Delta Q_{\mathrm{ZT}}=\dfrac{U_{\mathrm{k}}\%}{100}S_{\mathrm{N}}\\
\Delta P_{\mathrm{yT}}=\dfrac{P_0}{1000} & \Delta P_{\mathrm{yT}}=\dfrac{P_0}{1000}\\
\Delta Q_{\mathrm{yT}}=\dfrac{I_0\%}{100}S_{\mathrm{N}} & \Delta Q_{\mathrm{yT}}=\dfrac{I_0\%}{100}S_{\mathrm{N}}
\end{cases}
\tag{3-18}
$$

可见，在额定运行条件下，无论是变电所的变压器，还是发电厂的变压器，其功率损耗的计算公式是相同的，而且非常简单。然而，当变压器实际运行并非在额定条件下，通过变压器的功率为 $\dot{S}$ 时，则变压器的功率损耗可按下式计算：

$$
\begin{aligned}
\Delta\dot{S}_{\mathrm{T}}&=\Delta P_{\mathrm{yT}}+\mathrm{j}\Delta Q_{\mathrm{yT}}+\left[\Delta P_{\mathrm{ZT}}\left(\frac{S}{S_{\mathrm{N}}}\right)^2+\mathrm{j}\Delta Q_{\mathrm{ZT}}\left(\frac{S}{S_{\mathrm{N}}}\right)^2\right]\\
&=\frac{P_0}{1000}+\mathrm{j}\,\frac{I_0\%}{100}S_{\mathrm{N}}+\left[\frac{P_{\mathrm{k}}}{1000}\left(\frac{S}{S_{\mathrm{N}}}\right)^2+\mathrm{j}\,\frac{U_{\mathrm{k}}\%}{100}S_{\mathrm{N}}\left(\frac{S}{S_{\mathrm{N}}}\right)^2\right]
\end{aligned}
\tag{3-19}
$$

对 n 台并列运行的变压器，其功率损耗为

$$
\Delta\dot{S}_{\mathrm{T}}=n(\Delta P_{\mathrm{yT}}+\mathrm{j}\Delta Q_{\mathrm{yT}})+n\left[\Delta P_{\mathrm{ZT}}\left(\frac{S}{nS_{\mathrm{N}}}\right)^2+\mathrm{j}\Delta Q_{\mathrm{ZT}}\left(\frac{S}{nS_{\mathrm{N}}}\right)^2\right]
\tag{3-20}
$$

以上式中 ΔP_{yT}、ΔQ_{yT}、ΔP_{ZT}、ΔQ_{ZT}分别是额定负荷时变压器励磁支路和阻抗支路中的有功损耗和无功损耗。由以上公式可见，阻抗支路的功率损耗通过（S/S_{N}）^{2} 的换算就变成在实际通过功率 S 时的功率损耗，而励磁支路的功率损耗不需功率的换算，这是因为励磁支路中的功率损耗是固定的，与变压器通过的功率大小无关。

2. 变压器的电压降落

类似于式（3-4），可列出变压器阻抗支路中电压降落的纵分量和横分量为

$$
\begin{cases}
\Delta U_{\mathrm{T}}=\dfrac{P_2'R_{\mathrm{T}}+Q_2'X_{\mathrm{T}}}{U_2}\\
\delta U_{\mathrm{T}}=\dfrac{P_2'X_{\mathrm{T}}-Q_2'R_{\mathrm{T}}}{U_2}
\end{cases}
\tag{3-21}
$$

变压器电源端的电压 U_1 为

$$
U_1=\sqrt{(U_2+\Delta U_{\mathrm{T}})^2+(\delta U_{\mathrm{T}})^2}
\tag{3-22}
$$

变压器两端电压的夹角 δ_T 为

$$\delta_T = \arctan\frac{\delta U_T}{U_2 - \Delta U_T} \tag{3-23}$$

上述公式适用于变电所的变压器，而对发电厂的变压器，经常是电源侧的功率为已知，于是，计算电压降落应从电源侧起始。计算公式如下：

$$\begin{cases}\Delta U_T' = \dfrac{P_1' R_T + Q_1' X_T}{U_1} \\ \delta U_T' = \dfrac{P_1' X_T - Q_1' R_T}{U_1}\end{cases} \tag{3-24}$$

进而可求得负荷端的电压 U_2 为

$$U_2 = \sqrt{(U_1 - \Delta U_T')^2 + (\delta U_T')^2} \tag{3-25}$$

变压器两端电压的夹角 δ_T 为

$$\delta_T = \arctan\frac{-\delta U_T'}{U_1 - \Delta U_T'} \tag{3-26}$$

3.2.2 变压器的电能损耗

变压器的电能损耗等于励磁支路的电能损耗与阻抗支路的电能损耗之和。而变压器在额定运行条件下励磁支路的电能损耗对应着空载损耗 P_0，阻抗支路的电能损耗对应着负载损耗 P_k。因此有：

1）变压器励磁支路电能损耗为

$$\Delta W_{yT} = \frac{P_0}{1000}t$$

变压器励磁支路电能损耗与通过功率 S 及 τ_{max}（T_{max}）大小无关，只与变压器运行的时刻有关，变压器励磁支路在一年内的电能损耗为

$$\Delta W_{yT} = \frac{P_0}{1000} \times 8760$$

2）变压器阻抗支路的电能损耗为

$$\Delta W_{ZT} = \frac{P_k}{1000}\left(\frac{S}{S_N}\right)^2 \tau_{max}$$

一般变压器厂商（铭牌上）提供的 P_0、P_k 是以 kW 为单位的，而工程计算中常以 MW 为有功功率的单位，所以上式中分母有 1000。在一年内变压器上的电能损耗为

$$\Delta W = \Delta W_{yT} + \Delta W_{ZT} = \frac{P_0}{1000} \times 8760 + \frac{P_k}{1000}\left(\frac{S}{S_N}\right)^2 \tau_{max}$$

推广到 n 台变压器中的电能损耗

$$\Delta W_n = n\frac{P_0}{1000} \times 8760 + n\frac{P_k}{1000}\left(\frac{S}{nS_N}\right)^2 \tau_{max}$$

3.3 辐射形网的潮流分布计算

电力系统的参数一般分为两类。一类是网络参数，是指系统中各元件的电阻 R、电抗

X、电导 G、电纳 B。在第 2 章里讨论了这类参数的计算方法，它们一般不随系统运行状态的改变而变化，通常作为常数。另一类是运行参数，是指系统中的电压 U、电流 I、功率 S（P、Q）等。这些运行参数确定了系统的运行状态，它们之间的关系不是相互独立的，是通过基尔霍夫定律等电路定律互相关联，并且随着负荷和发电量的变化而变化的。

电力系统的潮流分布计算，则是通过已知的网络参数和某些运行参数来求系统中那些未知的运行参数，如求取节点电压、节点注入功率、支路中流动的功率及电流等，以便全面地掌握系统中各元件的运行状态，从而进行电力系统的规划设计、运行计划和运行调度，以保证电力系统运行的安全、可靠、经济和优质。

最简单的辐射形网如图 3-8a 所示，它是一个只包含升、降压变压器和一段单回输电线的输电系统，其等效电路如图 3-8b 所示，简化等值网络图如图 3-8c 所示。

注意，图 3-8 中 Z_{T1}、Z_L、Z_{T2}、Y_{T1}、Y_L、Y_{T2} 均是归算在同一电压等级上的参数。

对于一个确定的网络，网络参数是已知的，运行参数满足节点电压方程（或回路电流方程、割集电压方程）。对于图 3-8 所示的网络，原则上可列出节点电压方程组 $Y_B U_B = I_B$，求解此线性方程较容易。但实际上已知的不是节点电压、节点电流，而是已知节点功率，因此，只能列出非线性方程组 $Y_B \dot{U}_B = \hat{S}_B / \hat{U}_B$，求解比较繁琐，一般不能直接用解析法求解，只能用迭代法求近似解。由于图 3-8 所示的网络较为简单，因而不必列、解非线性方程组，可利用前面所讨论的计算线路及变压器的电压降落、功率损耗的公式，直接按图 3-8c 所示的简化等值网络图从一端向另一端逐个元件的推算其潮流分布。这种方法可称为逐段推算法。

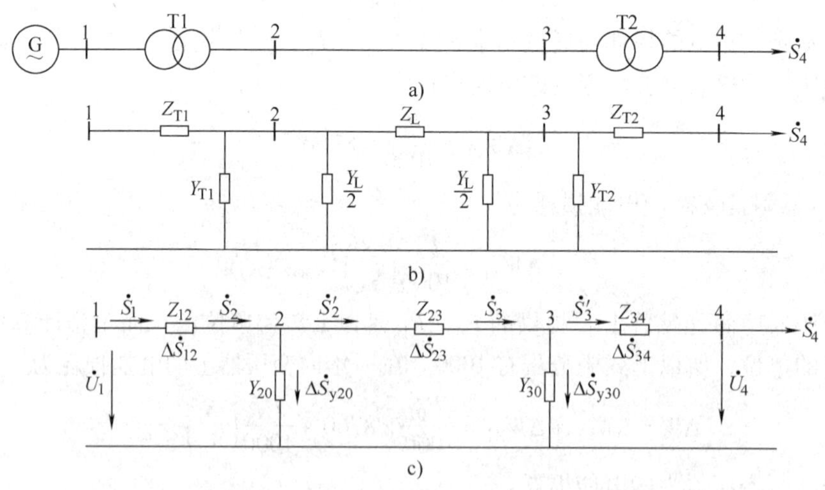

图 3-8　最简单的辐射形网及等值网络图

a）接线图　b）等效电路　c）简化等值网络图

常用的公式总结如下：

功率损耗：

阻抗支路
$$\Delta\dot{S}_Z = \frac{P^2+Q^2}{U^2}R + \mathrm{j}\frac{P^2+Q^2}{U^2}X \quad ①$$

$$\left.\begin{array}{ll}\text{线路对地支路} & \Delta\dot{S}_{y1}=\dfrac{1}{2}G_1U^2-\mathrm{j}\,\dfrac{1}{2}B_1U^2\\ \text{变压器励磁支路} & \Delta\dot{S}_{yT}=G_TU^2+\mathrm{j}B_TU^2\end{array}\right\}\qquad ②$$

电压降落

$$\mathrm{d}\,\dot{U}=\Delta U+\mathrm{j}\delta U$$

$$\Delta U=\frac{PR+QX}{U},\delta U=\frac{PX-QR}{U}\qquad ③$$

始端电压：

$$\dot{U}_1=\dot{U}_2+\mathrm{d}\,\dot{U}=(U_2+\Delta U)+\mathrm{j}\delta U=U_1\angle\delta_1$$

$$U_1=\sqrt{(U_2+\Delta U)^2+(\delta U)^2},\delta_1=\arctan\frac{\delta U}{U_2+\Delta U}\qquad ④$$

3.3.1 辐射形网潮流分布计算的一般步骤

由以上分析可知，为了方便潮流计算，首先由接线图作出等效电路，而且等效电路越简化，潮流计算就越方便。以图 3-8 为例，潮流分布计算的一般步骤和内容为：

1）由已知接线图作出等效电路；

2）作出简化等值网络图；

3）用逐段推算法推算其潮流分布。

假设功率分布情况如图 3-8c 所示，计算其值可根据已知条件出现的不同，采用的方法、步骤有所不同。

1. 已知末端功率 $\dot{S}_4$ 和末端电压 $\dot{U}_4$

若已知末端的功率 $\dot{S}_4$ 和电压$\dot{U}_4$ 时，这时的潮流计算就从末端开始，由末端功率 $\dot{S}_4$ 和电压$\dot{U}_4$，利用式①求出 Z_{34}上的功率损耗 $\Delta\dot{S}_{34}$，$\dot{S}_4$ 加上 $\Delta\dot{S}_{34}$就得 $\dot{S}_3'$，再利用式③、式④求出节点 3 的电压$\dot{U}_3$，然后利用式②求得节点 3 的导纳支路的功率损耗 $\Delta\dot{S}_{y30}$，$\dot{S}_3'$加上 $\Delta\dot{S}_{y30}$便得 $\dot{S}_3$。于是，又可将 $\dot{S}_3$ 作为末端功率、$\dot{U}_3$ 作为末端电压，依次求得 $\dot{S}_2$、$\dot{U}_2$，进而求得 $\dot{S}_1$、$\dot{U}_1$。这个计算过程可表示为

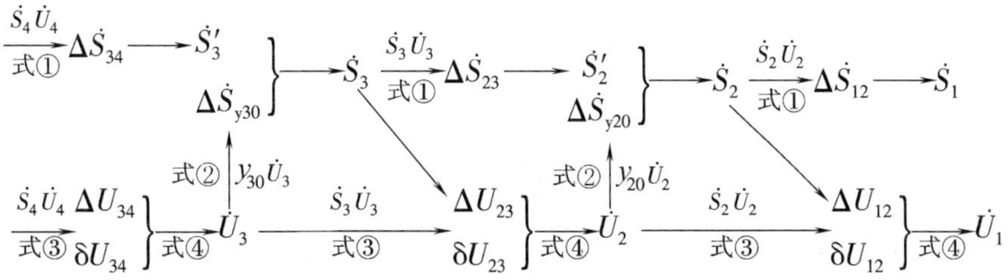
$\dot{S}_4\dot{U}_4$
式①
$\Delta\dot{S}_{34}$
$\dot{S}_3'$
$\Delta\dot{S}_{y30}$
$\dot{S}_3$
$\dot{S}_3\dot{U}_3$
式①
$\Delta\dot{S}_{23}$
$\dot{S}_2'$
$\Delta\dot{S}_{y20}$
$\dot{S}_2$
$\dot{S}_2\dot{U}_2$
式①
$\Delta\dot{S}_{12}$
$\dot{S}_1$
式②
$y_{30}\dot{U}_3$
式②
$y_{20}\dot{U}_2$
$\dot{S}_4\dot{U}_4$
式③
ΔU_{34}
δU_{34}
式④
$\dot{U}_3$
$\dot{S}_3\dot{U}_3$
式③
ΔU_{23}
δU_{23}
式④
$\dot{U}_2$
$\dot{S}_2\dot{U}_2$
式③
ΔU_{12}
δU_{12}
式④
$\dot{U}_1$

计算时需要注意的是：式①、式③中 P、Q、U 一定用同一点的值。

2. 已知末端功率 $\dot{S}_4$ 和始端电压$\dot{U}_1$

若已知末端功率 $\dot{S}_4$ 和始端电压$\dot{U}_1$ 时，显然 $\dot{S}_4$ 与$\dot{U}_1$ 不是同一点的值，这时的潮流计算必须通过反复推算才能获得同时满足这两个限制条件（$\dot{S}_4$ 和$\dot{U}_1$）的结果。这种反复推算、逐渐逼近，其实已属于迭代法的范畴。如果潮流计算仍从末端开始，则需要假设一个末端电压$\dot{U}_4$。电压$\dot{U}_4$ 可根据计算精度或经验取值。

1）在计算精度要求不高的场合，潮流计算可分两步进行。

第一步，设$\dot{U}_4 = U_N \angle 0°$，且设$\dot{U}_3 = \dot{U}_2 = U_N \angle 0°$，即设全网电压均为额定电压。

此时，就可由末端$\dot{S}_4$和$\dot{U}_4$，利用式①、式②，求得各段阻抗支路的功率损耗及各导纳支路的功率损耗，而没有计及各段的电压损耗，公式中用到电压时，就取网络的额定电压。求得各段功率损耗后，即可得到从末端至始端的功率分布，其计算过程可简写为

$$\dot{S}_4\dot{U}_4 \xrightarrow[\text{式①}]{\Delta\dot{S}_{34}} \dot{S}_3' \xrightarrow[\text{式②}]{\Delta\dot{S}_{y30}} \dot{S}_3 \xrightarrow[\text{式①}]{\Delta\dot{S}_{23}} \dot{S}_2' \xrightarrow[\text{式②}]{\Delta\dot{S}_{y20}} \dot{S}_2 \xrightarrow[\text{式①}]{\Delta\dot{S}_{12}} \dot{S}_1$$

第二步，由已知的始端电压$\dot{U}_1$和求得的始端功率$\dot{S}_1$，利用式③、式④逐段求取各段的电压降落，这样就从始端电压一点一点降下来，得到各节点的电压，其计算过程简写为

$$\dot{U}_1\dot{S}_1 \xrightarrow[\text{式③}]{} \mathrm{d}\dot{U}_1 \xrightarrow[\text{式④}]{} \dot{U}_2 \xrightarrow[\text{式③}]{} \mathrm{d}\dot{U}_2 \xrightarrow[\text{式④}]{} \dot{U}_3 \xrightarrow[\text{式③}]{} \mathrm{d}\dot{U}_3 \xrightarrow[\text{式④}]{} \dot{U}_4$$

这个推算电压的过程，不再重新推算功率，公式中用到功率时就取用第一步推算的功率。

可见这种潮流分布计算结果是经过一个来回的计算才得到，从末端往始端推算时仅仅推算了功率，而从始端向末端推算时仅仅推算了电压。显然，这种推算法得到的结果是近似的，一般手算潮流时可以采用这种推算法。

2）在计算精度要求较高的场合，设末端电压为$\dot{U}_4^{(0)}$，以$\dot{U}_4^{(0)}$和已知的$\dot{S}_4^{(0)}$（$\dot{S}_4^{(0)}=\dot{S}_4$）为原始数据，利用式①~式④由末端向始端逐段推算其功率和电压。求得始端电压$\dot{U}_1^{(1)}$和功率$\dot{S}_1^{(1)}$后，再用始端已知电压$\dot{U}_1^{(0)}$和求得的始端功率$\dot{S}_1^{(1)}$由始端向末端逐段推算功率和电压。求得末端电压$\dot{U}_4^{(1)}$和功率$\dot{S}_4^{(1)}$后，再用求得的末端电压$\dot{U}_4^{(1)}$和已知的末端功率$\dot{S}_4^{(0)}$，由末端向始端推算，再次求得始端电压$\dot{U}_1^{(2)}$和功率$\dot{S}_1^{(2)}$。然后再用始端已知电压小$\dot{U}_1^{(0)}$和求得的始端功率$\dot{S}_1^{(2)}$由始端向末端推算，依此反复推算下去，直至满足精度要求。

推算过程简写为

$$\dot{U}_4^{(0)}\dot{S}_4^{(0)} \rightarrow \dot{U}_1^{(1)}\dot{S}_1^{(1)}$$

$$\dot{U}_4^{(1)}\dot{S}_4^{(1)} \leftarrow \dot{U}_1^{(0)}\dot{S}_1^{(1)}$$

$$\dot{U}_4^{(1)}\dot{S}_4^{(0)} \rightarrow \dot{U}_1^{(2)}\dot{S}_1^{(2)}$$

$$\dot{U}_4^{(2)}\dot{S}_4^{(2)} \leftarrow \dot{U}_1^{(0)}\dot{S}_1^{(2)}$$

$$\vdots$$

$$\dot{U}_4^{(n-1)}\dot{S}_4^{(0)} \leftarrow \dot{U}_1^{(n)}\dot{S}_1^{(n)}$$

直至满足$|\dot{U}_1^{(n)} - \dot{U}_1^{(0)}| \leqslant \varepsilon$（精度）。这种反复推算的过程可用计算机进行。

3.3.2 对多端网络的处理

对于多端网络，即网络中不只一个负荷或不只一个电源的情况，如图 3-9 所示，若以变电所 D 为末端、以发电厂 A 为始端，显然变电所 B 和发电厂 C 需要作一下简化才能方便地用逐段推算法进行潮流分布计算。

图 3-9 中，如何把变电所 B 的负荷等效为一个集中运算负荷功率挂在 B 点，又如何把发电厂 C 的电源功率等效为一个集中的运算电源功率挂在 C 点，见如下分析。

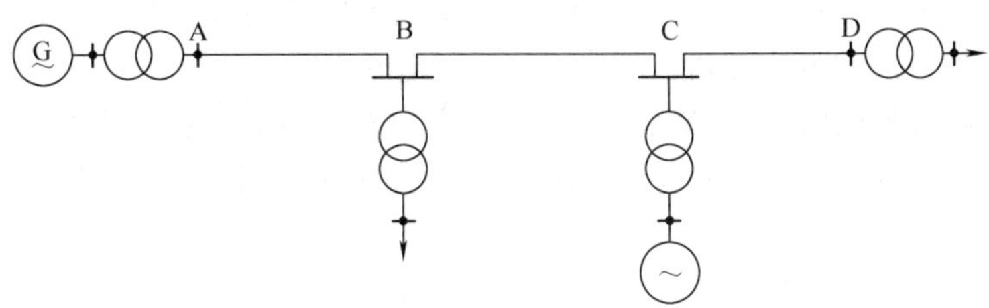

图 3-9　多端网络

1. 变电所的运算负荷功率

如图 3-10a 所示，变电所两侧连接着线路，此变电器低压侧负荷使用的功率 $\dot{S}$ 称为负荷功率。$\Delta\dot{S}$ 为变压器的功率损耗，这里将变电器低压侧的负荷功率加上变压器的功率损耗，称为变电所的等效负荷功率，用 $\dot{S}'$ 表示，$\dot{S}'=\dot{S}+\Delta\dot{S}$。可见等效负荷功率即是变电所从网络中吸取的功率。若再将变电所高压母线上所连线路对地电纳中无功功率的一半也并入等效负荷功率，用集中功率 $\dot{S}''$ 表示，则称 $\dot{S}''$ 为变电所的运算负荷功率，即

$$\dot{S}''=\dot{S}'+\Delta\dot{S}_{l1}+\Delta\dot{S}_{l2}=\dot{S}+\Delta\dot{S}+(-\mathrm{j}\Delta Q_{l1})+(-\mathrm{j}\Delta Q_{l2})$$

因此，可将图 3-10a 等效成图 3-10b。

2. 发电厂的运算电源功率

如图 3-11a 所示，发电厂两侧也连接着线路，此发电厂发出的功率 $\dot{S}_{\mathrm{G}}$ 为电源功率。$\Delta\dot{S}_{\mathrm{G}}$ 为发电厂升压变压器的功率损耗。若将发电厂发出的功率减去升压变压器的功率损耗用 $\dot{S}'_{\mathrm{G}}$ 表示，称 $\dot{S}'_{\mathrm{G}}$ 为发电厂的等效电源功率，$\dot{S}'_{\mathrm{G}}=\dot{S}_{\mathrm{G}}-\Delta\dot{S}_{\mathrm{G}}$。可见等效电源功率即是电源向网络注入的功率。若再将发电厂高压母线上所连线路对地电纳中无功功率的一半也并入等效电源功率，用集中功率 $\dot{S}''_{\mathrm{G}}$ 表示，则可称 $\dot{S}''_{\mathrm{G}}$ 为发电厂的运算电源功率，即

$$\dot{S}''_{\mathrm{G}}=\dot{S}'_{\mathrm{G}}-\Delta\dot{S}_{l1}-\Delta\dot{S}_{l2}=\dot{S}_{\mathrm{G}}-\Delta\dot{S}_{\mathrm{G}}+\mathrm{j}\Delta Q_{l1}+\mathrm{j}\Delta Q_{l2}$$

于是可将图 3-11a 等效成图 3-11b。

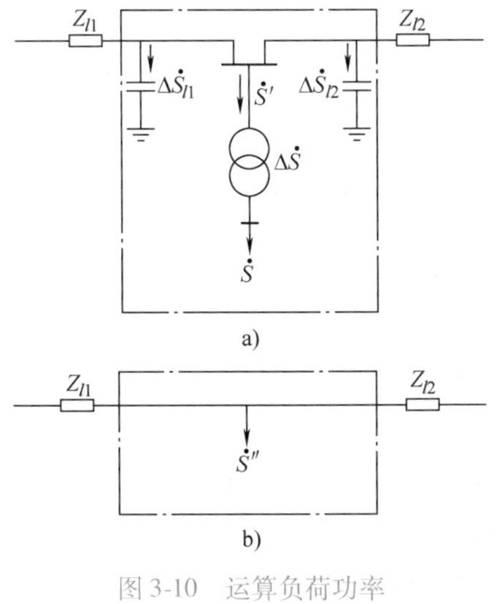

图 3-10　运算负荷功率

a）等效前　b）等效后

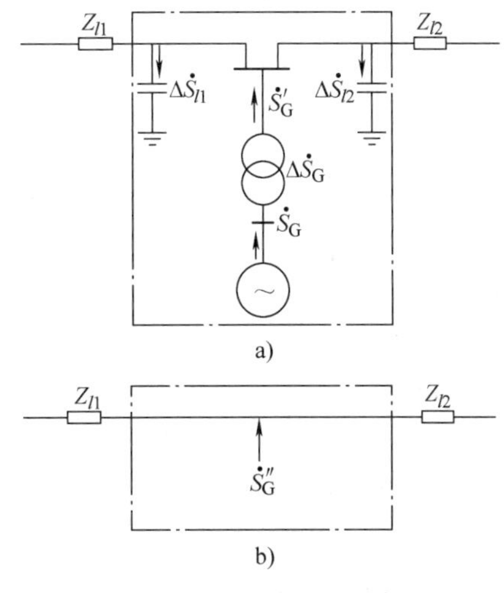

图 3-11　运算电源功率

a）等效前　b）等效后

经过以上这样的等效功率变换后，图 3-9 所示的网络就可变为图 3-12 所示的简化等值网络图。图中仅有各段的阻抗支路，而线路的对地电容支路及变压器的励磁支路已合并到运算功率中去，因此等值网络图十分简单。于是潮流分布计算就可按图 3-12 所示的等值网络图方便地进行，采用的方法、步骤及引用的公式可依照辐射形网络的潮流分布。

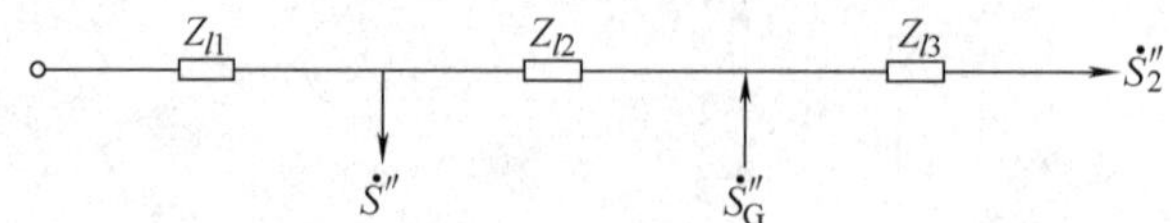

图 3-12　多端网的等效网络图

【例 3-1】 电力线路长 80km，额定电压为 110kV，末端连接一容量为 30MVA、电压比为 110kV/38. 5kV 的降压变压器。变压器低压侧负荷为(15 + j11. 25)MVA，正常运行时要求达 36kV。试求电源处母线上应有的电压和功率。计算时，(1) 采用有名值，(2) 采用标幺值，$S_B = 15\text{MVA}$，$U_B = 110\text{kV}$。

线路选用 LGJ—120 型导线，几何均距为 4. 25m，由此求得的每千米阻抗、导纳为 $r_1 = 0.27\Omega/\text{km}$，$x_1 = 0.412\Omega/\text{km}$，$g = 0$，$b_1 = 2.76 \times 10^{-6}\text{S/km}$。变压器归算至 110kV 侧的阻抗、导纳为 $R_T = 4.93\Omega$，$X_T = 63.5\Omega$，$G_T = 4.95 \times 10^{-6}\text{S}$，$G_T = 49.5 \times 10^{-6}\text{S}$。网络接线图如图 3-13 所示。

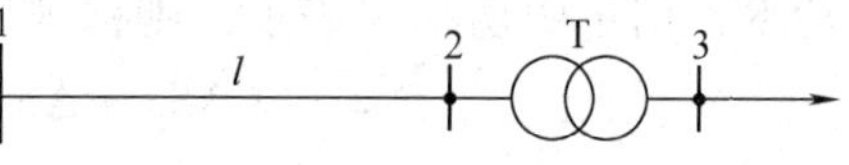

图 3-13　例 3-1 的网络接线图

解　先分别算出以有名值和标幺值表示的网络参数见表 3-2，等效电路如图 3-14 所示，然后分别以有名值和标幺值计算潮流分布，见表 3-3。

表 3-2　以有名值和标幺值计算的网络参数

运用有名值计算的图 3-14a 中	运用标幺值计算的图 3-14b 中
$R_l = r_1 l = 0.27 \times 80\Omega = 21.6\Omega$	$R_{l*} = r_1 l \dfrac{S_B}{U_B^2} = 0.27 \times 80 \times \dfrac{15}{110^2} = 0.0268$
$X_l = x_1 l = 0.412 \times 80\Omega = 33.0\Omega$	$X_{l*} = x_1 l \dfrac{S_B}{U_B^2} = 0.412 \times 80 \times \dfrac{15}{110^2} = 0.0408$
$\dfrac{1}{2}B_l = \dfrac{1}{2}b_1 l = \dfrac{1}{2} \times 2.76 \times 10^{-6} \times 80\text{S} = 1.1 \times 10^{-4}\text{S}$	$\dfrac{1}{2}B_{l*} = \dfrac{1}{2}b_1 l \dfrac{U_B^2}{S_B} = \dfrac{1}{2} \times 2.76 \times 10^{-6} \times 80 \times \dfrac{110^2}{15} = 0.0890$
$R_T = 4.93\Omega$	$R_{T*} = R_T \dfrac{S_B}{U_B^2} = 4.93 \times \dfrac{15}{110^2} = 0.0061$
$X_T = 63.5\Omega$	$X_{T*} = X_T \dfrac{S_B}{U_B^2} = 63.5 \times \dfrac{15}{110^2} = 0.0787$
$G_T = 4.95 \times 10^{-6}\text{S}$	$G_{T*} = G_T \dfrac{U_B^2}{S_B} = 4.95 \times 10^{-6} \times \dfrac{110^2}{15} = 0.0040$
$B_T = 49.5 \times 10^{-6}\text{S}$	$B_{T*} = B_T \dfrac{U_B^2}{S_B} = 49.5 \times 10^{-6} \times \dfrac{110^2}{15} = 0.0400$

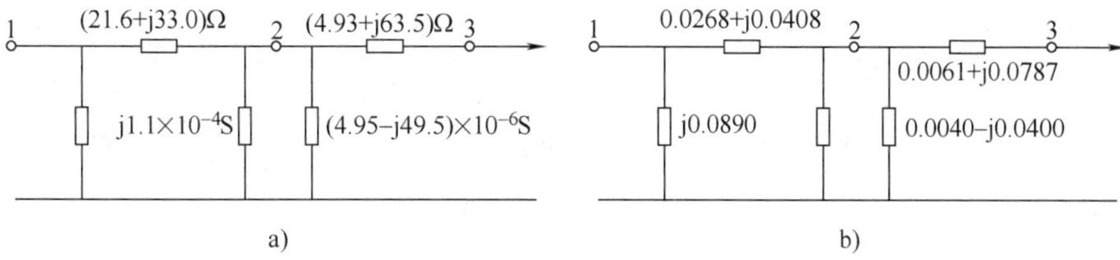

图 3-14　例 3-1 的等效电路

a）有名值　b）标幺值

表 3-3　以有名值和标幺值计算的潮流分布

运用有名值计算时	运用标幺值计算时
$\dot{S}_3=(15+\mathrm{j}11.25)\mathrm{MVA}$	$\dot{S}_{3*}=\dot{S}_3/S_B=(15+\mathrm{j}11.25)/15=1.00+\mathrm{j}0.75$
$U_3=36\times110/38.5\mathrm{kV}=102.85\mathrm{kV}$	$U_{3*}=U_3/U_B=\dfrac{36\times110}{110\times38.5}=0.935$
$\Delta P_{zT}=\dfrac{P_3^2+Q_3^2}{U_3^2}R_T=\dfrac{15^2+11.25^2}{102.85^2}\times4.93\mathrm{MW}=0.16\mathrm{MW}$	$\Delta P_{zT*}=\dfrac{P_{3*}^2+Q_{3*}^2}{U_{3*}^2}R_{T*}=\dfrac{1.00^2+0.75^2}{0.935^2}\times0.0061=0.0109$
$\Delta Q_{zT}=\dfrac{P_3^2+Q_3^2}{U_3^2}X_T=\dfrac{15^2+11.25^2}{102.85^2}\times63.5\mathrm{Mvar}=2.11\mathrm{Mvar}$	$\Delta Q_{zT*}=\dfrac{P_{3*}^2+Q_{3*}^2}{U_{3*}^2}X_{T*}=\dfrac{1.00^2+0.75^2}{0.935^2}\times0.0787=0.141$
$\Delta U_T=\dfrac{P_3R_T+Q_3X_T}{U_3}=\dfrac{15\times4.93+11.25\times63.5}{102.85}\mathrm{kV}$ $=7.67\mathrm{kV}$	$\Delta U_{T*}=\dfrac{P_{3*}R_{T*}+Q_{3*}X_{T*}}{U_{3*}}=\dfrac{1.00\times0.0061+0.75\times0.0787}{0.935}$ $=0.0697$
$\delta U_T=\dfrac{P_3X_T-Q_3R_T}{U_3}=\dfrac{15\times63.5-11.25\times4.93}{102.85}\mathrm{kV}=8.71\mathrm{kV}$	$\delta U_{T*}=\dfrac{P_{3*}X_{T*}-Q_{3*}R_{T*}}{U_{3*}}=\dfrac{1.00\times0.0787-0.75\times0.0061}{0.935}$ $=0.0793$
$U_2=\sqrt{(U_3+\Delta U_T)^2+(\delta U_T)^2}$ $=\sqrt{(102.85+7.67)^2+8.71^2}\mathrm{kV}=110.86\mathrm{kV}$	$U_{2*}=\sqrt{(U_{3*}+\Delta U_{T*})^2+(\delta U_{T*})^2}$ $\sqrt{(0.935+0.0697)^2+(0.0793)^2}=1.008$
不计 δU_T 时，$U_2=U_3+\Delta U_T=(102.85+7.67)\mathrm{kV}=110.52\mathrm{kV}$	不计 δU_{T*} 时，$U_{2*}=U_{3*}+\Delta U_{T*}=0.935+0.0697=1.005$
$\delta_T=\arctan\dfrac{\delta U_T}{U_3+\Delta U_T}=\arctan\dfrac{8.71}{110.52}=4.51°$	$\delta_{T*}=\arctan\dfrac{\delta U_{T*}}{U_{3*}+\Delta U_{T*}}=\arctan\dfrac{0.0793}{1.005}=0.0787$
$\Delta P_{yT}=G_TU_2^2=4.95\times10^{-6}\times110.52^2\mathrm{MW}=0.06\mathrm{MW}$	$\Delta P_{yT*}=G_{T*}U_{2*}^2=0.004\times1.005^2\approx0.004$
$\Delta Q_{yT}=B_TU_2^2=49.5\times10^{-6}\times110.52^2\mathrm{Mvar}=0.6\mathrm{Mvar}$	$\Delta Q_{yT*}=B_{T*}U_{2*}^2=0.04\times1.005^2\approx0.04$
$\dot{S}_2=P_2+\mathrm{j}Q_2=(P_3+\Delta P_{zT}+\Delta P_{yT})+\mathrm{j}(Q_3+\Delta Q_{zT}$ $+\Delta Q_{yT})=[(15+0.16+0.06)+\mathrm{j}(11.25+2.11+0.6)]\mathrm{MVA}$ $=(15.22+\mathrm{j}13.96)\mathrm{MVA}$	$\dot{S}_{2*}=P_{2*}+\mathrm{j}Q_{2*}=(P_{3*}+\Delta P_{zT*}+\Delta P_{yT*})+\mathrm{j}(Q_{3*}+\Delta Q_{zT*}$ $+\Delta Q_{yT*})=(1.00+0.0109+0.004)+\mathrm{j}(0.75+0.141+0.04)$ $=1.015+\mathrm{j}0.931$
$\Delta Q_{yl2}=\dfrac{1}{2}B_lU_2^2=1.1\times10^{-4}\times110.52^2\mathrm{Mvar}=1.34\mathrm{Mvar}$	$\Delta Q_{yl2*}=\dfrac{1}{2}B_{l*}U_{2*}^2=0.089\times1.005^2=0.090$
$\dot{S}_2'=P_2+\mathrm{j}(Q_2-\Delta Q_{yl2})=[15.22+\mathrm{j}(13.96-1.34)]\mathrm{MVA}$ $=(15.22+\mathrm{j}12.62)\mathrm{MVA}$	$\dot{S}_{2*}'=P_{2*}+\mathrm{j}(Q_{2*}-\Delta Q_{yl2*})=1.015+\mathrm{j}(0.931-0.090)$ $=1.015+\mathrm{j}0.841$
$\Delta P_{zl}=\dfrac{P_2'^2+Q_2'^2}{U_2^2}R_l=\dfrac{15.22^2+12.62^2}{110.52^2}\times21.6\mathrm{MW}$ $=0.691\mathrm{MW}$	$\Delta P_{zl*}=\dfrac{P_{2*}'^2+Q_{2*}'^2}{U_{2*}^2}R_{l*}=\dfrac{1.015^2+0.841^2}{1.005^2}\times0.0268$ $=0.0461$

（续）

运用有名值计算时	运用标幺值计算时
$\Delta Q_{zl}=\dfrac{P_2'^2+Q_2'^2}{U_2^2}X_l=\dfrac{15.22^2+12.62^2}{110.52^2}\times 33.0\text{Mvar}$ $=1.056\text{Mvar}$	$\Delta Q_{zl*}=\dfrac{P_{2*}'^2+Q_{2*}'^2}{U_{2*}^2}X_{l*}=\dfrac{1.015^2+0.841^2}{1.005^2}\times 0.0408$ $=0.0701$
$\Delta U_l=\dfrac{P_2'R_l+Q_2'X_l}{U_2}=\dfrac{15.22\times 21.6+12.62\times 33.0}{110.52}\text{kV}$ $=6.74\text{kV}$	$\Delta U_{l*}=\dfrac{P_{2*}'R_{l*}+Q_{2*}'X_{l*}}{U_{2*}}=\dfrac{1.015\times 0.0268+0.841\times 0.0408}{1.005}$ $=0.0612$
$\delta U_l=\dfrac{P_2'X_l-Q_2'R_l}{U_2}=\dfrac{15.22\times 33.0-12.62\times 21.6}{110.52}\text{kV}$ $=2.08\text{kV}$	$\delta U_{l*}=\dfrac{P_{2*}'X_{l*}-Q_{2*}'R_{l*}}{U_{2*}}=\dfrac{1.015\times 0.0408-0.841\times 0.0268}{1.005}$ $=0.0188$
不计 δU_l 时，$U_1=U_2+\Delta U_l=(110.52+6.74)\text{kV}=117.26\text{kV}$	不计 δU_{l*} 时，$U_{1*}=U_{2*}+\Delta U_{l*}=1.005+0.0612=1.066$
$\delta_l=\arctan\dfrac{\delta U_l}{U_2+\Delta U_l}=\arctan\dfrac{2.08}{117.26}=1°$	$\delta_{l*}=\arctan\dfrac{\delta U_{l*}}{U_{2*}+\Delta U_{l*}}=\arctan\dfrac{0.0188}{1.066}=0.0176$
$\Delta Q_{yl1}=\dfrac{1}{2}B_lU_1^2=1.1\times 10^{-4}\times 117.26^2\text{Mvar}=1.512\text{Mvar}$	$\Delta Q_{yl1*}=\dfrac{1}{2}B_{l*}U_{1*}^2=0.089\times 1.066^2=0.101$
$\dot{S}_1=P_1+\text{j}Q_1=(P_2'+\Delta P_{zl})+\text{j}(Q_2'+\Delta Q_{zl}-\Delta Q_{yl1})$ $=[(15.22+0.691)+\text{j}(12.62+1.056-1.512)]\text{MVA}$ $=(15.91+\text{j}12.16)\text{MVA}$	$\dot{S}_{1*}=P_{1*}+\text{j}Q_{1*}=(P_{2*}'+\Delta P_{zl*})+\text{j}(Q_{2*}'+\Delta Q_{zl*}-\Delta Q_{yl1*})$ $=(1.015+0.0461)+\text{j}(0.841+0.0701-0.101)$ $=1.061+\text{j}0.810$

由表 3-3 可得本输电系统的有关技术经济指标如下：

$$\text{始端电压偏移}\%=\frac{U_1-U_\text{N}}{U_\text{N}}\times 100=\frac{117.26-110}{110}\times 100=6.60$$

$$\text{末端电压偏移}\%=\frac{U_3'-U_\text{3N}}{U_\text{N}}\times 100=\frac{36-35}{35}\times 100=2.86$$

$$\text{电压损耗}\%=\frac{U_1-U_3}{U_\text{N}}\times 100=\frac{117.26-102.85}{110}\times 100=13.1$$

$$\text{输电效率}\%=\frac{P_3}{P_1}\times 100=\frac{15}{15.91}\times 100=94.3$$

这些指标都较理想，因所计算的是一个负荷较轻的运行状况。由于负荷较轻，加之负荷功率因数较低、线路电阻 R_l 又较大，线路始末端电压间的相位角很小，$\delta_l=1°$。

由上还可得下面有一定普遍意义的结论。

若只要求计算电压的数值，则略去电压降落的横分量 δU 不会产生很大误差。如在例 3-1 中，略去 δU_T 时，误差仅为$(110.86-110.52)\text{kV}=0.34\text{kV}$，即仅 0.3%。因而，近似计算公式 $U_1=U_2+\Delta U$ 有较大的适用范围。

变压器中电压降落的纵分量 ΔU_T 主要取决于变压器电抗。如例 3-1 中，$P_3R_\text{T}/U_3=0.72\text{kV}$，而 $Q_3X_\text{T}/U_3=6.95\text{kV}$，即后者较前者大 9 倍以上。

变压器中无功功率损耗远大于有功功率损耗，如例 3-1 中，$\Delta Q_\text{zT}+\Delta Q_\text{yT}=(2.11+0.6)\text{Mvar}=2.71\text{Mvar}$，而 $\Delta P_\text{zT}+\Delta P_\text{yT}=(0.16+0.06)\text{MW}=0.22\text{MW}$，即相差 10 倍以上。

线路负荷较轻时，线路电纳中吸收的容性无功功率大于电抗中消耗的感性无功功率的现象并不罕见，如例 3-1 中，$\Delta Q_{yl1}+\Delta Q_{yl2}=(1.512+1.34)\text{Mvar}=2.852\text{Mvar}$，而 $\Delta Q_{zl}=1.056\text{Mvar}$，即这时的线路元件是一个感性无功功率电源。

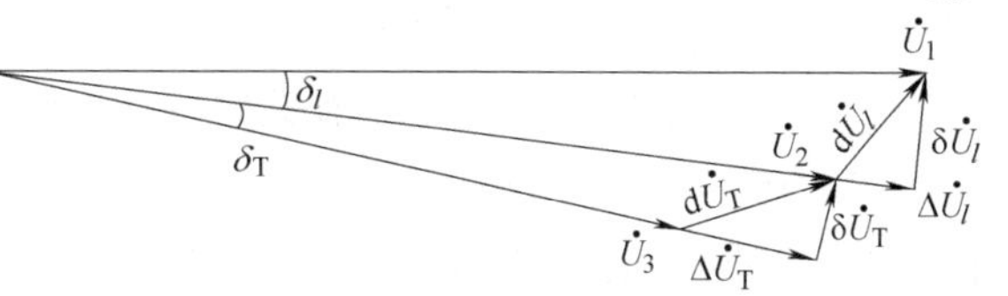

图 3-15 例 3-1 中 $\dot{U}_1$、$\dot{U}_2$、$\dot{U}_3$ 间的相位关系（示意图）

至于有名值和标幺值的计算结果完全一致则不必解释。本例中，$U_{1*}U_B=1.066\times110\text{kV}=117.3\text{kV}$，$S_{1*}S_B=(1.061+\text{j}0.810)\times15\text{MVA}=(15.92+\text{j}12.15)\text{MVA}$，与有名制计算结果相差极微。

最后，附带指出，例 3-1 中$\dot{U}_1$、$\dot{U}_2$、$\dot{U}_3$，间的相位关系如图 3-15 所示，即计算 ΔU_T、δU_T 时，以$\dot{U}_3$ 为参考轴；计算 ΔU_l、δU_l 时以$\dot{U}_2$ 为参考轴；$\dot{U}_1$ 与$\dot{U}_3$ 间的相位角即（$\delta_l+\delta_T$）。

3.4 环形网中的潮流分布计算

在电力网运行中，为了提高供电的可靠性、经济性和运行的灵活性，或者为了降低电压损耗、电能损耗，往往需要从几个方向对用户输送电能，或将开环运行的网络闭环运行。凡是能从两个以上方向给负荷供电的电力网称为环形网。图 3-16a 所示为一简单环形网接线图。环形网中最简单的形式是两端供电网。

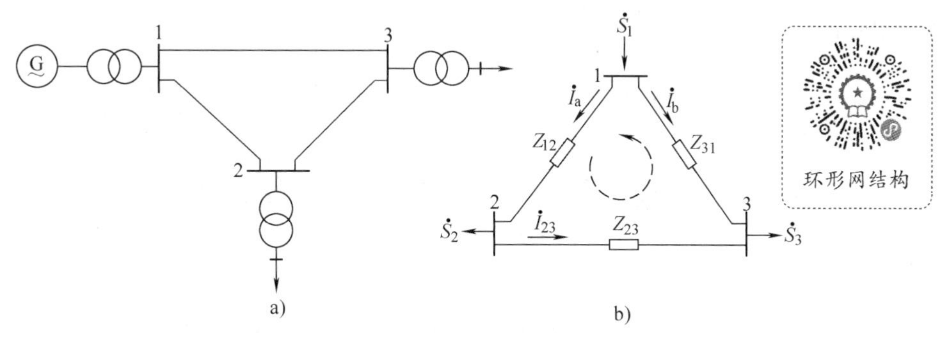

图 3-16 简单环形网

a）环形网接线图 b）简化等效电路

在环形网中，功率的分布受到很多因素的影响。因为环形网中的负荷从各个支路上吸收的功率不同，所以输送这些功率在线路上的损耗也不同。各条支路中的功率损耗与其线路两端的电压、线路的阻抗有关，因此说环形网中的潮流分布与网络的结构、负荷、电源等均有关，比辐射形网络的潮流分布要复杂得多。一般手算潮流分布时，首先求出各变电所的运算负荷功率和发电厂的运算电源功率，以得到简化的等效电路，如图 3-16 中，图 b 是图 a 的简化等效电路。在简化等效电路中就不再包含各变压器的阻抗支路和母线上并联的导纳支路，而是已经等效在运算功率之中。其次，在假设全网电压为额定电压的条件下，不考虑网络中的电压损耗和功率损耗，求出网络中的流动功率，即初步潮流分布，然后按初步潮流分布将闭环网分解成两个开式网，对这两个开式网分别按照辐射形网络潮流分布计算的方法进行潮流分布计算，从而要计及网络中的功率损耗、电压降落，最后得到最终的潮流分布计算结果。

3.4.1 环形网中的初步功率分布

由上可知，在假设全网电压均为额定电压的条件下，不计网络中的电压损耗和功率损耗，求得的环形网中的功率分布，称为初步潮流分布。对于较复杂的多环网，必须利用网络化简的方法将网络化简成单环网，然后从某一电源点拉开，等效成两端供电网，才能进行初步潮流分布计算。而两端供电网的两端电压有时相等，有时不相等，下面分别讨论。

1. 两端电压相等时的功率分布

环形网中，回路电压为零的单一环网可等效成两端电压相等的两端供电网。例如将图 3-16b 从节点 1 拉开，就由环形网变成一个两端供电网，如图 3-17 所示。图中 1 点和 1′点电压分别为$\dot{U}_1$、$\dot{U}_1'$，且$\dot{U}_1=\dot{U}_1'$。从两端注入网络的功率设为$\dot{S}_a$、$\dot{S}_b$，$\dot{S}_a$、$\dot{S}_b$分别对应图 3-16b 中的$\dot{I}_a$、$\dot{I}_b$。

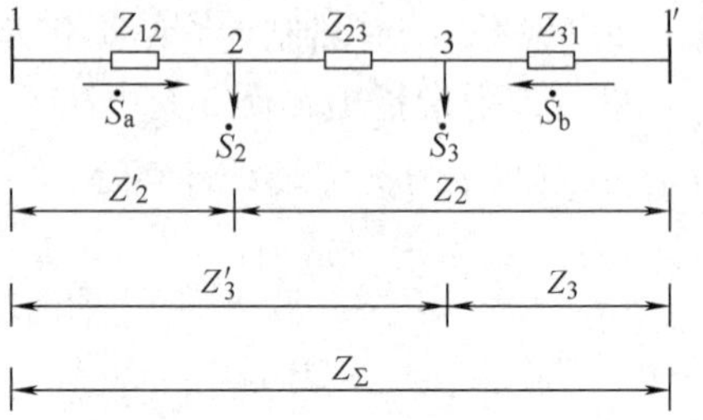

图 3-17　等效两端供电网

按图 3-16b 所示的回路正方向，可列出回路电压方程

$$\dot{I}_aZ_{12}+(\dot{I}_a-\dot{I}_2)Z_{23}+(\dot{I}_a-\dot{I}_2-\dot{I}_3)Z_{31}=0 \tag{3-27}$$

式中　$\dot{I}_2$、$\dot{I}_3$——节点 2、3 的运算负荷电流。

设全网电压均为额定电压$\dot{U}_N=U_N\angle 0°$，并将$\dot{I}=\hat{S}/\hat{U}_N$代入式（3-27），正好电流以相应的功率所替代，于是有

$$\hat{S}_aZ_{12}+(\hat{S}_a-\hat{S}_2)Z_{23}+(\hat{S}_a-\hat{S}_2-\hat{S}_3)Z_{31}=0$$

从而解得

$$\dot{S}_a=\frac{\dot{S}_2(\hat{Z}_{23}+\hat{Z}_{31})+\dot{S}_3\hat{Z}_{31}}{\hat{Z}_{12}+\hat{Z}_{23}+\hat{Z}_{31}}=\frac{\dot{S}_2\hat{Z}_2+\dot{S}_3\hat{Z}_3}{\hat{Z}_\Sigma} \tag{3-28}$$

式中

$$\hat{Z}_2=\hat{Z}_{23}+\hat{Z}_{31},\hat{Z}_3=\hat{Z}_{31},\hat{Z}_\Sigma=\hat{Z}_{12}+\hat{Z}_{23}+\hat{Z}_{31}$$

同理，流经阻抗 Z_{31}的功率$\dot{S}_b$为

$$\dot{S}_b=\frac{\dot{S}_2\hat{Z}_{12}+\dot{S}_3(\hat{Z}_{12}+\hat{Z}_{23})}{\hat{Z}_{12}+\hat{Z}_{23}+\hat{Z}_{31}}=\frac{\dot{S}_2\hat{Z}_2'+\dot{S}_3\hat{Z}_3'}{\hat{Z}_\Sigma} \tag{3-29}$$

式中

$$\hat{Z}_2'=\hat{Z}_{12}',\hat{Z}_3'=\hat{Z}_{23}+\hat{Z}_{12}$$

由图 3-17 看出，$\dot{S}_a$、$\dot{S}_b$即是从两侧电源注入网络的功率。分析式（3-28）、式（3-29）可知，电源电压相等的两端供电网中，负荷是按阻抗反比分配于两端电源的。以上是在假设全网均为额定电压时，用功率代替电流进行计算的，此假设条件也就是网络中没有功率损耗的情况，因此，可用如下关系式来校验$\dot{S}_a$、$\dot{S}_b$的计算结果

$$\dot{S}_a+\dot{S}_b=\dot{S}_2+\dot{S}_3 \tag{3-30}$$

对于具有 n 个节点的环形网，以上式（3-28）～式（3-30）可以进一步推广如下：

$$\dot{S}_{\mathrm{a}}=\frac{\sum\dot{S}_m\hat{Z}_m}{\hat{Z}_{\Sigma}}\qquad(m=1,2,\cdots,n)\tag{3-31}$$

$$\dot{S}_{\mathrm{b}}=\frac{\sum\dot{S}_m\hat{Z}'_m}{\hat{Z}_{\Sigma}}\qquad(m=1,2,\cdots,n)\tag{3-32}$$

$$\dot{S}_{\mathrm{a}}+\dot{S}_{\mathrm{b}}=\sum\dot{S}_m\qquad(m=1,2,\cdots,n)\tag{3-33}$$

如果电力网各段线路采用相同型号的导线、相同的材料、相同的截面积，而且导线间的几何均距相等，那么这种电力网单位长度的参数完全相同，称为均一网。对于均一网，其各段线路的单位长度的阻抗（$r_1+\mathrm{j}x_1$）是不变的，因而功率分布可简化为

$$\dot{S}_{\mathrm{a}}=\frac{\sum\dot{S}_m\hat{Z}_m}{\hat{Z}_{\Sigma}}=\frac{\sum\dot{S}_m l_m}{l_{\Sigma}}\tag{3-34}$$

$$\dot{S}_{\mathrm{b}}=\frac{\sum\dot{S}_m\hat{Z}'_m}{\hat{Z}_{\Sigma}}=\frac{\sum\dot{S}_m l'_m}{l_{\Sigma}}\tag{3-35}$$

式中　l_m、l'_m、l_{Σ}——分别为与阻抗 Z_m、Z'_m、Z_{Σ} 相对应的线路长度。

在求得 $\dot{S}_{\mathrm{a}}$ 和 $\dot{S}_{\mathrm{b}}$ 以后，进而可求出网络中其他支路上的流动功率，得出环形网不计功率损耗的功率分布。而在求得这些功率后将发现，网络中某节点的两侧功率均流向该节点，这说明该节点的电压较低，这种节点称为功率分点，可用“▼”号表示。当有功、无功功率的分点不在同一点时，有功功率分点用“▼”号表示，无功功率分点用“▽”号表示。由于在高压网络中 $X>>R$，电压损耗主要是由无功功率的流动引起的，无功功率分点往往是环形网中电压最低点，所以应选取无功功率分点作为功率分点。

2. 两端电压不等时的功率分布

两端电压不相等的两端供电网可等效成回路电压不为零的单一环形网，如图 3-18a 所示的两端供电网，若$\dot{U}_1\neq\dot{U}_4$，可等效成图 3-18b。

图 3-18b 中，令节点 1、4 的电压差 $\mathrm{d}\dot{U}=\dot{U}_1-\dot{U}_4$（线电压差），于是可列出回路电压方程

$$\dot{I}_{\mathrm{a}}Z_{12}+(\dot{I}_{\mathrm{a}}-\dot{I}_2)Z_{23}+(\dot{I}_{\mathrm{a}}-\dot{I}_2-\dot{I}_3)Z_{34}=\mathrm{d}\dot{U}\tag{3-36}$$

设全网电压均为额定电压$\dot{U}_{\mathrm{N}}=U_{\mathrm{N}}\angle 0°$，计及$\dot{I}=\hat{S}/\hat{U}_{\mathrm{N}}$，式（3-36）又可变为

$$\hat{S}_{\mathrm{a}}Z_{12}+(\hat{S}_{\mathrm{a}}-\hat{S}_2)Z_{23}+(\hat{S}_{\mathrm{a}}-\hat{S}_2-\hat{S}_3)Z_{34}=U_{\mathrm{N}}\mathrm{d}U$$

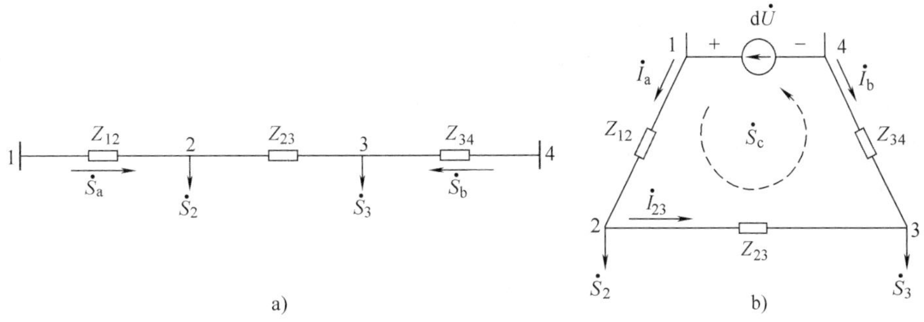

图 3-18　两端电压不等的网络与环形网的等效

a）两端电压不等的网络　b）等效环形网

由上式可解得流经阻抗 Z_{12} 的功率 $\dot{S}_a$ 为

$$\begin{aligned}\dot{S}_a &= \frac{\dot{S}_2(\hat{Z}_{23}+\hat{Z}_{34})+\dot{S}_3\hat{Z}_{34}}{\hat{Z}_{12}+\hat{Z}_{23}+\hat{Z}_{34}}+\frac{U_N \mathrm{d}\hat{U}}{\hat{Z}_{12}+\hat{Z}_{23}+\hat{Z}_{34}}\\ &= \frac{\dot{S}_2\hat{Z}_2+\dot{S}_3\hat{Z}_3}{\hat{Z}_\Sigma}+\frac{U_N \mathrm{d}\hat{U}}{\hat{Z}_\Sigma}\end{aligned} \tag{3-37}$$

相似地，流经阻抗 Z_{34} 的功率 $\dot{S}_b$ 为

$$\begin{aligned}\dot{S}_b &= \frac{\dot{S}_2\hat{Z}_{12}+\dot{S}_3(\hat{Z}_{23}+\hat{Z}_{34})}{\hat{Z}_{12}+\hat{Z}_{23}+\hat{Z}_{34}}-\frac{U_N \mathrm{d}\hat{U}}{\hat{Z}_{12}+\hat{Z}_{23}+\hat{Z}_{34}}\\ &= \frac{\dot{S}_2\hat{Z}_2'+\dot{S}_3\hat{Z}_3'}{\hat{Z}_\Sigma}-\frac{U_N \mathrm{d}\hat{U}}{\hat{Z}_\Sigma}\end{aligned} \tag{3-38}$$

由式（3-37）、式（3-38）可见，两端电压不相等的两端供电网络中，各支路中流动的功率可看作是两个功率分量的叠加。其一为有负荷（$\dot{S}_2$、$\dot{S}_3$）、两端电压相等时的功率；另一为无负荷、仅取决于两端电压差与环网总阻抗的功率，即称为循环功率，以 $\dot{S}_c$ 表示

$$\dot{S}_c = \frac{U_N \mathrm{d}\hat{U}}{\hat{Z}_\Sigma} \tag{3-39}$$

希注意，循环功率的正方向一般取为两端电压差的正方向。

对于有 n 个节点的两端电压不等的供电网，式（3-37）、式（3-38）可推广如下：

$$\begin{cases}\dot{S}_a = \dfrac{\Sigma\dot{S}_m\hat{Z}_m}{\hat{Z}_\Sigma}+\dot{S}_c & (m=1,2,\cdots,n)\\[2ex] \dot{S}_b = \dfrac{\Sigma\dot{S}_m\hat{Z}_m'}{\hat{Z}_\Sigma}-\dot{S}_c & (m=1,2,\cdots,n)\end{cases} \tag{3-40}$$

3.4.2 环形网的分解及潮流分布

通过以上讨论可知，环形网和两端供电网是可以互相等效的。对两端供电网，首先求出从两侧电源注入的功率 $\dot{S}_a$、$\dot{S}_b$，然后求出各支路的流动功率。对于两端电压不相等的网络，注意将电压差所引起的循环功率 $\dot{S}_c$ 加上，才是各支路的流动功率，这种功率的分布是不计网络中功率损耗的初步潮流分布的。但实际的网络中功率损耗总是有的，而初步潮流分布的目的，在于从流动功率找出功率分点，以便在功率分点把闭环网分解成两个（或两个以上）辐射形网。然后就可以功率分点为末端，分别对两个辐射形网进行逐段推算潮流分布，从中要计及电压降落和功率损耗，所运用的公式与计算辐射形网时完全相同。

如图 3-19a 所示的两端供电网，若节点 3 为功率分点，则节点 3 的功率 $\dot{S}_3$，一部分由节点 1 供给 $P_{23}+\mathrm{j}Q_{23}$，另一部分由节点 4 供给 $P_b+\mathrm{j}Q_b$，拉开节点 3，就变成两个辐射形网，如图 3-19b 所示。那么就可从功率分点（节点 3）开始，分别向两侧逐段推算潮流分布。若有功分点和无功分点不在一起时，如图 3-19c 有功分点在节点 3，无功分点在节点 2，这时应该从无功分点（节点 2）将网络拉开成两个辐射形网如图 3-19d 所示，然后分别对两个辐射形网进行潮流分布计算。

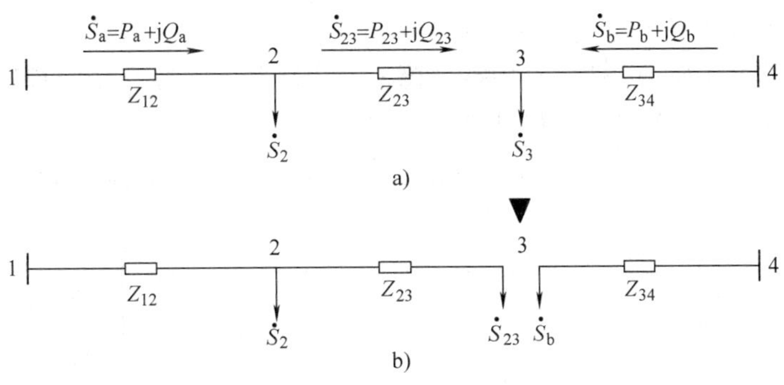

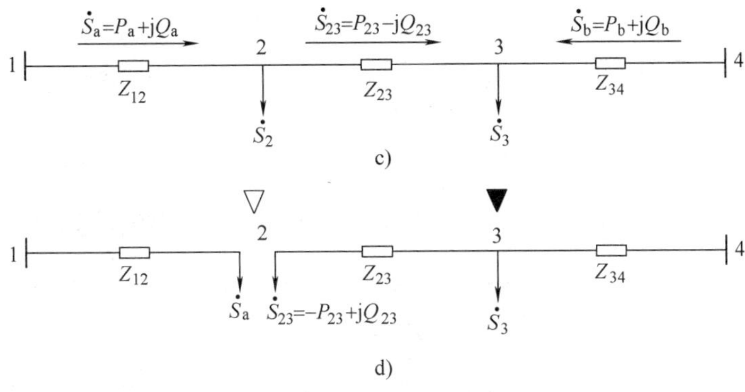

图 3-19 环形网的分解

a）流动功率均为正值 b）节点 3 为功率分点

c）流动功率有负值 d）节点 2 为功率分点

【例 3-2】 网络接线图如图 3-20 所示。图中，发电厂 F 母线Ⅱ上所连发电机给定运算功率为(40 + j30) MVA，其余功率由母线Ⅰ上所连发电机供给。

设连接母线Ⅰ、Ⅱ的联络变压器容量为 60MVA，$R_T = 3\Omega$，$X_T = 110\Omega$；线路末端降压变压器总容量为 240MVA，$R_T = 0.8\Omega$，$X_T = 23\Omega$；220kV 线路，$R_L = 5.9\Omega$，$X_L = 31.5\Omega$；110kV 线路，xb 段，$R_L = 65\Omega$，$X_L = 100\Omega$；bⅡ段，$R_L = 65\Omega$，$X_L = 100\Omega$。所有阻抗均已按线路额定电压的比值归算至 220kV 侧。

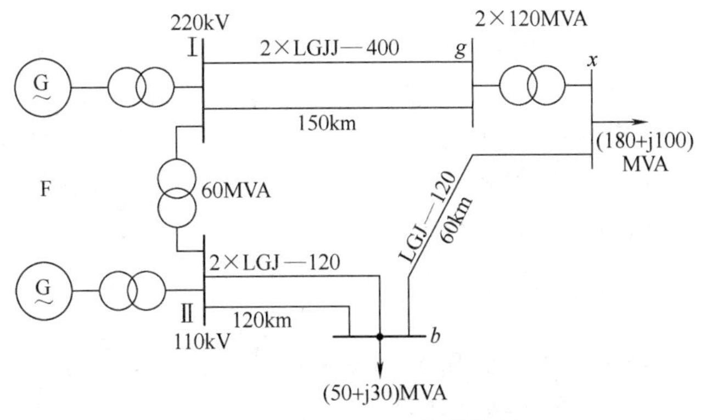

图 3-20 例 3-2 的网络接线图

降压变压器电导可略去，电纳中功率与 220kV 线路电纳中功率合并后作为一个 10Mvar

的无功功率电源连接在降压变压器高压侧。

设联络变压器电压比为231kV/110kV，降压变压器电压比为231kV/121kV；发电厂母线Ⅰ上电压为242kV，试计算网络中的潮流分布。

解 （1）计算初步功率分布。按给定条件作等效电路，如图3-21所示。

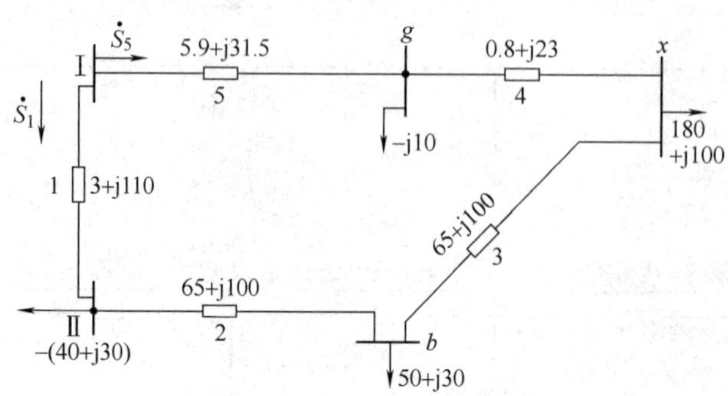

图3-21　例3-21的等效电路

设全网电压均为额定电压，以等电压两端供电网络的计算方法计算功率分布如下：

$$\dot S_1=\frac{\Sigma\dot S_m\hat Z_m}{\hat Z_\Sigma}=\frac{\dot S_g\hat Z_5+\dot S_x(\hat Z_5+\hat Z_4)+\dot S_b(\hat Z_5+\hat Z_4+\hat Z_3)+\dot S_{\text{Ⅱ}}(\hat Z_5+\hat Z_4+\hat Z_3+\hat Z_2)}{\hat Z_1+\hat Z_2+\hat Z_3+\hat Z_4+\hat Z_5}$$

$$=\frac{1}{139.7-\mathrm{j}364.5}\times[-\mathrm{j}10(5.9-\mathrm{j}31.5)+(180+\mathrm{j}100)(6.7-\mathrm{j}54.5)+(50+\mathrm{j}30)\times(71.7-\mathrm{j}154.5)-(40+\mathrm{j}30)(136.7-\mathrm{j}254.5)]\text{MVA}$$

$$=(22.13-\mathrm{j}4.48)\text{MVA}$$

$$\dot S_5=\frac{\Sigma\dot S_m\hat Z'_m}{\hat Z_\Sigma}=\frac{\dot S_{\text{Ⅱ}}\hat Z_1+\dot S_b(\hat Z_1+\hat Z_2)+\dot S_x(\hat Z_1+\hat Z_2+\hat Z_3)+\dot S_g(\hat Z_1+\hat Z_2+\hat Z_3+\hat Z_4)}{\hat Z_1+\hat Z_2+\hat Z_3+\hat Z_4+\hat Z_5}$$

$$=\frac{1}{139.7-\mathrm{j}364.5}\times[-(40+\mathrm{j}30)(3-\mathrm{j}110)+(50+\mathrm{j}30)(68-\mathrm{j}210)+(180+\mathrm{j}100)\times(133-\mathrm{j}310)-\mathrm{j}10(133.8-\mathrm{j}333)]\text{MVA}$$

$$=(167.87+\mathrm{j}94.48)\text{MVA}$$

校核

$$\dot S_1+\dot S_5=[(22.13-\mathrm{j}4.48)+(167.87+\mathrm{j}94.48)]\text{MVA}=(190+\mathrm{j}90)\text{MVA}$$

$$\dot S_{\text{Ⅱ}}+\dot S_b+\dot S_x+\dot S_g=[-(40+\mathrm{j}30)+(50+\mathrm{j}30)+(180+\mathrm{j}100)-\mathrm{j}10]\text{MVA}=(190+\mathrm{j}90)\text{MVA}$$

可见，计算无误。

然后可作初步功率分布如图3-22所示。

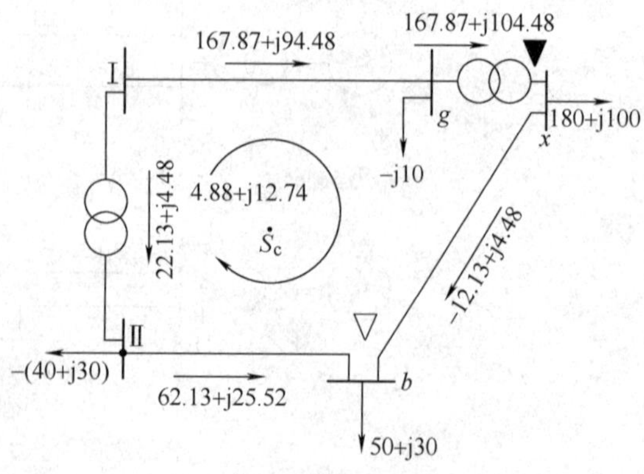

图3-22　例3-2的初步功率分布

（2）计算循环功率。如在联络变压器高压侧将环形网解开，则开口上方电压即发电厂母线Ⅰ电压242kV；开口下方电压为

$242\times\frac{121}{231}\times\frac{231}{110}\text{kV}=266.2\text{kV}$。由此可见，循环功率的流向为顺时针方向，其值为

$$\dot{S}_c=\frac{U_N \mathrm{d}\hat{U}}{\hat{Z}_\Sigma}=\frac{220\times(266.2-242)}{139.7-\mathrm{j}364.5}\text{MVA}=(4.88+\mathrm{j}12.74)\text{MVA}$$

求得循环功率后，即可计算计及循环功率时的功率分布，计算结果如图 3-23 所示。

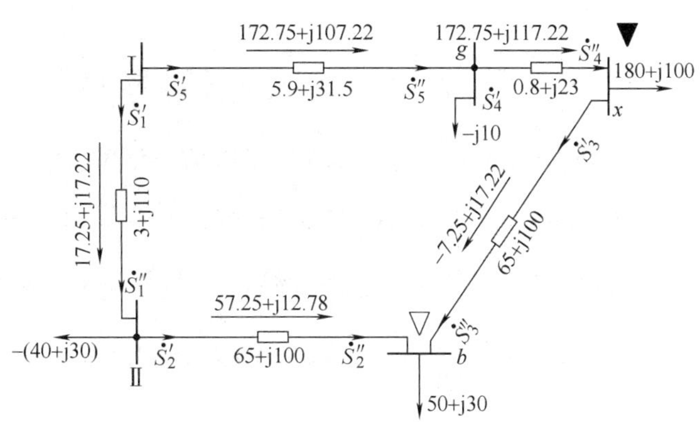

图 3-23 例 3-2 的计及循环功率时的功率分布

（3）计算各线段的功率损耗。由图 3-23 可见，此处有两个功率分点，选无功功率分点为计算功率损耗的起点，并按网络额定电压 220kV 计算功率损耗如下：

$$\dot{S}_2''=(57.25+\mathrm{j}12.78)\text{MVA}$$

$$\Delta P_2=\frac{57.25^2+12.78^2}{220^2}\times 65\text{MW}=4.62\text{MW}$$

$$\Delta Q_2=\frac{57.25^2+12.78^2}{220^2}\times 100\text{Mvar}=7.11\text{Mvar}$$

$$\Delta\dot{S}_2=\Delta P_2+\mathrm{j}\Delta Q_2=(4.62+\mathrm{j}7.11)\text{MVA}$$

$$\dot{S}_2'=\dot{S}_2''+\Delta\dot{S}_2=[(57.25+\mathrm{j}12.78)+(4.62+\mathrm{j}7.11)]\text{MVA}=(61.87+\mathrm{j}19.89)\text{MVA}$$

$$\dot{S}_1''=\dot{S}_2'+\dot{S}_{\text{II}}=[(61.87+\mathrm{j}19.89)-(40+\mathrm{j}30)]\text{MVA}=(21.87-\mathrm{j}10.11)\text{MVA}$$

$$\Delta P_1=\frac{21.87^2+10.11^2}{220^2}\times 3\text{MW}=0.04\text{MW}$$

$$\Delta Q_1=\frac{21.87^2+10.11^2}{220^2}\times 110\text{Mvar}=1.32\text{Mvar}$$

$$\Delta\dot{S}_1=\Delta P_1+\mathrm{j}\Delta Q_1=(0.04+\mathrm{j}1.32)\text{MVA}$$

$$\dot{S}_1'=\dot{S}_1''+\Delta\dot{S}_1=[(21.87-\mathrm{j}10.11)+(0.04+\mathrm{j}1.32)]\text{MVA}=(21.91-\mathrm{j}8.79)\text{MVA}$$

$$\dot{S}_3''=(-7.25+\mathrm{j}17.22)\text{MVA}$$

$$\Delta P_3=\frac{7.25^2+17.22^2}{220^2}\times 65\text{MVA}=0.47\text{MVA}$$

$$\Delta Q_3=\frac{7.25^2+17.22^2}{220^2}\times 100\text{Mvar}=0.72\text{Mvar}$$

$$\Delta\dot{S}_3=\Delta P_3+\mathrm{j}\Delta Q_3=(0.47+\mathrm{j}0.72)\mathrm{MVA}$$

$$\dot{S}_3'=\dot{S}_3''+\Delta\dot{S}_3=[(-7.25+\mathrm{j}17.22)+(0.47+\mathrm{j}0.72)]\mathrm{MVA}=(-6.78+\mathrm{j}17.94)\mathrm{MVA}$$

$$\dot{S}_4''=\dot{S}_3'+\dot{S}_x=[(-6.78+\mathrm{j}17.94)+(180+\mathrm{j}100)]\mathrm{MVA}=(173.22+\mathrm{j}117.94)\mathrm{MVA}$$

$$\Delta P_4=\frac{173.22^2+117.94^2}{220^2}\times0.8\mathrm{MW}=0.73\mathrm{MW}$$

$$\Delta Q_4=\frac{173.22^2+117.94^2}{220^2}\times23\mathrm{Mvar}=20.87\mathrm{Mvar}$$

$$\Delta\dot{S}_4=\Delta P_4+\mathrm{j}\Delta Q_4=(0.73+\mathrm{j}20.87)\mathrm{MVA}$$

$$\dot{S}_4'=\dot{S}_4''+\Delta\dot{S}_4=[(173.22+\mathrm{j}117.94)+(0.73+\mathrm{j}20.87)]\mathrm{MVA}=(173.95+\mathrm{j}138.81)\mathrm{MVA}$$

$$\dot{S}_5''=\dot{S}_4'+\dot{S}_g=[(173.95+\mathrm{j}138.81)-\mathrm{j}10]\mathrm{MVA}=(173.95+\mathrm{j}128.81)\mathrm{MVA}$$

$$\Delta P_5=\frac{173.95^2+128.81^2}{220^2}\times5.9\mathrm{MW}=5.71\mathrm{MW}$$

$$\Delta Q_5=\frac{173.95^2+128.81^2}{220^2}\times31.5\mathrm{Mvar}=30.49\mathrm{Mvar}$$

$$\Delta\dot{S}_5=\Delta P_5+\mathrm{j}\Delta Q_5=(5.71+\mathrm{j}30.49)\mathrm{MVA}$$

$$\dot{S}_5'=\dot{S}_5''+\Delta\dot{S}_5=[(173.95+\mathrm{j}128.81)+(5.71+\mathrm{j}30.49)]\mathrm{MVA}=(179.66+\mathrm{j}159.30)\mathrm{MVA}$$

$$\dot{S}_{\mathrm{I}}=\dot{S}_5'+\dot{S}_1'=[(179.66+\mathrm{j}159.30)+(21.91-\mathrm{j}8.79)]\mathrm{MVA}=(201.57+\mathrm{j}150.51)\mathrm{MVA}$$

（4）计算各线段的电压降落。

由 U_1、$\dot{S}_5'$，求 U_g

$$\Delta U_5=\frac{179.66\times5.9+159.30\times31.5}{242}\mathrm{kV}=25.12\mathrm{kV}$$

$$\delta U_5=\frac{179.66\times31.5-159.30\times5.9}{242}\mathrm{kV}=19.50\mathrm{kV}$$

$$U_g=\sqrt{(242-25.12)^2+19.50^2}\mathrm{kV}=217.75\mathrm{kV}$$

由 U_g、$\dot{S}_4'$求 U_x

$$\Delta U_4=\frac{173.95\times0.8+138.81\times23}{217.75}\mathrm{kV}=15.30\mathrm{kV}$$

$$\delta U_4=\frac{173.95\times23-138.81\times0.8}{217.75}\mathrm{kV}=17.86\mathrm{kV}$$

$$U_x=\sqrt{(217.75-15.30)^2+17.86^2}\mathrm{kV}=203.24\mathrm{kV}$$

由 U_x、$\dot{S}_3'$求 U_b

$$\Delta U_3=\frac{-6.78\times65+17.94\times100}{203.24}\mathrm{kV}=6.66\mathrm{kV}$$

$$\delta U_3 = \frac{-6.78\times100-17.94\times65}{203.24}\text{kV} = -9.07\text{kV}$$

$$U_b = \sqrt{(203.24-6.66)^2+9.07^2}\text{kV} = 196.79\text{kV}$$

由 U_b、$\dot{S}_2''$求 $U_{\text{Ⅱ}}$

$$\Delta U_2 = \frac{57.25\times65+12.78\times100}{196.79}\text{kV} = 25.40\text{kV}$$

$$\delta U_2 = \frac{57.25\times100-12.78\times65}{196.79}\text{kV} = 24.87\text{kV}$$

$$U_{\text{Ⅱ}} = \sqrt{(196.79+25.40)^2+24.87^2}\text{kV} = 223.58\text{kV}$$

由 $U_{\text{Ⅱ}}$、$\dot{S}_1''$求 $U_{\text{Ⅰ}}$

$$\Delta U_1 = \frac{21.87\times3-10.11\times110}{223.58}\text{kV} = -4.68\text{kV}$$

$$\delta U_1 = \frac{21.87\times110+10.11\times3}{223.58}\text{kV} = 10.90\text{kV}$$

$$U_{\text{Ⅰ}} = \sqrt{(223.58-4.68)^2+10.90^2}\text{kV} = 219.17\text{kV}$$

顺时针Ⅰ-g-x-b-Ⅱ-Ⅰ逐段求得的 $U_{\text{Ⅰ}}=219.17\text{kV}$ 与起始的 $U_{\text{Ⅰ}}=242\text{kV}$ 相差很大。这一差别就是变压器电压比不匹配形成的。如仍顺时针按给定的变压器电压比将各点电压归算为实际值，余下的就是计算方法上的误差。这时

$$U_{\text{Ⅰ}}=242\text{kV};U_g=217.75\text{kV}$$

$$U_x'=203.24\times\frac{121}{231}\text{kV}=106.46\text{kV};U_b'=196.79\times\frac{121}{231}\text{kV}=103.08\text{kV}$$

$$U_{\text{Ⅱ}}'=223.58\times\frac{121}{231}\text{kV}=117.11\text{kV};U_{\text{Ⅰ}}'=219.17\times\frac{121}{231}\times\frac{231}{110}\text{kV}=241.09\text{kV}$$

最后，将计算结果标于图 3-24 上。

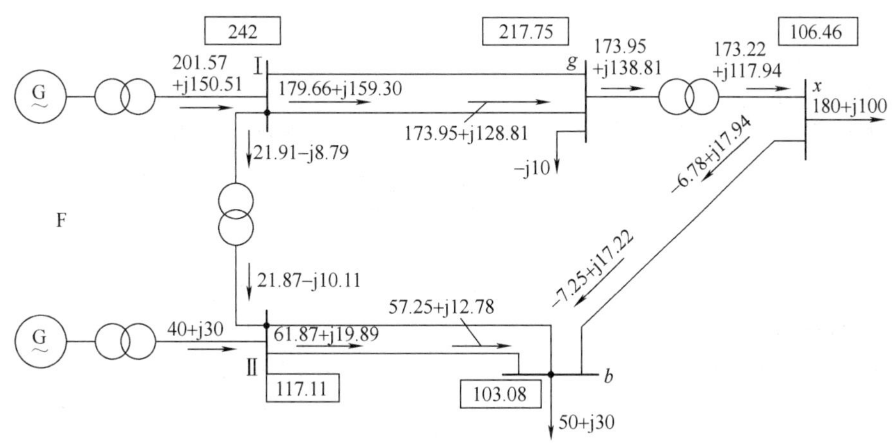

图 3-24　例 3-2 的潮流分布计算结果

3.5 电力网络的简化方法

辐射形网和环形网是电力网络结构中两种最基本形式。掌握了这两种电力网最基本形式的分析与计算，再掌握几种网络简化的方法，就能分析较复杂的网络。下面介绍几种最常用的化简方法。

3.5.1 等效电源法

网络中有两个或两个以上有源支路向同一点供电时，可用一个等效有源支路来替代。替代后，网络中其他部分的电压、电流、功率仍保持不变。例如，图 3-25a 所示的三个有源支路，可等效成图 3-25b 所示的一个有源支路。而节点 i 以外的电压、电流及功率保持不变。

此时等效条件可写为

$$\dot{I}_1+\dot{I}_2+\dot{I}_3=\dot{I}_\Sigma=\dot{I}$$

即有

$$\frac{\dot{E}_1-\dot{U}_i}{Z_1}+\frac{\dot{E}_2-\dot{U}_i}{Z_2}+\frac{\dot{E}_3-\dot{U}_i}{Z_3}=\frac{\dot{E}_\Sigma-\dot{U}_i}{Z_\Sigma} \tag{3-41}$$

无论网络怎样变化，都应满足这个等效条件。式（3-41）中 $\dot{E}_1$、$\dot{E}_2$、$\dot{E}_3$、$\dot{U}_i$ 为任意值时都成立。利用等效条件可以确定等效后的网络中等效电动势 $\dot{E}_\Sigma$ 和等效阻抗 Z_Σ。

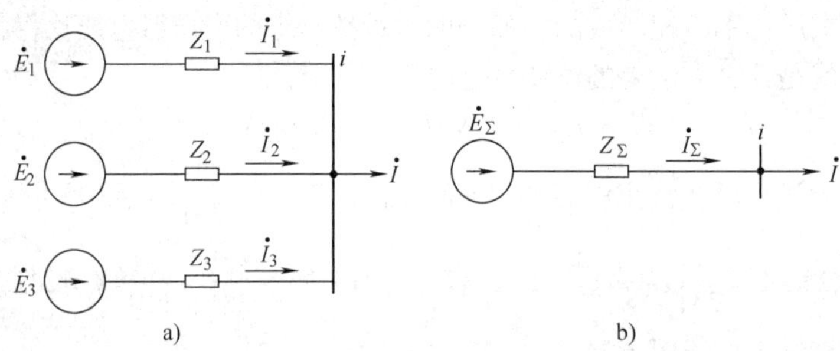

图 3-25 等效电源法

a）多电源 b）等效电源

1. 求等效阻抗

当令 $\dot{E}_1$、$\dot{E}_2$、$\dot{E}_3$ 均为零，从而 $\dot{E}_\Sigma$ 也为零时，由式（3-41）可得

$$\frac{1}{Z_1}+\frac{1}{Z_2}+\frac{1}{Z_3}=\frac{1}{Z_\Sigma} \tag{3-42}$$

或

$$y_1+y_2+y_3=y_\Sigma \tag{3-43}$$

2. 求等效电源电动势

当$\dot{U}_i=0$ 时，则由式（3-41）可得

$$\frac{\dot{E}_1}{Z_1}+\frac{\dot{E}_2}{Z_2}+\frac{\dot{E}_3}{Z_3}=\frac{\dot{E}_\Sigma}{Z_\Sigma}$$

于是

$$\dot{E}_{\Sigma}=Z_{\Sigma}\left(\frac{\dot{E}_1}{Z_1}+\frac{\dot{E}_2}{Z_2}+\frac{\dot{E}_3}{Z_3}\right) \tag{3-44}$$

或

$$\dot{E}_{\Sigma}=\frac{\dot{E}_1 y_1+\dot{E}_2 y_2+\dot{E}_3 y_3}{y_1+y_2+y_3} \tag{3-45}$$

将式（3-42）~式（3-45）推广运用于 l 个有源支路的情况，有

$$\frac{1}{Z_{\Sigma}}=\sum\frac{1}{Z_m}\text{或 } y_{\Sigma}=\sum y_m \quad (m=1,2,\cdots,l)$$

$$\dot{E}_{\Sigma}=Z_{\Sigma}\sum\frac{\dot{E}_m}{Z_m}\text{或 }\dot{E}_{\Sigma}=\frac{\sum\dot{E}_m y_m}{y_{\Sigma}} \quad (m=1,2,\cdots,l)$$

利用简化后的等效电路进行潮流分布计算，在求得总功率 $\dot{S}_{\Sigma}$ 后，有时还需从等效电源支路功率还原出原始各分支路功率（如 $\dot{S}_1$、$\dot{S}_2$、$\dot{S}_3$）。

3. 求原始各分支路功率

这时，根据等效条件有

$$\dot{E}_1-Z_1\dot{I}_1=\dot{U}_i=\dot{E}_{\Sigma}-Z_{\Sigma}\dot{I}$$

从而解出

$$\dot{I}_1=\frac{\dot{E}_1-\dot{E}_{\Sigma}}{Z_1}+\dot{I}\frac{Z_{\Sigma}}{Z_1}$$

等式两边取共轭，然后乘以 $\dot{U}_i$ 得

$$\dot{U}_i\hat{I}_1=\frac{\dot{E}_1-\dot{E}_{\Sigma}}{\hat{Z}_1}\dot{U}_i+\dot{U}_i\hat{I}\frac{\hat{Z}_{\Sigma}}{\hat{Z}_1}$$

于是有

$$\dot{S}_1=\frac{\hat{Z}_1-\hat{Z}_{\Sigma}}{\hat{Z}_1}\dot{U}_i+\dot{S}_{\Sigma}\frac{\hat{Z}_{\Sigma}}{\hat{Z}_1} \tag{3-46}$$

将式（3-46）推广运用于任意支路

$$\dot{S}_m=\frac{\hat{E}_m-\hat{E}_{\Sigma}}{\hat{Z}_m}\dot{U}_i+\dot{S}_{\Sigma}\frac{\hat{Z}_{\Sigma}}{\hat{Z}_m} \quad (m=1,2,\cdots,l) \tag{3-47}$$

式中　$\dot{S}_{\Sigma}=\sum\dot{S}_m$，$m=1$，2，…，$l$。

对于电源电动势大小相等、相位相同的情况，$\dot{E}_{\Sigma}=\dot{E}_m$ 时，式（3-47）又改为

$$\dot{S}_m=\dot{S}_{\Sigma}\frac{\hat{Z}_{\Sigma}}{\hat{Z}_m} \tag{3-48}$$

等效电源法这条基本法则，只适用于从电源 $\dot{E}_1$、$\dot{E}_2$、…、$\dot{E}_l$ 到受电节点 i 的各线段上没有中间负荷的情况，如果中间有负荷，则需要先把负荷移走，才可以等效变换。

3.5.2　负荷移置法

负荷移置法就是将负荷移动位置：如图 3-26 所示，将一个负荷移置到两处，或如

图 3-27 所示，将两个负荷移置到一处。移置前后网络其他部分的电压、电流、功率仍保持不变。

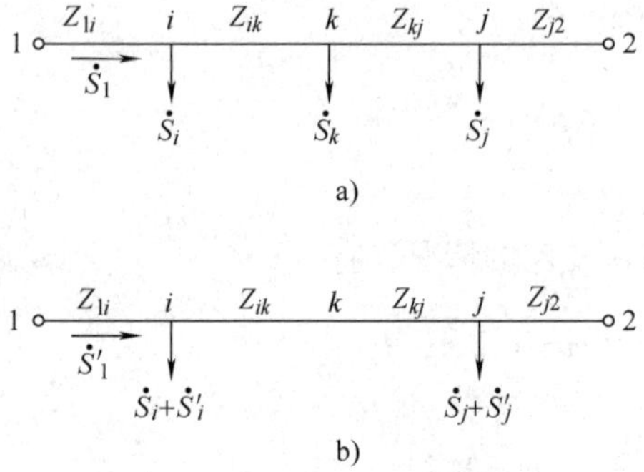

图 3-26　将一个负荷移置两处

a）移置前　b）移置后

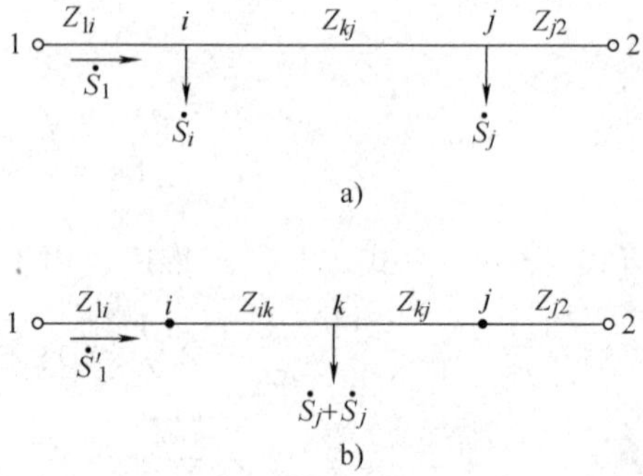

图 3-27　将两个负荷移置一处

a）移置前　b）移置后

图 3-26 中，拟将节点 k 的负荷移置到节点 i、j，移置前节点 1 的注入功率也即流经阻抗 Z_{1i}的功率为

$$\dot{S}_1=\frac{\dot{S}_i(\hat{Z}_{ik}+\hat{Z}_{kj}+\hat{Z}_{j2})+\dot{S}_k(\hat{Z}_{kj}+\hat{Z}_{j2})+\dot{S}_j\hat{Z}_{j2}}{\hat{Z}_{1i}+\hat{Z}_{ik}+\hat{Z}_{kj}+\hat{Z}_{j2}}$$

移置后，流经阻抗 Z_{1i}的功率为

$$\dot{S}'_1=\frac{(\dot{S}_i+\dot{S}'_i)(\hat{Z}_{ik}+\hat{Z}_{kj}+\hat{Z}_{j2})+(\dot{S}_j+\dot{S}'_j)\hat{Z}_{j2}}{\hat{Z}_{1i}+\hat{Z}_{ik}+\hat{Z}_{kj}+\hat{Z}_{j2}}$$

移置前后这两个功率应相等，$\dot{S}_1=\dot{S}'_1$，计及 $\dot{S}_k=\dot{S}'_i+\dot{S}'_j$，从而将会解得

$$\dot{S}'_i=\dot{S}_k\frac{\hat{Z}_{kj}}{\hat{Z}_{ik}+\hat{Z}_{kj}} \tag{3-49}$$

相似地

$$\dot{S}'_j=\dot{S}_k\frac{\hat{Z}_{ik}}{\hat{Z}_{ik}+\hat{Z}_{kj}} \tag{3-50}$$

$\dot{S}'_i$、$\dot{S}'_j$就是将 $\dot{S}_k$ 移置到 i、j 两节点的负荷。

图 3-27 中，拟将节点 i、j 的负荷移置到节点 k，求节点 k 的位置。移置前，节点 1 的注入功率也即流经阻抗 Z_{1i}的功率为

$$\dot{S}_1=\frac{\dot{S}_i(\hat{Z}_{ij}+\hat{Z}_{j2})+\dot{S}_j\hat{Z}_{j2}}{\hat{Z}_{1i}+\hat{Z}_{ij}+\hat{Z}_{j2}}$$

移置后，流经阻抗 $Z1$ 的功率为

$$\dot{S}'_1=\frac{(\dot{S}_i+\dot{S}'_j)(\hat{Z}_{kj}+\hat{Z}_{j2})}{\hat{Z}_{1i}+\hat{Z}_{ik}+\hat{Z}_{kj}+\hat{Z}_{j2}}$$

移置前后，这两个功率应相等，$\dot{S}_1=\dot{S}'_1$，再计及 $\dot{S}_k=\dot{S}_i+\dot{S}_j$ 和 $Z_{ij}=Z_{ik}+Z_{kj}$。于是可解得

$$Z_{ik}=Z_{ij}\frac{\hat{S}_j}{\hat{S}_i+\hat{S}_j} \tag{3-51}$$

$$Z_{kj}=Z_{ij}\frac{\hat{S}_i}{\hat{S}_i+\hat{S}_j} \tag{3-52}$$

由 Z_{ik}或 Z_{kj}都可确定节点 k 的位置。

需指出，以上的推导虽从两端电压相等的供电网络的关系式出发，但结论也适用于两端电压不等的供电网络，因为负荷的移置并不影响仅由电压差值决定的循环功率。

然后再讨论将星形电路中性点的负荷移置到各射线端点，如图 3-28 所示。移置前后各射线端点的电压、电流、功率保持不变。

图 3-28 中，$\dot{S}_n$ 为星形电路中性点的负荷，$\dot{S}_{n1}$、$\dot{S}_{n2}$、$\dot{S}_{n3}$ 为移置到各射线端点的负荷，显然 $\dot{S}_n=\dot{S}_{n1}+\dot{S}_{n2}+\dot{S}_{n3}$，且移置前后功率之间的关系为 $\dot{S}_1-\dot{S}'_1=\dot{S}_{n1}$，$\dot{S}_2-\dot{S}'_2=\dot{S}_{n2}$，$\dot{S}_3-\dot{S}'_3=\dot{S}_{n3}$。根据移置前后的等效条件和这些功率之间的关系可推导出移置到各射线端点的负荷为

$$\begin{cases}\dot{S}_{n1}=\dot{S}_n\dfrac{\hat{y}_{1n}}{\hat{y}_{1n}+\hat{y}_{2n}+\hat{y}_{3n}}\\[2ex]\dot{S}_{n2}=\dot{S}_n\dfrac{\hat{y}_{2n}}{\hat{y}_{1n}+\hat{y}_{2n}+\hat{y}_{3n}}\\[2ex]\dot{S}_{n3}=\dot{S}_n\dfrac{\hat{y}_{3n}}{\hat{y}_{1n}+\hat{Y}_{2n}+\hat{y}_{3n}}\end{cases} \tag{3-53}$$

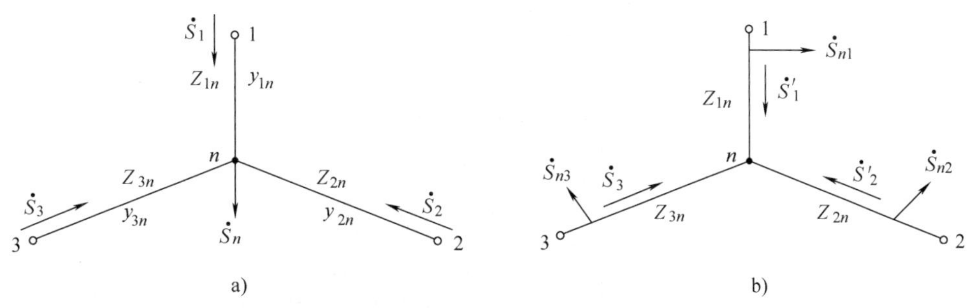

图 3-28　星形电路中点负荷的移置

a）移置前　b）移置后

3.5.3　星—网变换法

1. 星—三角变换

如图 3-29 所示，星—三角变换已在电路理论课程中有过证明，这里仅列出有关公式。

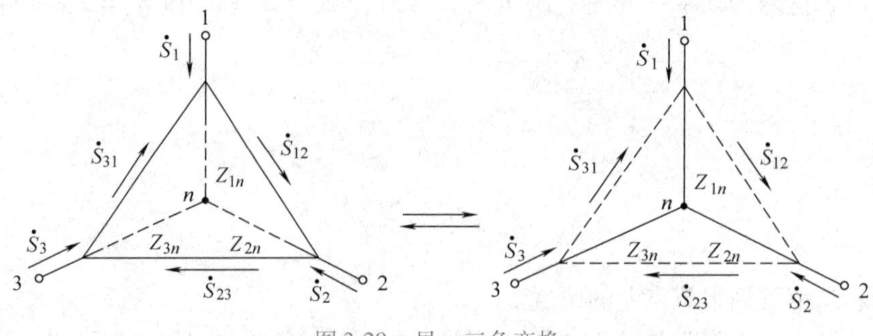

图 3-29　星—三角变换

由三角形变为星形时，星形各射线的阻抗为

$$\begin{cases} Z_{1n} = \dfrac{Z_{12}Z_{31}}{Z_{12}+Z_{23}+Z_{31}} \\ Z_{2n} = \dfrac{Z_{12}Z_{23}}{Z_{12}+Z_{23}+Z_{31}} \\ Z_{3n} = \dfrac{Z_{23}Z_{31}}{Z_{12}+Z_{23}+Z_{31}} \end{cases} \tag{3-54}$$

射线中的功率为

$$\dot{S}_1 = \dot{S}_{12} - \dot{S}_{31}, \dot{S}_2 = \dot{S}_{23} - \dot{S}_{12}, \dot{S}_3 = \dot{S}_{31} - \dot{S}_{23} \tag{3-55}$$

由星形变为三角形时，三角形各边的阻抗为

$$\begin{cases} Z_{12} = Z_{1n} + Z_{2n} + \dfrac{Z_{1n}Z_{2n}}{Z_{3n}} \\ Z_{23} = Z_{2n} + Z_{3n} + \dfrac{Z_{2n}Z_{3n}}{Z_{1n}} \\ Z_{31} = Z_{3n} + Z_{1n} + \dfrac{Z_{3n}Z_{1n}}{Z_{2n}} \end{cases} \tag{3-56}$$

各边的功率为

$$\begin{cases} \dot{S}_{12} = \dfrac{\dot{S}_1\hat{Z}_{1n} - \dot{S}_2\hat{Z}_{2n}}{\hat{Z}_{12}} \\ \dot{S}_{23} = \dfrac{\dot{S}_2\hat{Z}_{2n} - \dot{S}_3\hat{Z}_{3n}}{\hat{Z}_{23}} \\ \dot{S}_{31} = \dfrac{\dot{S}_3\hat{Z}_{3n} - \dot{S}_1\hat{Z}_{1n}}{\hat{Z}_{31}} \end{cases} \tag{3-57}$$

2. 星—网变换

星—网变换是星—三角变换的更普通形式，这里仅将星形网变成网形网。变换前后各射线端点的电压、电流、功率保持不变。如图 3-30 所示，有 $l+1$ 节点的星形网，若消去中间的第 n 节点，则变成了 l 节点的网形网。若中间第 n 节点有负荷时，则需先将负荷移走。

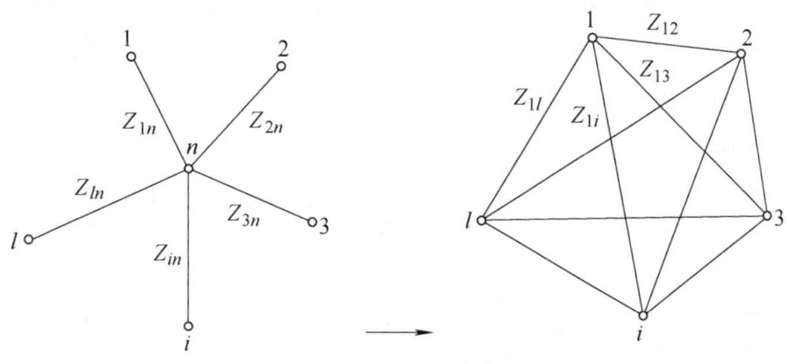

图 3-30 星—网变换

根据等效条件，再计及星形网和网形网各阻抗支路中的功率关系

$$\begin{cases}\dot{S}_1=\dot{S}_{12}+\dot{S}_{13}+\cdots+\dot{S}_{1l}\\\dot{S}_2=\dot{S}_{21}+\dot{S}_{23}+\cdots+\dot{S}_{2l}\\\quad\vdots\\\dot{S}_3=\dot{S}_{l1}+\dot{S}_{l2}+\cdots+\dot{S}_{l(l-1)}\end{cases}\tag{3-58}$$

可推导出连接网形网任意两节点的阻抗为

$$\begin{cases}Z_{12}=Z_{1n}Z_{2n}y_{\Sigma}\\Z_{23}=Z_{2n}Z_{3n}y_{\Sigma}\\\quad\vdots\\Z_{1l}=Z_{ln}Z_{ln}y_{\Sigma}\end{cases}\tag{3-59}$$

式中　y_{Σ}——1 ~ l 条支路对 n 点的导纳之和，$y_{\Sigma}=y_{1n}+y_{2n}+\cdots+y_{ln}$。

3.6　电力网络潮流的调整控制

3.6.1　调整控制潮流的必要性

前面所讨论的功率分布都是不采取任何控制、调节手段时环形网中的功率分布，即功率的自然分布，如图 3-17 所示的网络中，流经阻抗 Z_{12} 功率为

$$\dot{S}_{\mathrm{a}}=\frac{\dot{S}_2\hat{Z}_2+\dot{S}_3\hat{Z}_3}{\hat{Z}_{\Sigma}}=\frac{\sum\dot{S}_m\hat{Z}_m}{\hat{Z}_{\Sigma}}$$

可见，功率的自然分布取决于网络各线段的阻抗，负荷是按阻抗反比分配于两端电源的。而电力网络潮流的调整控制即是指潮流的经济功率分布。经济功率分布是使网络中功率损耗最小的一种潮流分布。如图 3-17 所示的网络，求各段的总功率损耗为

$$\Delta P_{\Sigma}=\frac{P_{\mathrm{a}}^2+Q_{\mathrm{a}}^2}{U_{\mathrm{N}}^2}R_{12}+\frac{(P_{\mathrm{a}}-P_2)^2+(Q_{\mathrm{a}}-Q_2)^2}{U_{\mathrm{N}}^2}R_{23}+\frac{(P_{\mathrm{a}}-P_2-P_3)^2+(Q_{\mathrm{a}}-Q_2-Q_3)^2}{U_{\mathrm{N}}^2}R_{31}$$

已知 $\dot{S}_2$、$\dot{S}_3$ 及网络参数，把 ΔP_{Σ} 看成是 P_{a}、Q_{a} 的函数（因 P_{a}、Q_{a} 可调）。如果不对

网络加以调整控制，将会在网络中造成很大的功率损耗。为实现经济功率分布，从理论上，使全网有功功率损耗 ΔP_{Σ} 最小，只要对 ΔP_{Σ} 求 P_{a} 和 Q_{a} 的一阶导数，使一阶偏导数等于零，从而可求得 P_{a} 和 Q_{a} 的最小值。

对上式求偏导，并令偏导数等于零

$$\frac{\partial \Delta P_{\Sigma}}{\partial Q_{a}}=\frac{2P_{a}}{U_{N}^{2}}R_{12}+\frac{2(P_{a}-P_{2})}{U_{N}^{2}}R_{23}+\frac{2(P_{a}-P_{2}-P_{3})}{U_{N}^{2}}R_{31}=0$$

$$\frac{\partial \Delta P_{\Sigma}}{\partial Q_{a}}=\frac{2Q_{a}}{U_{N}^{2}}R_{12}+\frac{2(Q_{a}-Q_{2})}{U_{N}^{2}}R_{23}+\frac{2(Q_{a}-Q_{2}-Q_{3})}{U_{N}^{2}}R_{31}=0$$

于是可解得 P_{a}、Q_{a}、S_{a}，即

$$P_{a.0}=\frac{P_{2}(R_{23}+R_{31})+P_{3}R_{31}}{R_{12}+R_{23}+R_{31}}$$

$$Q_{a.0}=\frac{Q_{2}(R_{23}+R_{31})+Q_{3}R_{31}}{R_{12}+R_{23}+R_{31}}$$

$$\dot{S}_{a.0}=\frac{\dot{S}_{2}(R_{23}+R_{31})+\dot{S}_{3}R_{31}}{R_{12}+R_{23}+R_{31}}$$

推广一般式，有

$$P_{a.0}=\frac{\sum P_{m}R_{m}}{R_{\Sigma}}$$

$$Q_{a.0}=\frac{\sum Q_{m}R_{m}}{R_{\Sigma}}$$

$$\dot{S}_{a.0}=\frac{\sum \dot{S}_{m}R_{m}}{R_{\Sigma}}$$

一般称上式中 $P_{a.0}$、$Q_{a.0}$、$S_{a.0}$为经济功率分布，且分别以下角标“a·0”表示，以区别于自然功率分布的表示。按这样的功率分布，能使得全网的功率损耗最小，最经济。

比较自然功率和经济功率的公式

$$\dot{S}_{a}=\frac{\sum \dot{S}_{m}\hat{Z}_{m}}{\hat{Z}_{\Sigma}} \qquad \dot{S}_{a.0}=\frac{\sum \dot{S}_{m}R_{m}}{R_{\Sigma}}$$

可知，二者的区别是：自然功率分布 $\dot{S}_{a}$ 取决于网络各线段的阻抗，即按阻抗分布；而经济功率分布 $\dot{S}_{a.0}$取决于网络各线段的电阻，即按电阻分布。二者的差异，仅是无功 Q 在网络中的消耗，前者 $\dot{S}_{a}$ 与电抗 X 有关，必有无功 Q 在网络中的消耗；后者 $\dot{S}_{a.0}$与电抗 X 无关，少了无功 Q 在网络中的消耗。显然经济功率分布较自然功率分布经济。

3.6.2 调整控制潮流的主要方法

为使网络中功率损耗最小，应采取相应的措施，克服自然功率分布与经济功率分布的不一致，实现经济功率分布。从理论上讲，可以在网络中（自然功率分布上）串加一个强制循环功率 $\dot{S}_{fc}$，使网络的功率分布为经济功率分布，即

$$\dot{S}_{a}+\dot{S}_{fc}=\dot{S}_{a.0}$$

经济功率分布的措施如下：

1）对两端供电电压不等的网络，可通过调节两端变压器电压比 K，人为地加 $\dot{S}_{fc}$，以调整两端电源供电功率（$\dot{S}_a$、$\dot{S}_b$）；

2）对环形网，则靠串联加压器。

网络中加串联加压器如图 3-31 所示。对网络中的电压差 $d\dot{U}$，可附加一个可调电动势 $\dot{E}_c$。调整电动势 $\dot{E}_c$ 的大小方能达到调整功率的目的。经过这样的强制调整，使得自然分布率变成了经济功率分布。

这里电动势 $\dot{E}_c$ 等于缺口电压 $d\dot{U}$，即 $\dot{E}_c = d\dot{U}$，则强制循环功率为

$$\dot{S}_{fc} = \frac{\hat{E}_c U_N}{\hat{Z}_\Sigma}$$

于是，附加电动势为

$$\dot{E}_c = \frac{\hat{S}_{fc}}{U_N} Z_\Sigma = \frac{\hat{S}_{a.0} - \hat{S}_a}{U_N} Z_\Sigma = E_{cx} + jE_{cy}$$

式中 E_{cx}——纵向附加电动势，其相位与线路电压一致；

E_{cy}——横向附加电动势，其相位与线路电压相差 90°。

对于纵向附加电动势 E_{cx}，即是纵向加串联加压器得到的电动势；对于横向附加电动势 E_{cy}，即是横向加串联加压器得到的电动势。

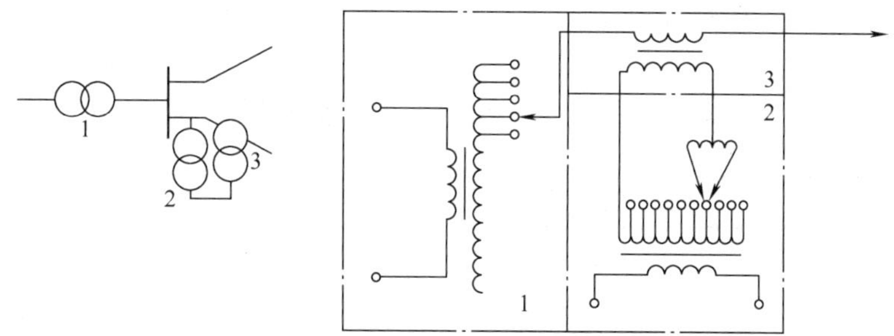

图 3-31 附加串联加压器的接入

1—主变压器 2—电源变压器 3—串联加压器

图 3-32 所示为加串联加压器的连接方式和作用。其中图 3-32a 是纵向串联加压器；图 3-32b 是横向串联加压器。三相同时加串联加压器时的相量图也如图 3-32 所示。可见，$\dot{U}_A$、$\dot{U}_B$、$\dot{U}_C$ 仍然是对称的。

循环功率 $\dot{S}_{fc}$ 与 E_{cx} 及 E_{cy} 的关系

$$\begin{aligned}\dot{S}_{fc} &= \frac{\hat{E}_c U_N}{\hat{Z}_\Sigma} = \frac{((E_{cx} - jE_{cy})U_N)}{R_\Sigma - jX_\Sigma} \\ &= \frac{U_N(E_{cx}R_\Sigma + E_{cy}X_\Sigma)}{R_\Sigma^2 + X_\Sigma^2} + j\frac{U_N(E_{cx}X_\Sigma - E_{cy}R_\Sigma)}{R_\Sigma^2 + X_\Sigma^2} \\ &= P_{fc} + jQ_{fc}\end{aligned}$$

在高压网络中，由于 $X_\Sigma >> R_{\Sigma_i}$，所以 $E_{cy}X_\Sigma >> E_{cx}R_\Sigma$，$E_{cx}X_\Sigma >> E_{cy}R_\Sigma$。由上可知，

当横向串联加压器时，调节作用主要调节有功功率；而纵向串联加压器时，则主要调节无功功率。在环形网中，加压变压器不仅是为了调压，而还改变环形网中的功率分布。

网络中串联加压变压器的优点是简单，能用普通变压器改装，用来降低网损，消除某些设备的过负荷。

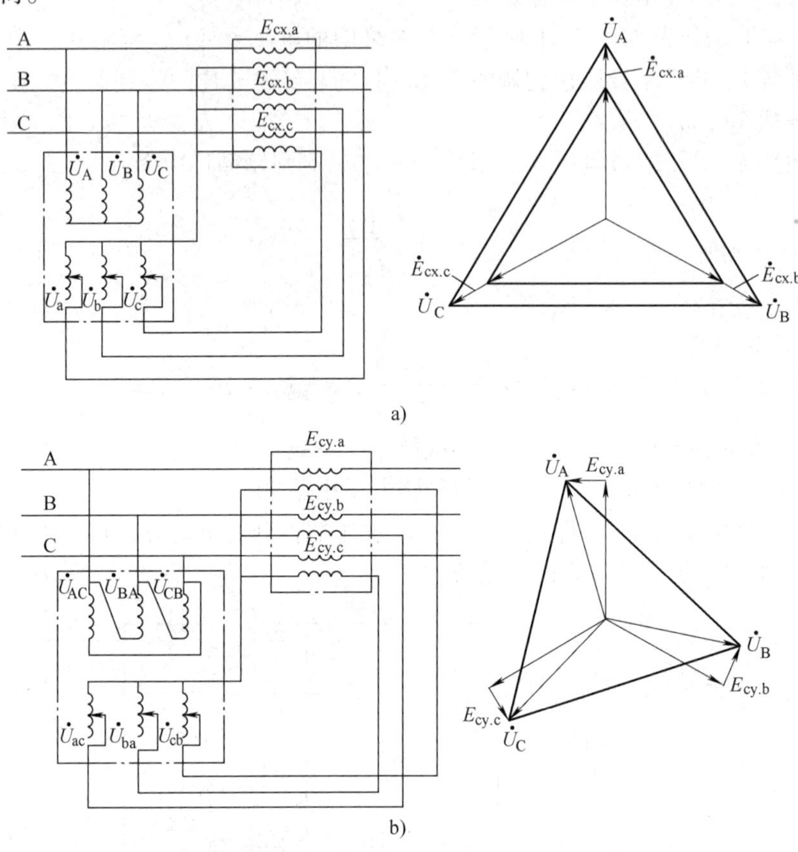

图 3-32　串联加压器的连接方式和作用

a）纵向串联加压器　b）横向串联加压器

小　　结

本章主要介绍了电力线路和变压器的功率损耗、电压降落、电能损耗的计算；简单辐射形网潮流分布的计算；简单环形网潮流分布的计算；网络化简的方法。

电力线路和变压器是电力网中两大主要元件，而且它们的参数（R、X、G、B）比较全，等效电路均有阻抗支路和导纳支路，若能计算这两大元件的功率损耗、电压降落、电能损耗，对其他元件的计算就很简单了。计算功率损耗和电压降落的公式如下：

功率损耗：阻抗支路 $\Delta\dot{S}_z = \dfrac{P^2 + Q^2}{U^2}(R + jX)$，导纳支路 $\Delta\dot{S}_y = GU^2 + jBU^2$；

电压降落：纵向分量 $\Delta U = \dfrac{PR + QX}{U}$，横向分量 $\delta U = \dfrac{PX - QR}{U}$。

这些公式均为一般式，适用于各种元件，等效电路表示为阻抗支路和导纳支路的均可使用。

辐射形网潮流分布的计算，利用逐段推算法，从末端至始端，或从始端至末端，逐个元件的推算其功率损耗和电压降落，可反复利用上面公式。推导过程可根据已知条件的不同，下手方法不同。若已知末端功率和电压，则从末端开始向始端推算，采用边推算功率，边推算电压，交替进行推算的方法；若已知末端功率和始端电压，则可设一个末端电压，于是从末端开始向始端推算，一去推算功率，回来（由始端向末端）推算电压。从而求得各支路功率、各节点电压。若需要精确计算潮流分布，则要通过始、末两端反复进行推算。

简单环形网潮流分布的计算，利用环形网和两端供电网互为等效的原理，推导出从两端电源注入网络的功率 $\dot{S}_a$ 和 $\dot{S}_b$，即

$$\dot{S}_a = \frac{\sum \dot{S}_m \hat{Z}_m}{\hat{Z}_\Sigma} \qquad \dot{S}_b = \frac{\sum \dot{S}_m \hat{Z}_m'}{\hat{Z}_\Sigma}$$

按上式求出 $\dot{S}_a$ 和 $\dot{S}_b$ 后，进而可利用节点电流（功率）定律，求出其他支路中的流动功率（不计功率损耗时）。对于两端电压不相等的两端供电网或回路电压不为零的单一环形网，即有电压差 d $\dot{U}$引起的循环功率，注意把循环功率 $\dot{S}_c$ 加到个支路中去，才得到各支路的流动功率。求得各支路的流动功率，这仅是初步的潮流分布，其目的是为找出功率分点（电压最低点），然后从功率分点把环形网分开成两个辐射形网，分别对两个辐射形网利用逐段推算法，方可进行详细的潮流分布计算（计及各段的功率损耗）。

本章还介绍了网络化简的方法，如等效电源法、负荷移置法、星—网变换法等，用于将较复杂的网络等效成简单的等效电路，潮流分布计算就越方便一些。

思 考 题

3-1 电力系统潮流分布计算的目的是什么？

3-2 电力线路和变压器阻抗支路的功率损耗表达式是什么？导纳支路的功率损耗表达式是什么？

3-3 电力线路阻抗上电压降落的纵分量和横分量的表达式是什么？

3-4 电压降落、电压损耗、电压偏移各是如何定义的？

3-5 如何计算电力线路的电能损耗？如何计算变压器中的电能损耗？

3-6 简单辐射形网潮流分布计算的内容及一般步骤是什么？

3-7 对于变电所，什么是负荷功率？什么是等效负荷功率？什么是运算负荷功率？

3-8 对于发电厂，什么是电源功率？什么是等效电源功率？什么是运算电源功率？

3-9 对环形网进行初步潮流分布时，是否考虑网络中的功率损耗和电压降落？

3-10 简单环形网潮流分布计算的内容及主要步骤是什么？

3-11 为什么要对电力网中的潮流进行调整控制，调整控制潮流的手段主要有哪些？

习 题

3-1 有一条220kV电力线路供给地区负荷，采用LGJJ—400型导线，线路长230km，导线水平排列，线间距离为6.5m，线路末端负荷为120MW、$\cos\varphi = 0.92$，末端电压为209kV。试求出线路始端的电压及功率。

3-2 已知图3-33所示输电线路始、末端电压分别为248kV、220kV，末端有功功率负荷为220MW，无功功率负荷为165Mvar。试求始端功率因数。

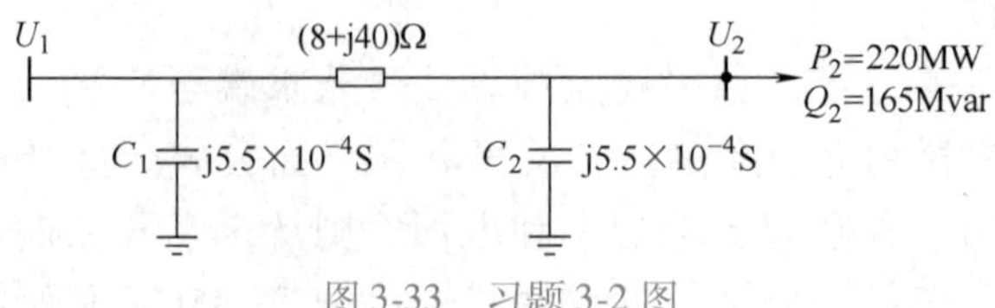

图 3-33　习题 3-2 图

3-3　如图 3-34 所示，单回 220kV 架空输电线长为 200km，线路每千米参数为 $r_1=0.108\Omega/\text{km}$，$x_1=0.426\Omega/\text{km}$，$b_1=2.66\times10^{-6}\text{S/km}$，线路空载运行，末端电压 U_2 为 205kV，求线路送端电压 U_1。

3-4　如图 3-35 所示，某负荷由发电厂母线经 110kV 单线路供电，线路长 80km，型号为 LGJ—95，线间几何均距为 5m，发电厂母线电压 $U_1=116\text{kV}$，受端负荷 $\dot{S}_L=(15+\text{j}10)\text{MVA}$，求输电线路的功率损耗及受端电压 U_2。

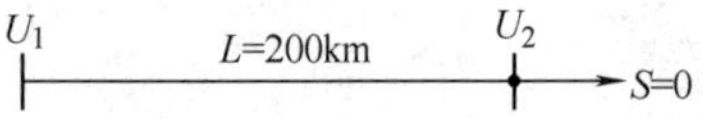

U_1　L=200km　U_2　S=0

图 3-34　习题 3-3 图

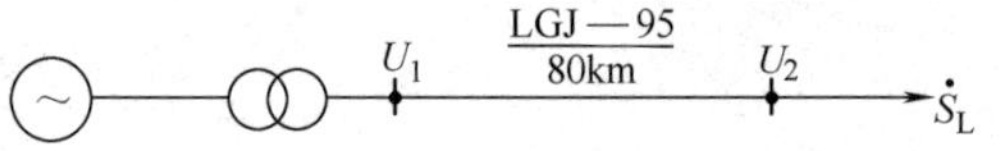

U_1　LGJ — 95 / 80km　U_2　$\dot{S}_L$

图 3-35　习题 3-4 图

3-5　有一条 110kV 输电线路如图 3-36 所示，由 A 向 B 输送功率。试求：

（1）当受端 B 的电压保持在 110kV 时，送端 A 的电压应是多少？并绘出相量图；

（2）如果输电线路多输送 5MW 有功功率，则 A 点电压如何变化？

（3）如果输电线路多输送 5Mvar 无功功率，则 A 点电压又如何变化？

3-6　一条额定电压为 110kV 的输电线路，采用 LGJ—150 导线架设，线间几何平均距离为 5m，线路长度为 100km，如图 3-37 所示。已知线路末端负荷为(40 + j30)MVA，线路始端电压为 115kV。试求正常运行时线路末端的电压。

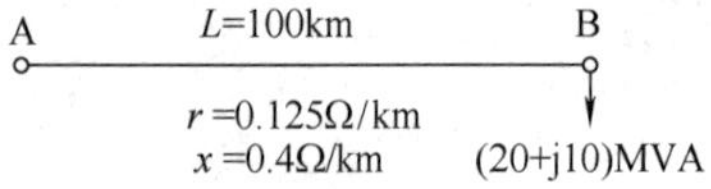

A　L=100km　B　r=0.125Ω/km　x=0.4Ω/km　(20+j10)MVA

图 3-36　习题 3-5 图

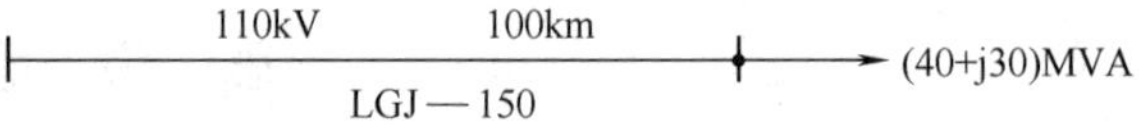

110kV　100km　LGJ — 150　(40+j30)MVA

图 3-37　习题 3-6 图

3-7　有一回电压等级为 110kV，长为 140km 的输电线路，末端接一台容量为 31.5MVA 的降压变压器，电压比为 110kV/11kV。如图 3-38 所示，当 A 点实际电压为 115kV 时，求 A、C 两点间的电压损耗及 B 点和 C 点的实际电压。（注：$P_k=190\text{kW}$，$U_k\%=10.5$，$P_0=31.05\text{kW}$，$I_0\%=0.7$）

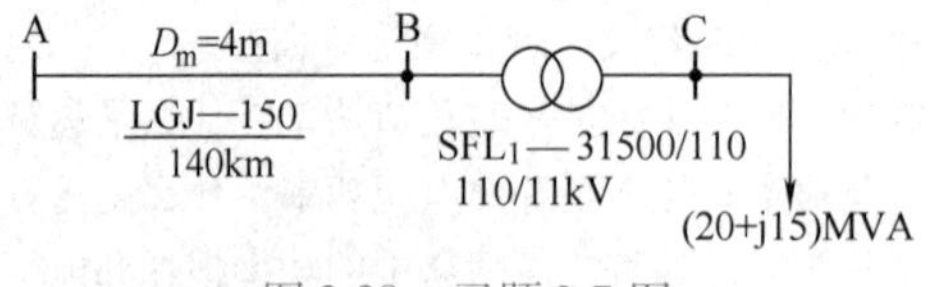

图 3-38　习题 3-7 图

3-8　额定电压 110kV 的辐射形网各段阻抗及负荷如图 3-39 所示。已知电源 A 的电压为 121kV，求功率分布和各母线电压。（注：考虑功率损耗，可以不计电压降落的横分量 δU）。

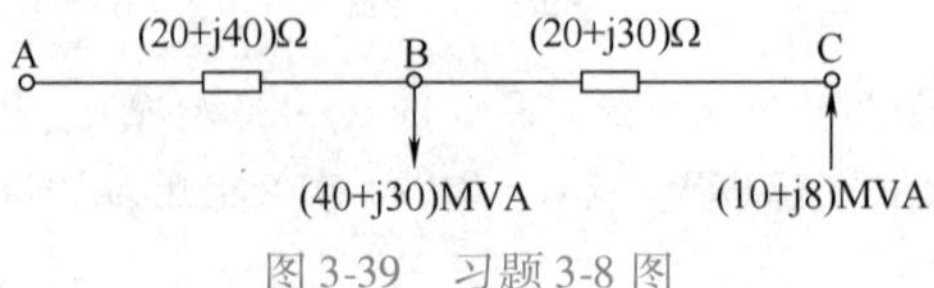

图 3-39　习题 3-8 图

3-9　某系统如图 3-40 所示，变压器 T1 容量为 31.5MVA，电压比为 $220\times(1\pm2\times2.5\%)\text{kV}/38.5\text{kV}$；

变压器 T2 容量为 60MVA，电压比为 220×(1±2×2.5%)kV/121kV/38.5kV，设 A 端电压维持在 242kV，进行该电力网的潮流计算，并在等效电路上标出各自潮流及各点电压。

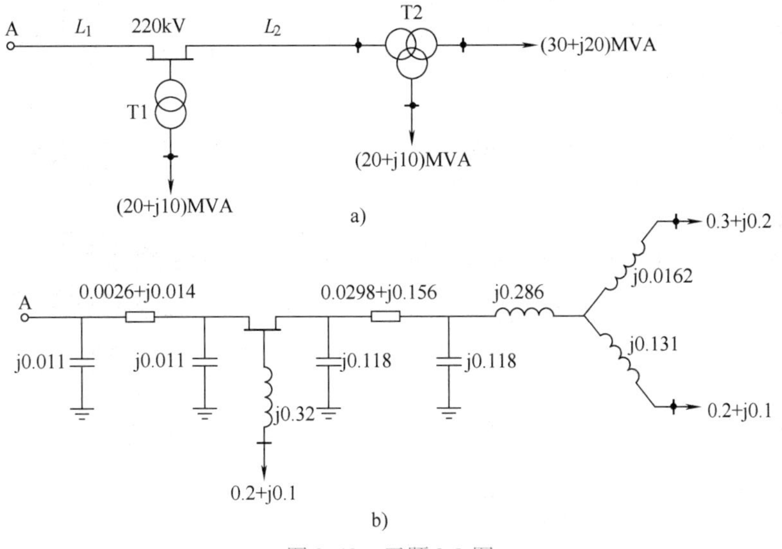

图 3-40　习题 3-9 图

3-10　由 A、B 两端供电的电力网，其线路阻抗和负荷功率等如图 3-41 所示。试求当 A、B 两端供电电压相等（即 $U_A=U_B$）时，各段线路的输送功率是多少（不计线路的功率损耗）？

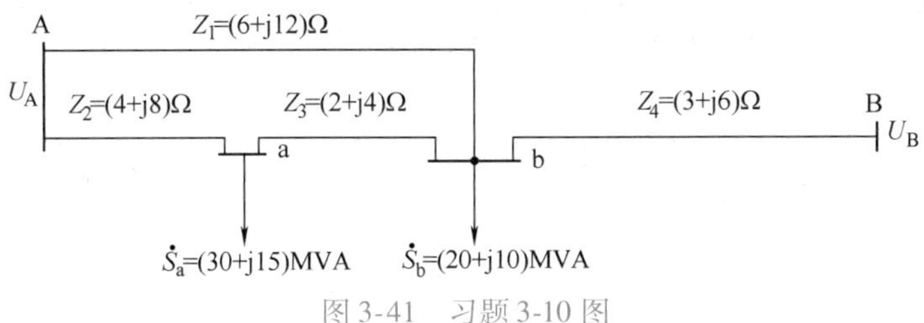

图 3-41　习题 3-10 图

3-11　简化 10kV 地方电力网如图 3-42 所示，它属于两端电压相等的均一网，各段采用铝导线型号，线段距离均标于图中，各段导线均为三角排列，几何均距相等，试求该电力网的功率分布及其中的最大电压损耗。

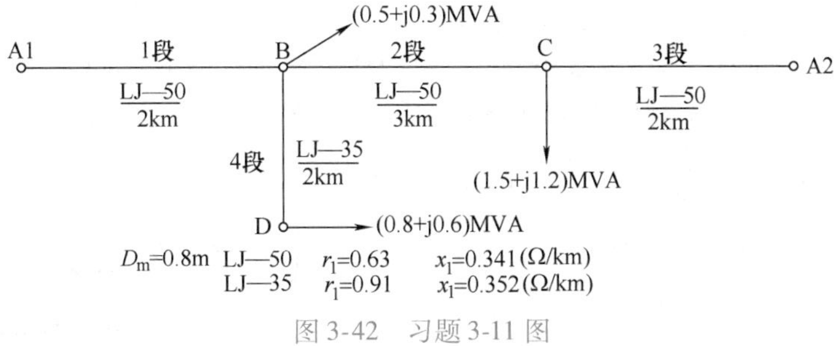

图 3-42　习题 3-11 图

3-12　发电厂 C 的输出功率、负荷 D 及 E 的负荷功率以及线路长度参数如图 3-43 所示。

当 $\dot{U}_C=112\angle 0°$ kV，$\dot{U}_A=\dot{U}_B$，并计及线路 CE 上的功率损耗，但不计其他线路上功率损耗时，求线路 AD、DE 及 BE 上通过的功率。

3-13　额定电压10kV的地方电力网，各段阻抗及负荷如图3-44所示。求正常运行时的功率分布（不计功率损耗）。

3-14　如图3-45所示，已知闭式网参数如下：

$Z_1=(2+j4)\Omega$　$Z_2=(3+j6)\Omega$　$Z_3=(4+j8)\Omega$

$L_1=10km$　$L_2=15km$　$L_3=20km$

负荷参数如下：

$\dot{S}_B=(10+j5)MVA$　$\dot{S}_C=(30+j15)MVA$

电源参数如下：

$U_A=110kV$

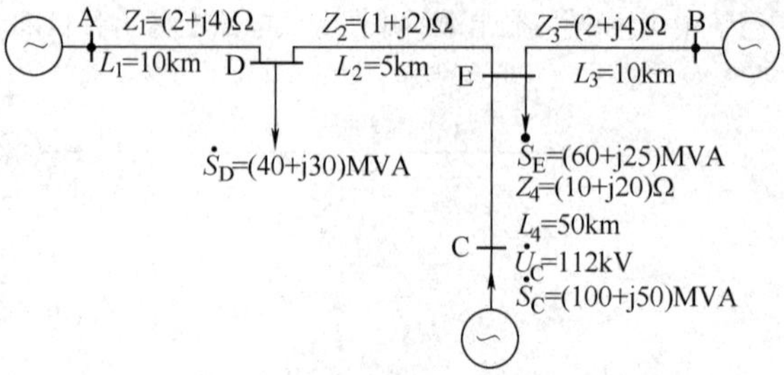

试求闭式网上的潮流分布及B点电压值（计算时，不计线路上的功率损耗）。

图3-43　习题3-12图

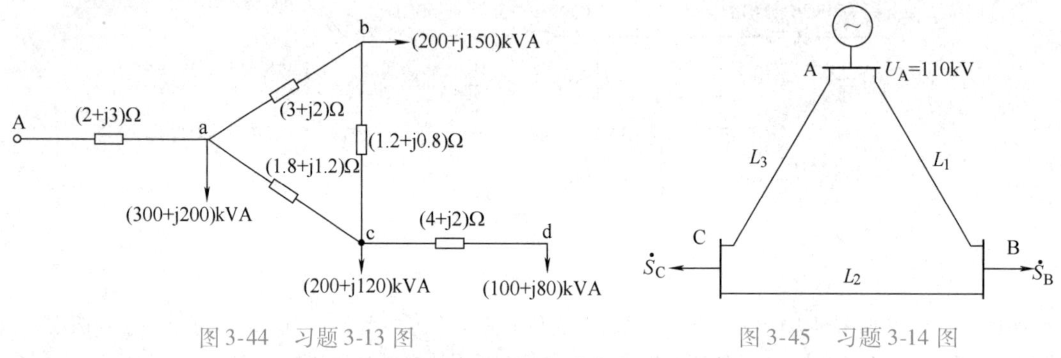

图3-44　习题3-13图　　　图3-45　习题3-14图

3-15　一个额定电压为35kV的环形地方电力网，电源A的电压为36kV，负荷的兆伏安数、线路的千米数均示于图3-46中。导线均采用LGJ—50架设，求环形网的功率分布。

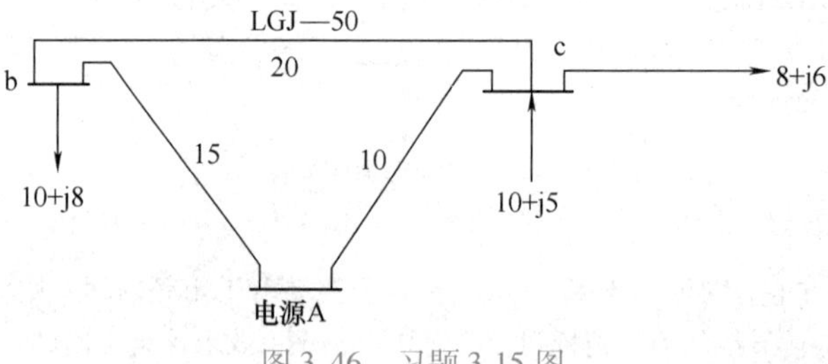

图3-46　习题3-15图

3-16　如图3-47所示电力系统，已知Z_{12}、Z_{23}、Z_{31}均为$(1+j3)\Omega$，$U_A=37kV$，若不计线路上的功率损耗及电压降落的横向分量，求功率分布及最低点电压。

3-17　某两端供电网的电力网如图3-48所示。已知母线A_1的线电压为36kV，母线A_2的线电压为34kV，求电力网中的潮流分布，计算时假定两端的电压是同相位的。

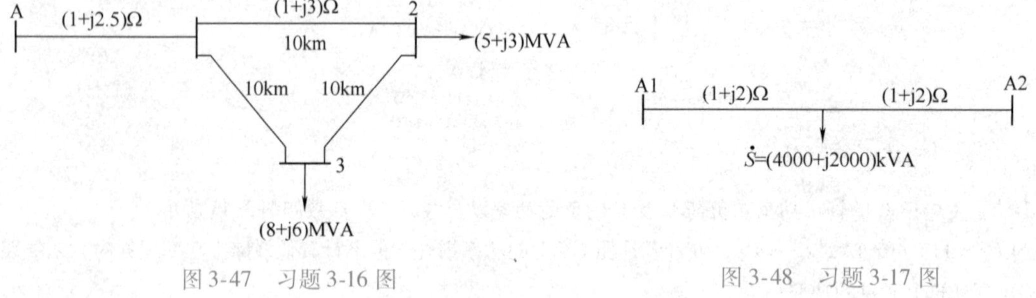

图3-47　习题3-16图　　　图3-48　习题3-17图

3-18　某 35/6.6kV 降压变电所由二回 10km 长的 35kV 平行线供电，线路用 LGJ—95 型导线，D_m = 3.5m，变电所内装两台 7500kVA 的变压器，变压器参数：$P_k = 75kW$，$P_0 = 24kW$，$U_k\% = 7.5$，$I_0\% = 3.5$，变电所 6kV 侧的最大负荷是 10MVA、$\cos\varphi = 0.7$，年持续负荷曲线如图 3-49 所示。为了减少全年的电能损耗，在有功负荷为 28MW 时切除一台变压器，若电价为 0.1 元/kW·h，求线路和变压器全年电能损耗的价值。

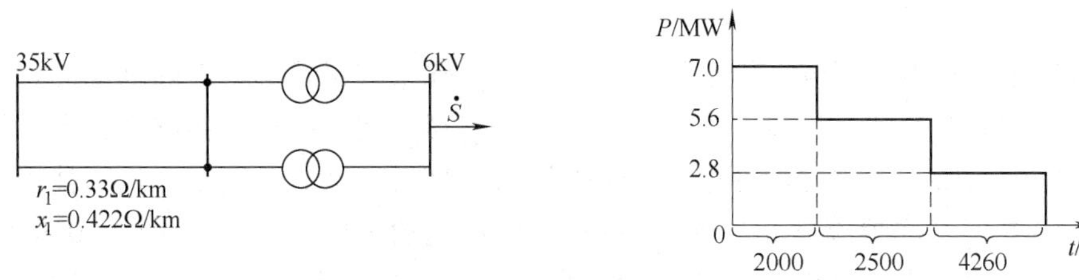

图 3-49　习题 3-18 图

3-19　有二回 110kV 平行线路对某降压变电所供电，导线型号为 LGJ—185，水平排列，线间距离为 4m，线路长 100km。变电所内装设两台 31500kVA 变压器，额定电压比为 110kV/11kV。系统接线如图 3-50a 所示，变电所最大负荷为 40MW，功率因数为 0.8，年持续负荷曲线（以最大负荷的基值的标幺值示于图 3-50b），当负荷低于 $0.5P_{Lmax}$ 时，为减少电能损耗，切除一台变压器，试求线路及变压器全年的电能损耗。

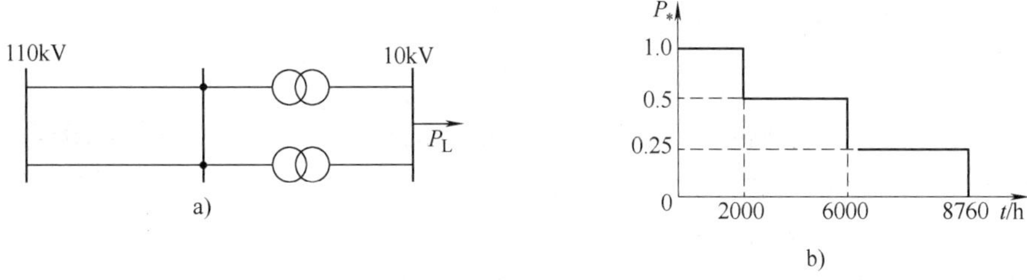

图 3-50　习题 3-19 图

3-20　某发电厂有一台容量为 63MVA 的升压变压器，额定电压比为 10.5kV/121kV，变压器的最大负荷利用小时数 $T_{max} = 5200h$，最大负荷为 55MVA，$\cos\varphi = 0.8$，试求该台变压器的最大有功功率损耗及全年运行中的电能损耗。

3-21　试分别说明图 3-51 中两个复杂闭式电力网中功率分布的步骤（$\dot{U}_{A1} = \dot{U}_{A2}$）。

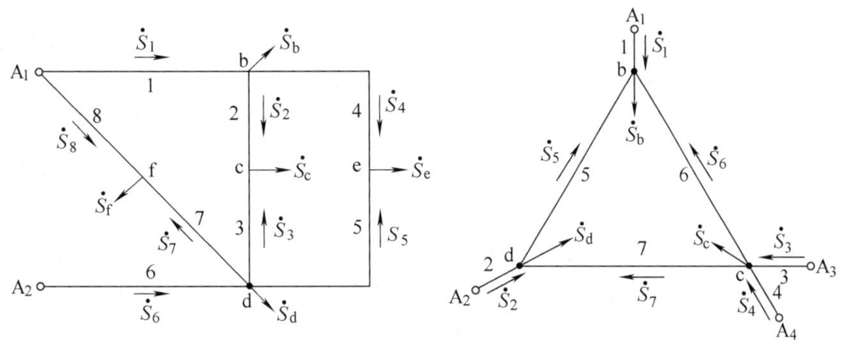

图 3-51　习题 3-21 图

第4章　复杂电力系统潮流分布的计算机算法

前面阐述了简单电力系统在给定的某些运行条件和系统接线方式下的潮流分布计算。但实际的电力系统并非都那么简单，随着电力工业的发展，现实的电力网越来越大、越来越复杂，无论是在电力系统的规划设计中，还是在运行管理时，都需要大量、足够精确的快速计算。显然，如果用手算潮流分布，则难以满足快速、精确等要求。20 世纪 50 年代中期以来，由于计算机的迅速发展和普及应用，特别是存储量的不断扩大和计算速度的不断提高，为现代电力系统的各种计算、控制和信息处理提供了现实性和可靠性，因此需解决的问题只要能用数学方法描述，都可以用计算机进行分析计算。

运用计算机计算时，一般要完成以下几个步骤：①建立数学模型；②确定解算方法；③制定程序框图；④编制程序；⑤上机调试及运算。

本章着重介绍前两步，但也涉及原理框图，以加深对计算过程的理解。

4.1　潮流计算的数学模型

所谓数学模型，是指反映电力系统中运行状态参数（如电压、电流、功率等）与网络参数之间关系，反映网络性能的数学方程式。不难想到，符合这种要求的方程式有节点电压方程、回路电流方程、割集电压方程等。目前，运用计算机进行电力系统的潮流分布计算时，引用节点电压方程比较普遍，因此，这里限于篇幅，也仅讨论节点电压方程及有关问题，并进而推出潮流计算的基本方程。

4.1.1　节点电压方程

在电工原理课程中，已导出了运用节点导纳矩阵的节点电压方程

$$\boldsymbol{I}_{\mathbf{B}}=\boldsymbol{Y}_{\mathbf{B}}\boldsymbol{U}_{\mathbf{B}} \tag{4-1}$$

式（4-1）中，$\boldsymbol{I}_{\mathbf{B}}$ 是节点注入电流的列向量，可理解为某个节点的电源电流与负荷电流的总和，并规定流入网络的电流为正。$\boldsymbol{U}_{\mathbf{B}}$ 是节点电压的列向量。网络中有接地支路时，节点电压通常指各节点的对地电压，这是因为通常一般是以大地作为参考节点的；网络中没有接地支路时，各节点电压可指该节点与某一个被选定参考节点之间的电压差。$\boldsymbol{Y}_{\mathbf{B}}$ 是节点导纳矩阵，它的阶数等于网络的独立节点数。

对于一个有 n 个独立节点的网络，$\boldsymbol{Y}_{\mathbf{B}}$ 为 $n\times n$ 阶的方阵，其对角元素称为自导纳，以 Y_{ii}表示（$i=1$，2，…，n），非对角元素称为互导纳，以 Y_{ji}表示（$j=1$，2，…，n；$i=1$，2，…，n；$i\neq j$）。于是节点电压方程展开为

$$
\begin{pmatrix} \dot{I}_1 \\ \dot{I}_2 \\ \dot{I}_3 \\ \vdots \\ \dot{I}_n \end{pmatrix} = \begin{pmatrix} Y_{11} & Y_{12} & \cdots & Y_{1n} \\ Y_{21} & Y_{22} & \cdots & Y_{2n} \\ Y_{31} & Y_{32} & \cdots & Y_{3n} \\ \vdots & \vdots & & \vdots \\ Y_{n1} & Y_{n2} & \cdots & Y_{nn} \end{pmatrix} \begin{pmatrix} \dot{U}_1 \\ \dot{U}_2 \\ \dot{U}_3 \\ \vdots \\ \dot{U}_n \end{pmatrix} \tag{4-2}
$$

对于 $n+1$ 节点的网络，有 n 独立节点，1 个参考节点，可把它看成一个抽象的无源网络，如图 4-1 所示。

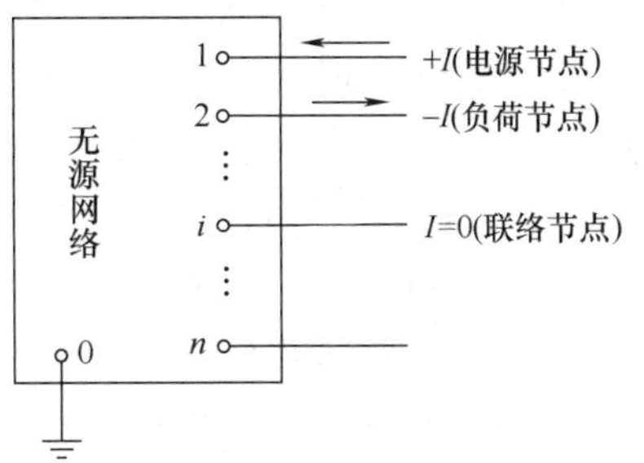

图 4-1　等效无源网络

图 4-1 中，n 独立节点中包括电源节点、负荷节点、中间联络节点等。若把各个节点引出来，对于电源节点，注入网络为正电流（$+I$），对于负荷节点，注入网络为负电流（$-I$），对于联络节点，流入的电流等于流出的电流，所以总和电流为零（$I=0$）。

下面以 3 个节点的网络为例，说明 $\boldsymbol{Y}_{\mathbf{B}}$ 各元素的物理意义，如图 4-2 所示。

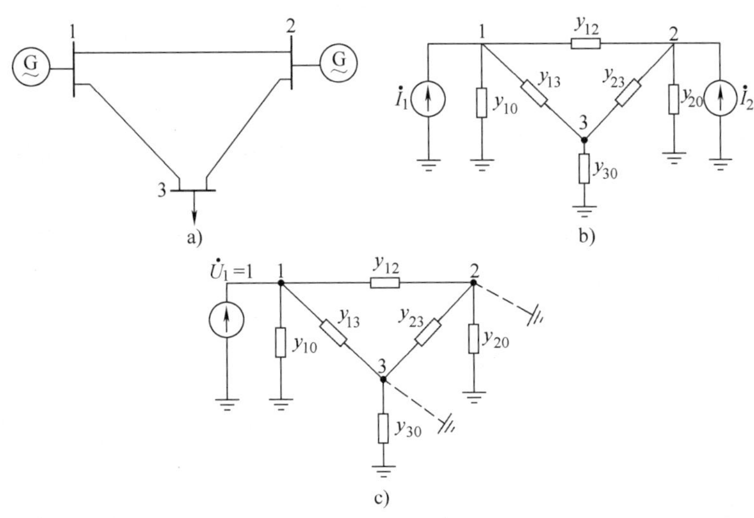

图 4-2　3 节点网络图

a）简化接线图　b）等效电路　c）自、互导纳的确定

对于图 4-2a 所示的网络，若将电源用等效电流源表示，负荷用等效导纳表示，网络参数均以导纳表示，其等效电路如图 4-2b 所示，节点电压方程的形式为

$$
\begin{pmatrix} \dot{I}_1 \\ \dot{I}_2 \\ 0 \end{pmatrix} = \begin{pmatrix} Y_{11} & Y_{12} & Y_{13} \\ Y_{21} & Y_{22} & Y_{23} \\ Y_{31} & Y_{32} & Y_{33} \end{pmatrix} \begin{pmatrix} \dot{U}_1 \\ \dot{U}_2 \\ \dot{U}_3 \end{pmatrix}
$$

可见，在网络结构确定后，网络参数是一定的，节点导纳矩阵 $\boldsymbol{Y}_{\mathbf{B}}$ 也是一定的，$\boldsymbol{Y}_{\mathbf{B}}$ 反映了网络的结构及性质。

设把节点 1 加单位电压 $\dot{U}_1=1$，其他节点（节点 2、3）强迫接地，y_{20}、y_{30} 被短路掉，其等效电路如图 4-2c 所示。

这时的节点电压方程为

$$\begin{pmatrix} \dot{I}_1 \\ \dot{I}_2 \\ 0 \end{pmatrix} = \begin{pmatrix} Y_{11} & Y_{12} & Y_{13} \\ Y_{21} & Y_{22} & Y_{23} \\ Y_{31} & Y_{32} & Y_{33} \end{pmatrix} \begin{pmatrix} \dot{U}_1 \\ 0 \\ 0 \end{pmatrix}$$

于是有 $\dot{I}_1 = Y_{11}\dot{U}_1 = Y_{11}$，$\dot{I}_2 = Y_{21}\dot{U}_1 = Y_{21}$，$\dot{I}_3 = Y_{31}\dot{U}_1 = Y_{31}$。

因此，在物理意义上，Y_{11}可看成是在节点 1 加单位电压源，其他节点（节点 2、3）强迫接地时，经节点 1 注入网络的电流。Y_{21}可看成是在节点 1 加单位电压源，其他节点（节点 2、3）强迫接地时，经节点 2 注入网络的电流。Y_{31}可看成是在节点 1 加单位电压源，其他节点（节点 2、3）强迫接地时，经节点 3 注入网络的电流。

同理，其他元素的物理意义也就不难理解。

通过以上讨论，可将 $\boldsymbol{Y}_\mathbf{B}$ 的性质归纳如下：

1）自、互导纳的物理意义。自导纳 Y_{ii}在数值上相当于在节点 i 施加单位电压，而其他节点全部接地时，经节点 i 注入网络的电流。因此，它的定义为

$$Y_{ii} = \left(\frac{\dot{I}_i}{\dot{U}_i}\right)\Bigg|_{(\dot{U}_j=0,\ j\neq i)} \tag{4-3}$$

按如上定义，自导纳 Y_{ii}在数值上等于与该节点 i 直接连接的所有支路导纳的总和，如 $Y_{11} = y_{10} + y_{12} + y_{13}$。

互导纳 Y_{ji}在数值上相当于在节点 i 施加单位电压，而其他节点全部接地时，经节点 j 注入网络的电流。因此，它的定义为

$$Y_{ji} = \left(\frac{\dot{I}_j}{\dot{U}_i}\right)\Bigg|_{(\dot{U}_j=0,j\neq i)} \tag{4-4}$$

按如上定义，互导纳 Y_{ji}在数值上等于连接节点 i、j 支路导纳的负值，即 $Y_{ji} = -y_{ji}$。如 $Y_{21} = -y_{21}$。

2）节点导纳矩阵 $\boldsymbol{Y}_\mathbf{B}$ 为对称方阵。$\boldsymbol{Y}_\mathbf{B}$ 为 $n \times n$ 阶时，以主对角线元素 Y_{ii}为对称轴，$Y_{ji} = Y_{ij}$，上三角元素与下三角元素对应相等。

3）节点导纳矩阵 $\boldsymbol{Y}_\mathbf{B}$ 为稀疏矩阵。即导纳矩阵中有零元素，所以不为满阵。因为网络中不是所有节点都相连，有些节点与节点之间无直接联系，所以其对应的互导纳为零。一般，网络越大，节点数越多，$\boldsymbol{Y}_\mathbf{B}$ 的零元素越多，稀疏性越强。

4）节点导纳矩阵 $\boldsymbol{Y}_\mathbf{B}$ 具有对角优势。$\boldsymbol{Y}_\mathbf{B}$ 的 i 行 j 列内所有元素都有大小区别，但各行对角线上的元素总是大于非对角线上的元素，即 $Y_{ii} > Y_{ji}(Y_{ii} > Y_{ij})$。

4.1.2 节点导纳矩阵的形成

1. 理想变压器的引用

运用计算机进行电力系统计算时，在建立数学模型的过程中，首先形成节点导纳矩阵，一般对多电压级网络要把全网的参数归算到同一电压等级后，才能形成节点导纳矩阵。

在实际运行中，有些变压器的电压比要发生变化（如调分接头时），这样，由于电压比的变化，就需要重新归算那些与该变压器电压比有关的参数，因此导纳矩阵修改的工作量将很大。

为减小这个工作量，使导纳矩阵在电压比变化时只是局部元素发生变化，解决的办法是引用“理想变压器”。

如图 4-3a 所示，变压器电压比为 K，这里可以把电压比为 K 的变压器用两个变压器与之相当。一个为额定电压比 K_N 的变压器，一个为理想电压比 K_* 的变压器，即理想变压器，如

$$K = K_N \frac{K}{K_N} = K_N K_* \tag{4-5}$$

式中　K——实际电压比，$K = \dfrac{U_{II}}{U_I}$；

U_I——Ⅰ段的电压；

U_{II}——Ⅱ段的电压；

K_N——额定电压比（标准电压比），$K_N = \dfrac{U_{IIN}}{U_{IN}}$；

U_{IN}——Ⅰ段的额定电压；

U_{IIN}——Ⅱ段的额定电压；

K_*——理想电压比（非标准电压比），$K_* = \dfrac{K}{K_N} = \dfrac{U_{II}}{U_I}\dfrac{U_{IN}}{U_{IIN}}$。

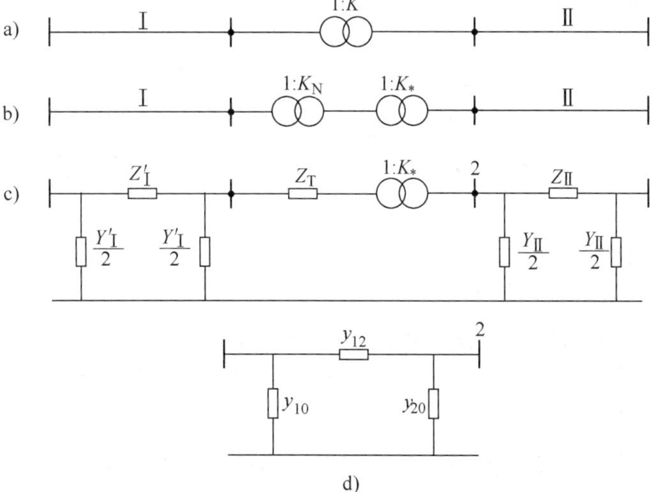

图 4-3　具有理想变压器的等效电路

a）原始多电压级网络　b）引入理想变压器时　c）接入理想变压器后

d）变压器以导纳表示时

所谓理想变压器是指以理想铁磁材料制作的具有理想磁化特性的变压器。它没有损耗，没有漏磁，不需励磁电流，仅对电压、电流起变换作用，因此变压器上的损耗全部归于额定

电压比的变压器承担。

经引用理想变压器后，若将Ⅰ段的参数 Z_{I}、Y_{I} 归算至Ⅱ段，则需经两个变压器的电压比归算，即在额定电压比 K_{N} 下归算一次，再经理想电压比 K_* 归算一次。这也相当于一次性把 Z_{I}、Y_{I} 按实际电压比 K 归算至Ⅱ段，如图 4-3c 所示。图中略去了变压器的励磁支路，Z'_{I}、Y'_{I}是按额定电压比 K_{N} 归算至Ⅱ段的值。由于图 4-3c 中 1-2 段内有理想变压器存在，因此在等效电路中仍有磁的联系。为把磁的联系转换成电的联系的等效电路，这里处理的方法是：Z'_{I}、Y'_{I}不需再经理想电压比 K_* 的归算，当电压比 K 变化时，看作 K_{N} 不变，K_* 变，让 K_* 与变压器的阻抗 Z_{T} 去中和。于是，就可把图 4-3c 中 1-2 段等效成图 4-3d 所示的 π 形等效电路。因而整个等效电路均为电的联系。

图 4-3d 中 1-2 段 π 形等效电路的等效参数 y_{12}、y_{10}、y_{20} 可由两端口网络的等效条件求得

$$\begin{cases} y_{12}=\dfrac{1}{Z_{\mathrm{T}}K_*}=\dfrac{y_{\mathrm{T}}}{K_*} \\ y_{10}=\dfrac{K_*-1}{K_*}\dfrac{1}{Z_{\mathrm{T}}}=\dfrac{K_*-1}{K_*}y_{\mathrm{T}} \\ y_{20}=\dfrac{1-K_*}{K_*^2}\dfrac{1}{Z_{\mathrm{T}}}=\dfrac{1-K_*}{K_*^2}y_{\mathrm{T}} \end{cases} \tag{4-6}$$

由此可见，采用理想变压器的好处在于不论变压器的电压比怎样变化，Ⅰ段侧按额定电压比归算到Ⅱ段侧的参数 Z'_{I}、Y'_{I}不用再变。当变压器电压比变化时，只看成是理想电压比 K_* 在变化，与 K_* 有关的参数（y_{12}、y_{10}、y_{20}）在变化。也即导纳矩阵的局部元素发生变化。这样就大大减小了修改导纳矩阵的计算工作量。

2. 用直接形成法形成节点导纳矩阵 $\boldsymbol{Y}_{\mathbf{B}}$

节点导纳矩阵既可根据自导纳和互导纳的定义直接形成，也可用支路—节点关联矩阵计算，这里仅介绍前一种方法。

根据自、互导纳的定义直接求取节点导纳矩阵的方法，称为节点导纳矩阵的直接形成法。直接形成法应遵循的原则如下：

1）节点导纳矩阵是方阵，其阶数就等于网络中除参考节点外的节点数。

2）节点导纳矩阵是稀疏矩阵，其各行非对角元非零元素的个数等于与该行相对应节点所连接的不接地的支路数。

3）节点导纳矩阵的对角元就等于各该节点所连接导纳的总和。

4）节点导纳矩阵的非对角元 Y_{ij} 等于连接节点 i、j 支路导纳的负值。

5）节点导纳矩阵是对称阵，以对角元为轴，上三角元和下三角元对应相等，因此，一般只求上三角或下三角部分元素。

6）网络中的变压器可采用“理想变压器”，用 π 形等效电路代替。

按上述直接形成法，可对前面 3 个节点的网络（见图 4-2）直接形成 3×3 阶的节点导纳矩阵

$$Y_B = \begin{pmatrix} y_{12}+y_{13}+y_{10} & -y_{12} & -y_{13} \\ -y_{12} & y_{12}+y_{23}+y_{20} & -y_{23} \\ -y_{13} & -y_{23} & y_{13}+y_{23}+y_{30} \end{pmatrix}$$

4.1.3 节点导纳矩阵的修改

节点导纳矩阵是关于网络参数对节点电压和节点电流的导纳特性的描述，它取决于构成网络中各支路的电气参数和它们最终的连接方式。在电力网运行中，网络结构改变时，网络参数就改变，因此节点导纳矩阵就要随之而变。例如，网络中某电力线路、变压器的投入或切除，该支路的参数要发生变化，但由于改变一个支路的参数，只影响该支路两端节点的自导纳和两节点之间的互导纳，因此可不必重新形成与新的运行状况相对应的节点导纳矩阵，只需将原有的矩阵作一下修改。以下介绍几种典型的修改方法：

1）从原有网络引出一支路，同时增加一节点，如图 4-4a 所示，设 i 为原有网络中的节点，j 为新增加的节点，新增加支路导纳为 y_{ij}。则因新增一节点，节点导纳矩阵将增加一阶。

新增的对角元 Y_{jj}，$Y_{jj}=y_{ij}$；

新增的非对角元 Y_{ij}，$Y_{ij}=Y_{ji}=-y_{ij}$；

原有矩阵中的对角元 Y_{ii}将增加 ΔY_{ii}，$\Delta Y_{ii}=y_{ij}$。

2）在原有网络的节点 i、j 之间增加一支路，如图 4-4b 所示。这时由于仅增加支路不增加节点，节点导纳矩阵阶数不变，但与节点 i、j 有关的元素应作一下修改，其增量为

$$\Delta Y_{ii}=\Delta Y_{jj}=y_{ij},\quad \Delta Y_{ij}=\Delta Y_{ji}=-y_{ij}$$

3）在原有网络的节点 i、j 之间切除一支路，如图 4-4c 所示。

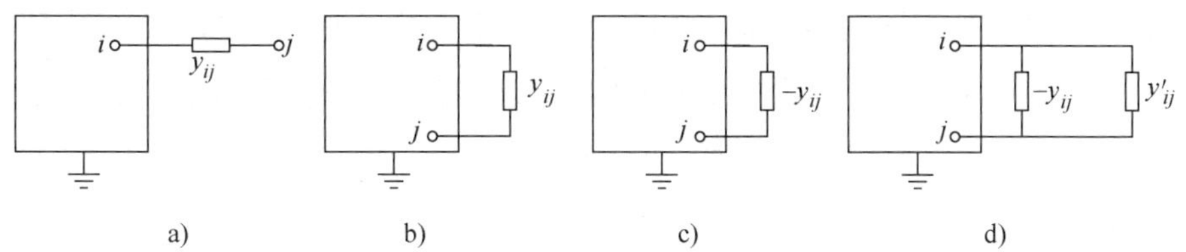

图 4-4 电力网络接线变更

a）增加支路和节点 b）增加支路 c）切除支路 d）改变支路参数

切除一导纳为 y_{ij}的支路，相当于增加一导纳为 $-y_{ij}$的支路，从而与节点 i、j 有关的元素应作如下修改：

$$\Delta Y_{ii}=-y_{ij},\quad \Delta Y_{jj}=-y_{ij},\quad \Delta Y_{ij}=\Delta Y_{ji}=y_{ij}$$

4）原有网络的节点 i、j 之间的导纳由 y_{ij}改变为 y'_{ij}，如图 4-4d 所示。这种情况相当于切除一导纳为 y_{ij}的支路，并增加一导纳为 y'_{ij} 的新支路。从而与节点 i、j 有关的元素应作如下修改：

$$\Delta Y_{ii}=y'_{ij}-y_{ij},\quad \Delta Y_{jj}=y'_{ij}-y_{ij},\quad \Delta Y_{ij}=\Delta Y_{ji}=y_{ij}-y'_{ij}$$

5）原有网络节点 i、j 之间变压器的电压比由 K_* 改变为 K'_*，如图 4-5a 所示。这种情况相当于在节点 i、j 之间并联一个电压比为 $-K_*$ 的变压器，再并联一个电压比为 K'_*的变压

器，引用“理想变压器”的 π 形等效电路，如图 4-5b 所示，变压器电压比由 K_* 改变为 K'_* 时，原网中与节点 i、j 有关的元素应作如下修改：

$$\Delta Y_{ii}=0;\ \Delta Y_{jj}=\left(\frac{1}{K'^2_*}-\frac{1}{K^2_*}\right)y_{\mathrm{T}};\ \Delta Y_{ij}=\Delta Y_{ji}=\left(\frac{1}{K_*}-\frac{1}{K'_*}\right)y_{\mathrm{T}}$$

不难发现，这些计算公式其实就是切除一电压比为 K_* 的变压器，并增加一电压比为 K'_* 的变压器的计算公式。

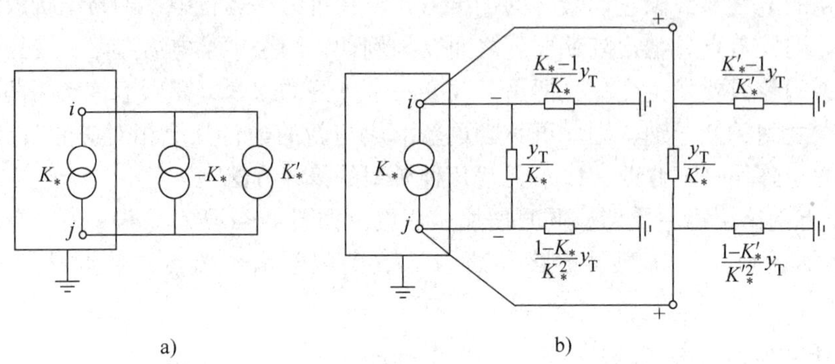

图 4-5　修正变压器电压比时 π 形等效电路

a）示意图　b）等效电路

4.1.4　潮流计算的基本方程与节点分类

以上讨论了节点导纳矩阵的形成和修改，因此可以说，对于一个已知的网络，节点导纳矩阵 $\boldsymbol{Y}_{\mathbf{B}}$ 是可以已知的。运行参数满足节点电压方程 $\boldsymbol{I}_{\mathbf{B}}=\boldsymbol{Y}_{\mathbf{B}}\boldsymbol{U}_{\mathbf{B}}$，若已知节点电压 $\boldsymbol{U}_{\mathbf{B}}$ 或节点电流 $\boldsymbol{I}_{\mathbf{B}}$，对此线性方程求解是容易的。但实际电力系统中，往往已知的既不是节点电流，又不是全部的节点电压，而是节点注入功率 $\boldsymbol{S}_{\mathbf{B}}$，这就需要以（$\overset{*}{\boldsymbol{S}}_{\mathbf{B}}/\overset{*}{\boldsymbol{U}}_{\mathbf{B}}$）取代节点电压方程中的节点电流 $\boldsymbol{I}_{\mathbf{B}}$，于是节点电压方程的表示形式变为

$$\boldsymbol{Y}_{\mathbf{B}}\boldsymbol{U}_{\mathbf{B}}=\frac{\overset{*}{\boldsymbol{S}}_{\mathbf{B}}}{\overset{*}{\boldsymbol{U}}_{\mathbf{B}}} \tag{4-7}$$

其展开式为

$$\sum_{j=1}^{n}Y_{ij}\dot{U}_j=\frac{P_i-\mathrm{j}Q_i}{\overset{*}{U}_i}\qquad(i=1,2,\cdots,n) \tag{4-8}$$

或

$$P_i+\mathrm{j}Q_i=\dot{U}_i\sum\overset{*}{Y}_{ij}\overset{*}{U}_j\qquad(i=1,2,\cdots,n) \tag{4-9}$$

式（4-9）中，P_i、Q_i 分别为由节点 i 向网络注入的有功、无功功率。若节点 i 上既有电源功率，又有负荷功率时，则节点注入功率即为电源功率与负荷功率之和，且注入网络的电源功率为正。

式（4-9）即为潮流计算的基本方程。由此看出，电力系统的潮流计算可以概括地归结为由系统各节点给定的复功率求各节点电压的问题。显然式（4-9）为非线性方程，求解比

较困难，因而要借助计算机进行计算。

只要把式（4-9）复功率表示的潮流方程实部和虚部分开，便可得到有功功率和无功功率两个潮流方程式。每个节点有 4 个变量，包括节点注入有功、无功功率及节点的电压值和相位角，如节点 i 的变量为 P_i、Q_i、U_i、δ_i。因此，对于有 n 个独立节点的网络，其潮流方程有 $2n$ 个，变量数为 $4n$ 个。根据电力系统的实际运行情况，一般每个节点 4 个变量中总有两个是已知的，两个是未知的。按各个节点所已知变量的不同，可把节点分为以下三种类型：

1）PQ 节点。这类节点已知节点注入有功功率 P_i、无功功率 Q_i，待求的未知量是节点电压值 U_i 及相位角 δ_i，所以称此类节点为 PQ 节点。

一般电力系统中，未接发电设备的变电所母线和出力固定的发电厂母线可作为 PQ 节点，这类节点在电力系统中占大部分。

2）PV 节点。这类节点已知节点注入有功功率 P_i 和电压值 U_i，待求的未知量是节点注入无功功率 Q_i 和电压的相位角 δ_i，所以称此类节点为 PV 节点。

这类节点一般为有一定无功功率储备的发电厂母线和有一定无功功率电源的变电所母线，这类节点在电力系统中为数不多，甚至可有可无。

3）平衡节点。潮流计算时，一般只设一个平衡节点，全网的功率由平衡节点作为平衡机来平衡。平衡节点电压的幅值 U_S 和相位角 δ_S 是已知的，如给定 $U_S=1.0$、$\delta_S=0$，待求的则是注入功率 P_S、Q_S，若平衡节点上既有负荷功率户 P_{LS}、Q_{LS}，又有电源的功率 P_{GS}、Q_{GS}时，一般负荷功率户 P_{LS}、Q_{LS}是已知的，因此待求的仅是电源功率 P_{GS}、Q_{GS}。所以平衡节点一般选在担负调整系统频率任务的发电厂母线，P_{GS}、Q_{GS}能够经常调节。

对于 n 节点的电力系统，$n=1$、2、…、$m-1$、m、$m+1$、…、n，其中有 $m-1$ 节点为 PQ 节点；有 $n-m$ 节点为 PV 节点；第 m 节点为平衡节点，平衡节点仅有一个。

4.2 高斯-赛德尔法潮流计算

高斯-赛德尔简介

4.2.1 高斯-赛德尔法概述

对于一个已知的电力系统，建立了节点导纳矩阵，就可以进行潮流分布计算。由前面的讨论可知，式（4-9）以复功率表示的节点电压方程，即潮流方程，是一组非线性方程，而解这组非线性方程最有效的方法是牛顿-拉夫逊法。这种方法不仅在多数情况下没有发散的危险，而且收敛性较强，可以大大节省计算时间，因而得到了广泛的应用。但它最大的特点是初始值的选择要求严格，必须选好恰当的初始值，否则不收敛。为此，通常人们把牛顿-拉夫逊法和高斯-赛德尔法结合起来使用，即先用高斯-赛德尔法进行几次迭代，将迭代后的结果作为牛顿-拉夫逊法的初始值，然后再进行牛顿-拉夫逊迭代。所以，这里首先介绍高斯-赛德尔法。

高斯-赛德尔法采用了非常简单的改进步骤，以提高收敛速度，它可以直接迭代解节点电压方程。

对于 n 节点的系统，将节点电压方程展开后，即为

$$
\begin{cases}
\dot{I}_1 = Y_{11}\dot{U}_1 + Y_{12}\dot{U}_2 + \cdots + Y_{1n}\dot{U}_n = \sum_{j=1}^{n} Y_{1j}\dot{U}_j = \dfrac{\overset{*}{S}_1}{\overset{*}{U}_1} \\
\dot{I}_2 = Y_{21}\dot{U}_1 + Y_{22}\dot{U}_2 + \cdots + Y_{2n}\dot{U}_n = \sum_{j=1}^{n} Y_{2j}\dot{U}_j = \dfrac{\overset{*}{S}_2}{\overset{*}{U}_2} \\
\qquad\vdots \\
\dot{I}_i = Y_{i1}\dot{U}_1 + Y_{i2}\dot{U}_2 + \cdots + Y_{in}\dot{U}_n = \sum_{j=1}^{n} Y_{ij}\dot{U}_j = \dfrac{\overset{*}{S}_i}{\overset{*}{U}_i} \\
\qquad\vdots \\
\dot{I}_n = Y_{n1}\dot{U}_1 + Y_{n2}\dot{U}_2 + \cdots + Y_{nn}\dot{U}_n = \sum_{j=1}^{n} Y_{nj}\dot{U}_j = \dfrac{\overset{*}{S}_n}{\overset{*}{U}_n}
\end{cases}
\tag{4-10}
$$

可见，对于第 i 节点，节点电流为 $\dot{I}_i$，节点电压 $\dot{U}_i$，节点注入功率 $\dot{S}_i = P_i + \mathrm{j}Q_i$，则第 i 个节点的电压方程又可写为

$$
Y_{ii}\dot{U}_i + \sum_{\substack{j=1 \\ j\neq i}}^{n} Y_{ij}\dot{U}_j = \frac{P_i - \mathrm{j}Q_i}{\overset{*}{U}_i}
\tag{4-11}
$$

于是有

$$
\dot{U}_i = \frac{1}{Y_{ii}}\left(\frac{P_i - \mathrm{j}Q_i}{\overset{*}{U}_i} - \sum_{\substack{j=1 \\ j\neq i}}^{n} Y_{ij}\dot{U}_j\right)
\tag{4-12}
$$

式中　$P_i - \mathrm{j}Q_i$——给定的节点注入功率的共轭（$i = 1, 2, \cdots, n$）。

再将式（4-12）进一步展开，有

$$
\begin{cases}
\dot{U}_1 = \dfrac{1}{Y_{11}}\left(\dfrac{P_1 - \mathrm{j}Q_1}{\overset{*}{U}_1} - Y_{12}\dot{U}_2 - Y_{13}\dot{U}_3 - \cdots - Y_{1n}\dot{U}_n\right) \\
\dot{U}_2 = \dfrac{1}{Y_{22}}\left(\dfrac{P_2 - \mathrm{j}Q_2}{\overset{*}{U}_2} - Y_{21}\dot{U}_1 - Y_{23}\dot{U}_3 - \cdots - Y_{2n}\dot{U}_n\right) \\
\qquad\vdots \\
\dot{U}_n = \dfrac{1}{Y_{nn}}\left(\dfrac{P_n - \mathrm{j}Q_n}{\overset{*}{U}_n} - Y_{n1}\dot{U}_1 - Y_{n2}\dot{U}_2 - \cdots - Y_{n(n-1)}\dot{U}_{n-1}\right)
\end{cases}
\tag{4-13}
$$

显然，式（4-13）为以复功率表示的节点电压方程，高斯-赛德尔迭代法就是反复利用式（4-13）求解各节点的电压。计算过程中，需要多次迭代，如果迭代次数设为 k，$k=0$、1、2、3、…、n，是第几次迭代，就在式（4-13）中各电压的右上角标上迭代次数几的记号。

4.2.2　高斯-赛德尔法潮流计算的求解过程

应用高斯-赛德尔法计算潮流的主要步骤如下：

1. 形成节点导纳矩阵

根据网络结构、参数，形成节点导纳矩阵 $\boldsymbol{Y}_{\mathbf{B}}$。

2. 迭代计算各节点电压 $\dot{U}_i$

（1）对 PQ 节点的计算

1）设某节点为平衡节点。如设节点 1 为平衡节点，则给定 $\dot{U}_1 = U_1 < \delta_1$。

2）设各节点电压的初始值。如对 $\dot{U}_2^{(0)}$、$\dot{U}_3^{(0)}$、…、$\dot{U}_n^{(0)}$ 取一组初值。可凭经验取值，或取 $\dot{U}_i^{(0)} = 1 + \mathrm{j}0 = 1\angle 0^\circ$。

3）据初始值电压 $\dot{U}_1^{(0)}$、$\dot{U}_i^{(0)}$（$i=2，3，…，n$）及已知的节点注入功率 P_i、Q_i 进行第一次迭代，求 $\dot{U}_2^{(1)}$、$\dot{U}_3^{(1)}$、…、$\dot{U}_n^{(1)}$，即有

$$\begin{cases}\dot{U}_2^{(1)} = \dfrac{1}{Y_{22}}\left(\dfrac{P_2 - \mathrm{j}Q_2}{\overset{*}{U}_2^{(0)}} - Y_{21}\dot{U}_1^{(0)} - Y_{23}\dot{U}_3^{(0)} - Y_{24}\dot{U}_4^{(0)} - \cdots - Y_{2n}\dot{U}_n^{(0)}\right) \\ \dot{U}_3^{(1)} = \dfrac{1}{Y_{33}}\left(\dfrac{P_3 - \mathrm{j}Q_3}{\overset{*}{U}_3^{(0)}} - Y_{31}\dot{U}_1^{(0)} - Y_{32}\dot{U}_2^{(1)} - Y_{34}\dot{U}_4{}^{(0)} - \cdots - Y_{3n}\dot{U}_n^{(0)}\right) \\ \vdots \\ \dot{U}_n^{(1)} = \dfrac{1}{Y_{nn}}\left(\dfrac{P_n - \mathrm{j}Q_n}{\overset{*}{U}_n^{(0)}} - Y_{n1}\dot{U}_1^{(1)} - Y_{n2}\dot{U}_2^{(1)} - Y_{n3}\dot{U}_3^{(1)} - \cdots - Y_{n(n-1)}\dot{U}_{n-1}^{(1)}\right)\end{cases}$$

4）第二次迭代。由第一次迭代结果 $\dot{U}_i^{(1)}$ 和已知的 $\dot{U}_1$、P_i、Q_i 进行迭代，求 $\dot{U}_2^{(2)}$、$\dot{U}_3^{(2)}$、…、$\dot{U}_n^{(2)}$。

5）第 $k+1$ 次迭代。由第 k 次迭代的结果 $\dot{U}_i^{(k)}$ 和已知的 $\dot{U}_1$、P_i、Q_i 进行迭代，求 $\dot{U}_2^{(k+1)}$、$\dot{U}_3^{(k+1)}$、…、$\dot{U}_n^{(k+1)}$。于是有

$$\begin{cases}\dot{U}_2^{(k+1)} = \dfrac{1}{Y_{22}}\left(\dfrac{P_2 - \mathrm{j}Q_2}{\overset{*}{U}_2^{(k)}} - Y_{21}\dot{U}_1^{(0)} - Y_{23}\dot{U}_3^{(k)} - Y_{24}\dot{U}_4^{(k)} - \cdots - Y_{2n}\dot{U}_n^{(k)}\right) \\ \dot{U}_3^{(k+1)} = \dfrac{1}{Y_{33}}\left(\dfrac{P_3 - \mathrm{j}Q_3}{\overset{*}{U}_3^{(k)}} - Y_{31}\dot{U}_1^{(0)} - Y_{32}\dot{U}_2^{(k+1)} - Y_{34}\dot{U}_4^{(k)} - \cdots - Y_{3n}\dot{U}_n^{(k)}\right) \\ \dot{U}_4^{(k+1)} = \dfrac{1}{Y_{44}}\left(\dfrac{P_4 - \mathrm{j}Q_4}{\overset{*}{U}_4^{(k)}} - Y_{41}\dot{U}_1^{(0)} - Y_{42}\dot{U}_2^{(k+1)} - Y_{43}\dot{U}_3^{(k+1)} - \cdots - Y_{4n}\dot{U}_n^{(k)}\right) \\ \vdots \\ \dot{U}_n^{(k+1)} = \dfrac{1}{Y_{nn}}\left(\dfrac{P_n - \mathrm{j}Q_n}{\overset{*}{U}_n^{(k)}} - Y_{n1}\dot{U}_1^{(0)} - Y_{n2}\dot{U}_2^{(k+1)} - Y_{n3}\dot{U}_3^{(k+1)} - \cdots - Y_{n(n-1)}\dot{U}_{n-1}^{(k+1)}\right)\end{cases} \tag{4-14}$$

这是按高斯-赛德尔法解方程组时的标准书写模式。按这模式，式中等号左侧的电压为 $\dot{U}_i$，而等号右侧的电压 $\dot{U}_j$ 是这样取值的：当 $j<i$ 时，$\dot{U}_j$ 用第 $k+1$ 次的迭代值；当 $j>i$ 时，$\dot{U}_j$ 用第 k 次的迭代值。每次这样取可能的最近信息，以利于提高收敛性。

6）第 $k+1$ 次迭代后，当所有节点电压都满足 $|\dot{U}_i^{(k+1)} - \dot{U}_i^{(k)}| \leqslant \varepsilon$（精度）时，表明迭代收敛，则第 $k+1$ 次的结果即为所求。

（2）对 PV 节点的计算

设节点 p（$p>4$）为 PV 节点，由于已知 U_p、P_p，未知 δ_p、Q_p，欲求 $\dot{U}_p$，于是只有先求出 Q_p，使 PV 节点向 PQ 节点转化，然后代入式（4-14）进行迭代，每次求得的 $\dot{U}_p^{(k+1)}$ 要

进行修正，把求得的电压大小 $U_p^{(k+1)}$ 改为给定的 U_p，即把 $\dot{U}_p^{(k+1)}=U_p^{(k+1)}\angle\delta_p^{(k+1)}$ 修正为 $\dot{U}_p=U_p\angle\delta_p^{(k+1)}$。

求 PV 节点的无功 Q_p 的方法不一，可根据经验假设一个 Q_p，也可由节点电压方程求出 Q_p 的近似值，如对节点 p，其节点电压方程可展开为

$$Y_{pp}\dot{U}_p+\sum_{\substack{j=1\\j\neq p}}^{n}Y_{pj}\dot{U}_j=\frac{P_p-\mathrm{j}Q_p}{\overset{*}{U}_p} \tag{4-15}$$

于是有

$$P_p-\mathrm{j}Q_p=\overset{*}{U}_pY_{pp}\dot{U}_p+\overset{*}{U}_p\sum_{\substack{j=1\\j\neq p}}^{n}Y_{pj}\dot{U}_j \tag{4-16}$$

将式（4-16）右边展开，并取虚部，以求取 $Q_p^{(k)}$，即有

$$\begin{aligned}Q_p^{(k)}=-\mathrm{Im}\,[\,&\overset{*}{U}_p^{(k)}Y_{pp}\dot{U}_p^{(k)}+\overset{*}{U}_p^{(k)}\ (Y_{p1}\dot{U}_1^{(0)}+Y_{p2}\dot{U}_2^{(k+1)}+Y_{p3}\dot{U}_3^{(k+1)}\\&+Y_{p4}\dot{U}_4^{(k+1)}+\cdots+Y_{pn}\dot{U}_n^{(k)})\,]\end{aligned} \tag{4-17}$$

求得 $Q_p^{(k)}$ 后，再代入式（4-14）即有下式：

$$\dot{U}_p^{(k+1)}=\frac{1}{Y_{pp}}\left(\frac{P_p-\mathrm{j}Q_p^{(k)}}{\overset{*}{U}_p^{(k)}}-Y_{p1}\dot{U}_1^{(0)}-Y_{p2}\dot{U}_2^{(k+1)}-Y_{p3}\dot{U}_3^{(k+1)}-Y_{p4}\dot{U}_4^{(k+1)}-\cdots-Y_{pn}\dot{U}_n^{(k)}\right) \tag{4-18}$$

迭代过程中往往会出现 Q_p 越限，即按式(4-17)求得的 $Q_p^{(k)}$ 不能满足约束条件 $Q_{p\min}\leqslant Q_p\leqslant Q_{p\max}$的情况。考虑到实践中对节点电压的限制不如对节点功率的限制严格，于是，出现这种情况时，只能用 $Q_{p\min}$ 或 $Q_{p\max}$ 代入式(4-18)以求取 $\dot{U}_p^{(k+1)}$。它们的物理解释是说明 PV 节点所设置的可调无功电源设备满足不了要求，无法维持 $\dot{U}_p^{(k)}$ 在给定值。此时，该节点的性质实际上已发生了变化，即 P_p、Q_p 恒定，而 U_p 成为可变的量，由 PV 节点转化为 PQ 节点。

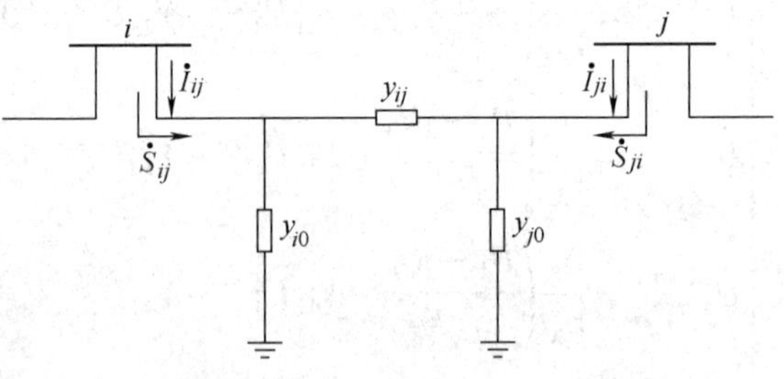

图 4-6　支路上流通的电流和功率

3. 计算功率

在迭代收敛后，就可以计算平衡节点的功率 $\dot{S}_1$ 及各支路上的流通功率 $\dot{S}_{ij}$、$\dot{S}_{ji}$，如图 4-6 所示。即有下列公式：

$$\dot{S}_1=\dot{U}_1\sum_{j=1}^{n}\overset{*}{Y}_{1j}\overset{*}{U}_j=P_1+\mathrm{j}Q_1 \tag{4-19}$$

$$\begin{cases}\dot{S}_{ij}=\dot{U}_i\overset{*}{I}_{ij}=\dot{U}_i[\,\dot{U}_i\dot{y}_{i0}+(\dot{U}_i-\dot{U}_j)\dot{y}_{ij}\,]=P_{ij}+\mathrm{j}Q_{ij}\\ \dot{S}_{ji}=\dot{U}_j\overset{*}{I}_{ji}=\dot{U}_j[\,\dot{U}_j\dot{y}_{j0}+(\dot{U}_j-\dot{U}_i)\dot{y}_{ji}\,]=P_{ji}+\mathrm{j}Q_{ji}\end{cases} \tag{4-20}$$

$$\Delta\dot{S}_{ji}=\dot{S}_{ij}+\dot{S}_{ji}=\Delta P_{ij}+\mathrm{j}\Delta Q_{ij} \tag{4-21}$$

综上所述，潮流计算的整个过程可简述为

1）由式（4-14）求得所有 PQ 节点的电压大小及相位角。

2）由式（4-17）和式（4-18）求得所有 PV 节点的无功功率和电压相位角。

3）由式（4-19）求得平衡节点的有功和无功功率。

4）由式（4-20）和式（4-21）求得各支路上的流通功率和功率损耗。

还可将以上的计算过程概括为图 4-7 所示的原理框图。

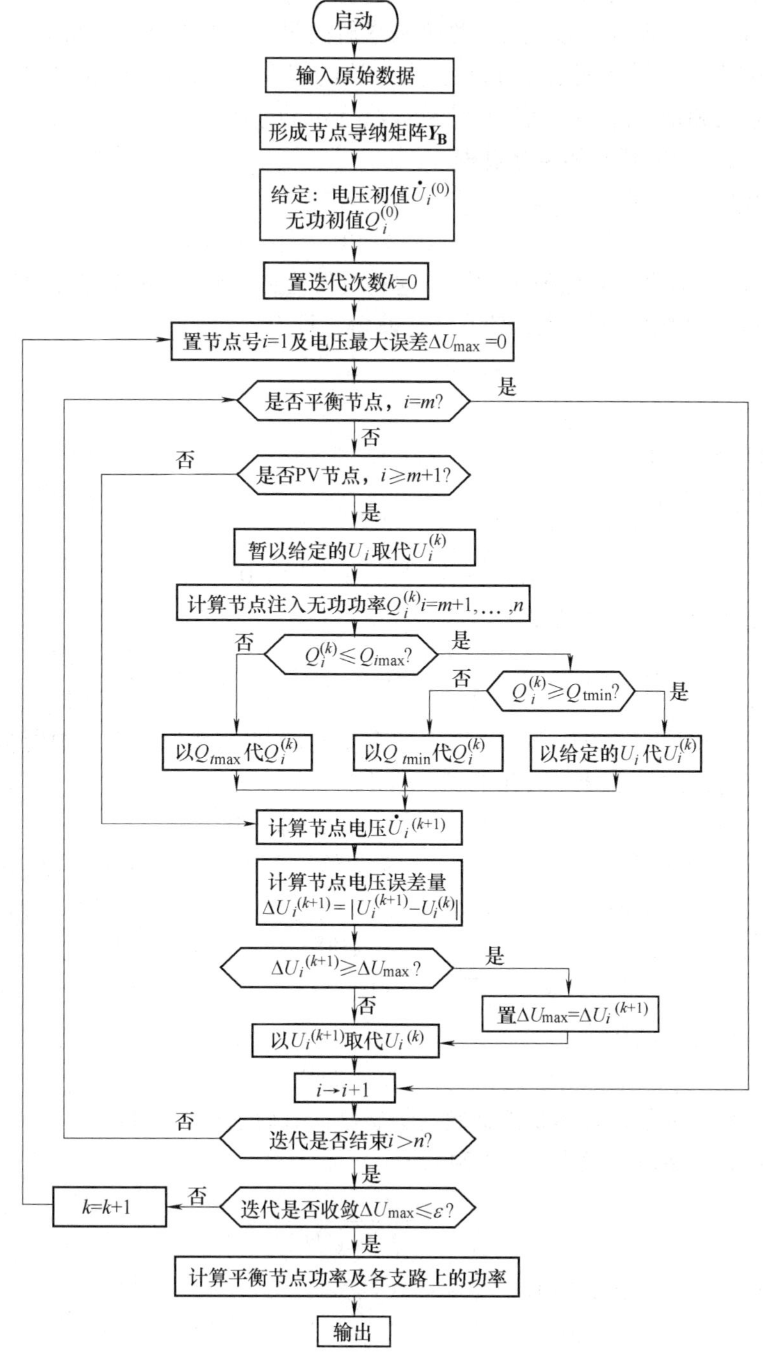

图 4-7　高斯-赛德尔法潮流计算原理框图

4.3 牛顿-拉夫逊法潮流计算

牛顿-拉夫逊简介

4.3.1 牛顿-拉夫逊法原理

牛顿-拉夫逊法是目前求解非线性方程最好的一种方法。这种方法的要点就是把对非线性方程的求解过程变为反复对相应的线性方程求解的过程，通常称为逐次线性化过程，这是牛顿-拉夫逊法的核心。为容易理解牛顿-拉夫逊法的解算方法，这里从一维非线性方程式的解来阐明它的意义和推导过程，而后推广到 n 维变量的一般情况。

1. 牛顿-拉夫逊法的意义和推导过程

设一维非线性方程为

$$f(x)=0 \tag{4-22}$$

对于它的解 x，假设其初始值为 $x^{(0)}$，这和真解之间的误差为 $\Delta x^{(0)}$，如果能找到这样的 $\Delta x^{(0)}$，将其加到初始值 $x^{(0)}$ 上，使它等于真解，即有

$$x=x^{(0)}-\Delta x^{(0)} \tag{4-23}$$

式中 x——真解；

$x^{(0)}$——解的初始值；

$\Delta x^{(0)}$——解的修正量。

若将 $\Delta x^{(0)}$ 代入式（4-22）有

$$f(x)=f[x^{(0)}-\Delta x^{(0)}]=0$$

把 $f(x)$ 按泰勒级数在 $x^{(0)}$ 点展开

$$f(x)=f[x^{(0)}]-f'[x^{(0)}]\Delta x^{(0)}+\frac{f''[x^{(0)}]}{2!}[\Delta x^{(0)}]^2-\cdots+(-1)^n\frac{f^{(n)}[x^{(0)}]}{n!}[\Delta x^{(0)}]^n=0$$

如果选择的初始值 $x^{(0)}$ 很接近于真解，即误差值 $\Delta x^{(0)}$ 很小时，上式中所包含 $\Delta x^{(0)}$ 二次项和更高次项都可以略去不计。因此上式可简化为

$$f[x^{(0)}]-f'[x^{(0)}]\Delta x^{(0)}=0 \tag{4-24}$$

这是对于修正量 $\Delta x^{(0)}$ 的线性方程式，又称为修正方程。由于修正方程是略去了高次项后的简化方程式，因而按修正方程所解出的 $\Delta x^{(0)}$ 是近似值。从式（4-24）即得

$$\Delta x^{(0)}=\frac{f[x^{(0)}]}{f'[x^{(0)}]}$$

于是，非线性方程的解为

$$x^{(1)}=x^{(0)}-\Delta x^{(0)}$$

这是一次迭代后的值，显然是近似解，但它已向真解逼近了一步。

再以 $x^{(1)}$ 作为初始值，代入式（4-24）有

$$\Delta x^{(1)}=\frac{f[x^{(1)}]}{f'[x^{(1)}]}$$

进而又可得第二次迭代后的值 $x^{(2)}$ 为

$$x^{(2)}=x^{(1)}-\Delta x^{(1)}$$

更近于真解。这样继续迭代下去，直至满足 $|\Delta x^{(k)}|\leqslant\varepsilon$（精度）时，所得出的 $\Delta x^{(k+1)}$ 为所

求的真解，这就是牛顿-拉夫逊法解算的过程。

2. 牛顿-拉夫逊法的特点

1）牛顿-拉夫逊法是迭代法，是逐渐逼近的方法。

2）修正方程是线性化方程，它的线性化过程体现在把非线性方程在 $x^{(0)}$ 按泰勒级数展开，并略去高阶小量。

3）用牛顿-拉夫逊法解题时，其初始值要求严格（较接近真解），否则迭代不收敛。

3. 多变量非线性方程的解

设有 n 维非线性方程式组如下：

$$\begin{cases} f_1(x_1, x_2, \cdots, x_n)=0 \\ f_2(x_1, x_2, \cdots, x_n)=0 \\ \qquad\vdots \\ f_n(x_1, x_2, \cdots, x_n)=0 \end{cases} \tag{4-25}$$

假设各变量的初始值为 $x_1^{(0)}$，$x_2^{(0)}$，…，$x_n^{(0)}$，并令 $\Delta x_1^{(0)}$，$\Delta x_2^{(0)}$，…，$\Delta x_n^{(0)}$ 分别为各变量的修正量，对以上 n 个方程式在初始值 $[x_1^{(0)}, x_2^{(0)}, \cdots, x_n^{(0)}]$ 点按泰勒级展开，并略去包含 $\Delta x_1^{(0)}$，$\Delta x_2^{(0)}$，…，$\Delta x_n^{(0)}$ 所组成的二次项和更高次项后，将得到下式：

$$\begin{cases} f_1[x_1^{(0)}, x_2^{(0)}, \cdots, x_n^{(0)}]-\left[\dfrac{\partial f_1}{\partial x_1}\bigg|_0\Delta x_1^{(0)}+\dfrac{\partial f_1}{\partial x_2}\bigg|_0\Delta x_2^{(0)}+\cdots+\dfrac{\partial f_1}{\partial x_n}\bigg|_0\Delta x_n^{(0)}\right]=0 \\ f_2[x_1^{(0)}, x_2^{(0)}, \cdots, x_n^{(0)}]-\left[\dfrac{\partial f_2}{\partial x_1}\bigg|_0\Delta x_1^{(0)}+\dfrac{\partial f_2}{\partial x_2}\bigg|_0\Delta x_2^{(0)}+\cdots+\dfrac{\partial f_2}{\partial x_n}\bigg|_0\Delta x_n^{(0)}\right]=0 \\ \qquad\qquad\vdots \\ f_n[x_1^{(0)}, x_2^{(0)}, \cdots, x_n^{(0)}]-\left[\dfrac{\partial f_n}{\partial x_1}\bigg|_0\Delta x_1^{(0)}+\dfrac{\partial f_n}{\partial x_2}\bigg|_0\Delta x_2^{(0)}+\cdots+\dfrac{\partial f_n}{\partial x_n}\bigg|_0\Delta x_n^{(0)}\right]=0 \end{cases} \tag{4-26}$$

写成矩阵的形式

$$\begin{pmatrix} f_1[x_1^{(0)}, x_2^{(0)}, \cdots, x_n^{(0)}] \\ f_2[x_1^{(0)}, x_2^{(0)}, \cdots, x_n^{(0)}] \\ \vdots \\ f_n[x_1^{(0)}, x_2^{(0)}, \cdots, x_n^{(0)}] \end{pmatrix}=\begin{pmatrix} \dfrac{\partial f_1}{\partial x_1}\bigg|_0 & \dfrac{\partial f_1}{\partial x_2}\bigg|_0 & \cdots & \dfrac{\partial f_1}{\partial x_n}\bigg|_0 \\ \dfrac{\partial f_2}{\partial x_1}\bigg|_0 & \dfrac{\partial f_2}{\partial x_2}\bigg|_0 & \cdots & \dfrac{\partial f_2}{\partial x_n}\bigg|_0 \\ \vdots & \vdots & & \vdots \\ \dfrac{\partial f_n}{\partial x_1}\bigg|_0 & \dfrac{\partial f_n}{\partial x_2}\bigg|_0 & \cdots & \dfrac{\partial f_n}{\partial x_n}\bigg|_0 \end{pmatrix}\begin{pmatrix} \Delta x_1^{(0)} \\ \Delta x_2^{(0)} \\ \vdots \\ \Delta x_n^{(0)} \end{pmatrix} \tag{4-27}$$

这是修正量 $\Delta x_1^{(0)}$，$\Delta x_2^{(0)}$，…，$\Delta x_n^{(0)}$ 的线性方程组，因此叫作牛顿-拉夫逊法的修正方程。通过修正方程可求出各修正量，进而求非线性方程组的解

$$\begin{cases} x_1^{(1)}=x_1^{(0)}-\Delta x_1^{(0)} \\ x_2^{(1)}=x_2^{(0)}-\Delta x_2^{(0)} \\ \qquad\vdots \\ x_n^{(1)}=x_n^{(0)}-\Delta x_n^{(0)} \end{cases} \tag{4-28}$$

再将式（4-28）所得出的第一次迭代结果 $x_1^{(1)}$，$x_2^{(1)}$，…，$x_n^{(1)}$ 作为初始值，代入式（4-27）进行第二次迭代，反复利用式（4-27）、式（4-28）。为了一般化，假设进行到第 k 次迭代，这时修正方程为

$$\begin{pmatrix} f_1[x_1^{(k)}, x_2^{(k)}, \cdots, x_n^{(k)}] \\ f_2[x_1^{(k)}, x_2^{(k)}, \cdots, x_n^{(k)}] \\ \vdots \\ f_n[x_1^{(k)}, x_2^{(k)}, \cdots, x_n^{(k)}] \end{pmatrix} = \begin{pmatrix} \left.\dfrac{\partial f_1}{\partial x_1}\right|_k & \left.\dfrac{\partial f_1}{\partial x_2}\right|_k & \cdots & \left.\dfrac{\partial f_1}{\partial x_n}\right|_k \\ \left.\dfrac{\partial f_2}{\partial x_1}\right|_k & \left.\dfrac{\partial f_2}{\partial x_2}\right|_k & \cdots & \left.\dfrac{\partial f_2}{\partial x_n}\right|_k \\ \vdots & \vdots & & \vdots \\ \left.\dfrac{\partial f_n}{\partial x_1}\right|_k & \left.\dfrac{\partial f_n}{\partial x_2}\right|_k & \cdots & \left.\dfrac{\partial f_n}{\partial x_n}\right|_k \end{pmatrix} \begin{pmatrix} \Delta x_1^{(k)} \\ \Delta x_2^{(k)} \\ \vdots \\ \Delta x_n^{(k)} \end{pmatrix} \tag{4-29}$$

缩写为

$$\boldsymbol{F}\,[\boldsymbol{X}^{(k)}] = \boldsymbol{J}^{(k)}\Delta\boldsymbol{X}^{(k)} \tag{4-30}$$

式（4-30）中，$\boldsymbol{J}$ 称为雅可比矩阵。

同样，式（4-28）对应第 k 次迭代后也可缩写为

$$X^{(k+1)} = X^{(k)} - \Delta X^{(k)} \tag{4-31}$$

这样反复求解式（4-30）、式（4-31），就可以使 $X^{(k+1)}$ 逐步逼近于真解，直至满足 $|\Delta X^{(k)}| \leqslant \varepsilon$（精度），即对应的 $X^{(k+1)}$ 为所求的真解。

4.3.2 潮流计算时的修正方程

运用牛顿-拉夫逊法计算潮流分布时，首先要找出描述电力系统的非线性方程。这里仍从节点电压方程入手，设电力系统导纳矩阵已知，则系统中某节点（节点 i）电压方程为

$$\sum_{j=1}^{n} \hat{Y}_{ij}\hat{U}_j = \frac{\hat{S}_i}{\hat{U}_i}$$

从而得

$$\dot{S}_i = \dot{U}_i \sum_{j=1}^{n} \hat{Y}_{ij}\hat{U}_j$$

进而有

$$(P_i + \mathrm{j}Q_i) - \dot{U}_i \sum_{j=1}^{n} \hat{Y}_{ij}\hat{U}_j = 0 \tag{4-32}$$

式（4-32）中，等号左边第一项为给定的节点注入功率，第二项为由节点电压求得的节点注入功率。它们二者之差就是节点功率的不平衡量。现在有待解决的问题就是各节点功率的不平衡量都趋近于零时，各节点电压应具有何值。

由此可见，如将式（4-32）作为牛顿-拉夫逊法中的非线性函数方程 $F(X)=0$，其中节点电压就相当于变量 X。建立了这种对应关系，就可仿照式（4-29）列出修正方程式，并迭代求解。但由于节点电压可以有两种表示方式——以直角坐标或以极坐标表示，因而列出的修正方程相应也有两种，下面分别讨论。

1. 直角坐标表示的修正方程

节点电压以直角坐标表示时，令 $\dot{U}_i = e_i + \mathrm{j}f_i$、$\dot{U}_j = e_j + \mathrm{j}f_j$，且将导纳矩阵中元素表示为 $Y_{ij} = G_{ij} + \mathrm{j}B_{ij}$，则式（4-32）改变为

$$P_i + \mathrm{j}Q_i - (e_i + \mathrm{j}f_i)\sum_{j=1}^{n}(G_{ij} - \mathrm{j}B_{ij})(e_j + \mathrm{j}f_j) = 0 \tag{4-33}$$

再将实部和虚部分开，可得

$$\begin{cases} P_i - \sum\limits_{j=1}^{n}\left[e_i(G_{ij}e_j - B_{ij}f_j) + f_i(G_{ij}f_j + B_{ij}e_j)\right] = 0 \\ Q_i - \sum\limits_{j=1}^{n}\left[f_i(G_{ij}e_j - B_{ij}f_j) - e_i(G_{ij}f_j + B_{ij}e_j)\right] = 0 \end{cases} \tag{4-34}$$

这就是直角坐标下的功率方程。可见，一个节点列出了有功和无功两个方程。而对于 n 个节点的系统，怎样列出修正方程，见如下讨论。

对于 PQ 节点（$i=1, 2, \cdots, m-1$），给定量为节点注入功率，记为 P_i'、Q_i'，则由式（4-34）可得功率的不平衡量

$$\begin{cases} \Delta P_i = P_i' - \sum\limits_{j=1}^{n}\left[e_i(G_{ij}e_j - B_{ij}f_j) + f_i(G_{ij}f_j + B_{ij}e_j)\right] \\ \Delta Q_i = Q_i' - \sum\limits_{j=1}^{n}\left[f_i(G_{ij}e_j - B_{ij}f_j) - e_i(G_{ij}f_j + B_{ij}e_j)\right] \end{cases} \tag{4-35}$$

式中　ΔP_i、ΔQ_i——分别表示第 i 节点的有功功率的不平衡量和无功功率的不平衡量。

对于 PV 节点（$i=m+1, m+2, \cdots, n$），给定量为节点注入有功功率及电压数值，记为 P_i'、U_i'，因此，可以用有功功率的不平衡量和电压的不平衡量表示出非线性方程，即有

$$\begin{cases} \Delta P_i = P_i' - \sum\limits_{j=1}^{n}\left[e_i(G_{ij}e_j - B_{ij}f_j) + f_i(G_{ij}f_j + B_{ij}e_j)\right] \\ \Delta U_i^2 = U_i'^2 - (e_i^2 + f_i^2) \end{cases} \tag{4-36}$$

式中　ΔU_i——电压的不平衡量。

对于平衡节点（$i=m$），因为电压数值及相位角给定，所以 $\dot{U}_\mathrm{S} = e_\mathrm{S} + \mathrm{j}f_\mathrm{S}$ 也确定，不需要参加迭代求节点电压。

因此，对于 n 节点的系统只能列出 $2(n-1)$ 方程，其中有功功率方程（$n-1$），无功功率方程（$m-1$），电压方程（$n-m$）。将式（4-35）、式（4-36）非线性方程联立，成为 n 节点系统的非线性方程组，且按泰勒级数在 $f_i^{(0)}$、$e_i^{(0)}$（$i=1, 2, \cdots, n, i\neq m$）展开，并略去高次项后，得出以矩阵形式表示的修正方程如下：

$$\begin{matrix} \text{PQ 节点} \\ \\ \\ \text{PV 节点} \end{matrix}
\begin{pmatrix} \Delta P_1 \\ \Delta Q_1 \\ \Delta P_2 \\ \Delta Q_2 \\ \vdots \\ \Delta P_p \\ \Delta U_p^2 \\ \vdots \\ \Delta P_n \\ \Delta U_n^2 \end{pmatrix}
=
\underset{\qquad 2(m-1) \qquad\qquad\qquad 2(n-m)}{\left(\begin{array}{cccc:cccc}
H_{11} & N_{11} & H_{12} & N_{12} & H_{1p} & N_{1p} & H_{1n} & N_{1n} \\
J_{11} & L_{11} & J_{12} & L_{12} & J_{1p} & L_{1p} & J_{1n} & L_{1n} \\
H_{21} & N_{21} & H_{22} & N_{22} & H_{2p} & N_{2p} & H_{2n} & N_{2n} \\
J_{21} & L_{21} & J_{22} & L_{22} & J_{2p} & L_{2p} & J_{2n} & L_{2n} \\
 & & & & & & & \\ \hdashline
H_{p1} & N_{p1} & H_{p2} & N_{p2} & H_{pp} & N_{pp} & H_{pn} & N_{pn} \\
R_{p1} & S_{p1} & R_{p2} & S_{p2} & R_{pp} & S_{pp} & R_{pn} & S_{pn} \\
 & & & & & & & \\
H_{n1} & N_{n1} & H_{n2} & N_{n2} & H_{np} & N_{np} & H_{nn} & N_{nn} \\
R_{n1} & S_{n1} & R_{n2} & S_{n2} & R_{np} & S_{np} & R_{nn} & S_{nn}
\end{array}\right)}
\begin{pmatrix} \Delta f_1 \\ \Delta e_1 \\ \Delta f_2 \\ \Delta e_2 \\ \vdots \\ \Delta f_p \\ \Delta e_p \\ \vdots \\ \Delta f_n \\ \Delta e_n \end{pmatrix}
\begin{matrix} 2(m-1) \\ \\ \\ 2(n-m) \end{matrix} \tag{4-37}$$

式（4-37）中，雅可比矩阵的各个元素分别为

$$H_{ij}=\frac{\partial \Delta P_i}{\partial f_j}\qquad N_{ij}=\frac{\partial \Delta P_i}{\partial e_j}$$

$$J_{ij}=\frac{\partial \Delta Q_i}{\partial f_j}\qquad L_{ij}=\frac{\partial \Delta Q_i}{\partial e_j}$$

$$R_{ij}=\frac{\partial \Delta U_i^2}{\partial f_j}\qquad S_{ij}=\frac{\partial \Delta U_i^2}{\partial e_j}$$

将式（4-37）写成缩写形式

$$\begin{pmatrix}\Delta P\\ \Delta Q\\ \Delta U^2\end{pmatrix}=\begin{pmatrix}H & N\\ J & L\\ R & S\end{pmatrix}\begin{pmatrix}\Delta f\\ \Delta e\end{pmatrix}=\boldsymbol{J}\begin{pmatrix}\Delta f\\ \Delta e\end{pmatrix} \tag{4-38}$$

对雅可比矩阵各元素可做如下讨论：

当 $i\neq j$ 时，由于对特定的 j，只有该特定节点的 f_j 和 e_j 是变量，于是雅可比矩阵中各非对角元素的表示式为

$$H_{ij}=\frac{\partial \Delta P_i}{\partial f_j}=B_{ij}e_i-G_{ij}f_i\qquad N_{ij}=\frac{\partial \Delta P_i}{\partial e_j}=-G_{ij}e_i-B_{ij}f_i$$

$$J_{ij}=\frac{\partial \Delta Q_i}{\partial f_j}=B_{ij}f_i+G_{ij}e_i\qquad L_{ij}=\frac{\partial \Delta Q_i}{\partial e_j}=-G_{ij}f_i+B_{ij}e_i$$

$$R_{ij}=\frac{\partial \Delta U_i^2}{\partial f_j}=0\qquad S_{ij}=\frac{\partial \Delta U_i^2}{\partial e_j}=0$$

当 $j=i$ 时，雅可比矩阵中各对角元素的表示式为

$$H_{ii}=\frac{\partial \Delta P_i}{\partial f_i}=-\sum_{j=1}^{n}(G_{ij}f_j+B_{ij}e_j)-G_{ii}f_i+B_{ii}e_i$$

$$N_{ii}=\frac{\partial \Delta P_i}{\partial f_i}=-\sum_{j=1}^{n}(G_{ij}e_j-B_{ij}f_j)-G_{ii}e_i-B_{ii}f_i$$

$$J_{ii}=\frac{\partial \Delta Q_i}{\partial f_i}=-\sum_{j=1}^{n}(G_{ij}e_j-B_{ij}f_j)+G_{ii}+B_{ii}f_i$$

$$L_{ii}=\frac{\partial \Delta Q_i}{\partial e_i}=+\sum_{j=1}^{n}(G_{ij}f_j+B_{ij}e_j)-G_{ii}f_i+B_{ii}$$

$$R_{ii}=\frac{\partial \Delta U_i^2}{\partial f_i}=-2f_i$$

$$S_{ii}=\frac{\partial \Delta U_i^2}{\partial e_i}=-2e_i$$

由上述表达式可知，直角坐标的雅可比矩阵有以下特点：

1）雅可比矩阵是 $2(n-1)$ 阶方阵，由于 $H_{ij}\neq H_{ji}$，$N_{ij}\neq N_{ji}$，等等，所以它是一个不对称的方阵。

2）雅可比矩阵中诸元素是节点电压的函数，在迭代过程中随电压的变化而不断地改变。

3）雅可比矩阵的非对角元素与节点导纳矩阵 $\boldsymbol{Y}_{\mathbf{B}}$ 中相应的非对角元素有关，当 $\boldsymbol{Y}_{\mathbf{B}}$ 中 Y_{ij} 为零时，雅可比矩阵中相应的 H_{ij}、N_{ij}、J_{ij}、L_{ij} 也都为零，因此，雅可比矩阵也是一个稀疏矩阵。

2. 极坐标表示的修正方程

在牛顿-拉夫逊法计算中，选择功率方程 $P_i + \mathrm{j}Q_i - \dot{U}_i \sum\limits_{j=1}^{n} \hat{Y}_{ij}\hat{U}_j = 0$。作为非线性函数方程，把式中电压相量表示为极坐标形式

$$\dot{U}_i = U_i \mathrm{e}^{\mathrm{j}\delta_i} = U_i(\cos\delta_i + \mathrm{j}\sin\delta_i)$$
$$\dot{U}_j = U_j \mathrm{e}^{\mathrm{j}\delta_j} = U_j(\cos\delta_j + \mathrm{j}\sin\delta_j)$$

则节点功率方程变为

$$P_i + \mathrm{j}Q_i - U_i(\cos\delta_i + \mathrm{j}\sin\delta_i)\sum_{j=1}^{n}(G_{ij} - \mathrm{j}B_{ij})U_j(\cos\delta_j - \mathrm{j}\sin\delta_j) = 0$$

将上式分解为实部和虚部

$$P_i - U_i\sum_{j=1}^{n}U_j(G_{ij}\cos\delta_{ij} + B_{ij}\sin\delta_{ij}) = 0$$
$$Q_i - U_i\sum_{j=1}^{n}U_j(G_{ij}\sin\delta_{ij} - B_{ij}\cos\delta_{ij}) = 0$$

这就是功率方程的极坐标形式，由此可得出描述电力系统的非线性方程。

对于 PQ 节点，给定了 P_i'、Q_i'，于是非线性方程为

$$\begin{cases}\Delta P_i = P_i' - U_i\sum\limits_{j=1}^{n}U_j(G_{ij}\cos\delta_{ij} + B_{ij}\sin\delta_{ij}) = 0\\ \Delta Q_i = Q_i' - U_i\sum\limits_{j=1}^{n}U_j(G_{ij}\sin\delta_{ij} - B_{ij}\cos\delta_{ij}) = 0\end{cases}\qquad (i = 1, 2, \cdots, m-1) \tag{4-39}$$

对于 PV 节点，给定了 P_i'、U_i'，而 Q_i' 未知，故式(4-39)中 ΔQ_i 将失去作用，于是 PV 节点仅保留 ΔP_i 方程，以求得电压的相位角

$$\Delta P_i = P_i' - U_i\sum_{j=1}^{n}U_j(G_{ij}\cos\delta_{ij} + B_{ij}\sin\delta_{ij})\qquad (i = m+1, m+2, \cdots, n) \tag{4-40}$$

对于平衡节点，同样因为 U_{S}、δ_{S} 已知，不参加迭代计算。

将式（4-39）、式（4-40）联立，且按泰勒级数展开，并略去高次项后，得出矩阵形式的修正方程

$$
\begin{array}{r}
\text{PQ 节点}\left\{\begin{array}{c}\\ \\ \\ \\ \\ \end{array}\right.\\
\text{PV 节点}\left\{\begin{array}{c}\\ \\ \\ \end{array}\right.
\end{array}
\left(\begin{array}{c}\Delta P_1\\ \Delta Q_1\\ \Delta P_2\\ \Delta Q_2\\ \vdots\\ \hdashline \Delta P_p\\ \vdots\\ \Delta P_n\end{array}\right)
=
\begin{array}{c}
\left(\begin{array}{cccc:cc}
H_{11} & N_{11} & H_{12} & N_{12} & H_{1p} & H_{1n}\\
J_{11} & L_{11} & J_{12} & L_{12} & J_{1p} & J_{1n}\\
H_{21} & N_{21} & H_{22} & N_{22} & H_{2p} & H_{2n}\\
J_{21} & L_{21} & J_{22} & L_{22} & J_{2p} & J_{2n}\\
 & & & & & \\
\hdashline
H_{p1} & N_{p1} & H_{p2} & N_{p2} & H_{pp} & H_{1n}\\
 & & & & & \\
H_{n1} & N_{n1} & H_{n2} & N_{n2} & H_{np} & H_{nn}
\end{array}\right)\\
\underbrace{\hphantom{H_{11}\quad N_{11}\quad H_{12}\quad N_{12}}}_{2(m-1)}\underbrace{\hphantom{H_{1p}\quad H_{1n}}}_{2(n-m)}
\end{array}
\left(\begin{array}{c}\Delta\delta_1\\ \Delta U_1/U_1\\ \Delta\delta_2\\ \Delta U_2/U_2\\ \vdots\\ \hdashline \Delta\delta_p\\ \vdots\\ \Delta\delta_n\end{array}\right)
\begin{array}{l}
\left.\begin{array}{c}\\ \\ \\ \\ \\ \end{array}\right\}2(m-1)\\
\left.\begin{array}{c}\\ \\ \\ \end{array}\right\}2(n-m)
\end{array}
\tag{4-41}
$$

雅可比矩阵中，对 PV 节点，仍写出两个方程的形式，但其中的元素以零元素代替，从而也显示了雅可比矩阵的高度稀疏性。

雅可比矩阵的各元素如下：

$$H_{ij}=\frac{\partial \Delta P_i}{\partial \delta_j}=-U_iU_j(G_{ij}\sin\delta_{ij}-B_{ij}\cos\delta_{ij})$$

$$H_{ii}=\frac{\partial \Delta P_i}{\partial \delta_i}=U_i\sum_{\substack{j=1\\j\neq i}}^{n}U_j(G_{ij}\sin\delta_{ij}-B_{ij}\cos\delta_{ij})$$

$$N_{ij}=\frac{\partial \Delta P_i}{\partial U_j}U_j=-U_iU_j(G_{ij}\cos\delta_{ij}+B_{ij}\sin\delta_{ij})$$

$$N_{ii}=\frac{\partial \Delta P_i}{\partial U_i}U_i=-U_i\sum_{\substack{j=1\\j\neq i}}^{n}U_j(G_{ij}\cos\delta_{ij}+B_{ij}\sin\delta_{ij})-2U_i^2G_{ii}$$

$$J_{ij}=\frac{\partial \Delta Q_i}{\partial \delta_j}=U_iU_j(G_{ij}\cos\delta_{ij}+B_{ij}\sin\delta_{ij})$$

$$J_{ii}=\frac{\partial \Delta Q_i}{\partial \delta_i}=-U_i\sum_{\substack{j=1\\j\neq i}}^{n}U_j(G_{ij}\cos\delta_{ij}+B_{ij}\sin\delta_{ij})$$

$$L_{ij}=\frac{\partial \Delta Q_i}{\partial U_j}=-U_iU_j(G_{ij}\sin\delta_{ij}-B_{ij}\cos\delta_{ij})$$

$$L_{ii}=\frac{\partial \Delta Q_i}{\partial U_i}U_j=-U_i\sum_{\substack{j=1\\j\neq i}}^{n}U_j(G_{ij}\sin\delta_{ij}-B_{ij}\cos\delta_{ij})+2U_i^2B_{ii}$$

将式(4-41)写成缩写形式

$$\begin{pmatrix}\boldsymbol{\Delta P}\\\boldsymbol{\Delta Q}\end{pmatrix}=\begin{pmatrix}\boldsymbol{H}&\boldsymbol{N}\\\boldsymbol{J}&\boldsymbol{L}\end{pmatrix}\begin{pmatrix}\boldsymbol{\Delta\delta}\\\boldsymbol{\Delta U/U}\end{pmatrix}\tag{4-42}$$

以上得到了两种坐标系下的修正方程，这是牛顿-拉夫逊潮流计算中需要反复迭代求解的基本方程式。两种坐标的修正方程式给牛顿-拉夫逊潮流计算带来的差异是：当采用极坐标时，程序中对 PV 节点处理比较方便，而且计算经验表明，它的收敛性略高一些。当采用直角坐标时，在迭代过程中避免了三角函数的运算，因而每次迭代速度略快一些。一般说来，这些差异并不十分显著，对整个计算过程的计算速度、计算结果的精度并无多大差异。

因此，在牛顿-拉夫逊法潮流程序中，两种坐标形式的修正方程均可应用。

4.3.3 牛顿-拉夫逊法潮流计算的求解过程

牛顿-拉夫逊法的求解过程及框图（以直角坐标为例）如下。

对于一个 n 节点的电力系统，用牛顿-拉夫逊法计算潮流时有如下步骤：

1）输入原始数据和信息：①输入支路导纳；②输入所有节点注入的有功 P_i'（$i=1, 2, \cdots, m-1, m+1, \cdots, n, i\neq m$），$n-1$ 个；③输入 PQ 节点注入的无功 Q_i'（$i=1, 2, \cdots, m-1$），$m-1$ 个；④输入 PV 节点的电压幅值 U_i'（$i=m+1, \cdots, n$），$n-m$ 个；⑤输入节点功率范围 $P_{\max}$、$P_{\min}$、$Q_{\max}$、$Q_{\min}$；⑥输入平衡节点的电压 $\dot{U}_S$、$(U_S\angle\delta_S$。

2）形成节点导纳矩阵 $\boldsymbol{Y_B}$。

3）送电压初始值 $e_i^{(0)}$、$f_i^{(0)}$（$i=1, 2, \cdots, n, i\neq m$）。

4）求不平衡量 $\Delta P_i^{(0)}$、$\Delta Q_i^{(0)}$、$\Delta U_i^{(0)}$，即

$$\begin{cases}\Delta P_i = P_i' - \sum_{j=1}^{n}[e_i^{(0)}(G_{ij}e_j^{(0)} - B_{ij}f_j^{(0)}) + f_i^{(0)}(G_{ij}f_j^{(0)} + B_{ij}e_j^{(0)})] \\ \Delta Q_i = Q_i' - \sum_{j=1}^{n}[f_i^{(0)}(G_{ij}e_j^{(0)} - B_{ij}f_j^{(0)}) - e_i^{(0)}(G_{ij}f_j^{(0)} + B_{ij}e_j^{(0)})] \\ \Delta U_i^2 = U_i'^2 - (e_i^{(0)2} + f_i^{(0)2})\end{cases}$$

5）计算雅可比矩阵的各元素 H_{ij}、L_{ij}、N_{ij}、J_{ij}、R_{ij}、S_{ij}。

6）解修正方程，求 $\Delta f_i^{(0)}$、$\Delta e_i^{(0)}$（$i=1,2,\cdots,n,\ i\neq m$），即

$$\begin{pmatrix}\Delta f \\ \\ \Delta e\end{pmatrix} = \begin{pmatrix}H & N \\ J & L \\ R & S\end{pmatrix}^{-1}\begin{pmatrix}\Delta P \\ \Delta Q \\ \Delta U^2\end{pmatrix}$$

7）求节点电压新值

$$e_i^{(1)} = e_i^{(0)} - \Delta e_i^{(0)} \qquad f_i^{(1)} = f_i^{(0)} - \Delta f_i^{(0)}$$

8）判断是否收敛

$$\max|\Delta f_i^{(k)}| \leqslant \varepsilon \qquad \max|\Delta e_i^{(k)}| \leqslant \varepsilon$$

9）重复迭代4）、5）、6）、7）步，直至满足第8）步的条件。

10）求平衡节点的功率和 PV 节点的无功功率 e 及各支路的功率

$$\dot{S}_1 = \dot{U}_1 \sum_{j=1}^{n} \overset{*}{Y}_{1j} \overset{*}{U}_j = P_1 + \mathrm{j}Q_1$$

$$Q_i = \sum_{j=1}^{n}[f_i(G_{ij}e_j - B_{ij}f_j) - e_i(G_{ij}f_j + B_{ij}e_j)]$$

$$\dot{S}_{ij} = \dot{U}_i(\overset{*}{U}_i - \overset{*}{U}_j)\overset{*}{y}_{ij} + U_i^2\overset{*}{y}_{i0}$$

$$\dot{S}_{ji} = \dot{U}_j(\overset{*}{U}_j - \overset{*}{U}_i)\overset{*}{y}_{ji} + \dot{U}_j^2\overset{*}{y}_{j0}$$

常用的牛顿-拉夫逊法潮流计算原理框图如图 4-8 所示。

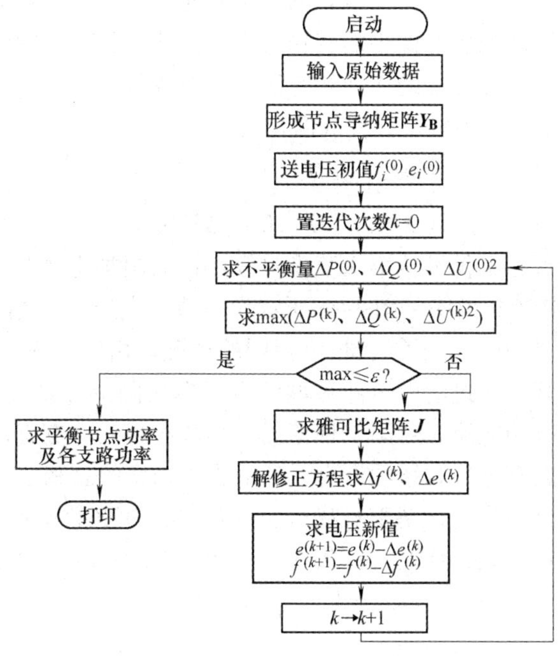

图 4-8　牛顿-拉夫逊法潮流计算原理框图

4.4 P-Q 分解法潮流计算

P-Q 分解法潮流计算派生于极坐标表示时的牛顿-拉夫逊法。两者的区别在修正方程和计算步骤。以下仅着重讨论这两方面。

4.4.1 潮流计算时的修正方程

P-Q 分解法潮流计算时的修正方程是计及电力系统的特点后对牛顿-拉夫逊法修正方程的简化。为说明这个简化，先将式（4-41）重新排列如下：

$$
\begin{pmatrix} \Delta P_1 \\ \Delta P_2 \\ \vdots \\ \Delta P_p \\ \Delta P_n \\ \hdashline \Delta Q_1 \\ \Delta Q_2 \\ \vdots \end{pmatrix}
=
\begin{pmatrix}
H_{11} & H_{12} & \cdots & H_{1p} & H_{1n} & N_{11} & N_{12} & \cdots \\
H_{21} & H_{22} & \cdots & H_{2p} & H_{2n} & N_{21} & N_{22} & \cdots \\
\vdots & \vdots & & \vdots & \vdots & \vdots & \vdots & \cdots \\
H_{p1} & H_{p2} & \cdots & H_{pp} & H_{Pn} & N_{p1} & N_{p2} & \cdots \\
H_{n1} & H_{n2} & \cdots & H_{np} & H_{nn} & N_{n1} & N_{n2} & \cdots \\
J_{11} & J_{12} & \cdots & J_{1p} & J_{1n} & L_{11} & L_{12} & \cdots \\
J_{21} & J_{22} & \cdots & J_{2p} & J_{2n} & L_{21} & L_{22} & \cdots \\
\vdots & \vdots & & \vdots & \vdots & \vdots & \vdots &
\end{pmatrix}
\begin{pmatrix} \Delta\delta_1 \\ \Delta\delta_2 \\ \vdots \\ \Delta\delta_p \\ \Delta\delta_n \\ \hdashline \Delta U_1/U_1 \\ \Delta U_2/U_2 \\ \vdots \end{pmatrix}
\begin{matrix} (n-1) \\ (m-1) \end{matrix}
\quad \text{列：} (n-1) \quad (m-1)
\tag{4-43}
$$

或简写为

$$
\begin{pmatrix} \Delta \boldsymbol{P} \\ \Delta \boldsymbol{Q} \end{pmatrix} = \begin{pmatrix} \boldsymbol{H} & \boldsymbol{N} \\ \boldsymbol{J} & \boldsymbol{L} \end{pmatrix} \begin{pmatrix} \Delta \delta \\ \Delta \boldsymbol{U}/\boldsymbol{U} \end{pmatrix} \tag{4-44}
$$

重新排列时不再留空行、空列。显然，这种重新排列并不影响修正方程的内容。

对修正方程的第一个简化是，计及电力网络中各元件的电抗一般远大于电阻，以致各节点电压相位角的改变主要影响各元件中的有功功率潮流从而各节点的注入有功功率，各节点电压大小的改变主要影响各元件中的无功功率潮流从而各节点的注入无功功率，可将式（4-44）中的子阵 $\boldsymbol{N}$、$\boldsymbol{J}$ 略去，而将修正方程式简化为

$$
\begin{pmatrix} \Delta \boldsymbol{P} \\ \Delta \boldsymbol{Q} \end{pmatrix} = \begin{pmatrix} \boldsymbol{H} & \boldsymbol{0} \\ \boldsymbol{0} & \boldsymbol{L} \end{pmatrix} \begin{pmatrix} \Delta \boldsymbol{\delta} \\ \Delta \boldsymbol{U}/\boldsymbol{U} \end{pmatrix} \tag{4-45}
$$

电力网络的上述特点，不仅可从第 3 章中对纵、横向附加电动势的讨论，即式（3-48）中得到证实，也还可用图 4-9 说明。图 4-9a 所示为两节点电压大小相等、相位不同的情况。图 4-9b 所示则为两节点电压大小不等、相位相同的情况。由图可见，由于两节点间连接元件的电抗远大于电阻，其中流过的电流滞后两节点间电压降落相量 $\mathrm{d}\dot{U}$基本达 90°，以致对第一种情况，它基本为有功电流，对第二种情况，它基本为无功电流，而某节点的注入电流或注入功率则是与该节点有直接联系的所有元件电流或功率的总和。

对修正方程的第二个简化是，基于对状态变量 δ_i 的约束条件 $|\delta_i-\delta_j|<|\delta_i-\delta_j|_{\max}$，即 $|\delta_i-\delta_j|=|\delta_{ij}|$ 不宜过大，计及这一条件，再计及 $G_{ij} << B_{ij}$，可以认为

$$
\cos\delta_{ij} \approx 1,\ G_{ij}\sin\delta_{ij} << B_{ij}
$$

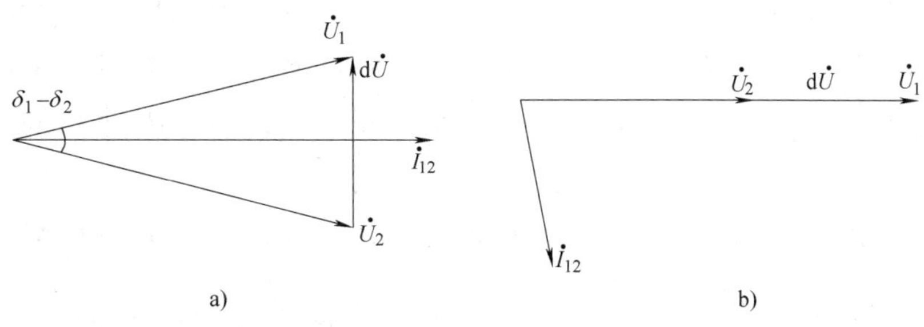

图 4-9　元件电流与节点电压的关系

a）$U_1=U_2$，$\delta_1\neq\delta_2$　b）$U_1\neq U_2$，$\delta_1=\delta_2$

于是，雅可比矩阵的各个元素可简化为

$$H_{ij}=-U_iU_jB_{ij}$$

$$L_{ij}=-U_iU_jB_{ij}$$

$$H_{ii}=U_i\sum_{\substack{j=1\\j\neq i}}^{j=n}U_jB_{ij}=U_i\sum_{j=1}^{j=n}U_jB_{ij}-U_i^2B_{ii}=-Q_i-U_i^2B_{ii}$$

$$L_{ii}=-U_i\sum_{\substack{j=1\\j\neq i}}^{j=n}U_jB_{ij}-2U_i^2B_{ii}=-U_i\sum_{j=1}^{j=n}U_jB_{ij}-U_i^2B_{ii}=Q_i-U_i^2B_{ii}$$

再按自导纳的定义，上两式中的 $U_i^2B_{ii}$项应为各元件电抗远大于电阻的前提下，除节点 i 外其他节点都接地时，由节点 i 注入的无功功率。这功率必远大于正常运行时节点 i 的注入无功功率，也即 $U_i^2B_{ii}>>Q_i$，上两式又可简化为

$$H_{ii}=-U_i^2B_{ii}$$

$$L_{ii}=-U_i^2B_{ii}$$

这样，雅可比矩阵中两个子阵 $\boldsymbol{H}$、$\boldsymbol{L}$ 的元素将具有相同的表示式，但是它们的阶数不同，前者为（$n-1$）阶、后者为（$m-1$）阶。

这两个子阵都可展开如下式所示：

$$\begin{pmatrix}U_1B_{11}U_1 & U_1B_{12}U_2 & U_1B_{13}U_3 & \cdots\\ U_2B_{21}U_1 & U_2B_{22}U_2 & U_2B_{23}U_3 & \cdots\\ U_3B_{31}U_1 & U_3B_{32}U_2 & U_3B_{33}U_3 & \cdots\\ \vdots & \vdots & \vdots & \end{pmatrix}$$

$$=\begin{pmatrix}U_1 & & & \\ & U_2 & & 0\\ & & U_3 & \\ & 0 & & \ddots\end{pmatrix}\begin{pmatrix}B_{11} & B_{12} & B_{13} & \cdots\\ B_{21} & B_{22} & B_{23} & \cdots\\ B_{31} & B_{32} & B_{33} & \cdots\\ \vdots & \vdots & \vdots & \end{pmatrix}\begin{pmatrix}U_1 & & & \\ & U_2 & & 0\\ & & U_3 & \\ & 0 & & \ddots\end{pmatrix}\qquad(4\text{-}46)$$

将式（4-46）代入式（4-45），展开，可得

$$\begin{pmatrix} \Delta P_1 \\ \Delta P_2 \\ \Delta P_3 \\ \vdots \\ \Delta P_n \end{pmatrix} = -\begin{pmatrix} U_1 & & & & \\ & U_2 & & & 0 \\ & & U_3 & & \\ & 0 & & \ddots & \\ & & & & U_n \end{pmatrix} \begin{pmatrix} B_{11} & B_{12} & B_{13} & \cdots & B_{1n} \\ B_{21} & B_{22} & B_{23} & \cdots & B_{2n} \\ B_{31} & B_{32} & B_{33} & \cdots & B_{3n} \\ \vdots & \vdots & \vdots & & \vdots \\ B_{n1} & B_{n2} & B_{n3} & \cdots & B_{nn} \end{pmatrix} \begin{pmatrix} U_1\Delta\delta_1 \\ U_2\Delta\delta_2 \\ U_3\Delta\delta_3 \\ \vdots \\ U_n\Delta\delta_n \end{pmatrix} \tag{4-47a}$$

$$\begin{pmatrix} \Delta Q_1 \\ \Delta Q_2 \\ \vdots \\ \Delta Q_m \end{pmatrix} = -\begin{pmatrix} U_1 & & & \\ & U_2 & & 0 \\ & & \ddots & \\ & 0 & & \\ & & & U_m \end{pmatrix} \begin{pmatrix} B_{11} & B_{12} & \cdots & B_{1m} \\ B_{21} & B_{22} & \cdots & B_{2m} \\ \vdots & \vdots & & \vdots \\ B_{m1} & B_{m2} & \cdots & B_{mm} \end{pmatrix} \begin{pmatrix} \Delta U_1 \\ \Delta U_2 \\ \vdots \\ \Delta U_m \end{pmatrix} \tag{4-47b}$$

将式（4-47a）、式（4-47b）等号左右都前乘以

$$\begin{pmatrix} U_1 & & & \\ & U_2 & & 0 \\ & & U_3 & \\ & 0 & & \ddots \end{pmatrix}^{-1} = \begin{pmatrix} \frac{1}{U_1} & & & \\ & \frac{1}{U_1} & & 0 \\ & & \frac{1}{U_1} & \\ & 0 & & \ddots \end{pmatrix}$$

可得

$$\begin{pmatrix} \Delta P_1/U_1 \\ \Delta P_2/U_2 \\ \Delta P_3/U_3 \\ \vdots \\ \Delta P_n/U_n \end{pmatrix} = -\begin{pmatrix} B_{11} & B_{12} & B_{13} & \cdots & B_{1n} \\ B_{21} & B_{22} & B_{23} & \cdots & B_{2n} \\ B_{31} & B_{32} & B_{33} & \cdots & B_{3n} \\ \vdots & \vdots & \vdots & & \vdots \\ B_{n1} & B_{n2} & B_{n3} & \cdots & B_{nn} \end{pmatrix} \begin{pmatrix} U_1\Delta\delta_1 \\ U_2\Delta\delta_2 \\ U_3\Delta\delta_3 \\ \vdots \\ U_n\Delta\delta_n \end{pmatrix} \tag{4-48a}$$

$$\begin{pmatrix} \Delta Q_1/U_1 \\ \Delta Q_2/U_2 \\ \vdots \\ \Delta Q_m/U_n \end{pmatrix} = -\begin{pmatrix} B_{11} & B_{12} & \cdots & B_{1m} \\ B_{21} & B_{22} & \cdots & B_{2m} \\ \vdots & \vdots & & \vdots \\ B_{m1} & B_{m2} & \cdots & B_{mm} \end{pmatrix} \begin{pmatrix} \Delta U_1 \\ \Delta U_2 \\ \vdots \\ \Delta U_m \end{pmatrix} \tag{4-48b}$$

它们可简写为

$$\boldsymbol{\Delta P/U} = -\boldsymbol{B'U\Delta\delta} \tag{4-49a}$$

$$\boldsymbol{\Delta Q/U} = -\boldsymbol{B''\Delta U} \tag{4-49b}$$

这就是 P-Q 分解法的修正方程。式（4-49）中，等号左侧列向量中的有功、无功功率不平衡量 ΔP_i、ΔQ_i 仍如式（4-39）；但等号右侧的系数矩阵 $\boldsymbol{B'}$、$\boldsymbol{B''}$却并不总直接由导纳矩阵的虚数部分组成。往往为了加速收敛，在 $\boldsymbol{B'}$ 中去除那些与有功功率、电压相位关系较小

的因素，在 $\boldsymbol{B}''$ 中去除那些与无功功率、电压大小关系较小的因素，以致这两个矩阵不仅阶数不同，而且它们相应元素的数值也不完全相等。

与牛顿-拉夫逊法相比，P-Q 分解法的修正方程有如下的特点：

1）以一个（$n-1$）阶和一个（$m-1$）阶系数矩阵 $\boldsymbol{B}'$、$\boldsymbol{B}''$ 替代原有的（$n+m-2$）阶系数矩阵 $\boldsymbol{J}$，提高计算速度，对存储容量的要求。

2）以迭代过程中保持不变的系数矩阵 $\boldsymbol{B}'$、$\boldsymbol{B}''$ 替代起变化的系数矩阵 $\boldsymbol{J}$，显著地提高了计算速度。

3）以对称的系数矩阵 $\boldsymbol{B}'$、$\boldsymbol{B}''$ 替代不对称的系数矩阵 $\boldsymbol{J}$，使求逆等运算量和所需的存储容量大为减少。

但应强调指出，导出这修正方程时所作的种种简化毫不影响用这种方法计算的准确度。因采用这种方法时，迭代收敛的判据仍是 $\Delta P_i \leqslant \varepsilon$、$\Delta Q_i \leqslant \varepsilon$，而其中的 ΔP_i、ΔQ_i 已如上述，仍按式（4-39）计算。

一般情况下，采用 P-Q 分解法计算时要求的迭代次数较采用牛顿-拉夫逊法时多，但每次迭代所需时间则较采用牛顿-拉夫逊法时少，以致总的计算速度仍是 P-Q 分解法快。

4.4.2 P-Q 分解法潮流计算的基本步骤

运用 P-Q 分解法计算潮流分布时的基本步骤如下：

1）形成系数矩阵 $\boldsymbol{B}'$、$\boldsymbol{B}''$，并求其逆阵。

2）设各节点电压的初值 $\delta_i^{(0)}$（$i=1, 2, \cdots, n, i \neq s$）和 $U_i^{(0)}$（$i=1, 2, \cdots, m, i \neq s$）。

3）按式（4-39）计算有功功率的不平衡量 $\Delta P_i^{(0)}$，从而求出 $\Delta P_i^{(0)}/U_i^{(0)}$（$i=1, 2, \cdots, n, i \neq s$）。

4）解修正方程式（4-48a），求各节点电压相位角的变量 $\Delta\delta_i^{(0)}$（$i=1, 2, \cdots, n, i \neq s$）。

5）求各节点电压相位角的新值 $\delta_i^{(1)}=\delta_i^{(0)}+\Delta\delta_i^{(0)}$（$i=1, 2, \cdots, n, i \neq s$）。

6）按式（4-39）计算无功功率的不平衡量 $\Delta Q_i^{(0)}$，从而求出 $\Delta Q_i^{(0)}/U_i^{(0)}$（$i=1, 2, \cdots, m, i \neq s$）。

7）解修正方程式（4-48b），求各节点电压大小的变量 $\Delta U_i^{(0)}$（$i=1, 2, \cdots, m, i \neq s$）。

8）求各节点电压大小的新值 $U_i^{(1)}=U_i^{(0)}+\Delta U_i^{(0)}$（$i=1, 2, \cdots, m, i \neq s$）。

9）运用各节点电压的新值自步骤3）开始进入下一次迭代。

10）计算平衡节点功率和线路功率。

概括这些基本步骤的原理框图如图 4-10 所示。由图可

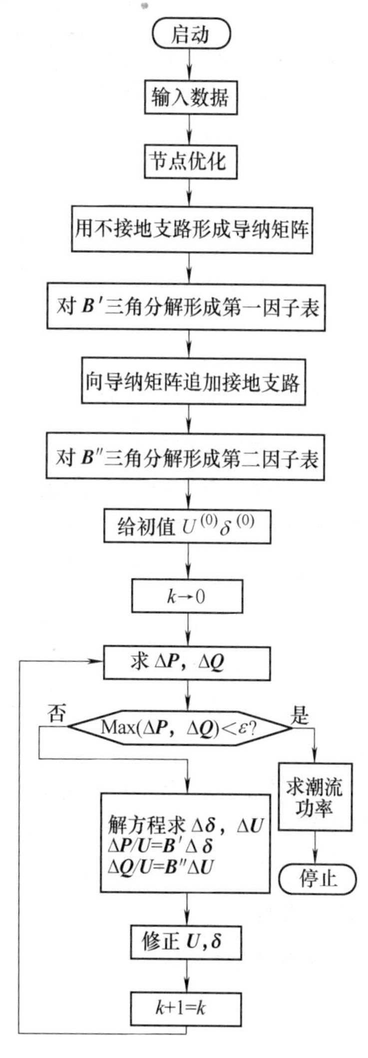

图 4-10 P-Q 分解法基本步骤的原理框图

见，P-Q 分解法与牛顿-拉夫逊法不同，在开始迭代之前就形成了系数矩阵 $\boldsymbol{B}'$、$\boldsymbol{B}''$，并求得了它们的逆阵。

小　结

本章主要介绍了电力系统潮流计算的数学模型和计算机算法。利用计算机计算电力系统的潮流分布时一般步骤：①建立数学模型；②确定解算方法；③制定框图；④编制程序；⑤上机调试及运算。本章着重介绍前两步，但也涉及原理框图，以加深对计算过程的理解。

首先对复杂电力系统建立数学模型，重点以节点电压方程 $\boldsymbol{Y}_\mathrm{B}\boldsymbol{U}_\mathrm{B}=\boldsymbol{I}_\mathrm{B}$ 为基础，对其中的节点导纳矩阵 $\boldsymbol{Y}_\mathrm{B}$ 做了详细讨论，如 $\boldsymbol{Y}_\mathrm{B}$ 中自导纳、互导纳的定义、物理意义，$\boldsymbol{Y}_\mathrm{B}$ 的特性，$\boldsymbol{Y}_\mathrm{B}$ 的形成，$\boldsymbol{Y}_\mathrm{B}$ 的修改等。并讨论了对非标准电压比变压器的处理，以便方便地形成和修改节点导纳矩阵 $\boldsymbol{Y}_\mathrm{B}$。节点导纳矩阵反映网络的结构及性质，$\boldsymbol{Y}_\mathrm{B}$ 的各元素，均属利用计算机进行潮流分布计算的原始数据。因此，应学会对 $\boldsymbol{Y}_\mathrm{B}$ 的形成和修改。

其次讨论了功率方程和节点分类。从节点电压方程推导出功率方程：

由

$$\boldsymbol{Y}_\mathrm{B}\boldsymbol{U}_\mathrm{B}=\boldsymbol{I}_\mathrm{B}=\frac{\hat{\boldsymbol{S}}_\mathrm{B}}{\hat{\boldsymbol{U}}_\mathrm{B}}$$

得功率方程

$$\dot{S}_i = P_i + \mathrm{j}Q_i = \dot{U}_i \sum_{j=1}^{n} \hat{Y}_{ij}\hat{U}_{ij} \qquad (\text{对网络中某节点 } i)$$

又可将功率方程分为直角坐标形式和极坐标形式两种。

若将功率方程分成有功功率方程和无功功率方程，则网络中每个节点都对应两个方程。将网络中的节点据已知参数的不同分为 PQ 节点、PV 节点和平衡节点（S 节点），以便在对方程求解过程中区别对待处理。

功率方程是非线性方程，求解非线性方程采用数值求解的方法，本章介绍了高斯-塞德尔法、牛顿-拉夫逊法及 P-Q 分解法。

高斯-塞德尔法，采用了非常简单的改进步骤，以提高收敛速度，直接迭代求解节点电压方程，迭代收敛后，求得各节点电压，然后再计算功率分布，求得各支路功率和功率损耗等。

本章重点是牛顿-拉夫逊法，首先介绍了牛顿-拉夫逊法的解题思想，从一维非线性方程的求解过程，演变到对多维非线性方程的求解过程。然后将此法应用到电力系统潮流分布计算。

首先建立描述电力系统的数学模型（非线性方程），并按泰勒级数展开，得出与之对应的修正方程：

直角坐标形式

$$\begin{pmatrix}\Delta P\\ \Delta Q\\ \Delta U^2\end{pmatrix}=\begin{pmatrix}H & N\\ J & L\\ R & S\end{pmatrix}\begin{pmatrix}\Delta f\\ \Delta e\end{pmatrix}$$

极坐标形式

$$\begin{pmatrix}\Delta P\\ \Delta Q\end{pmatrix}=\begin{pmatrix}H & N\\ J & L\end{pmatrix}\begin{pmatrix}\Delta\delta\\ \Delta U/U\end{pmatrix}$$

然后，以直角坐标表示的数学模型为例，重点讨论了利用牛顿-拉夫逊法进行潮流分布计算的基本步骤。

P-Q 分解法是牛顿-拉夫逊法的变种，利用牛顿-拉夫逊法修正方程的极坐标形式，考虑了电力系统的一些个性，得出的一种简化算法。本章着重讨论了雅可比矩阵的简化过程，最后得出简化的修正方程为

$$\begin{pmatrix}\boldsymbol{\Delta P/U}\\ \boldsymbol{\Delta Q/U}\end{pmatrix}=\begin{pmatrix}\boldsymbol{B'} & \\ & \boldsymbol{B''}\end{pmatrix}\begin{pmatrix}\boldsymbol{\Delta\delta}\\ \boldsymbol{\Delta U}\end{pmatrix}$$

这样，使得雅可比矩阵常数化，大大提高了解题迭代的速度，也能满足准确度。

本章介绍的三种解题方法，不论采用哪一种方法解题，都是在迭代收敛后，才计算平衡节点的功率和各支路功率的，而迭代收敛的判据则是电压变量或功率不平衡量小于某一给定值。

思 考 题

4-1 运用计算机计算复杂电力系统潮流分布的一般步骤是什么？

4-2 节点导纳矩阵中，自导纳和互导纳的物理意义是什么？节点导纳矩阵有什么特点？

4-3 用直接形成法形成节点导纳矩阵时，如何计算自导纳和互导纳？

4-4 什么是理想变压器？在修改节点导纳矩阵时，引用理想变压器的益处是什么？

4-5 修改节点导纳矩阵时，若增加树支，则增加节点，节点导纳矩阵的阶数是否增加？若增加链支，不增加节点，节点导纳矩阵的阶数是否改变？原节点导纳矩阵中哪些元素发生变化？

4-6 运用计算机计算电力系统潮流分布时，变量和节点是如何分类的？何谓 PQ 节点、PV 节点及平衡节点？

4-7 牛顿-拉夫逊法的基本原理是什么？潮流计算的修正方程有几种形式？

4-8 采用牛顿-拉夫逊法进行潮流分布计算的基本步骤是什么？

4-9 采用高斯-赛德尔法进行潮流分布计算时，对 PQ 节点、PV 节点是如何考虑的？迭代步骤如何？

习 题

4-1 电力网络如图 4-11 所示，试推导出该网络的节点电压方程，并写出节点导纳矩阵。

4-2 按定义形成如图 4-12 所示网络的节点导纳矩阵（各支路电抗的标幺值已给出）。

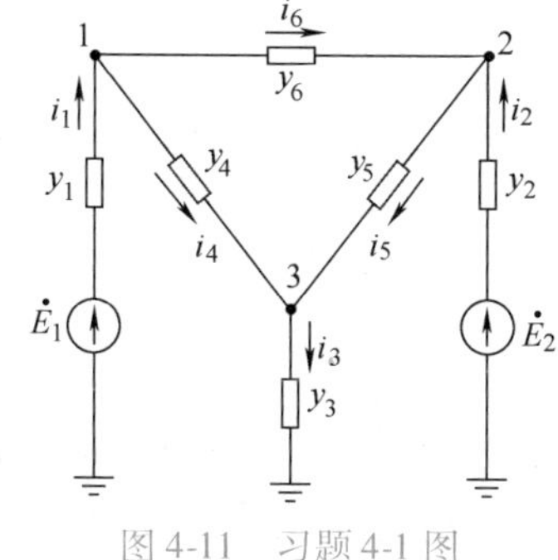

图 4-11 习题 4-1 图

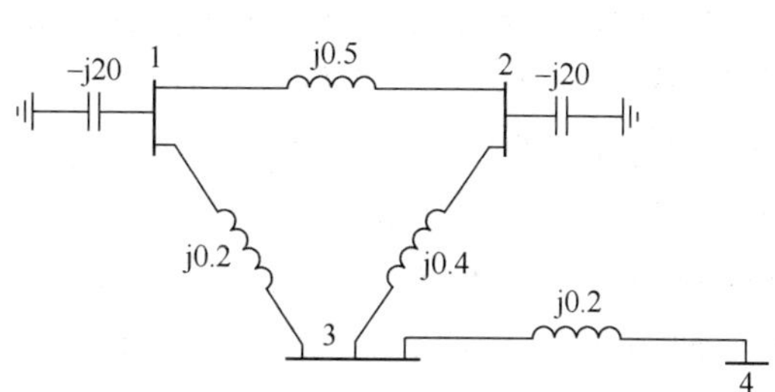

图 4-12 习题 4-2 图

4-3 如图 4-13 所示，各支路参数为标幺值，试写出该电路的节点导纳矩阵。

4-4 已知理想变压器的电压比 K_* 及阻抗 Z_T，试分析图 4-14 中 4 种情况的 π 形等效电路。

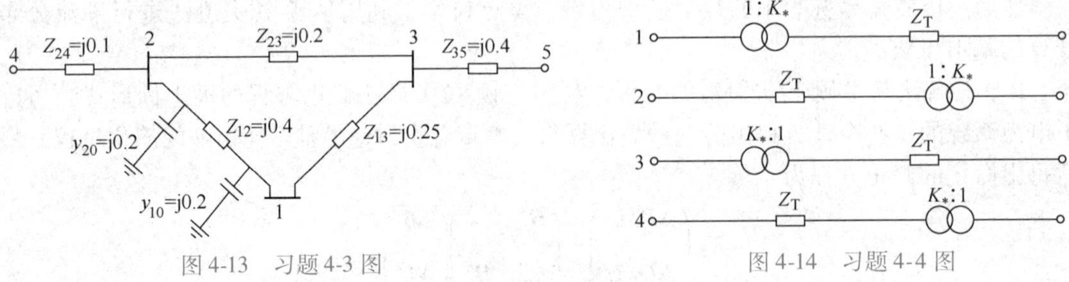

图 4-13 习题 4-3 图　　图 4-14 习题 4-4 图

4-5 将具有图 4-15 所示的分接头电压比的变压器网络用 π 形等值网络表示出来。

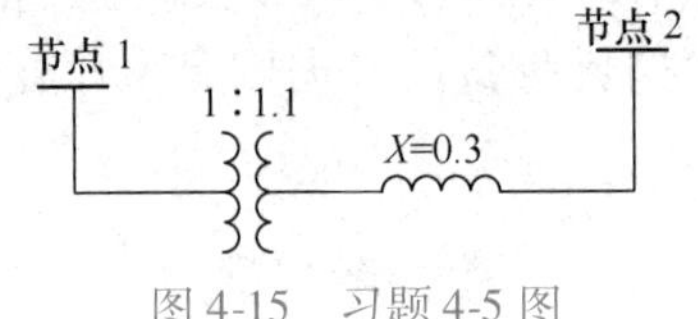

图 4-15 习题 4-5 图

4-6 如图 4-16 所示，已知 $K_* = 1.1$　$Z_T = j0.3$（标幺值），求电路的 π 形等值网络图。

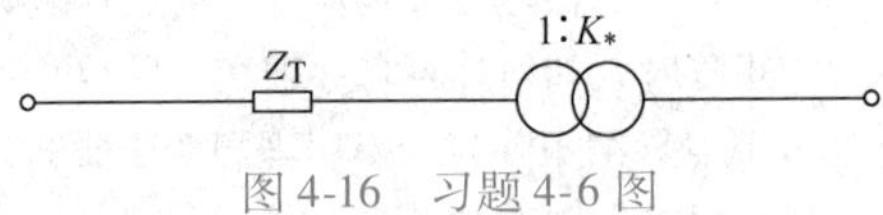

图 4-16 习题 4-6 图

4-7 已知如下非线性方程：

$$f_1(x_1, x_2) = 2x_1 + x_1 x_2 - 1 = 0$$

$$f_2(x_1, x_2) = 2x_2 - x_1 x_2 + 1 = 0$$

取初值 $x_1^{(0)} = 0$，$x_2^{(0)} = 0$ 进行迭代求解，试用高斯-赛德尔法迭代一次，再用牛顿-拉夫逊法迭代求真解。

4-8 用高斯-赛德尔法求解图 4-17 所示系统中，在第一次迭代后，节点 2 的电压（参数均为标幺值）。

已知：节点 1 为平衡节点，$\dot{U}_1 = 1.0\angle 0°$，$P_2 + Q_2 = -5.96 + j1.46$，$\dot{U}_3 = 1.02$，假定 $\dot{U}_3^{(0)} = 1.02\angle 0°$，$\dot{U}_2^{(0)} = 1.0\angle 0°$。

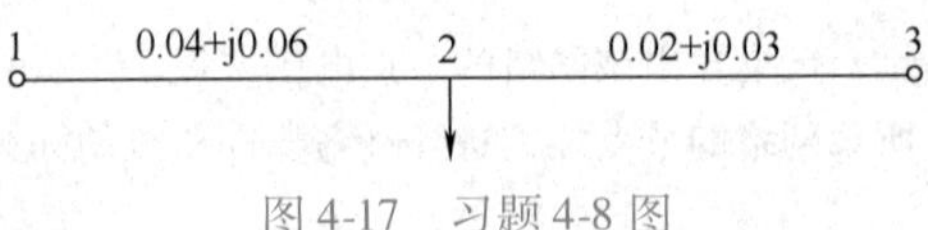

图 4-17 习题 4-8 图

4-9 已知如图 4-18 所示电力系统与下列电力潮流方程式：

$$\dot{S}_1 = j19.98U_1^{\ 2} - j10\,\dot{U}_1\,\overset{*}{U}_2 - j10\,\dot{U}_1\overset{*}{U}_3$$

$$\dot{S}_2 = -j10\dot{U}_2\overset{*}{U}_1 + j19.98U_2^2 - j10\dot{U}_2\overset{*}{U}_3$$

$$\dot{S}_3 = -j10\dot{U}_3\overset{*}{U}_1 - j10\dot{U}_3\overset{*}{U}_2 + j19.98U_3^2$$

试用高斯-赛德尔法求 $\dot{U}_2^{(1)}$、$\dot{U}_3^{(1)}$，由 $\dot{U}_2^{(0)} = \dot{U}_3^{(0)} = 1\angle 0°$ 开始。

4-10 如图 4-19 所示系统中（参数均为标幺值），假设 $\dot{S}_{D1} = 1 + j0$，$\dot{U}_1 = 1\angle 0°$，$\dot{S}_{D2} = 1.0 - j0.8$，$P_{G2} = 0.8$，$Q_{G2} = -0.3$，$\dot{S}_{D3} = 1.0 - j0.6$，$Z_L = j0.4$（所有线路）。试利用高斯-赛德尔法求 $\dot{U}_2$ 与 $\dot{U}_3$，由 $\dot{U}_2^{(0)} = \dot{U}_3^{(0)} = 1\angle 0°$ 开始，只作一次迭代。

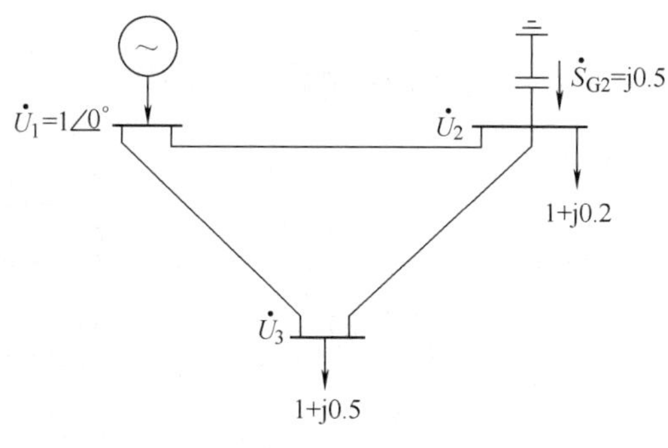

图 4-18　习题 4-9 图

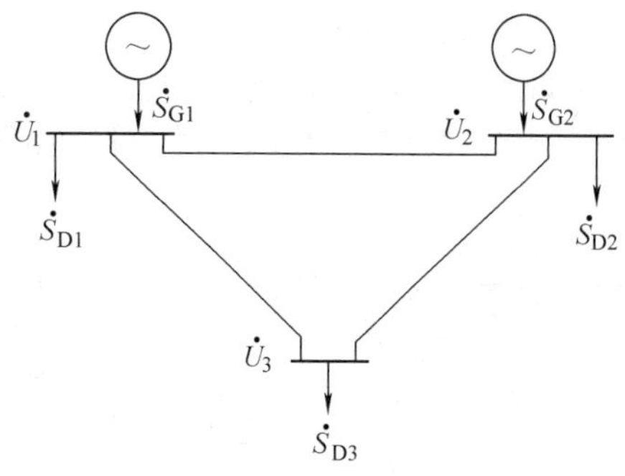

图 4-19　习题 4-10 图

4-11　如图 4-20 所示系统中，假定 $\dot{S}_{D1}=1+j0$，$\dot{U}_1=1\angle 0°$，$P_{G2}=0.8$，$\dot{U}_2=1.0$，$\dot{S}_{D3}=1.0+j0.6$，$Z_L=j0.4$（所有线路）。

试利用高斯-赛德尔法求 $\dot{U}_2$ 和 $\dot{U}_3$，只作两次迭代，由 $\dot{U}_2^{(0)}=\dot{U}_3^{(0)}=1\angle 0°$ 开始。

4-12　试利用牛顿-拉夫逊法去解

$f_1(x)=x_1^2-x_2-1=0$

$f_2(x)=x_2^2-x_1-1=0$

$x_2^0=x_1^0=1$，作两次迭代（注：真解为 $x_1=x_2=1.618$）。

4-13　试利用牛顿-拉夫逊法去解

$f_1(x)=x_1^2+x_2^2-1=0$

$f_2(x)=x_1+x_2=0$

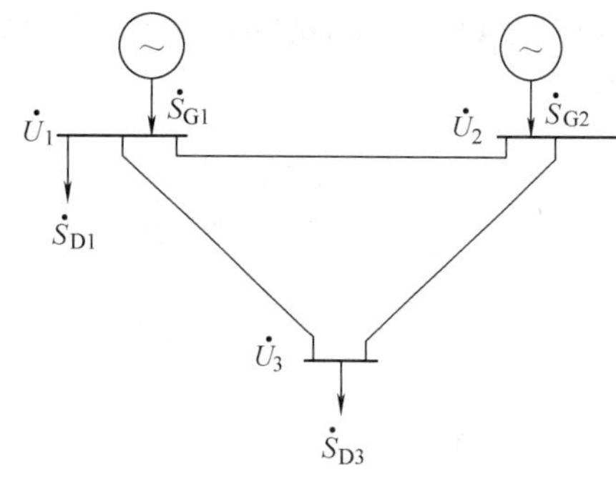

图 4-20　习题 4-11 图

起始猜测为 $x_1^0=1$、$x_2^0=0$，作两次迭代（注：真解为 $x_1=-x_2=1/\sqrt{2}$）。

4-14　简单电力系统如图 4-21 所示，试用牛顿-拉夫逊法计算该系统的潮流。

4-15　有一个二节点的电力系统如图 4-22 所示，已知节点 1 电压为 $\dot{U}_1=1+j0$，节点 2 上发电机输出功率 $\dot{S}_G=0.8+j0.6$，负荷功率 $\dot{S}_L=1+j0.8$，输电线路导纳 $y=1-j4$。试用潮流计算的牛顿-拉夫逊法写出第一次迭代时的直角坐标修正方程式（电压迭代初值取 1 + j0）。

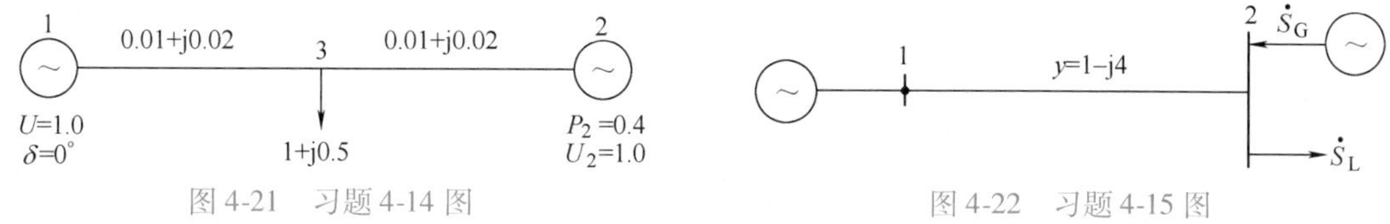

图 4-21　习题 4-14 图　　图 4-22　习题 4-15 图

4-16　已知两母线系统如图 4-23 所示，图中参数以标幺值表示。

已知：$\dot{S}_{L1}=10+j3$，$\dot{S}_{L2}=20+j10$，$\dot{U}_1=1\angle 0°$，$P_{G2}=15$，$\dot{U}_2=1$。

试写出：

（1）节点 1、2 的节点类型；

（2）网络的节点导纳矩阵；

（3）导纳形式的直角坐标表示的功率方程（以误差形式 ΔP、ΔQ、ΔU^2 表示）及相应的修正方程。

4-17　如图 4-24 所示，图中参数以标幺值表示节点 1 为平衡节点，给定 $\dot{U}_1^{(0)}=1+j0$。节点 2 为 PQ 节点，给定 $\dot{S}_2'=1+j0.8$。

试写出：

（1）网络的节点导纳矩阵；

（2）以直角坐标表示的牛顿-拉夫逊法计算各节点电压（可取 $\dot{U}_2^{(0)}=1+\mathrm{j}0$，迭代一次即可）；

（3）列出以误差形式表示的功率方程和相应的修正方程。

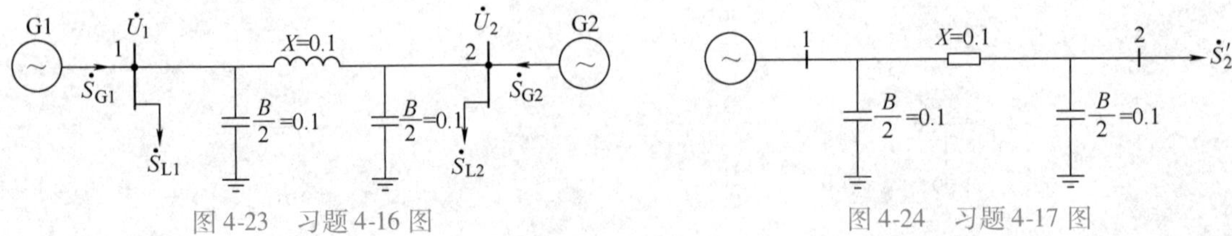

图 4-23　习题 4-16 图　　图 4-24　习题 4-17 图

4-18　如图 4-25 所示系统（参数以标幺值表示），节点 1 为平衡节点，节点 4 是 PV 节点，节点 2、3 是 PQ 节点。已知：$\dot{U}_{1S}=1.05\angle 0^\circ$，$\dot{S}_2=0.55+\mathrm{j}0.13$，$\dot{S}_3=0.3+\mathrm{j}0.18$，$P_4=0.5$，$\dot{U}_4=1.1$。

试求：（1）节点导纳矩阵；（2）系统的功率方程；（3）用牛顿-拉夫逊法进行潮流分布（迭代一次的值）。

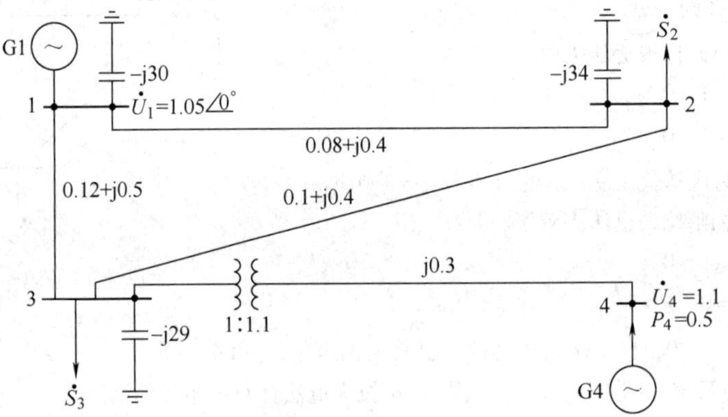

图 4-25　习题 4-18 图

第 5 章　电力系统的有功功率和频率调整

电力系统中有功功率的合理分配及频率调整，是同时与技术指标、经济性能相关的问题。已知，电力系统运行的基本任务是保证对用户供电的可靠性、电能质量和经济性。因此，在保证对负荷持续供电的前提下，发电机发出多少电能才能使其在产生电能的过程中消耗的总能源最少，是电力系统运行的基本任务之一。而系统的频率则是衡量电能质量的一个重要指标，保持系统的频率不变，才能够保障系统本身的稳定工作以及网络上连接的众多用户的稳定工作，因此，保持系统的频率在允许的波动范围内也是电力系统运行的基本任务之一。

5.1　电力系统频率调整

5.1.1　频率调整的必要性

1. 有功负荷和频率变化的关系

频率和电压都是衡量电能质量的重要指标，但系统中对频率恒定的要求比对电压恒定的要求更为严格。因为系统中的电压等级较多，电压可以分散调整，且调压方法较多；而系统的频率调整涉及全电力系统的电源和负荷，调频只能集中在多个发电厂进行。

电力系统的频率是由发电机转速 ω 决定的，而发电机的转速与其轴上的转矩平衡有关。如图 5-1 所示，发电机转轴上有三个转矩作用：一个是原动机作用的机械转矩 M_T，它与机械功率 P_T 的关系为 $M_T=P_T/\omega$；另一个是发电机作用的电磁转矩 M_E，它与电磁功率的关系为 $M_E=P_E/\omega$；再一个是转子转动时产生的摩擦转矩，一般摩擦转矩很小，可忽略不计。正常稳态运行时，若不计摩擦转矩的作用，则原动机的机械转矩和发电机的电磁转矩平衡，即 $M_T=M_E$。在额定频率下，机械功率与电磁功率也平衡，即 $P_T=P_E$。如果原动机输入的机械功率能与发电机输出的电磁功率保持平衡，发电机的转速就能恒定，系统的频率就能保持不变。但是，发电机输出的电磁功率是由系统的运行方式决定的，全系统发电机发出的有功功率总和，时刻都应与系统中有功功率负荷及网络上有功功率损耗之和相等，称之为系统的有功功率平衡。当系统中有功功率负荷变化时，发电机的电磁功率也变化，且这种变化是瞬时出现的。而原动机输入的机械功率，由于调节系统及发电机组转子的惯性，很难跟上发电机电磁功率的瞬时变化，这就出现了功率的不平衡。于是，发电机的转速将有所变化，系统的频率无法严格维持恒定。但是，把频率的偏移限制在一个相当小的范围是必要的，而且也是能够实现的。我国电力系统的额定频率 f_N 为 50Hz。GB/T 15945—1995《电能质量　电力系统频率允许偏差》中规定的频率偏差范围为 $\pm(0.2\sim0.5)$Hz。

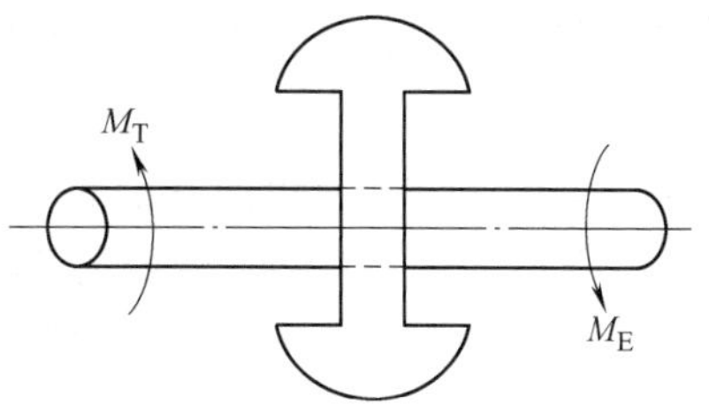

图 5-1　转矩平衡

综上所述，系统的有功功率平衡与系统的频率有着密切的关系，当系统的有功功率平衡不能保持时，系统的频率也要发生变化。

系统频率变化时，对用户、发电厂及系统本身的影响如下：

1）大多数工业用户使用异步电动机，电动机的转速与系统频率有关。频率变化将引起电动机转速的变化，将影响产品的质量，如纺织工业、造纸工业，将因频率变化而出现残次品。

2）系统频率降低，将使电动机的功率降低。当频率降低 1% 时，一般恒定转矩负荷（如机床设备）的电动机吸收的有功功率也降低 1%。这种电动机有功功率的降低，将影响所传动机械的出力。

3）发电厂的厂用机械（泵与风机）是使用异步电动机带动的。系统频率降低将使电动机功率降低，若系统频率降低过多，将使电动机停止运转，会引起严重后果，例如给水泵停止运转，将迫使锅炉停炉。

4）系统频率降低时，异步电动机和变压器的励磁电流将大为增加，引起了系统无功功率的增加，其结果是引起电压的降低。当系统频率维持稳定时，系统电压调整也较容易。

总之，由于所有设备都是按系统的额定频率设计的，系统频率的下降将影响各行各业。而频率过低时，甚至会使整个系统瓦解，造成大面积停电。

系统中有功功率负荷的经常变化有两种情况：一种是按负荷曲线的正常变化；另一种是偶然的、变动周期较短的变化。这些都会使系统频率受到影响，因此系统频率调整的工作是必需的。

2. 有功功率负荷的变动及调整

在电力系统中，负荷做需要一定的有功功率，同时，传输这些功率也会在网络中造成有功功率损耗。因此，电源发出的有功功率必须满足下列平衡式：

$$\sum P_G = \sum P_L + \Delta P_\Sigma \tag{5-1}$$

式中 $\sum P_G$——所有电源发出的有功功率；

$\sum P_L$——所有负荷需要的有功功率；

ΔP_Σ——网络中的有功功率损耗。

当系统中负荷增大时，网络损耗也将增大，发电机发出的功率也要增加。在实际电力系统中，有功负荷随时随地在变化，且是随机的、不可控的。所以在电力系统的运行中必须靠调节发电机发出的功率使其总跟随负荷的变化而变化。

负荷曲线的形状往往是无一定规律的，但可以把这种无规律可循的曲线看成是几种有规律的曲线的叠加。如图 5-2 所示，把一条不规则的负荷曲线，分解成三种负荷曲线。

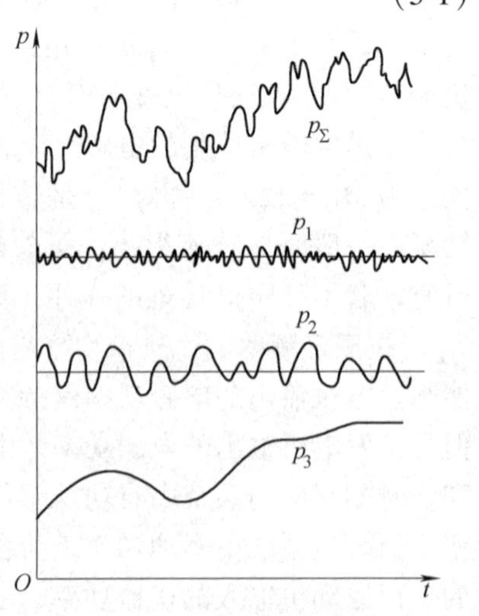

图 5-2　有功功率负荷的变动

第一种负荷曲线的变化，频率很快，周期很短，变化幅度很小，这是由于难以预料的小负荷经常性变化引起的。

第二种负荷曲线的变化，频率较慢，周期较长，幅度较大。这是由于一些冲击性、间歇性负荷的变动引起的，如工业中大电机、电炉、延压机、电气机车等的开停。

第三种负荷曲线的变化，变化缓慢，幅度很大。这是由于人们的生产、生活及气象条件等引起的，这种负荷是可以预计的，以前提出的负荷曲线所反映的基本上是这种负荷的变化。

这些负荷的变化都将会打破系统的功率平衡，使系统的频率发生变化。为保证电力系统的供电可靠性和电能质量，要求电源输出的功率也能作相应的变化，以使系统的功率能重新平衡，频率趋于稳定。电力系统的运行正是在这种功率平衡不断被打破而又不断恢复的过程中进行的。

对于第一种负荷变化引起的频率偏移进行调整，称为频率的“一次调整”。调节方法一般是调节发电机组的调速器系统。对于第二种负荷变化引起的频率偏移进行调整，称为频率的“二次调整”。调节方法是调节发电机组的调频器系统。对于第三种负荷的变化，通常是根据预计的负荷曲线，按照一定的优化分配原则，在各发电厂间、发电机间实现功率的经济分配，称为有功功率负荷的优化分配。

3. 有功功率电源和备用容量

电力系统的有功功率电源是各类发电厂的发电机，但并非系统中的电源容量始终等于所有发电机额定容量之和。因为既不是所有发电机全部不间断地投入运行，也不是所有投入运行的发电机都能按额定容量发电，例如需要定期停机检修、某些水电厂的发电机由于水位的极度降低不能按额定容量运行等，所以系统的调度部门应及时、确切地掌握系统中各发电厂预计可投入运行的发电机可发功率，只有这些可投入运行的发电机的可发功率之和才是真正可供调度的系统电源容量。

显然，系统电源容量应不小于包括网络损耗和厂用电在内的系统总发电负荷。要想实现有功功率在各电厂的最优分配，则电厂中必须有足够的备用，否则，谈不上实现最优分配。电力系统中只有拥有适当的备用容量，才有可能保证系统优质、安全、经济地运行。系统电源的装机容量大于发电负荷（即发电容量）的部分，称为系统的备用容量。

一般备用容量占最大发电负荷的15%～20%。

系统中备用容量可分为负荷备用、事故备用、检修备用和国民经济备用，或分为热备用和冷备用等。

1）负荷备用：为满足系统中短时的负荷波动和一日中计划外的负荷增加，而在系统中留有的备用容量，称为负荷备用。这种备用的大小要根据系统总负荷的大小及运行经验，并考虑系统各类用户的比重来确定，一般为最大发电负荷的2%～5%。

2）事故备用：为防止系统中某些发电设备发生偶然事故影响供电，而在系统中留有的备用容量，称为事故备用。这种备用的大小，要根据系统中机组的台数、机组容量的大小、机组的故障率以及系统可靠性指标来确定。一般为最大发电负荷的5%～10%，并且不小于系统中一台最大机组的容量。

3）检修备用：为保证系统的发电设备进行定期检修时不至影响供电，而在系统中留有的备用容量，称为检修备用。发电设备的检修分大修、小修，大修一般分批分期安排在一年中最小负荷季节进行；小修则利用节假日进行，以尽量减小因检修停机所需要的备用容量。这种备用的大小，应根据需要而定，一般为最大发电负荷的4%～5%。

4）国民经济备用：考虑到工业用户超计划生产、新用户的出现等而设置的备用。这种备用容量的大小要根据国民经济的增长来确定，一般为最大发电负荷的3%～5%。

以上四种备用中，负荷备用和事故备用是要求在需要的时候立即投入运行的容量。但是一般火电厂的锅炉和汽轮机，从停机状态起动到投入运行带上负荷，这一过程短则1~2小时，长则十余小时，因此将火电厂停机状态的机组来做这两类备用是不行的。水电厂的水轮机组从停机状态起动到投入运行带上负荷，也需要几分钟，同样不能满足这两种备用的要求。故这两种需要立即投入运行的备用容量，必须是处在运行状态的容量，称为旋转备用或热备用。热备用是指运转中的发电机可能发出的最大功率与实际发电功率的差值。

但热备用容量不宜过大，还有一部分发电容量为冷备用。冷备用是指未运转的发电机组可能发出的最大功率，故冷备用可作为检修备用、国民经济备用和一部分事故备用。

因此，电厂装机容量应包括发电负荷和备用容量，它们的关系为

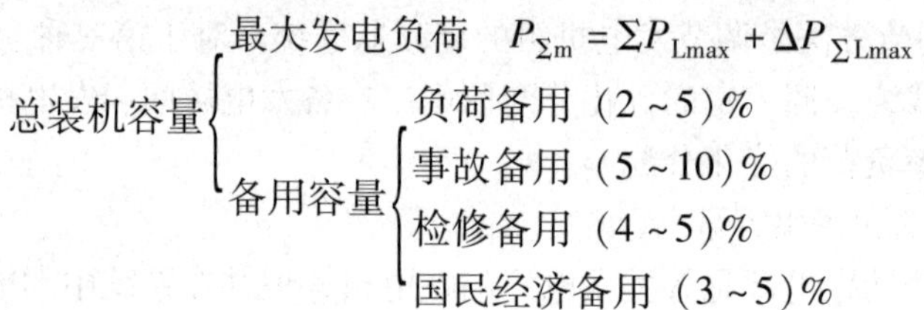

式中 $P_{\Sigma m}$——系统总的最大发电负荷；

ΣP_{Lmax}——系统所有负荷最大有功功率之和；

$\Delta P_{\Sigma Lmax}$——系统最大负荷在网络中的总损耗。

5.1.2 频率调整的措施

电力系统的频率调整，在这里是指频率的一次调整和二次调整。对付系统中突然负荷变动引起的频率变化，靠人工手动调节是来不及的，只能靠自动调节装置进行自动调节。调整电力系统频率的主要手段是原动机的自动调速系统，特别是其中的调速器和调频器。

由前面的讨论可知，作用在发电机转轴上的功率平衡是暂时的，不平衡确是经常发生的，这就使得发电机的转速或频率经常变化。为了保证电能质量，使频率变化不超出允许的波动范围，则需要进行频率调整。频率调整与发电机原动机的转速调整密切相关。当系统有功功率平衡遭到破坏而引起频率变化时，原动机的调速系统将自动改变原动机的进汽（水）量，相应增加或减小发电机的出力。当调速系统的调节过程结束后，系统又运行在新的运行状态。

1. 发电机组的频率特性

发电机组的有功功率与频率之间的关系，称为发电机组的有功功率—静态频率特性，简称发电机组的频率特性。为了说明这种特性，需要先对原动机的自动调速系统的作用原理加以说明。

（1）自动调速系统

自动调速系统的种类很多，下面介绍一种最原始的机械调速系统——离心飞摆式调速系统。这种调速系统比较直观，而且调节机理与新型调速系统没有很大差别。

离心飞摆式调速系统如图5-3所示，其作用原理如下：

1）调速器的工作原理：电力系统在某种正常运行方式下运行时，发电机以同步转速运行，汽轮机的汽门开度或水轮机的水门开度一定，原动机的机械功率 P_T 一定，发电机的电磁功率 P_E 等于原动机的机械功率 P_T。当外界负荷 P_L 变化时，如 P_L 增加，发电机的电磁功

率 P_E 应增加，根据下列关系式：

$$P_E = M_E\omega \qquad M_E = M_T \qquad P_T = M_T\omega$$

当 $P_E\uparrow \to M_E\uparrow \to M_T\uparrow$（$P_T$ = constant）$\to\omega\downarrow\to f\downarrow$，即当电磁功率 P_E 增加时，电磁转矩 M_E 应增加，由于电磁转矩 M_E 与机械转矩 M_T 平衡，所以机械转矩 M_T 就应增加，在汽轮机的汽门开度或水轮机的水门开度不变时，机械功率 P_T 不变。或者说，在电磁功率变化的瞬间，机械功率还来不及变化，因而转速 ω 减小，频率 f 减小。当机组的转速降低时，飞摆由于离心力的减小，在弹簧 2 的作用下向转轴靠拢，使 A 点向下移动到 A' 点，C 点下移至 C' 点。但因油动机Ⅲ活塞两边油压相等，所以 B 点不动，结果使杠杆 AB 绕 B 点逆时针转动到 $A'B$。在调频器不动作的情况下，D 点也不动，则杠杆 DE 绕 D 点顺时针转动到 DE'，从而 F 点下移至 F' 点，E 点向下移至 E' 点。错油门Ⅱ活塞向下移动，使油管 a，b 小孔开启，压力油经油管 b 进入油动机活塞底部，而油动机活塞上部的油则经油管 a 经错油门上部小孔溢出。在油压作用下，油动机活塞向上移动，B 点上移至 B'' 点，使汽轮机的调节汽门或水轮机水门的导向叶片开度增大，增加进汽量或进水量。因而会使机组的转速 ω 回升，杠杆 A' 点上移至 A'' 点，当 C' 回至 C 点时，错油门活塞提升，使油管 a、b 的小孔重新堵住。这就完成了一次调整。

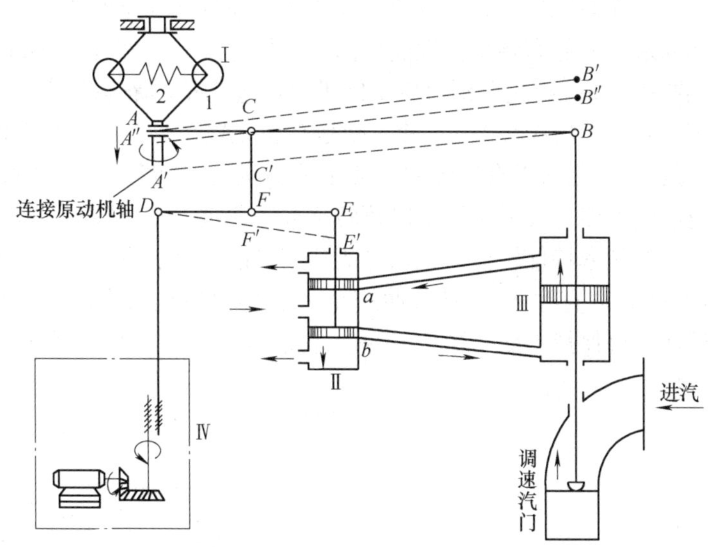

图 5-3 离心飞摆式调速系统

Ⅰ—测速元件 Ⅱ—错油门 Ⅲ—油动机 Ⅳ—调频器

1—飞摆 2—弹簧

这时，比较杠杆 AB 与 $A''B''$ 的位置，C 点仍能恢复 C 点，因机组转速稳定后，错油门活塞的位置恢复原状，B'' 高于 B，A'' 低于 A，可见经一次调速后，虽然进汽量或进水量增大了，发出的功率增大了，但由于钢体的不可变形性，机组的转速不能达到调节前的转速，而是 $f<f_N$。要想使之恢复原状，再靠二次调整。

2）调频器的工作原理：二次调整是借调频器Ⅳ完成的，调频器转动蜗杆蜗轮，将 D 点抬高，杠杆 DE 的 F 点不动，E 点下降，使错油门活塞再次向下移动，开启小孔。在油压作用下，油动机活塞再次向上移动，B'' 点移至 B' 点，进一步增加进汽或进水量。机组转速上升，离心飞摆使 A 点由 A'' 向上升至 A，杠杆 AB' 为二次调频的结果。而在油动机活塞向上移动时，杠杆 AB 向上移动，带动 C、F、E 点向上移动，再次堵住错油门小孔，再次结束调节过程，这就完成了二次调整。

由上分析知，经过两次调整，机组的转速才恢复了，使之系统的频率达到或近似等于调节前的额定频率，即 $f \approx f_N$。

（2）电源的有功功率静态频率特性

电源的有功功率静态频率特性通常可理解为就是发电机组中原动机机械功率的静态频率特性。原动机未配置自动调整系统时，其机械功率与角速度或频率的关系为

$$P_T = C_1\omega - C_2\omega^2 = C_3 f - C_4 f^2 \tag{5-2}$$

式（5-2）中，各变量都是标幺值，C_1、C_2、C_3、C_4 均为常数。关系式（5-2）可用图 5-4 所示曲线表示，而这条曲线又可理解为：机组转速很小时，即使蒸汽或水在它叶轮上施加很大转矩，但由于功率为转矩和转速的乘积，即 $P_T = M_T\omega$，所以这时它的输出功率 P_T 仍很小；又如机组转速很大时由于进汽或进水速度难以跟上叶轮速度，它们在叶轮上施加的转矩很小，功率 P_T 也很小。只有在额定条件下，转速和转矩都适中，它们的乘积最大，功率 P_T 也最大。

原动机配置自动调速系统后，它的调速器随机组转速的变动不断改变进汽或进水量，使原动机的运行点不断从一根静态频率特性曲线向另一根静态频率特性曲线过渡，如图 5-5 中 a'—a''—a'''……。图中，曲线组是分别对应不同进汽或进水量的静态频率特性。连接不同曲线上运行点 a'、a''、a'''……的虚线 1—2—3，则是有调速器调节，或有频率的一次调整时的静态频率特性。线段 2—3 之所以有下降的趋势是因为运行点转移到点 2 时，进汽或进水量已达最大值，调速器已不能再发挥作用，以致转速或频率进一步下降时，运行点只能沿对应最大进汽或进水量时的频率特性转移，原动机的功率只能下降。有时，为简化分析，常以直线 1—2 替代曲线 1—2、以直线 2—3′替代曲线 2—3，即可以认为进汽或进水量达到最大值后，原动机的机械功率可保持不变。图 5-5 中，直线（实线）1—2—3′为有调速器时电源的有功功率静态频率特性。

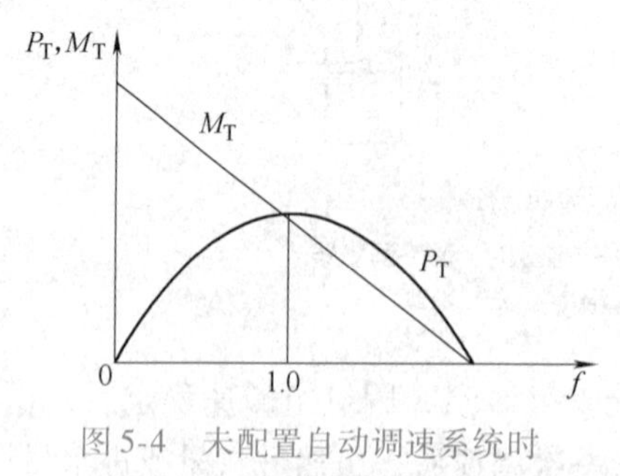

图 5-4　未配置自动调速系统时原动机的静态频率特性

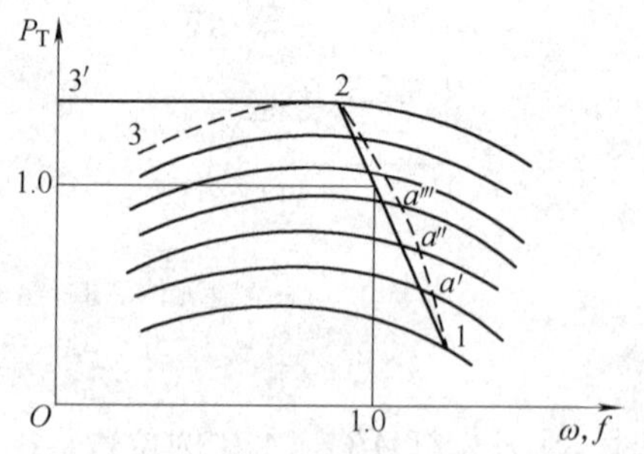

图 5-5　有一次调整时原动机的静态频率特性

调速系统中调频器的二次调整作用在于：原动机的负荷改变时，手动或自动地操作调频器，使有一次调整的静态频率特性平行移动，如图 5-6a 所示。图中实线所示的一组平行直线是一组仅有一次调整时的静态频率特性。有调频器的二次调整后，原动机的运行点就不断从一根仅有一次调整的静态频率特性曲线过渡到另一根曲线，如图 5-6a 中 b'—b''—b'''……

所示。因此，曲线Ⅰ—Ⅱ或与它近似的直线Ⅰ—Ⅱ是有调频器的二次调整后，原动机的静态频率特性。这种静态频率特性有两种类型：一种称为无差调节，即负荷变动时，原动机的调速系统经二次调整后使得频率恢复了初始值，如图 5-6a 所示；另一种称为有差调节，如图 5-6b 所示，即负荷变动时，原动机的调速系统经二次调整后，使得频率没有恢复初始值，而是有很小的频率误差，该频率误差也是根据情况的需要设置的。

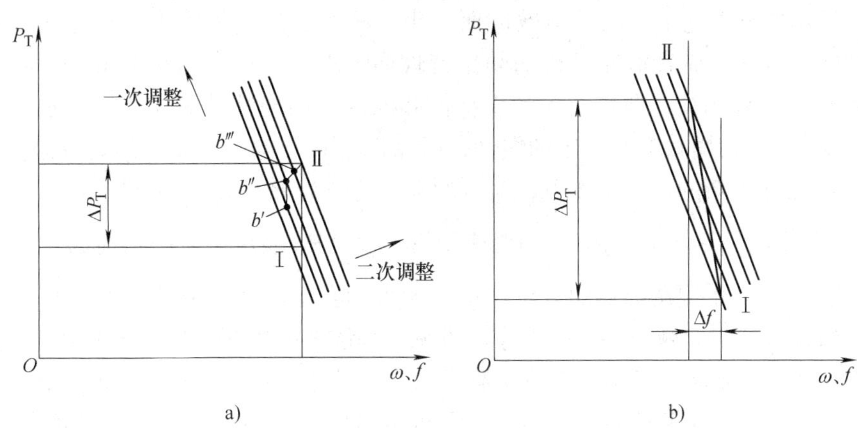

图 5-6　有二次调整时原动机的静态频率特性

a）调频器的作用（无差调节）　b）有调频器时的静态频率特性（有差调节）

由于电力系统的负荷随时都在变化，因此系统的频率也随之变化，欲使系统的频率变化不超过允许的范围，就必须对频率进行调整。

2. 频率的一次调整

负荷和电源的有功功率静态频率特性已知后，分析频率的一次调整并不困难。这里以一台机组和一个综合负荷为例，如图 5-7a 所示，机组的静态频率特性如图 5-7b 所示，负荷的静态频率特性如图 5-7c 所示，为简化分析，用直线代替曲线。若把电源和负荷的静态频率特性画在同一个坐标系上得一个综合静态频率特性，如图 5-7d 所示。

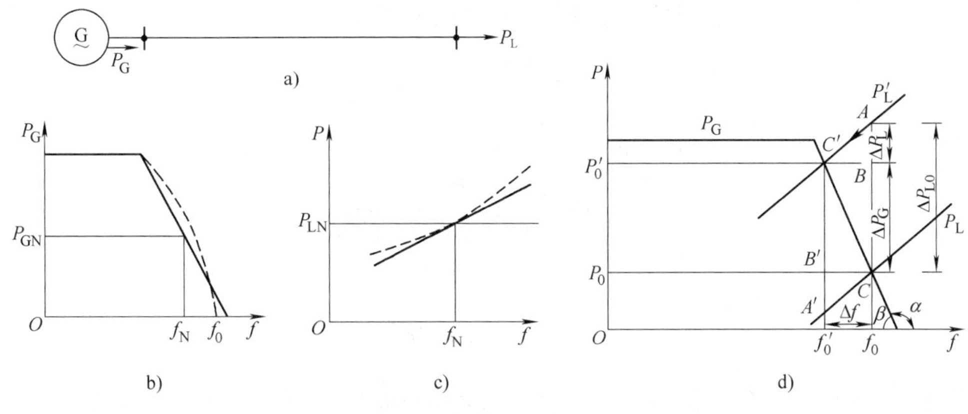

图 5-7　频率的一次调整

a）简化电力系统　b）电源的静态频率特性　c）负荷的静态频率特性　d）综合频率特性

设初始正常运行方式下负荷功率为 P_L，发电机组原动机的频率特性与负荷频率特性的交点就是系统的初始运行工作点，即图 5-7d 中 C 点。发电机运行在 C 点，发出的功率为

P_0，系统的频率为f_0。

当负荷功率突然增加时，如由 P_L 增加到 P_L'（$P_L' > P_L$），如图 5-7d 中 P_L'曲线。设负荷的性质不变，则负荷的频率特性突然向上移动 ΔP_{L0}，由于负荷突然增加时发电机组的功率不能及时随之变动，因而机组将减速，频率将下降。而在频率下降的同时，发电机组的功率将因它的调速器的一次调速作用而增大，图 5-7d 中运行点从 C 点沿原动机的频率特性向上转移。负荷的功率将因它本身的调节效应而减小，减小的趋势为图中运行点从 A 点沿负荷的频率特性向下转移。前者沿原动机的频率特性向上增大，后者沿负荷的频率特性向下减小，正好到 C'点二者相交，即负荷的频率特性和电源的频率特性相交。由于在一次调整过程中，发电功率 P_G 的增减都有一定的惯性，所以将在 C'点经过一系列的衰减振荡，最终稳定在 C'点，C'点即为新的运行工作点，对应的发电功率为 P_0'、频率为 f_0'。

由图 5-7d 可知，$\overline{CA} = \overline{CB} + \overline{AB}$，$\overline{CA}$对应于 ΔP_{L0}，ΔP_{L0}表示系统中负荷的增量。其中$\overline{CB}$对应于 ΔP_G，ΔP_G 表示因调速器的调整作用而增大的发电功率；$\overline{AB}$对应于 ΔP_L，ΔP_L 表示因负荷本身的调节效应而减小的负荷功率。可见，系统中的负荷增量等于发电机组因调速器的作用而增加的发电功率与负荷因频率下降而减小的功率之和。显然，此时的系统频率f_0'不等于原始值f_0，经过一次调整后，虽然使发电机组增发了功率，但也使系统频率有了误差。由图 5-7d 可知，发电机组原动机或电源频率特性的斜率为

$$K_G = \frac{\Delta P_G}{\Delta f} = -\tan\alpha \tag{5-3}$$

式中 K_G——发电机的单位调节功率［MW/Hz 或 MW/(0.1Hz)］。

K_G 的标幺值是

$$K_{G*} = \frac{\Delta P_G f_N}{P_{GN}\Delta f} = K_G \frac{f_N}{P_{GN}} \tag{5-4}$$

发电机的单位调节功率标志了随频率的升降，发电机组发出功率减少或增加的多寡。这个单位调节功率和机组的调差系数 $\sigma\%$ 有固定的关系。所谓机组的调差系数是以百分值表示的机组空载运行时的频率 f_0 与额定条件下运行时的频率 f_N 的差值，即

$$\sigma\% = \frac{f_0 - f_N}{f_N} \times 100$$

则发电机单位调节功率 K_G 与 $\sigma\%$ 的关系为

$$K_G = \frac{P_{GN}}{f_0 - f_N} = \frac{P_{GN}}{f_N \sigma\%} \times 100$$

从而

$$K_{G*} = \frac{1}{\sigma\%} \times 100 \tag{5-5}$$

调差系数 $\sigma\%$ 或与之对应的发电机的单位调节功率是可以整定的，一般整定为如下数值：

汽轮发电机组：$\sigma\% = 3\% \sim 5\%$ 或 $K_{G*} = 33.3 \sim 20$；

水轮发电机组：$\sigma\% = 2\% \sim 4\%$ 或 $K_{G*} = 50 \sim 25$。

而电力系统频率的一次调整问题主要与这个调差系数或与之对应的发电机的单位调节功率有关。

负荷的静态频率特性也有一个斜率

$$K_{\mathrm{L}}=\frac{\Delta P_{\mathrm{L}}}{\Delta f}=\tan\beta \tag{5-6}$$

式中　K_{L}——负荷的单位调节功率［MW/Hz 或 MW/(0.1Hz)］。

K_{L} 的标幺值是

$$K_{\mathrm{L}*}=\frac{\Delta P_{\mathrm{L}}f_{\mathrm{N}}}{P_{\mathrm{LN}}\Delta f}=K_{\mathrm{L}}\frac{f_{\mathrm{N}}}{P_{\mathrm{LN}}} \tag{5-7}$$

负荷的单位调节功率标志了随频率的升降负荷消耗功率增加或减少的程度。它的标幺值在数值上就等于额定条件下负荷的频率调节效应。所谓负荷的频率调节效应是指一定频率下负荷随频率变化的变化率

$$\frac{\mathrm{d}P_{\mathrm{L}*}}{\mathrm{d}f_{*}}=\frac{\Delta P_{\mathrm{L}*}}{\Delta f_{*}}=K_{\mathrm{L}*}$$

显然，负荷的单位调节功率或频率调节效应不能整定。电力系统综合负荷的单位调节功率 $K_{\mathrm{L}*}$ 大致为 1.5。

设系统的单位调节功率为 K_{S}，它应等于发电机的单位调节功率 K_{G} 与负荷的单位调节功率 K_{L} 之和。于是有

$$K_{\mathrm{S}}=K_{\mathrm{G}}+K_{\mathrm{L}}=\frac{\Delta P_{\mathrm{G}}+\Delta P_{\mathrm{L}}}{\Delta f}=\frac{\Delta P_{\mathrm{L0}}}{\Delta f} \tag{5-8}$$

系统的单位调节功率也可以用标幺值表示。以标幺值表示时的基准功率通常取为系统原始运行状况下的总负荷。系统的单位调节功率标志了系统负荷增加或减少时，在原动机调速器和负荷本身的调节效应共同作用下系统频率下降或上升的多寡。因此，从这个系统的单位调节功率 K_{S} 可以求取在允许的频率偏移范围内系统能承受多大的负荷增减。

为保证电能质量，缩小频率误差，希望系统的单位调节功率 K_{S} 大些，而负荷的单位调节功率不能整定，只有将发电机的单位调节功率 K_{G} 整定的大些。K_{G} 越大，曲线越陡。但实际上，提高电源频率特性曲线的陡度也很困难，因为系统中的发电机不是都能参加调频。假设 n 台机组能参加调频，则 n 台机组的单位调节功率为

$$K_{\mathrm{G}N}=K_{\mathrm{G1}}+K_{\mathrm{G2}}+\cdots+K_{\mathrm{G}n}=\sum_{i=1}^{n}K_{\mathrm{G}i}$$

n 台机组中，若有些机组因已满载而不能参加调整，能参加调频的机组小于 n 台，设仅有 m 台机组能参加调频，$m+1$，…，n 台机组不能调频时

$$K_{\mathrm{G}M}=K_{\mathrm{G1}}+K_{\mathrm{G2}}+\cdots+K_{\mathrm{G}m}=\sum_{i=1}^{m}K_{\mathrm{G}i}$$

显然

$$K_{\mathrm{G}N}>K_{\mathrm{G}M}$$

如将 $K_{\mathrm{G}N}$和 $K_{\mathrm{G}M}$换算为以 n 台机组的总容量为基准的标幺值，则这些标幺值的倒数就是全系统机组的等效调差系数，即

$$\frac{\sigma_{n}\%}{100}=\frac{1}{K_{\mathrm{G}N}}\qquad\frac{\sigma_{m}\%}{100}\ \frac{1}{K_{\mathrm{G}M}}$$

显然

$$\sigma_M\% > \sigma_N\%$$

由于上述两方面原因，使系统中总的发电机单位调节功率 K_G 不可能很大，从而系统的单位调节功率 K_S 也不可能很大。正因为这样，依靠调速器进行一次调整，只能限制周期较短、幅度较小的第一种负荷变动引起的频率偏移。当负荷变化的周期较长、幅度较大时，仅一次调整还不能保证频率偏移在允许的波动范围内，因而调频任务需要由调频器进行频率的二次调整来完成。

3. 频率的二次调整

如图 5-8 所示，一次调频的结果使工作点转移到 C'点，如果频率误差 $\Delta f' < \pm 0.2$Hz，系统可以继续运行；如果一次调整后 $\Delta f' > \pm 0.2$Hz，系统频率不满足电能质量的要求时，需要操作调频器进行二次调频，使由于负荷变动引起的频率偏移不超出允许范围。

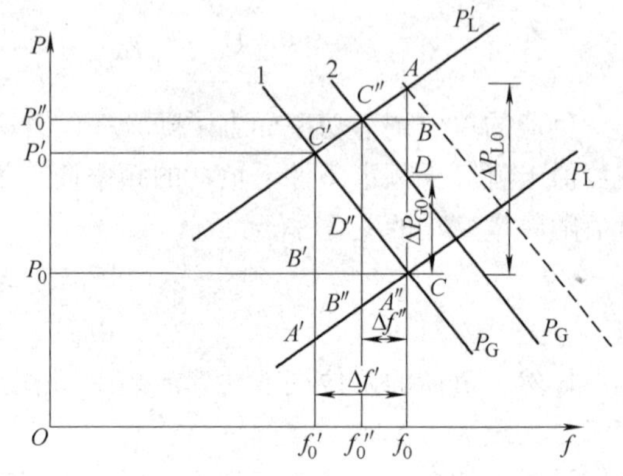

图 5-8　频率的二次调整

操作调频器使发电机组增发的功率为 ΔP_{G0}，如图 5-8 所示，使电源的频率特性向上右移，则运行点又将从 C'点移动至 C''点（曲线 1 平行移至曲线 2）。C''点即为二次调整后的系统运行工作点。C''点对应的功率为 P_0''、频率为 f_0''。可见经过二次调整后，可以供给负荷的功率由 P'增加到 P_0''（$P_0'' > P_0'$），且频率误差由 $\Delta f'$减小到 $\Delta f''$（$\Delta f'' < \Delta f'$）。显然，系统的运行质量提高了。

由图 5-8 可知，$\overline{CA} = \overline{CD} + \overline{DB} + \overline{AB}$，而$\overline{CA}$对应于系统中负荷增量 ΔP_{L0}。这个负荷增量 ΔP_{L0}可分解为三部分：一部分是由于进行二次调整发电机组增发的功率 ΔP_{G0}（图 5-8 中$\overline{CD}$）；另一部分是由于调速器的调整作用而增大的发电机组功率（图 5-8 中$\overline{DB}$）；第三部分仍是由于负荷本身的调节效应而减小的负荷功率（图 5-8 中$\overline{AB}$）。这里分析频率误差，为不失一般性，将 $\Delta f''$仍以 Δf 表示，因此

$$\Delta P_{L0} = \Delta P_{G0} + K_G \Delta f + K_L \Delta f$$

从而有

$$\Delta f = \frac{\Delta P_{L0} - \Delta P_{G0}}{K_G + K_L}$$

$$K_S = K_G + K_L = \frac{\Delta P_{L0} - \Delta P_{G0}}{\Delta f} \tag{5-9}$$

由此可知，有二次调整时与仅有一次调整时的区别仅在于因操作调频器而增发了一个功率 ΔP_{G0}，而正是由于发电机组增发了这部分功率，才使得系统频率的下降有所减小，负荷获得的功率有所增大。

二次调整的作用较（相比一次调整）大，但在实际运行中，不是所有的机组都能进行二次调频，只是选择很少的发电厂作为专门的调频厂，二次调频在调频厂进行。

如果调频厂不位于负荷的中心，则应避免调频厂与系统其他部分联系的联络线上的流通功率超出允许值，因而必须在调整系统频率的同时控制联络线上的流通功率。如图 5-9 所示 A、B 两个系统联合，K_A、K_B 分别为联合前 A、B 两系统的单位调节功率。设 A、B 两系统

均有进行二次调频的电厂，它们的功率变化量分别为 ΔP_{GA}、ΔP_{GB}；A、B 两系统的负荷变化量为 ΔP_{LA}、ΔP_{LB}。于是，在联合前：

对 A 系统有

$$\Delta P_{LA}-\Delta P_{GA}=K_A\Delta f_A \tag{5-10}$$

对 B 系统有

$$\Delta P_{LB}-\Delta P_{GB}=K_B\Delta f_B \tag{5-11}$$

图 5-9　两个系统联合

在联合后，全系统的频率变化量将一致，即有 $\Delta f_A=\Delta f_B=\Delta f$ 通过联络线由 A 向 B 输送的交换功率为 ΔP_{ab}，对 A 系统，可把这个交换功率看作是一个负荷功率，对 B 系统，可把这个交换功率看作是一个电源功率，从而有

$$\Delta P_{LA}+\Delta P_{ab}-\Delta P_{GA}=K_A\Delta f \tag{5-12}$$

$$\Delta P_{LB}-\Delta P_{ab}-\Delta P_{GB}=K_B\Delta f \tag{5-13}$$

将式（5-12）、式（5-13）相加，整理得

$$\Delta f=\frac{(\Delta P_{LA}-\Delta P_{GA})+(\Delta P_{LB}-\Delta P_{GB})}{K_A+K_B} \tag{5-14}$$

令 $\Delta P_{LA}-\Delta P_{GA}=\Delta P_A$，$\Delta P_{LB}-\Delta P_{GB}=\Delta P_B$，$\Delta P_A$、$\Delta P_B$ 分别为 A、B 两系统的功率缺额，于是

$$\Delta f=\frac{\Delta P_A+\Delta P_B}{K_A+K_B} \tag{5-15}$$

以此代入式（5-12）或式（5-13），可得

$$\Delta P_{ab}=\frac{K_A\Delta P_B-K_B\Delta P_A}{K_A+K_B} \tag{5-16}$$

由上可知，互联系统频率的变化取决于这个系统总的功率缺额和总的系统单位调节功率。联络线上的交换功率取决于两个系统的单位调节功率、二次调整的能力及负荷变化的情况。当交换功率超过线路允许的范围时，即使互联系统具有足够的二次调整能力，由于受联络线交换功率的限制，系统频率也不能保持不变。

4. 调频厂的选择

由于系统频率的调整主要是由调频厂负责调整，所以调频厂的选择是很重要的，所选择的调频厂必须满足以下要求：

1）具有足够的调整容量。

2）具有较快的调整速度。

3）调整范围内的经济性能较好。

自动发电控制 AGC简介

关于调频厂的调整容量：火电厂的可调容量受锅炉、汽轮机的技术最小负荷的限制，其中汽轮机的技术最小负荷约为额定容量的 10% ~15%；锅炉的技术最小负荷约为额定容量的 25%（中温中压）~70%（高温高压），对锅炉来讲，可调容量仅为额定容量的 75%（中温中压）~30%（高温高压）。水电厂的可调容量既受向下游释放水量的限制，又受水轮机技术最小负荷的限制，而这两个限制条件又因各水电厂具体条件的不同而不同。一般情况下，水电厂的可调容量大于火电厂的可调容量。

关于调频厂的调整速度：火电厂中，负荷急剧变动将使锅炉、汽轮机受损伤，或因燃烧不稳定而熄灭。负荷变动时，锅炉随之变化得较快，汽轮机随之变化得较慢。所以，火电厂

中限制调整速度的主要是汽轮机的进汽量，负荷变动时，汽轮机速度较慢，而且频繁的开关汽门将造成很大的浪费。而水电厂中限制调整速度的是水轮机的进水量，但水轮机当负荷变动时随之而变的速度很快（比汽轮机快得多），而且损耗小。

因此，从可调容量和调整速度这两个基本要求出发，一般系统中有水电厂时，应选水电厂作为调频厂。若水电厂的调整容量不够或没有水电厂时，则可选中温中压的火电厂作为调频厂。

5.2 电力系统中有功功率负荷的优化和分配

电力系统中有功功率负荷的最优分配，实际属于对第三种负荷的调整问题。电力系统中有功功率最优分配的目标是：在满足一定约束条件的前提下，尽可能使电能在产生的过程中消耗的能源最少。要想实现功率的经济分配，就必须首先考虑各类发电厂的运行特点及各发电设备的经济特性。

电力系统中的发电厂，目前主要有火力发电厂、水力发电厂及核能发电厂三类。它们的运行特点分别是：

1）火力发电厂：在运行中需要消耗燃料，并要占用国家的运输能力，它的运行不受自然条件的影响；设备的效率与蒸汽参数有关，高温高压设备的效率高，其次是中温中压设备，效率最低的是低温低压设备；锅炉和汽轮机都有一个最小技术负荷，因此有功出力的调整范围比较小；负荷的增减速度慢，机组的投入和退出所需时间长，且消耗能量多。

2）水力发电厂：在运行中不需消耗燃料，因此，其发电成本比火力发电厂大为降低；运行因水库调节性能的不同，容易受自然条件的影响；水轮发电机的出力调整范围较宽，负荷增减速度相当快，机组的投入和退出灵活，操作简便安全；为综合利用水能，保证河流下游的灌溉、通航等，必须向下游释放一定水量，与这部分水量相对应的发电功率也是强迫功率，它不一定能同系统负荷的需要相一致，因此只有在火力发电厂的适当配合下，才能充分发挥水力发电厂的经济效益。

3）核能发电厂：与火力发电厂相比，一次投资大，运行费用小，运行中不宜带急剧变动的负荷；反应堆和汽轮机组的退出和投入运行都很费时，且要增加能量的消耗；其最小负荷主要取决于汽轮机，约为额定负荷的10%～15%。

各类发电设备的经济特性是不一样的，例如，电热联合生产的供热式汽轮发电机每生产1kW·h的电能所消耗的燃料（煤），比凝汽式汽轮发电机组要少得多。此外，即使对同一个发电机组而言，它的燃料消耗也随着它所带的负荷大小而变化。一般而言，发电机组在70%～80%额定负荷下运行最为经济，耗能最低，这是因为在设计制造时已考虑到发电机组在一年中大致以70%～80%的额定负荷运行的小时数最多。所谓发电设备的经济特性，是与发电设备的耗量特性有关的问题。

5.2.1 发电机组的耗量特性和耗量微增率

发电设备单位时间内消耗的能源与发出有功功率的关系，即发电设备输入与输出的关系，称为耗量特性，如图5-10所示。图中纵坐标表示单位时间内消耗的燃料 F（标准煤），单位为t/h，或表示单位时间内消耗的水量 W，单位为 m^3/s；横坐标为发电功率 P_G，单位为 kW 或 MW。

耗量特性曲线上某一点 i 纵坐标与横坐标的比值，即单位时间内输入能量与输出功率之比，称为比耗量，以 μ_i 表示，即

$$\mu_i=\frac{F_i}{P_{Gi}}\text{或}\mu_i=\frac{W_i}{P_{Gi}} \tag{5-17}$$

显然从几何意义上，μ_i 是耗量特性曲线上某一点 i 与坐标原点连线的斜率。

评价各发电机组的经济特性，常常用到耗量特性曲线上某一点纵坐标与横坐标的增量比，称为耗量微增率，以 λ 表示。耗量微增率 λ 是单位时间内输入能量增量与输出功率增量的比值。图 5-10 中 i 点的耗量微增率为

$$\lambda_i=\frac{\Delta F_i}{\Delta P_{Gi}}=\frac{dF_i}{dP_{Gi}} \tag{5-18}$$

λ_i 值越小，经济特性越好。由图 5-10 可见，λ_i 从几何意义看，是耗量特性曲线上某一点 i 切线的斜率。而 λ 与 P_G 的关系可用耗量微增率曲线来表示。根据 λ 的定义，该曲线可由耗量特性曲线上的各点切线斜率绘出，如图 5-11 所示。

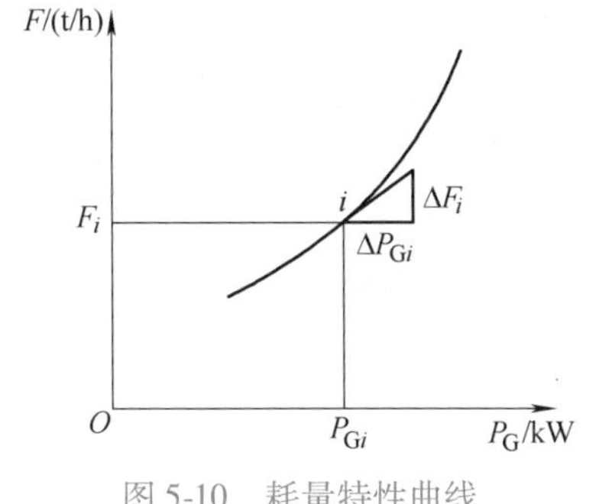

图 5-10　耗量特性曲线

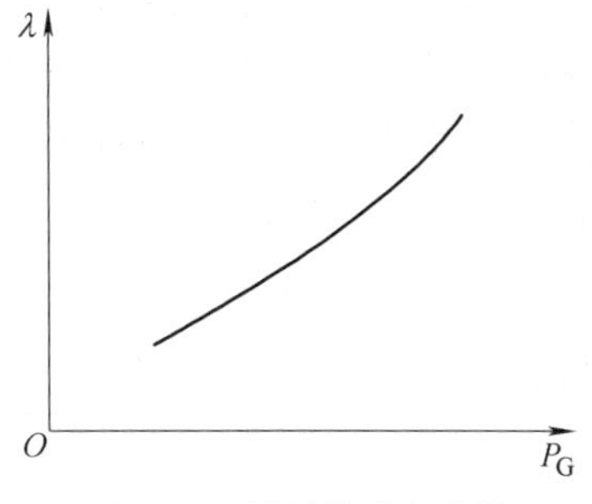

图 5-11　耗量微增率曲线

5.2.2　等耗量微增率准则

电力系统中有功功率负荷最优分配的目的在于满足对一定负荷持续供电的前提下，尽可能使电能在产生的过程中消耗的能源最少。所以在明确了有功功率负荷的大小和耗量特性、系统中有一定备用容量的前提下，就可以考虑这些负荷在已运行的发电设备或发电厂之间的优化分配问题。要想使负荷达到最优分配，应找出负荷最优分配的原则。为找出这样一个原则，需要首先建立目标函数，而且随着电厂的类型不同，建立的目标函数也不同。这里，为简便分析，仅考虑火电厂之间的功率最优分配。

火力发电厂的能量消耗主要是燃料消耗，而燃料的消耗主要与发电机组输出的有功功率 P_G 有关，与输出的无功功率 Q_G 及电压 U_G 等其他运行参数的关系较小，故第 i 个发电机组单位时间内消耗的燃料可表示为

$$F_i=F(P_{Gi}) \tag{5-19}$$

式中　F_i——第 i 台机组的耗量函数（t/h）。

在 n 台机组的系统中，整个系统单位时间内所消耗的燃料可表示为

$$F=\sum_{i=1}^{n}F_i=F_1(P_{G1})+F_2(P_{G2})+\cdots+F_n(P_{Gn}) \tag{5-20}$$

式中　F——整个系统的耗量函数（t/h）。

由式（5-20）可见，整个系统的耗量函数即是系统中各台机组的耗量函数之和。若以这个耗量函数 F 作为目标函数，该目标函数还应满足一定的约束条件。根据电能不能大量储存的特点，系统功率平衡关系为

$$\sum_{i=1}^{n} P_{Gi} = \sum_{j=1}^{m} P_{Lj} + \Delta P_{\Sigma} \tag{5-21}$$

可将式（5-21）作为目标函数的等约束条件。式（5-21）中 ΔP_{Σ} 为网络损耗功率。若忽略 ΔP_{Σ}，则有

$$\sum_{i=1}^{n} P_{Gi} = \sum_{j=1}^{m} P_{Lj} \tag{5-22}$$

目标函数除了满足一定的等约束条件之外，还应满足一定的不等约束条件。不等约束条件为

$$\begin{cases} P_{Gi\min} \leqslant P_{Gi} \leqslant P_{Gi\max} \\ Q_{Gi\min} \leqslant Q_{Gi} \leqslant Q_{Gi\max} \\ U_{Gi\min} \leqslant U_{Gi} \leqslant U_{Gi\max} \end{cases} \quad (i=1,\ 2,\ \cdots,\ n) \tag{5-23}$$

下面以两台机组供给一个负荷为例，讨论在满足等约束条件和不等约束条件的前提下，使目标函数最优的问题。如图 5-12 所示，两台机组供电系统，其目标函数为

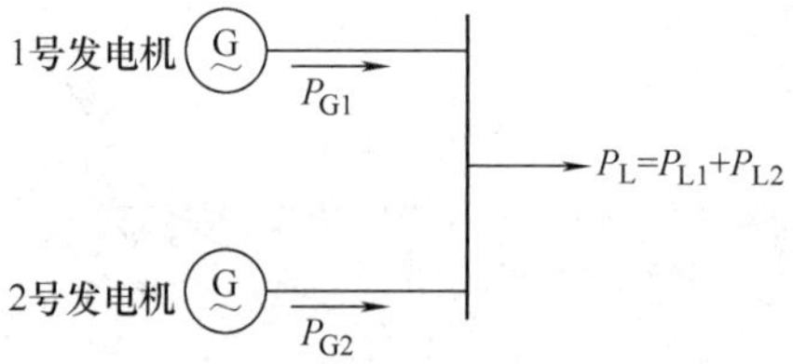

图 5-12　两台机组供电系统

$$F(P_{G1},P_{G2}) = F_1(P_{G1}) + F_2(P_{G2})$$

等约束条件为

$$f(P_{G1},P_{G2}) = P_{G1} + P_{G2} - P_L = P_{G1} + P_{G2} - P_{L1} - P_{L2} = 0$$

为求满足等约束条件 $f(P_{G1},\ P_{G2}) = 0$ 时目标函数 $F(P_{G1},\ P_{G2})$ 的最小值，在数学上，可根据给定的目标函数和等约束条件建立一个新的不受约束的目标函数——拉格朗日函数

$$\begin{aligned} C^* &= C(P_{G1},P_{G2}) - \lambda f(P_{G1},P_{G2}) \\ &= F_1(P_{G1}) + F_2(P_{G2}) - \lambda(P_{G1} + P_{G2} - P_{L1} - P_{L2}) \end{aligned} \tag{5-24}$$

为求拉格朗日函数 C^* 的最小值，应先求出函数对各变量的偏导数，然后令偏导数等于零。由于拉格朗日函数中有三个变量 P_{G1}、P_{G2}、λ，求它的最小值时应有三个条件，即

$$\frac{\partial C^*}{\partial P_{G1}} = 0,\ \frac{\partial C^*}{\partial P_{G2}} = 0,\ \frac{\partial C^*}{\partial \lambda} = 0$$

而这三个条件就是

$$\frac{\partial C^*}{\partial P_{G1}} = \frac{\partial}{\partial P_{G1}} F(P_{G1},P_{G2}) - \lambda \frac{\partial}{\partial P_{G1}} f(P_{G1},P_{G2}) = \frac{\mathrm{d}F_1(P_{G1})}{\mathrm{d}P_{G1}} - \lambda = 0 \tag{①}$$

$$\frac{\partial C^*}{\partial P_{G2}} = \frac{\partial}{\partial P_{G2}} F(P_{G1},P_{G2}) - \lambda \frac{\partial}{\partial P_{G2}} f(P_{G1},P_{G2}) = \frac{\mathrm{d}F_2(P_{G2})}{\mathrm{d}P_{G2}} - \lambda = 0 \tag{②}$$

$$\frac{\partial C^*}{\partial \lambda} = -P_{G1} - P_{G2} + P_{L1} + P_{L2} = 0 \tag{③}$$

从式①得

$$\lambda = \frac{dF_1(P_{G1})}{dP_{G1}} = \lambda_{G1} \quad \text{（1 号发电机的耗量微增率）}$$

从式②得

$$\lambda = \frac{dF_2(P_{G2})}{dP_{G2}} = \lambda_{G2} \quad \text{（2 号发电机的耗量微增率）}$$

从式③得

$$P_{G1} + P_{G2} = P_{L1} + P_{L2} \quad \text{（等约束条件）}$$

由以上看出，1、2 号发电机的耗量微增率是相等的，即

$$\lambda = \lambda_{G1} = \lambda_{G2} \tag{5-25}$$

这就是著名的等耗量微增率准则。对应这个准则所求得的 1、2 号发电机的功率 P_{G1}、P_{G2}为最小值，消耗的能源也最少。此种情况下的功率分配最经济，且能满足等约束条件。如果也能满足不等约束条件，那么，这种分配方案一定为最优。如上的分析方法和结论可推广运用于更多发电厂之间的负荷分配。对于 n 台机组的系统：

目标函数

$$F(P_{G1}, P_{G2}, \cdots, P_{Gn}) = F_1(P_{G1}) + F_2(P_{G2}) + \cdots + F_n(P_{Gn})$$

等约束条件

$$f(P_{G1}, P_{G2}, \cdots, P_{Gn}) = 0$$

拉格朗日函数

$$C^* = F(P_{G1}, P_{G2}, \cdots, P_{Gn}) - \lambda f(P_{G1}, P_{G2}, \cdots, P_{Gn})$$

等耗量微增率

$$\lambda_{G1} = \lambda_{G2} = \cdots = \lambda_{Gn} = \lambda \tag{5-26}$$

若按等耗量微增率准则分配负荷，所得的 P_{G1}、P_{G2}、…、P_{Gn}为最小，这种分配方案最经济、最合理。

【例 5-1】 某发电厂有两台发电设备，其耗量特性（数值方程）F_1(t/h) 和 F_2(t/h) 分别为

$$F_1 = 3 + 0.3P_{G1} + 0.002P_{G1}^2$$

$$F_2 = 5 + 0.3P_{G2} + 0.003P_{G2}^2$$

两台发电设备的额定容量均为 100MW，而最小可发有功功率均为 30MW，若该厂承担负荷为 150MW，试求负荷在两发电设备间的最优分配方案。

解 两台发电设备的耗量微增率分别为

$$\lambda_1 = \frac{dF_1}{dP_{G1}} = 0.3 + 0.004P_{G1}$$

$$\lambda_2 = \frac{dF_2}{dP_{G2}} = 0.3 + 0.006P_{G2}$$

按等耗量微增率准则 $\lambda_1 = \lambda_2$ 分配负荷，有

$$0.3 + 0.004P_{G1} = 0.3 + 0.006P_{G2} \tag{①}$$

而等约束条件为

$$P_{G1} + P_{G2} = 150 \tag{②}$$

联立式①、式②，求解 P_{G1}、P_{G2}：把 $P_{G2}=150-P_{G1}$代入式①有

$$0.3+0.004P_{G1}=0.3+0.006(150-P_{G1})$$

$$0.004P_{G1}=0.9-0.006P_{G1}$$

$$0.01P_{G1}=0.9$$

于是解得

$$P_{G1}=90\text{MW},\ P_{G2}=60\text{MW}$$

此分配方案符合等耗量微增率准则，即满足等约束条件，也满足不等约束条件（$30<90<100$、$30<60<100$），因此，可作为最优分配方案。

小　结

电力系统的频率与有功功率密切相关，为保持系统频率在允许的波动范围之内，则系统中应有足够的有功功率电源，并得到合理的利用。本章主要讨论电力系统中有功功率负荷的最优分配和频率调整。

电力系统应时刻保持有功功率的平衡，当电力系统发出的有功功率之和大于电力系统消耗的有功功率之和时，电力系统频率会上升；反之，电力系统频率就会下降。所以电力系统要留有一定的备用容量，一般可分为负荷备用、事故备用、检修备用和国民经济备用。

有功功率-频率控制包括频率的一、二、三次调整。

频率的一次调整是系统中所有发电机组都要承担的调整任务，依靠调速器完成，只能做到有差调节。一次调整的频率偏移是 $\Delta f=-\Delta P_{L0}/K_S$。

频率的二次调整，即通常所谓的频率调整，只是系统中被选出的调频发电机组应承担的调整任务，依靠调频器完成，可以做到无差调节。二次调整的频率偏移为 $\Delta f=-(\Delta P_{L0}-\Delta P_{Gn0})/K_S$。为避免系统间联络线的过负荷，应对联络线上的交换功率进行监视和调整。交换功率的变化量为

$$\Delta P_{ab}=\frac{K_A(\Delta P_{LB}-\Delta P_{GB})-K_B(\Delta P_{LA}-\Delta P_{GA})}{K_A+K_B}$$

频率的三次调整是系统中所有按给定负荷曲线发电的发电机组分担的调整任务。该任务的分配以系统总耗量最小为目标，受约束于系统中有功、无功功率都必须保持平衡以及各类变量都不得逾越一定的限额。

负荷最优分配的基本准则是等耗量微增率准则

$$\frac{dF_1(P_{G1})}{dP_{G1}}=\frac{dF_2(P_{G2})}{dP_{G2}}=\cdots=\frac{dF_n(P_{Gn})}{dP_{Gn}}=\lambda$$

思　考　题

5-1　发电厂主要有哪几类？各类电厂有什么特点？排列各类发电厂承担负荷最优顺序的原则是什么？

5-2　电力系统有功功率平衡的目的是什么？如何进行有功功率平衡？

5-3　电力系统的备用容量有哪些？如何确定发电厂的装机容量？

5-4　什么是电力系统负荷的有功功率-频率静态特性？什么是发电机组的有功功率-频率静态特性？

5-5　发电机的单位调节功率与负荷的单位调节功率及系统的单位调节功率是什么关系？

5-6 电力系统的一次调频、二次调频、三次调频有什么区别?

5-7 调频厂的选择原则是什么?

5-8 有功功率负荷最优分配的目的是什么?

5-9 什么是机组的耗量特性、比耗量和耗量微增率?比耗量和耗量微增率的单位相同，但其物理意义有何不同?

5-10 什么是等耗量微增率准则?

习　题

5-1 在一个不计网损仅有 n 台汽轮发电机组组成的系统中，设整个系统每小时的消耗燃料分别为 $F=F_1(P_{G1})+F_2(P_{G2})+\cdots+F_n(P_{Gn})$，其整个系统消耗的有功功率为 P_L，试推证等耗量微增率准则:

$$\frac{dF_1(P_{G1})}{dP_{G1}}=\frac{dF_2(P_{G2})}{dP_{G2}}=\cdots=\frac{dF_n(P_{Gn})}{dP_{Gn}}$$

5-2 写出如图 5-13 所述系统在不计网损、不考虑不等约束条件时，有功功率最优分配的目标函数、拉格朗日函数，并推导出有功功率最优分配时的准则。A、B 均为火力发电厂，P_L 为负荷点的负荷?

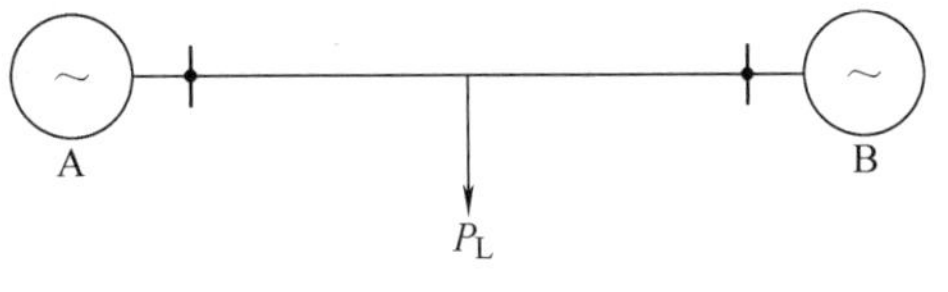

图 5-13　习题 5-2 图

5-3 两台额定容量为 54MW，额定频率为 50Hz 的发电机共同承担负荷，它们的调差系数分别为 4.5% 和 3.6%，若它们空载并列运行，其频率为 50Hz，求：两台发电机共同承担 90MW 负荷时，系统频率及每台发电机发出的功率是多少?

5-4 A、B 两系统并列运行，当 A 系统负荷增大 500MW 时，B 系统向 A 系统输送的交换功率为 300MW，如果这时将联络线切除，则切除后 A 系统的频率为 49Hz，B 系统频率为 50Hz，求：①A、B 两系统的单位调节功率 K_A 和 K_B；②A 系统负荷增大 750MW，联合系统的频率变化量。

5-5 设电力系统中各发电机组的容量和它们的单位调节功率标幺值为:

水轮机组：100MW/台 ×2 台，$K_{G*}=25$

汽轮机组：300MW/台 ×3 台，$K_{G*}=16$

负荷的单位调节功率 $K_{L*}=1.5$，系统总负荷为 1000MW，试计算：1）全部机组都参加调频时；2）汽轮机组已满载，仅水轮机组参加调频时的电力系统的单位调节功率和频率下降 0.2Hz 系统能够承担的负荷增量。

5-6 A、B 和 C 三个系统联合运行，如图 5-14 所示。三个系统的单位调节功率分别为 $K_A=300$MW/Hz、$K_B=500$MW/Hz、$K_C=400$MW/Hz。如果 A 系统负荷增加 100MW，B 系统二次调频增发 40MW、C 系统二次调频增发 20MW，求：系统频率变化量和两条联络线交换功率变化量。

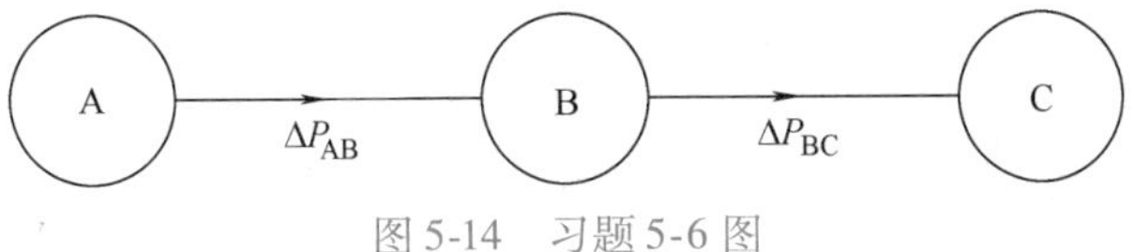

图 5-14　习题 5-6 图

5-7 某电力系统发电机的单位调节功率为 K_G，负荷的单位调节功率为 K_L，系统稳定运行于频率 f_0。若系统的负荷增加 ΔP_{L0}，发电机二次调频增发有功功率 ΔP_{G0}。推导电力系统新的稳定运行频率 f_1 的计算公式。

5-8 如图 5-15 所示的两个子电力系统通过联络线互联，正常运行时 $\Delta P_{AB}=0$，各子系统的额定容量和一次调频单位调节功率及负荷增量如下:

A 系统：额定容量 1500MW，$K_{GA}=800$MW/Hz，$K_{LA}=50$MW/Hz，$\Delta P_{LA}=100$MW

B 系统：额定容量 2000MW，$K_{GB}=800$MW/Hz，$K_{LB}=40$MW/Hz，$\Delta P_{LB}=50$MW

求在下列情况下频率的变化量和联络线功率 ΔP_{AB}

1）只有 A 系统参加一次调频，而 B 系统不参加一次调频。

2）A、B 两子系统都参加一次调频。

3）A、B 两子系统都增发 50MW（二次调频），且都有一次调频。

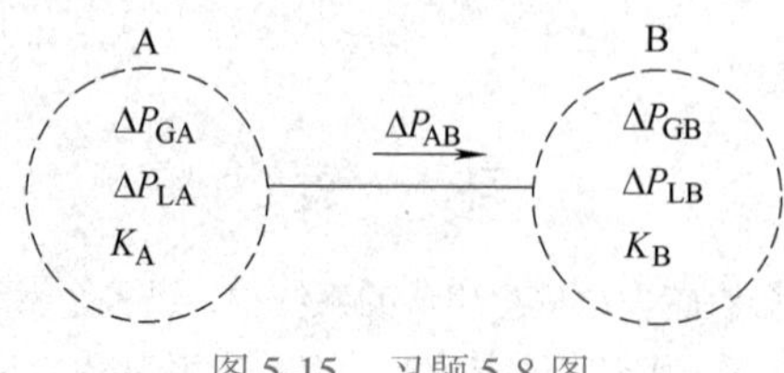

图 5-15　习题 5-8 图

第6章　电力系统的无功功率和电压调整

电力系统中的电压是衡量电能质量的另一个重要指标。保证供给用户的电压与其额定值的偏移不超过规定的数值是电力系统运行调整的基本任务之一。从前面分析可知，电力系统中的电压与系统中的无功功率密切相关，为保证系统的电压水平，系统中应有充足的无功功率电源。本章主要分析无功功率与电压的关系，以及对电压的调整问题。

6.1　电力系统无功功率的平衡

电力系统的电压水平决定于系统的无功功率平衡情况，因此首先对无功功率负荷、网络的无功功率损耗及各种无功功率电源的特点作一些说明（假设系统的频率维持在额定值不变）。

6.1.1　无功功率负荷和无功功率损耗

1. 无功功率负荷

电力系统的负荷包括异步电动机、同步电动机、电炉、整流设备及照明灯具等。一般系统负荷的功率因数约为0.6~0.9。当系统频率一定时，负荷功率（包括有功和无功功率）随电压而变化的关系称为负荷的静态电压特性。由于在电力系统的负荷中，异步电动机占较大的比重，而且异步电动机消耗无功功率较多，可以说，系统中大量的无功功率负荷是异步电动机，因此，综合负荷的无功静态电压特性，主要取决于异步电动机的无功静态电压特性。

异步电动机从电网吸收的无功功率主要用于以下两部分：一部分是消耗在漏抗上的无功功率 Q_x；另一部分是作为励磁的无功功率 Q_μ。根据图6-1所示的异步电动机的等效电路，可以得到这两部分无功功率为

$$Q_x \approx 3I_1^2(X_1 + X_2') \tag{6-1}$$

$$Q_\mu \approx \frac{U_1^2}{X_\mu} \tag{6-2}$$

由式（6-1）、式（6-2）可见，它们都是电压的函数。

对于 Q_x，当外加电压升高时，由于转动力矩增大，会使转差率 s 减小，电动机的等效电阻 $\frac{r_2'}{s}$ 增大，所以电动机电流减小，于是 Q_x 减小，即 $U_1\uparrow \rightarrow s\downarrow \rightarrow \frac{r_2'}{s}\uparrow \rightarrow I_1\downarrow \rightarrow Q_x\downarrow$。对于 Q_μ，显然是随电压的升高而增大，但由于励磁电抗 X_μ 与电动机的饱和特性有关，随电压的升高，电动机的饱和程度越大，磁

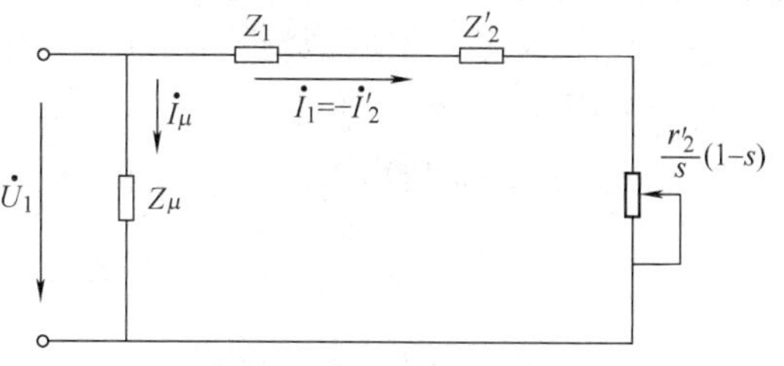

图6-1　异步电动机的等效电路

导率 μ 下降，X_{μ} 减小，所以 Q_{μ} 随电压的升高而很快增大。

异步电动机无功功率特性如图 6-2 所示。由图可见，要保持负荷的电压水平，就得供给负荷所需要的无功功率，只有当系统有能力供给足够的无功功率时，负荷的端电压才能维持在正常的水平。如果系统的无功功率电源容量不足，负荷的端电压将被迫降低，所以维持电力系统的电压水平与无功功率之间有着不可分割的关系。

电力系统综合无功功率负荷的静态电压特性如图 6-3 所示，曲线的变化趋势与异步电动机的静态电压特性相似。它的特点是：当电压略低于额定值时，无功功率随电压下降较为明显；当电压下降幅度较大时，无功功率减小的程度逐渐变小。

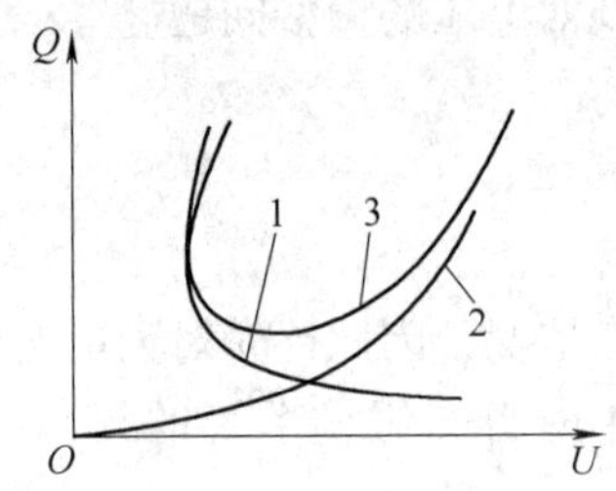

图 6-2　异步电动机无功功率特性
1—Q_x　2—Q_{μ}　3—Q_x+Q_{μ}

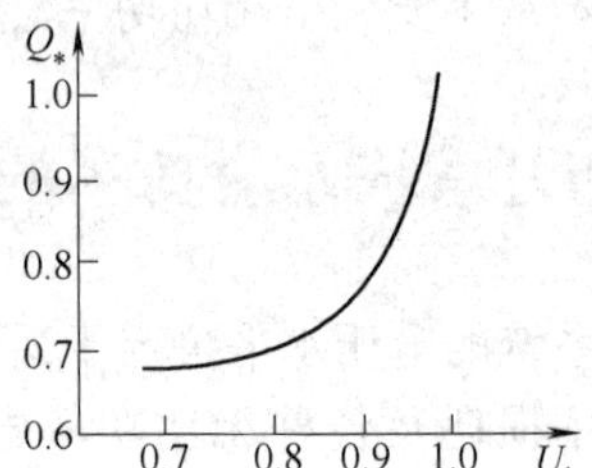

图 6-3　综合无功功率负荷的静态电压特性

2. 变压器的无功功率损耗

变压器的无功功率损耗包括两部分：一部分为励磁损耗 ΔQ_0，与变压器的负荷大小无关，可表示为

$$\Delta Q_0=\frac{I_0\%}{100}S_{\rm N} \tag{6-3}$$

励磁损耗的百分数基本上等于空载电流百分数 $I_0\%$，即 $\Delta Q_0\%\approx I_0\%=1\sim2$。

另一部分为电抗上的无功损耗 $\Delta Q_{\rm k}$，与变压器的负荷大小有关，可表示为

$$\Delta Q_{\rm k}=\frac{U_{\rm k}\%}{100}S_{\rm N}\left(\frac{S}{S_{\rm N}}\right)^2 \tag{6-4}$$

在变压器额定负荷时，电抗上无功功率损耗的百分值约与阻抗电压百分值 $U_{\rm k}\%$ 相等，即 $\Delta Q_{\rm k}\%\approx U_{\rm k}\%=10\sim14$。

因此，对单个变压器，无功功率损耗约为它满载时额定容量的 12%，但对多电压等级的网络，变压器的无功功率损耗就相当可观。

3. 电力线路的无功功率损耗

电力线路的无功功率损耗也可分为两部分，即并联电纳中的无功功率损耗和串联电抗中的无功功率损耗。

并联电纳中的无功功率损耗 ΔQ_b 可表示为

$$\Delta Q_b=-U^2\ \frac{B}{2} \tag{6-5}$$

可见，并联电纳中的无功功率与线路电压的二次方成正比，呈容性，又称为线路的充电功率。

而串联电抗中的无功功率损耗 ΔQ_x 可表示为

$$\Delta Q_x = I^2 X = \frac{P^2 + Q^2}{U^2} X \tag{6-6}$$

串联电抗中的无功功率与负荷电流的二次方成正比，呈感性。

以上两部分无功功率的总和反映线路上的无功功率损耗。如果容性大于感性，则向系统输送无功；如果感性大于容性，则向系统吸收无功。因此，电力线路究竟是损耗无功还是发无功，则需要按具体情况作具体的分析、计算。

6.1.2 无功功率电源

电力系统的无功功率电源，除了发电机外，还有同步调相机、静止电容器和静止补偿器。这三种装置又称为无功补偿装置。

1. 发电机

发电机既是最基本的有功功率电源，同时也是最基本的无功功率电源。在正常运行时，其定子电流和转子电流都不应超过额定值。在额定状态下运行时，发电机容量得到最充分的利用。

设发电机额定视在功率为 S_N，额定有功功率为 P_N，额定功率因数为 $\cos\varphi_N$，则发电机在额定状态下运行时，可发出的额定无功功率为

$$Q_N = S_N \sin\varphi_N = \frac{P_N}{\cos\varphi_N}\sin\varphi_N = P_N \tan\varphi_N \tag{6-7}$$

现在讨论发电机在非额定功率因数下运行时可能发出的有功和无功范围。

图 6-4 所示为发电机的运行极限图。图中，$\overline{O'O}$代表发电机的额定端电压 $\dot{U}_N$，$\overline{O'a}$代表发电机的额定定子电流 $\dot{I}_N$，$\overline{O'O}$和$\overline{O'a}$之间的夹角为额定功率因数角 φ_N。$\overline{O'B}$则表示额定运行方式下的空载电动势 $\dot{E}_{qN}$。$\overline{O'B}$的长度即代表发电机额定运行方式下的空载电动势 E_{qN}，也可以按一定比例表示发电机的额定励磁电流 I_{fN}。$\overline{OB}$的长度代表发电机定子额定全电流 $\dot{I}_N$ 与 X_d 的乘积，它可以一定比例代表发电机的额定视在功率 S_N。相应地，$\overline{OB}$在纵横轴的投影$\overline{OC} = \overline{OB}\cos\varphi_N$、$\overline{Ob} = \overline{OB}\sin\varphi_N$ 可分别以一定比例代表发电机的额定有功功率 P_N 和额定无功功率 Q_N。

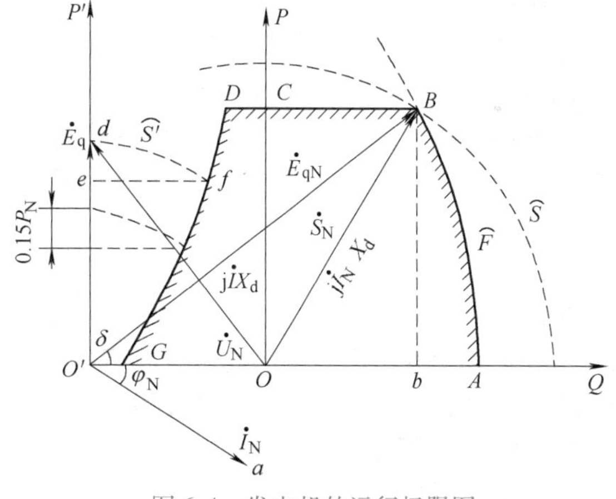

图 6-4 发电机的运行极限图

发电机以低于额定功率因数运行时，如从定子电流（也即视在功率）不超过额定值的要求出发，以 O 为圆心，$\overline{OB}$为半径作圆弧 $\widehat{S}$，同时励磁电流（也即空载电动势）也不能超过额定值，其运行点又不能越出以 O'点为圆心，$\overline{O'B}$为半径所作的圆弧 $\widehat{F}$。

发电机以高于额定的功率因数运行时，励磁电流的大小不再是限制条件，因与发电机配套的原动机功率总约与其额定有功功率 P_N 相等，则原动机功率也成了限制条件。这时发电

机的运行点将不能越出图 6-4 中的直线$\overline{BC}$。

发电机以超前功率因数运行时，定子电流和励磁电流的大小都不再是限制条件，并列运行的稳定性成了限制条件。当发电机直接和无限大容量母线相连时，图 6-4 中直线$\overline{O'P'}$表示其并列运行的稳定性所决定的限制条件，发电机抵达这个极限运行状况时，空载电动势和端电压之间的相位角——功率角 δ 将达 90°，连接相量 $\dot{U}_N$ 和 $\dot{E}_q$ 端点的直线$\overline{Od}$（$j\dot{I}X_d$）将代表这种情况下的视在功率，它在纵、横轴上的投影$\overline{O'd}$和$\overline{O'O}$分别代表相应的有功、无功功率。若需要保证一定的稳定储备，则要有一定的储备容量，因此，可将发电机的有功功率适当减小，例如，减小 $0.15P_N$，即由$\overline{O'd}$减小为$\overline{O'e}$。但空载电动势不应因此而减小，即其运行点应仍位于与原始 E_q 对应的圆弧 $\widehat{S}'$ 上，这个运行点就是从点 e 作平行于横轴的直线与圆弧 $\widehat{S}'$ 的交点 f。取不同的空载电动势值为半径，以点 O' 为圆心作一系列类似 $\widehat{S}'$ 的圆弧，可得一系列类似 f 的运行点，连接这些运行点的曲线 DG 就是保证并列运行稳定性的极限。

综上可得图 6-4 中所示的发电机运行极限，其中，线段$\overline{AB}$表示励磁电流限制条件；线段$\overline{BD}$表示原动机功率的限制条件；线段$\overline{DG}$表示并列运行稳定性的限制条件。应该指出，这种运行极限图是以不计发电机铁心饱和为前提绘制的。

由上分析可知，发电机供给的无功功率不是无限可调的，当发电厂距用户较远时，无功功率所引起的线损较大，这种情况下，则应在用户中心设置补偿装置。

2. 同步调相机

同步调相机实质上是只发无功功率的同步发电机，它在过励运行时向系统供给无功功率，欠励运行时从系统吸取无功功率。因此改变同步调相机的励磁，可以平滑地改变它的无功功率的大小及方向，从而平滑地调节所在地区的电压。但在欠励状态下运行时，其容量约为过励运行时额定容量的 50% ~60%。

同步调相机可以装设自动励磁调节装置，能自动地在系统电压降低时增加输出无功功率以维持系统电压。在有强行励磁装置时，在系统故障情况下也能调节系统电压，有利于系统稳定运行。

但同步调相机在运行时要产生有功功率损耗，一般在满负荷运行时，有功功率损耗为额定容量的 1.5% ~3%，容量越小，所占的比重越大，在轻负荷时，这一比例数也要增大。从建设投资费用看，小容量的同步调相机每千伏安的费用大，故同步调相机适用于大容量集中使用。此外，同步调相机为转动设备，维护工作量相对较大。

3. 静止电容器

静止电容器只能向系统供给无功功率，它可以根据需要由许多电容器连接成组。因此，静止电容器组的容量可大可小，既可集中使用，又可分散使用，使用起来比较灵活。静止电容器在运行时的功率损耗较小，约为额定容量的 0.3% ~0.5%。

电容器所供出的无功功率 Q_C 与其端电压 U 的二次方成正比，即

$$Q_C = \frac{U^2}{X_C} \tag{6-8}$$

式中　X_C——电容器的容抗。

故当节点电压下降时，它供给系统的无功功率也将减小，导致系统电压水平进一步下降，这是其不足的地方。

4. 静止补偿器

静止补偿器由电力电容器与电抗器并联组成。电容器可发出无功功率，电抗器可吸收无功功率，两者结合起来，再配以适当的调节装置，就成为能够平滑地改变输出（或吸收）无功功率的静止补偿器。

静止补偿器有很多类型，目前较为完善的有直流助磁饱和电抗器型、晶闸管控制电抗器型、自饱和电抗器型三种，如图 6-5 所示。这三种补偿器都有两个支路，左侧支路为电抗器支路，右侧支路为电容器支路。它们的共同点是其中的电容器支路，既为同步频率下感性无功功率的电源，又因电容 C 与电感 L_f 串联构成谐振回路，并作高次谐波的滤波器，滤去补偿器中各电磁元件产生的 5、7、11、13、…等奇次谐波电流，且这类支路是不可控的。它们的不同点集中在电抗器支路，直流助磁饱和电抗器和晶闸管控制电抗器都是可控电抗器，而自饱和电抗器则不可控；晶闸管控制电抗器是不饱和电抗器，其他两种则都是饱和电抗器。显然，静止补偿器向系统供应感性无功功率的容量取决于它的电容器支路，从系统吸取感性无功功率的容量则取决于它的电抗器支路。

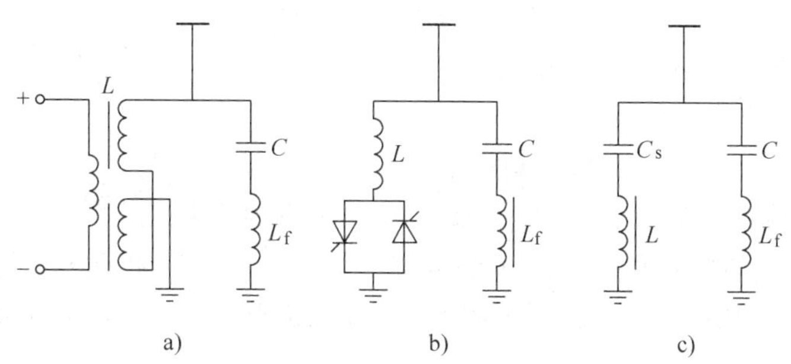

图 6-5　静止补偿器

a）直流助磁饱和电抗器型　b）晶闸管控制电抗器型　c）自饱和电抗器型

关于静止补偿器的工作原理，这里仅对自饱和电抗器型静止补偿器作说明。采用自饱和电抗器型静止补偿器，几乎可以完全消除电压波动，可维持母线电压在额定值附近。如图 6-6a 所示，C-L_f 支路是一个通过电容电流 $\dot{I}_1$ 的通道，兼有滤波作用；C_s-L 支路中，自饱和电抗器 L 和串联电容 C_s 组成一个由图 6-6b 中 $\dot{I}_2$ 所示电压—电流特性的支路，自饱和电抗器 L 的铁心在额定电压时自行饱和，相当于空心电抗器，选择串联电容 C_s，使在额定频率下容抗的绝对值与电抗器空心绕组漏抗的绝对值相等，以补偿漏抗值。

正常运行时，补偿器工作在 A 点，$\dot{I}_1+\dot{I}_2=0$。当电压低于额定电压时，电抗器 L 铁心不饱和，电抗器与串联电容器组合回路的总感抗很大，故基本上不消耗无功功率，并联电容 C 发出的无功功率使母线电压升高。当电压高于额定电压时，由于此时的电抗器因饱和感抗很小，所吸收的无功功率增加，从而使母线电压降低。

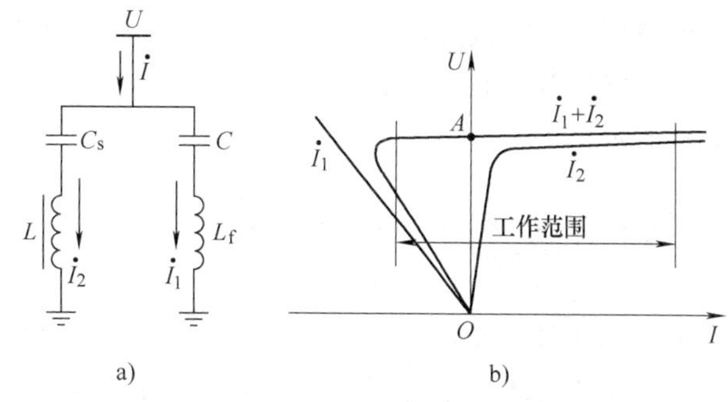

图 6-6　自饱和电抗器型静止补偿器工作原理

a）补偿器电路　b）补偿器电压—电流特性

静止补偿器能快速平滑地调节无功功率，以满足无功功率的要求，这样就克服了电容器作为无功补偿装置只能作电源不能作负荷、调节不连续的缺点。与同步调相机相比较，静止补偿器运行维护简单、功率损耗小，能做到分相补偿以适应不平衡的负荷变化，对于冲击性负荷也有较强的适应性，因此在电力系统中得到越来越广泛的应用。

6.1.3 无功功率的平衡

综合以上所述的无功功率负荷、无功功率损耗及无功功率电源，就可以进行系统的无功功率平衡。如果发电机所发的无功功率为 Q_G，同步调相机所发的无功功率为 Q_{C1}，静止电容器所供无功功率为 Q_{C2}，静止补偿器所供无功功率为 Q_{C3}，而负荷消耗的无功功率为 Q_L，变压器的无功损耗为 ΔQ_T，线路电抗无功损耗为 ΔQ_x，线路电纳无功损耗为 ΔQ_b，因此，相似于有功功率的平衡，无功功率的平衡方程式为

$$\sum Q_G + \sum Q_{C1} + \sum Q_{C2} + \sum Q_{C3} = \sum Q_L + \Delta Q_T + \Delta Q_x - \Delta Q_b \tag{6-9}$$

式（6-9）还可简写为

$$\sum Q_{GC} = \sum Q_L + \Delta Q_\Sigma \tag{6-10}$$

式中 $\sum Q_{GC}$——无功功率电源容量之和；

$\sum Q_L$——无功功率负荷之和；

ΔQ_Σ——电力网中的无功功率损耗。

在无功功率平衡的基础上，应有一定的无功功率备用。无功功率备用容量一般为无功功率负荷的7%～8%，以防止负荷增大时电压质量下降。通常将无功功率备用容量放在发电厂内。发电机一般在额定功率因数以下运行，若发电机有一定的有功功率备用容量，也就保持了一定的无功功率备用容量。

应该指出，进行无功功率平衡计算的前提应是系统的电压水平正常。若不能在正常电压水平下保证无功功率的平衡，则系统的电压质量就不能保证。从系统综合负荷无功功率—电压静态特性曲线可清楚地看到这一点。

当系统中某些负荷节点电压低落的原因是由于系统中无功功率电源不足时，那么调压问题就与无功功率的合理供应和合理使用是分不开的。如果不从解决无功出力不足的问题着手，而是调节电源，使发电机多发无功功率，这是很不合理的。因为电源与负荷间距离较远，发电机多发的功率在网络中的无功功率损耗也大，不易调高末端电压。而且，为了防止发电机因输出过多的功率而严重过负荷，往往不得不降低整个系统的电压水平，以减小无功功率的消耗量，所以这就不免出现电压水平低落和无功出力不足的恶性循环。因此，在个别负荷节点电压较低的情况下，就应想法增加无功功率补偿装置，补充系统的无功功率，从而抬高电压水平。

6.2 电力系统中无功功率的最优分布

无功功率的最优分布包括无功功率电源的最优分布和无功功率负荷的最优补偿两个方面。但在讨论这两方面问题之前，有必要对提高负荷的自然功率因数，即降低负荷对无功功率需求的重要性作一说明。

如前所述，负荷的自然功率因数大约为0.6～0.9，其中较大的数值对应于采用大容量

同步电动机的场合。但事实上，如不采取一定的措施，往往连0.6~0.9都不能达到。以占系统负荷大多数的异步电动机为例，其无功功率可近似以下式表示：

$$Q=Q_0+(Q_N-Q_0)\left(\frac{P_m}{P_N}\right)^2 \tag{6-11}$$

式中 P_N、Q_N——分别为电动机额定负荷时的有功、无功功率；

P_m——电动机输出的有功功率；

Q_0——电动机空载时的无功功率，$Q_0\approx(0.6\sim0.7)Q_N$。

因此，电动机的负荷率愈低，功率因数愈低。例如，$P_m=0.2P_N$时，根据式（6-11），电动机的功率因数将为0.28~0.31。因此，在工业企业中，不使电动机的容量过多地超过被拖动机械所需的功率，是提高自然功率因数的重要措施。而限制电动机的空载运行，对提高负荷的自然功率因数也有很大作用。

为提高负荷的自然功率因数，可在某些设备上以同步电动机代替异步电动机。因同步电动机不仅可不需系统供应无功功率，甚至还可向系统输出无功功率，从而显著提高负荷的自然功率因数。而且，除换用同步电动机外，在某些使用绕线转子异步电动机的场合，又可将异步电动机同步化，即在转子绕组中通以直流励磁，将其改作同步电动机运行。

将负荷的自然功率因数尽可能提高后，才考虑采用补偿设备人为地提高负荷功率因数，以及包括这些补偿设备在内的各种无功功率电源的最优分布问题。

6.2.1 无功功率电源的最优分布

1. 等网损微增率准则

分析了有功功率负荷的最优分配之后，分析无功功率电源的最优分布已没有多少困难，需要注意的只是这里的目标函数和约束条件与分析有功功率负荷最优分配时的不同。

无功功率电源优化分布的目的在于降低网络中的有功功率损耗，因此，这里的目标函数就是网络总损耗ΔP_Σ。在除平衡节点外其他各节点的注入有功功率P_i已给定的前提下，可以认为，这个网络总损耗ΔP_Σ仅与各节点的注入无功功率Q_i，从而与各无功功率电源的功率Q_{Gi}有关。这里的Q_{Gi}既可理解为发电机发出的感性无功功率，也可理解为无功功率补偿设备——静止电容器、同步调相机或静止补偿器供应的感性无功功率，因它们在改变网络总损耗方面的作用相同。于是，分析无功功率电源最优分布时的目标函数可写作

$$\Delta P_\Sigma(Q_{G1},\ Q_{G2},\ \cdots,\ Q_{Gn})=\Delta P_\Sigma(Q_{Gi}) \tag{6-12}$$

分析无功功率电源最优分布时的等约束条件显然就是无功功率保持平衡的条件。就整个系统而言，这个条件为

$$\sum_{i=1}^{i=n}Q_{Gi}-\sum_{i=1}^{i=n}Q_{Li}-\Delta Q_\Sigma=0 \tag{6-13}$$

式中 ΔQ_Σ——网络无功功率总损耗。

由于分析无功功率电源最优分布时，除平衡节点外，其他各节点的注入有功功率已给定，这里的不等约束条件比分析有功功率负荷最优分配时少一组，即为

$$\begin{cases}Q_{Gi\min}\leqslant Q_{Gi}\leqslant Q_{Gi\max}\\ U_{i\min}\leqslant U_i\leqslant U_{i\max}\end{cases} \tag{6-14}$$

列出目标函数和约束条件后，就可运用拉格朗日乘数法求最优分布的条件。为此，先根

据已列出的目标函数和等约束条件建立新的、不受约束的目标函数，即拉格朗日函数

$$C^* = \Delta P_\Sigma(Q_{Gi}) - \lambda\left(\sum_{i=1}^{i=n} Q_{Gi} - \sum_{i=1}^{i=n} Q_{Li} - \Delta Q_\Sigma\right) \tag{6-15}$$

并求其最小值。

由于拉格朗日函数中有（$n+1$）个变量，即 n 个 Q_{Gi}和一个拉格朗日乘数，求取其最小值时应有（$n+1$）个条件，它们是

$$\begin{cases} \dfrac{\partial C^*}{\partial Q_{Gi}} = \dfrac{\partial \Delta P_\Sigma}{\partial Q_{Gi}} - \lambda\left(1 - \dfrac{\partial \Delta Q_\Sigma}{\partial Q_{Gi}}\right) = 0 \\ \dfrac{\partial C^*}{\partial \lambda} = \displaystyle\sum_{i=1}^{i=n} Q_{Gi} - \sum_{i=1}^{i=n} Q_{Li} - \Delta Q_\Sigma = 0 \end{cases} \tag{6-16}$$

式(6-16) 可改写为

$$\begin{cases} \dfrac{\partial \Delta P_\Sigma}{\partial Q_{G1}} \dfrac{1}{(1-\partial \Delta Q_\Sigma/\partial Q_{G1})} = \dfrac{\partial \Delta P_\Sigma}{\partial Q_{G2}} \dfrac{1}{(1-\partial \Delta Q_\Sigma/\partial Q_{G2})} = \cdots \\ \qquad = \dfrac{\partial \Delta P_\Sigma}{\partial Q_{Gn}} \dfrac{1}{(1-\partial \Delta Q_\Sigma/\partial Q_{Gn})} = \lambda \\ \displaystyle\sum_{i=1}^{i=n} Q_{Gi} - \sum_{i=1}^{i=n} Q_{Li} - \Delta Q_\Sigma = 0 \end{cases} \tag{6-17}$$

显然，式（6-17）中的第一式就是所谓等网损微增率准则，而第二式则是无功功率平衡关系式。

但需指出，如上的分析并没有引入不等约束条件。实际计算时，当某一变量，例如 Q_{Gi}，逾越它的上限 $Q_{Gi\max}$或下限 $Q_{Gi\min}$时，可取 $Q_{Gi}=Q_{Gi\max}$或 $Q_{Gi}=Q_{Gi\min}$。

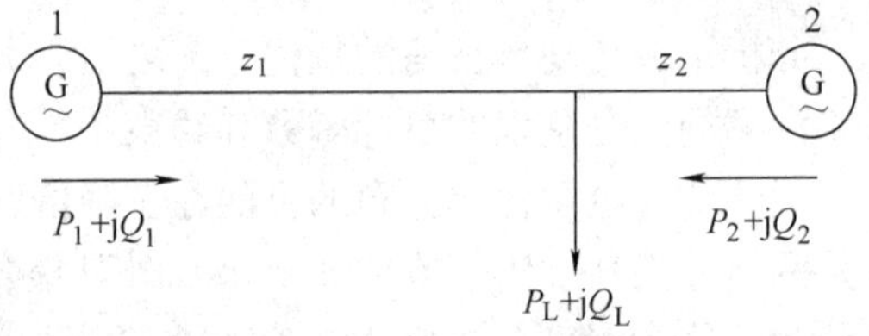

图6-7　例6-1的两发电厂网络

【例 6-1】　两发电厂联合向一个负荷供电，如图 6-7 所示，图中参数以标幺值表示，$z_1=0.10+j0.40$，$z_2=0.04+j0.08$。设发电厂母线电压均为 1.0，负荷功率 $S_L=P_L+jQ_L=1.2+j0.7$，其有功功率部分由两发电厂平均分担。试确定无功功率的最优分布。

解　按题意列出有功、无功功率损耗的表示式

$$\Delta P_\Sigma = \frac{P_1^2+Q_1^2}{U^2}r_1 + \frac{P_2^2+Q_2^2}{U^2}r_2 = (P_1^2+Q_1^2)\times 0.10 + (P_2^2+Q_2^2)\times 0.04$$

$$\Delta Q_\Sigma = \frac{P_1^2+Q_1^2}{U^2}x_1 + \frac{P_2^2+Q_2^2}{U^2}x_2 = (P_1^2+Q_1^2)\times 0.40 + (P_2^2+Q_2^2)\times 0.08$$

然后计算各网损微增率

$$\partial \Delta P_\Sigma/\partial Q_1 = 0.20Q_1,\ \partial \Delta P_\Sigma/\partial Q_2 = 0.08Q_2$$

$$\partial \Delta Q_\Sigma/\partial Q_1 = 0.80Q_1,\ \partial \Delta Q_\Sigma/\partial Q_2 = 0.16Q_2$$

由式(6-17)中第一式得

$$\frac{\partial \Delta P_\Sigma}{\partial Q_1}\frac{1}{(1-\partial \Delta Q_\Sigma/\partial Q_1)} = \frac{\partial \Delta P_\Sigma}{\partial Q_2}\frac{1}{(1-\partial \Delta Q_\Sigma/\partial Q_2)}$$

$$\frac{0.20Q_1}{1-0.08Q_1}=\frac{0.08Q_2}{1-0.16Q_2}$$

由式（6-17）中第二式得

$$Q_1+Q_2-Q_L-\Delta Q_\Sigma=0$$

则

$$Q_1+Q_2-0.70-0.40(0.6^2+Q_1^2)-0.08(0.6^2+Q_2^2)=0$$

运用图解法联立解上两式，如图 6-8 所示，可得

$$Q_1\approx 0.248,\ Q_2\approx 0.688$$

为进行比较，以下不计无功功率网损修正，由式（6-17）中第一式得

$$\partial\Delta P_\Sigma/\partial Q_1=\partial\Delta P_\Sigma/\partial Q_2$$

则

$$0.20Q_1=0.08Q_2$$

由式（6-17）中第二式得

$$Q_1+Q_2-Q_L-\Delta Q_\Sigma=0$$

则

$$Q_1+Q_2-0.70-0.40(0.6^2+Q_1^2)-0.08(0.6^2+Q_2^2)=0$$

联立解上两式又可得

$$Q_1\approx 0.268,\ Q_2\approx 0.670$$

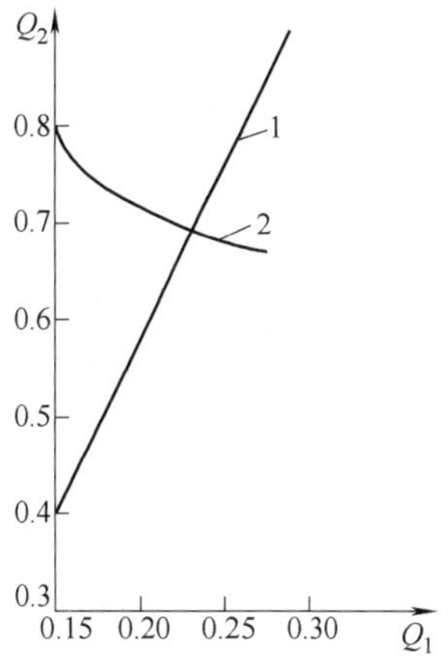

图 6-8　例 6-1 中以图解法求 Q_1、Q_2

比较这两种计算结果可见，不计无功功率网损修正，将会给计算结果带来明显误差。

2. 网损微增率的计算——转置雅可比矩阵法

导得等网损微增率准则后，就要求计算网损微增率，其中包括 $\partial\Delta P_\Sigma/\partial Q_{Gi}$ 和 $\partial\Delta Q_\Sigma/\partial Q_{Gi}$。求取这两个微增率可采用转置雅可比矩阵法，此法说明如下：

基于网络损耗既是所有节点功率的函数，也是所有节点电压的函数，即

$$\Delta P_\Sigma=F(P,Q)=f(\delta,U)$$

可列出

$$((\partial\Delta P_\Sigma/\partial P)^{\mathrm T}(\partial\Delta P_\Sigma/\partial Q)^{\mathrm T})\begin{pmatrix}\Delta P\\ \Delta Q\end{pmatrix}=((\partial\Delta P_\Sigma/\partial\delta)^{\mathrm T})(U\partial\Delta P_\Sigma/\partial U)^{\mathrm T})\begin{pmatrix}\Delta\delta\\ \Delta U/U\end{pmatrix}$$

将潮流计算时的修正方程式

$$\begin{pmatrix}\Delta P\\ \Delta Q\end{pmatrix}=\begin{pmatrix}H & N\\ J & L\end{pmatrix}\begin{pmatrix}\Delta\delta\\ \Delta U/U\end{pmatrix}$$

代入，可得

$$((\partial\Delta P_\Sigma/\partial P)^{\mathrm T}(\partial\Delta P_\Sigma/\partial Q)^{\mathrm T})\begin{pmatrix}H & N\\ J & L\end{pmatrix}=((\partial\Delta P_\Sigma/\partial\delta)^{\mathrm T}(U\partial\Delta P_\Sigma/\partial U)^{\mathrm T})$$

再将上式转置，又可得

$$\begin{pmatrix}H & N\\ J & L\end{pmatrix}^{\mathrm T}\begin{pmatrix}\partial\Delta P_\Sigma/\partial P\\ \partial\Delta P_\Sigma/\partial Q\end{pmatrix}=\begin{pmatrix}\partial\Delta P_\Sigma/\partial\delta\\ U\partial\Delta P_\Sigma/\partial U\end{pmatrix}$$

于是，可解得

$$\begin{pmatrix} \partial\Delta P_{\Sigma}/\partial P \\ \partial\Delta P_{\Sigma}/\partial Q \end{pmatrix} = \left(\begin{pmatrix} H & N \\ J & L \end{pmatrix}^{\mathrm{T}}\right)^{-1} \begin{pmatrix} \partial\Delta P_{\Sigma}/\partial\delta \\ U\partial\Delta P_{\Sigma}/\partial U \end{pmatrix} \tag{6-18}$$

而由解得的$\partial\Delta P_{\Sigma}/\partial Q$中就可提取待求的$\partial\Delta P_{\Sigma}/\partial Q_{\mathrm{G}i}$。

至于式（6-18）中的$\partial\Delta P_{\Sigma}/\partial\delta$和$U\partial\Delta P_{\Sigma}/\partial U$项，如注意到$\Delta P_{\Sigma}=P_1+P_2+\cdots+P_n$，就不难列出

$$\begin{cases} \partial\Delta P_{\Sigma}/\partial\delta_j = \sum\limits_{i=1}^{i=n}\partial P_i/\partial\delta_j \\ U_j\partial\Delta P_{\Sigma}/\partial U_j = \sum\limits_{i=1}^{i=n}U_j\partial P_i/\partial U_j \end{cases} \tag{6-19}$$

式（6-19）中，$j=1$，2，…，n。换言之，它们之中每个元素都是 $\boldsymbol{H}$ 阵或 $\boldsymbol{N}$ 阵中相应行诸元素之和，因而不难求取。

相似地，可不加推导直接列出求取$\partial\Delta Q_{\Sigma}/\partial Q_{\mathrm{G}i}$的计算式如下：

$$\begin{pmatrix} \partial\Delta Q_{\Sigma}/\partial P \\ \partial\Delta Q_{\Sigma}/\partial Q \end{pmatrix} = \left(\begin{pmatrix} H & N \\ J & L \end{pmatrix}^{\mathrm{T}}\right)^{-1} \begin{pmatrix} \partial\Delta Q_{\Sigma}/\partial\delta \\ U\partial\Delta Q_{\Sigma}/\partial U \end{pmatrix} \tag{6-20}$$

而其中$\partial\Delta Q_{\Sigma}/\partial\delta$、$U\partial\Delta Q_{\Sigma}/\partial U$的每个元素都是 $\boldsymbol{J}$ 阵或 $\boldsymbol{L}$ 阵中相应行诸元素之和。

最后需指出，推导式（6-18）和式（6-20）的出发点是：ΔP_{Σ} 或 ΔQ_{Σ} 是所有节点功率或电压的函数，而所有节点则指全部 PQ 节点、PV 节点和平衡节点。但潮流计算时建立的雅可比矩阵中，不仅不含与平衡节点相对应的行和列，甚至也不含与 PV 节点无功功率相对应的行和列。因此，为进行如上计算，需补足所缺行、列，使雅可比矩阵的 4 个子阵 $\boldsymbol{H}$、$\boldsymbol{N}$、$\boldsymbol{J}$、$\boldsymbol{L}$ 的阶数都达 $n\times n$。

此外，实践表明，由于对$\partial\Delta P_{\Sigma}/\partial Q_{\mathrm{G}i}$、$\partial\Delta Q_{\Sigma}/\partial Q_{\mathrm{G}i}$的精确度要求比对$\partial\Delta P_{\Sigma}/\partial P_{\mathrm{G}i}$的高，式（6-18）、式（6-20）不能进一步简化。

3. 无功功率电源的最优分布

确立了最优分布的等网损微增率准则，导得了网损微增率的计算公式，余下的问题只是反复作常规的潮流分布计算以求取无功功率电源的最优分布。

为进行这种计算，首先要给定除平衡节点外的其他各节点的有功功率 P_i 和 PQ 节点的无功功率 $Q_i^{(0)}$、PV 节点的电压大小 $U_i^{(0)}$。而在计算高峰负荷下的无功电源分布时，第一次给定的 $Q_i^{(0)}$ 和 $U_i^{(0)}$ 应按尽可能多投入无功功率补偿设备和尽可能提高系统的电压水平考虑。

然后作潮流分布和网损微增率$\partial\Delta P_{\Sigma}/\partial Q_{\mathrm{G}i}$、$\partial\Delta Q_{\Sigma}/\partial Q_{\mathrm{G}i}$、$\dfrac{\partial\Delta P_{\Sigma}}{\partial Q_{\mathrm{G}i}}\Bigg/\left(1-\dfrac{\partial\Delta Q_{\Sigma}}{\partial Q_{\mathrm{G}i}}\right)$的计算。

根据求得的各节点修正后的有功网损微增率调整 Q_i 和 U_i。调整的原则是：网损微增率大的节点应减小 Q_i 或降低 U_i，即令这些节点的无功功率电源少发无功功率；网损微增率小的节点应增大 Q_i 或提高 U_i，即令这些节点的无功功率电源多发无功功率。

按调整后的 Q_i 和 U_i 再作潮流计算，并再次求取网损微增率。而这种调整是否恰当还可从平衡节点有功功率的变化中考察，因为平衡节点有功功率的增减也就是网损 ΔP_{Σ} 的增减。

这样反复若干次，直至网损 ΔP_{Σ} 不能再减小为止。

应该指出，网损 ΔP_{Σ} 不能再减小时，各节点的网损微增率未必能全部相等，因为在调

整过程中，有些节点的 Q_i 或 U_i 可能已抵达它们的上限或下限。而不难想见：只有 Q_i 在限额内的节点，网损微增率才相互相等；$Q_i = Q_{i\max}$ 的节点，网损微增率总小于这个数值；$Q_i = Q_{i\min}$ 的节点，网损微增率总大于这个数值。

显然，如上的计算中实际上引入了试探法。而众所周知，试探法的计算量很大，因此，在工程实践中往往采用以网络损耗为目标函数，节点功率方程、电压和电源功率为约束条件的所谓无功功率/电压优化计算程序。尽管如此，以上的讨论对基本原理的理解仍是有益的。

6.2.2 无功功率负荷的最优补偿

1. 最优网损微增率准则

所谓无功功率负荷的最优补偿指最优补偿容量的确定、最优补偿设备的分布和最优补偿顺序的选择等问题。这些问题的数学分析较困难，以致不得不作若干简化。但由于这些问题和其他问题不同，主要和系统规划有关，而在规划阶段，很多原始资料都不够精确，从而也就没有必要片面追求数学分析的严格性。

无疑，在系统中某节点 i 设置无功功率补偿设备的先决条件是由于设置补偿设备而节约的费用大于为设置补偿设备而耗费的费用。以数学表示式表示则为

$$C_{\mathrm{e}}(Q_{\mathrm{C}i}) - C_{\mathrm{C}}(Q_{\mathrm{C}i}) > 0$$

式中　$C_{\mathrm{e}}(Q_{\mathrm{C}i})$——由于设置了补偿设备 $Q_{\mathrm{C}i}$ 而节约的费用；

$C_{\mathrm{C}}(Q_{\mathrm{C}i})$——为设置补偿设备 $Q_{\mathrm{C}i}$ 而耗费的费用。

也无疑，确定节点 i 最优补偿容量的条件就是

$$C = C_{\mathrm{e}}(Q_{\mathrm{C}i}) - C_{\mathrm{C}}(Q_{\mathrm{C}i}) \tag{6-21}$$

具有最大值。

由于设置了补偿设备而节约的费用 C_{e} 就是因设置补偿设备每年可减小的电能损耗费用，其值为

$$C_{\mathrm{e}}(Q_{\mathrm{C}i}) = \beta(\Delta P_{\Sigma 0} - \Delta P_{\Sigma})\tau_{\max} \tag{6-22}$$

式中　β——单位电能损耗价格[元/(kW·h)]；

$\Delta P_{\Sigma 0}$、ΔP_{Σ}——分别为设置补偿设备前后全网最大负荷下的有功功率损耗（kW）；

$\tau_{\max}$——全网最大负荷损耗小时数。

为设置补偿设备 $Q_{\mathrm{C}i}$ 而需耗费的费用包括两部分：一部分为补偿设备的折旧维修费；另一部分为补偿设备投资的回收费，其值都与补偿设备的投资成正比

$$C_{\mathrm{C}}(Q_{\mathrm{C}i}) = (\alpha + \gamma)K_{\mathrm{C}}Q_{\mathrm{C}i} \tag{6-23}$$

式中　α、γ——分别为折旧维修率和投资回收率；

K_{C}——单位容量补偿设备投资（元/kvar）。

将式（6-22）、式（6-23）代入式（6-21），可得

$$C = \beta(\Delta P_{\Sigma 0} - \Delta P_{\Sigma})\tau_{\max} - (\alpha + \gamma)K_{\mathrm{C}}Q_{\mathrm{C}i} \tag{6-24}$$

令式（6-24）对 $Q_{\mathrm{C}i}$ 的偏导数等于零，可解得

$$\frac{\partial \Delta P_{\Sigma}}{\partial Q_{\mathrm{C}i}} = -\frac{(\alpha + \gamma)K_{\mathrm{C}}}{\beta\tau_{\max}} \tag{6-25}$$

式（6-25）就是确定节点 i 最优补偿容量的具体条件。由于式中等号左侧是节点 i 的网损微增率，等号右侧相应地就称最优网损微增率，其单位为 kW/kvar，且常为负值，表示每

增加单位容量无功补偿设备所能减少的有功损耗。最优网损微增率也称无功功率经济当量。

由式（6-25）可列出如下的最优网损微增率准则：

$$\frac{\partial \Delta P_{\Sigma}}{\partial Q_{Ci}} \leqslant -\frac{(\alpha+\gamma)K_{C}}{\beta\tau_{max}} = \gamma_{eq} \tag{6-26}$$

式中　γ_{eq}——最优网损微增率。

该准则表明，只应在网损微增率具有负值，且小于 γ_{eq} 的节点设置无功功率补偿设备。设置的容量则以补偿后该点的网损微增率仍为负值，且仍不大于 γ_{eq} 为限。而设置补偿设备节点的先后，则以网损微增率的大小为序，首先从 $\partial \Delta P_{\Sigma}/\partial Q_{Ci}$ 最小的节点开始。

等网损微增率是无功功率电源最优分布的准则，而最优网损微增率或无功功率经济当量则是衡量无功功率负荷最优补偿的准则，综合运用这两个准则就可统一地解决无功功率补偿设备的最优补偿容量和最优分布问题。

2. 无功功率负荷的最优补偿

运用最优网损微增率准则确定系统中无功功率负荷的最优补偿时，由于在系统中设置或添置无功功率补偿设备总应以充分利用已有无功功率电源为前提，计算的第一个方案总应是已有的无功功率电源在最大负荷时的最优分布方案。

以这种方案为基础考虑设置或添置无功功率补偿设备时，可根据这方案的计算结果，选出系统中所有的无功功率分点，并计算它们的网损微增率，因为网损微增率最小的节点总是系统中某一个无功功率分点，而且这无功功率分点多半也是系统中最低电压点。

根据这一计算结果，又可选出网损微增率最小的无功功率分点，例如节点 i。在该节点设置一定容量的无功补偿设备，重作潮流分布计算，并求取在新情况下各无功功率分点的网损微增率。

由于在节点 i 设置补偿设备后，该节点的网损微增率将增大，因此新情况下的无功功率分点，网损微增率最小的无功功率分点将转移，例如，转移至节点 j。据此，再在节点 j 设置一定容量的无功功率补偿设备，重复对节点 i 的所有计算。

每隔几次如上的计算，应穿插一次无功功率电源最优分布计算，即调整一次已有无功功率电源的运行方式。因经这样或那样补偿后，原来无功功率电源的分布已不可能仍为最优。

当所有节点的网损微增率都约略等于 γ_{eq} 时，还应校验一次节点电压是否满足要求。如发现某些节点电压过低，可适当增大 γ_{eq}，即适当减小它的绝对值，重做如上计算。显然，这实质上是为兼顾电压质量的要求而增大补偿容量，因而求得的已不再是经济上最优的补偿方案。

如需确定无功功率补偿设备的调整范围，还应做一次最小负荷时无功功率电源最优分布的计算。某节点按最大负荷应设置的与按最小负荷应投入的补偿设备容量的差额，就是这个节点的补偿设备应有的调整范围。

无疑，由于这些计算中引入了试探法，也将耗费很多时间。

6.3 电力系统的电压调整

6.3.1 调压的必要性

1. 电压波动对用电设备的影响

由于各种用电设备都是按照规定的额定电压来设计制造的，因此，用电设备在其额定电压下运行性能最好，如果其端电压偏离额定电压时，用电设备的性能就要受到影响。如果用电设备的端电压较大幅度地上升或下降，很可能使设备损坏，产品质量下降，产量降低等，甚至引起系统的“电压崩溃”，造成大面积停电。现分别说明如下：

系统电压降低时，发电机的定子电流将因其功率角的增大而增大。如果这个电流原来已达到额定值，当电压降低后，将会使电流超过额定值，为使发电机定子绕组不至过热，因此不得不减少发电机所发功率。相似，系统电压降低后，也不得不减少变压器的负荷。

当系统电压降低时，各类负荷中占比重最大的异步电动机的转差率增大，从而电动机各绕组中的电流将增大，温升将增加，效率将降低，寿命将缩短，如图 6-9 所示。而且某些电动机驱动生产机械的机械转矩与转速的高次方成正比，转差率增大、转速下降时，其功率将迅速减小。如发电厂厂用电动机输出功率的减小，又将影响锅炉、汽轮机的工作，从而影响发电厂所发功率。尤为严重的是，系统电压降低后，电动机的起动过程将大大加长，电动机可能在起动过程中因温度过高而烧毁。电炉的有功功率与电压的二次方成正比，炼钢厂的电炉将因电压过低而影响冶炼时间，从而影响产量。

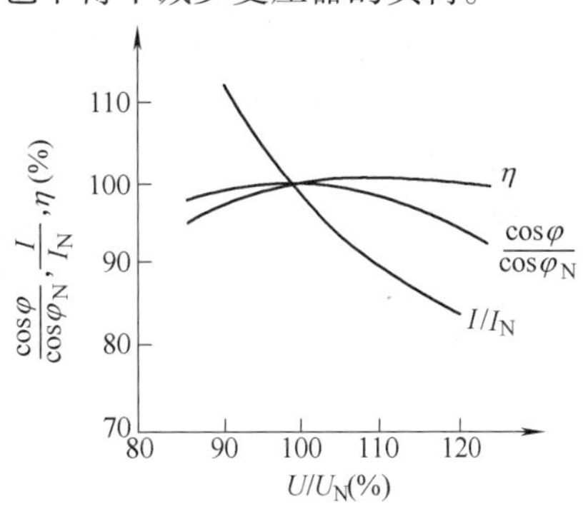

图 6-9　异步电动机的电压特性

系统电压过高将使所有电气设备绝缘受损，而且变压器、电动机铁心会饱和，铁心损耗增大，温升将增加，寿命将缩短。

照明负荷，尤其是白炽灯，对电压变化的反应最灵敏。电压过高，白炽灯的寿命将大为缩短；电压过低，光通量和发光效率又要大幅度下降，如图 6-10 所示。

至于因系统中无功功率短缺，电压水平低下，某些枢纽变电所母线电压在微小扰动下顷刻之间的大幅度下降，即如图 6-11 所示的“电压崩溃”现象，则更是一种将导致发电厂之间失步、系统瓦解的灾难事故。

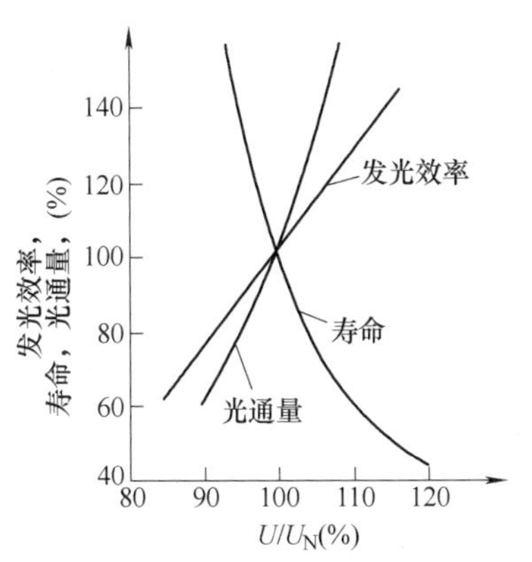

图 6-10　白炽灯的电压特性

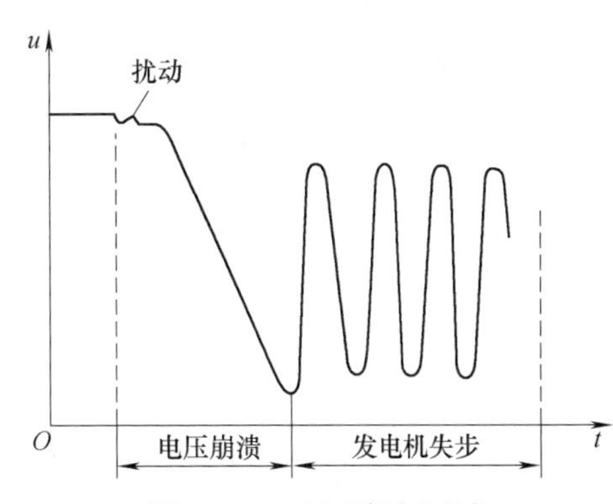

图 6-11　“电压崩溃”现象

由此可见，电力系统正常运行时，应保持各节点电压在额定值，但因系统中节点很多、网络结构复杂、负荷分布不均匀等原因，要做到这一点是很困难的。

2. 电力系统允许的电压偏移

电力系统在正常运行时，负荷经常会发生变化，电力系统的运行方式也常有变化，它们都将使电力网中功率分布不断变化，造成网络中电压损耗的不断改变，使系统的运行电压也不断变化，因此严格保证所有用户在任何时刻电压都为额定值几乎是不可能的。从用电方面来说，用电设备在其额定电压下运行时性能最好，但对大多数用电设备，都允许有一定的电压偏移。允许的电压偏移是根据用电设备对电压偏移的敏感性和电压偏移对用电设备所造成后果的严重性而定的。从供电方面来说，允许的电压偏移越大，供电系统的技术指标就越容易达到。综合考虑供电和用电两个方面的情况，得出反映国民经济整体利益的合理的允许电压偏移标准。目前，我国规定的在正常状况下各类用户的允许电压偏移如下：

35kV 及以上电压供电的负荷为 ±5%；

10kV 及以下电压供电的负荷为 ±7%；

低压照明负荷为 +5%、-10%；

农村电网为 +7.5%、-10%。

在事故状况下，允许在上述基础上再增加5%，但正偏移最大不能超过 +10%。

6.3.2 电力系统的电压管理

1. 电压中枢点的选择

电力系统调整电压的目的，是要在各种运行方式下，各用电设备的端电压能维持在规定的波动范围内，从而保证电力系统运行的电能质量和经济性。

由于电力系统结构复杂，用电设备数量极大，因此电力系统运行部门对网络所有母线电压及用电设备的端电压都进行监视和调整是不可能的，而且也没有必要。在电力系统中，常常选择一些有代表性的点（母线）作为电压中枢点，运行人员监视中枢点电压，将中枢点电压控制调整在允许的电压偏移范围内。只要这些中枢点的电压质量满足要求，其他各点的电压质量就基本上能满足要求。所谓电压中枢点，是指那些能反映和控制整个系统电压水平的点。一般选择下列母线作为中枢点：

1）大型发电厂的高压母线（高压母线上有多回出线时）；

2）枢纽变电所的二次母线；

3）有大量地方性负荷的发电厂母线。

如图 6-12 所示，发电厂低压母线Ⅰ和末端变电所二次母线Ⅱ可作为中枢点。

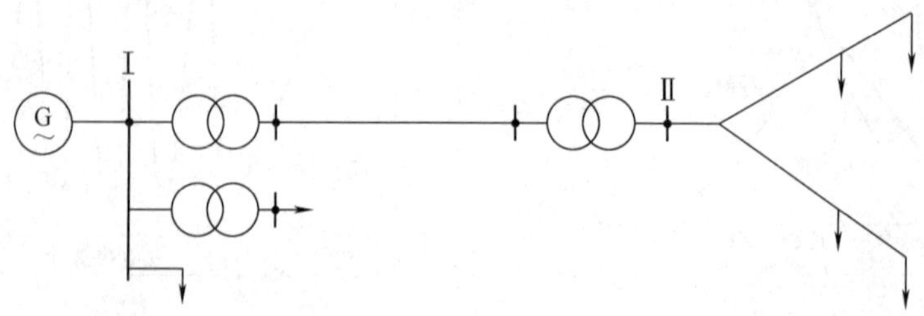

图 6-12　电力系统中枢点的选择

2. 中枢点电压和负荷电压的关系

为对中枢点电压进行控制和调整，必须首先确定中枢点电压的允许波动范围，以使中枢点（如节点 i）电压$\dot{U}_i$ 满足$\dot{U}_{i\min} < \dot{U}_i < \dot{U}_{i\max}$。

一般各负荷点都允许有一定的电压偏移，例如，负荷点允许电压偏移为 ±5%，再计及由负荷点到中枢点的线路上的电压损耗，便可确定中枢点电压的波动范围。

中枢点的最低电压$\dot{U}_{i\min}$，等于在地区负荷最大时某用户电压最低点的下限加上到中枢点的电压损耗 $\Delta\dot{U}_{\max}$，如图 6-13a 所示。中枢点的最高电压$\dot{U}_{i\max}$，等于在地区负荷最小时某用户电压最高点的上限，加上到中枢点的电压损耗 $\Delta\dot{U}_{\min}$，如图 6-13b 所示。

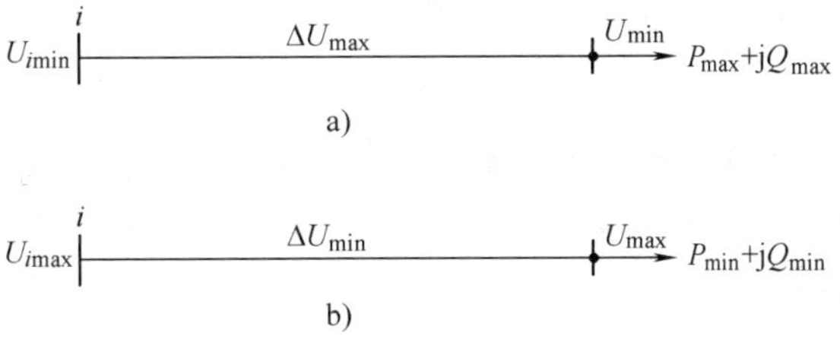

图 6-13　负荷电压与中枢点电压

a）最大负荷时　b）最小负荷时

对一个实际运行的系统，网络参数和负荷曲线已知后，要确定中枢点的电压波动范围，如图 6-14a 所示为由一个中枢点 i 向两个负荷 j、k 供电的简单网络。设 j、k 两负荷允许电压偏移都为 ±5%，如图 6-14b 所示；负荷 j、k 的简化日负荷曲线如图 6-14c、d 所示；设由于这两个负荷功率的流通，线路 i-j、i-k 上的电压损耗分别如图 6-14e、f 所示。求中枢点电压 U_i 的波动范围。

根据负荷对电压的要求，可求出中枢点电压的波动范围。

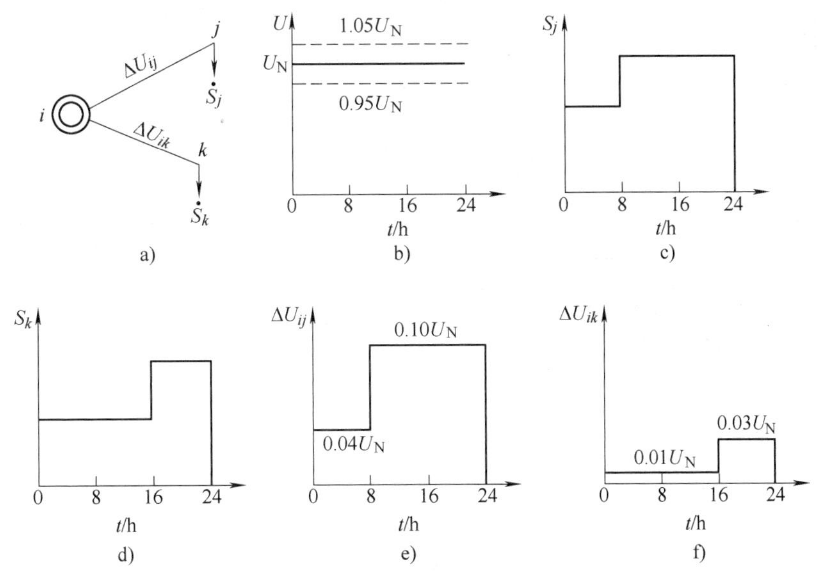

图 6-14　简单网络的电压损耗

a）简单网络　b）负荷 j、k 允许的电压偏移　c）负荷 j 日负荷曲线

d）负荷 k 日负荷曲线　e）ΔU_{ij}的变化　f）ΔU_{ik}的变化

只满足 j 负荷时，中枢点电压应维持的电压如下：

0 ~ 8 时

$$U_i = U_j + \Delta U_{ij} = (0.95 \sim 1.05)U_{\mathrm{N}} + 0.04U_{\mathrm{N}} = (0.99 \sim 1.09)U_{\mathrm{N}}$$

8 ~ 24 时

$$U_i = U_j + \Delta U_{ij} = (0.95 \sim 1.05)U_{\mathrm{N}} + 0.10U_{\mathrm{N}} = (1.05 \sim 1.15)U_{\mathrm{N}}$$

只满足 k 负荷时，中枢点电压 U_i 应维持的电压如下：

0～16 时

$$U_i = U_k + \Delta U_{ik} = (0.95 \sim 1.05)U_N + 0.01U_N = (0.96 \sim 1.06)U_N$$

16～24 时

$$U_i = U_k + \Delta U_{ik} = (0.95 \sim 1.05)U_N + 0.03U_N = (0.98 \sim 1.08)U_N$$

根据这些要求可做出中枢点 i 电压的变动范围，如图 6-15 所示。

将图 6-15a、b 合并，就可得同时满足负荷 j、k 要求的中枢点 i 的电压允许变动范围，如图 6-16a 中的阴影部分所示。

可见，同时满足 j、k 两点电压要求时，中枢点电压 U_i 的变动范围如下：

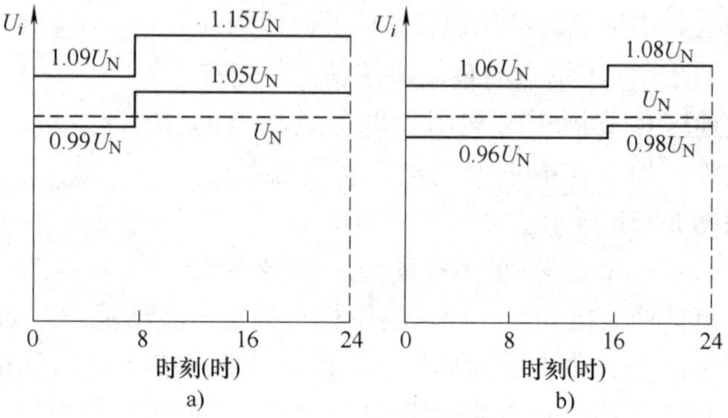

图 6-15　中枢点 i 电压的允许变动范围

a）根据负荷 j 的要求　b）根据负荷 k 的要求

0～8 时

$$U_i = (0.99 \sim 1.06)U_N$$

8～16 时

$$U_i = (1.05 \sim 1.06)U_N$$

16～24 时

$$U_i = (1.05 \sim 1.08)U_N$$

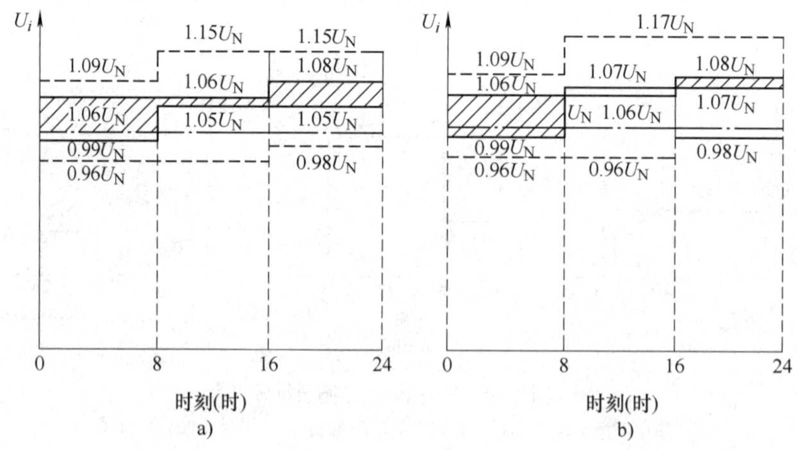

图 6-16　中枢点 i 电压的允许变动范围

a）能同时满足负荷 j、k 的要求　b）不能同时满足负荷 j、k 的要求

由以上可知，虽然负荷 j、k 允许的电压偏移都是 ±5%，即都有 10% 的允许变化范围，但由于中枢点 i 与这些负荷之间线路上电压损耗 ΔU_{ij}、ΔU_{ik}的大小和变化规律都不相同，要同时满足这两个负荷对电压质量的要求，中枢点电压的允许变化范围大大缩小了，最小时仅有 1%。

若同时考虑两个负荷，两个负荷对中枢点电压的允许波动范围没有相交的阴影部分，则中枢点不能同时满足两个负荷对电压的要求。例如，设 8 ~ 24 时，ΔU_{ij}增大为 0.12，则在 8 ~ 16 时，从曲线上找不到公共的阴影部分，中枢点 i 的电压就难以同时满足负荷 j、k 对电压质量的要求，如图 6-16b 所示。一旦出现这种情况，仅靠控制中枢点电压已不足以控制所有负荷点的电压，则应考虑采取其他措施。

3. 中枢点的调压方式

当在实际运行的电力系统中，由于缺乏必要的数据而无法确定中枢点的电压控制范围时，可根据中枢点所管辖的电力系统中负荷分布的远近及负荷波动的程度，对中枢点的电压调整方式提出原则性要求，以确定一个大致的电压波动范围。这种电压调整方式一般分为逆调压、顺调压和常调压三类。

1）逆调压：对于大型网络，如中枢点至负荷点的供电线较长，且负荷变动较大（即最大负荷与最小负荷的差值较大），则在最大负荷时要提高中枢点的电压，以抵偿线路上因最大负荷而增大的电压损耗，在最小负荷时要将中枢点电压降低一些，以防止负荷点的电压过高。一般按照这种方式实用调压的中枢点称为“逆调压”中枢点。采用逆调压方式的中枢点电压，在最大负荷时比线路的额定电压高 5%，即 $1.05U_N$；在最小负荷时等于线路的额定电压，即 $1.0U_N$。

2）顺调压：对于小型网络，如中枢点至负荷点的供电线路不长，负荷大小变动不大，线路上的电压损耗也很小，在这种情况下，可对中枢点采用“顺调压”。采用顺调压方式的中枢点电压，在最大负荷时允许中枢点电压低一些，但不低于线路额定电压的 +2.5%，即 $1.025U_N$；在最小负荷时允许中枢点电压高一些，但不高于线路额定电压的 +7.5%，即 $1.075U_N$。

3）常调压：对于中型网络，如负荷变动较小，线路上电压损耗也较小，这种情况只要把中枢点电压保持在比线路电压高 2% ~5% 的数值，即（1.02 ~ 1.05）U_N，不必随负荷变化来调整中枢点的电压，仍可保证负荷点的电压质量，这种方式称为“常调压”。

以上都是指系统正常运行时的调压方式，当系统发生事故时，因电压损耗比正常时大，故电压质量允许降低一些。如前所述，事故时负荷点的电压偏移允许比正常时再增大 5%。

6.3.3 电压调整的措施

电力系统中电压调整必须根据具体的调压要求，在不同的地点可采用不同的调压方法。

调压方法很多：增减无功功率进行调节，如调节发电机的励磁调节器、设置调相机、并联电容器、并联电抗器等；改变有功和无功功率的重新分布进行调压，如改变变压器分接头、利用有载调压变压器；改变网络参数进行调压，如串联电容器、停投并列变压器等。下面介绍 4 种调压方法。

1. 改变发电机端电压调压

现代大中型同步发电机大都装有自动励磁调节装置，发电机端电压调整就是借助于发电机的自动励磁调节器，改变励磁机电压而实现的。改变发电机转子电流，就可以改变发电机定子的端电压。

现在用于同步发电机的励磁调节装置种类很多，但原理是相同的。如图 6-17 所示，发电机的自动励磁调节器由量测滤波、综合放大、移相触发、晶闸管输出及转子电压软负反馈等环节组成。

当发电机端电压变化时，量测滤波单元把测得的信号与给定电压 U_{G0} 相比较，得到的电压偏差信号经放大后，又作用于移相触发单元，产生不同相位的触发脉冲，进而改变晶闸管的导通角，使调节器输出发生变化，励磁机电压随之变化，从而达到调节发电机端电压的目的。

转子电压软负反馈的作用是提高调节系统的稳定性，并改善调节器品质，它的输出正比于转子电压的变化率。稳定运行时，转子电压不变，其输出为零。

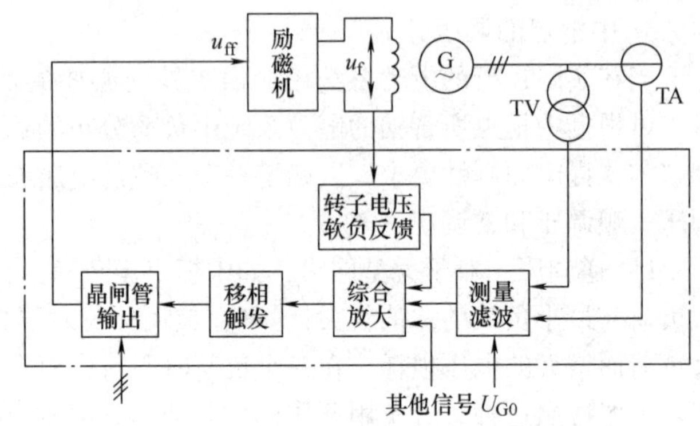

图 6-17　同步发电机调压系统原理图

在系统中，当负荷增大时，电力网的电压损耗增加，用户端电压下降，这时增加发电机励磁电流以提高发电机电压；当负荷减小时，电力网的电压损耗减小，用户端电压升高，这时减小发电机励磁电流以降低发电机电压。这种能高能低的调压方式，就是前面提到的"逆调压"。这种调压方法，不需增加额外的设备，因此是最经济合理的调压措施，应优先考虑。

但对线路较长且是多电压级网络，并有地方负荷的情况下，单靠发电机调压就不能满足负荷点的电压要求了。图 6-18 所示为一多电压级网络，各级网络的额定电压及最大、最小负荷时的电压损耗均标于图中。最大负荷时，从发电机至线路末端的总电压损耗为 35%，最小负荷时，总电压损耗为 15%，两者相差 20%。而对发电机来说，考虑机端负荷的要求及供电至地方负荷线路上的电压损耗，其电压调整范围为 0 ~ 5%，因此，仅靠发电机机端调压不能满足远方负荷的电压要求，还应采用其他调压方法。

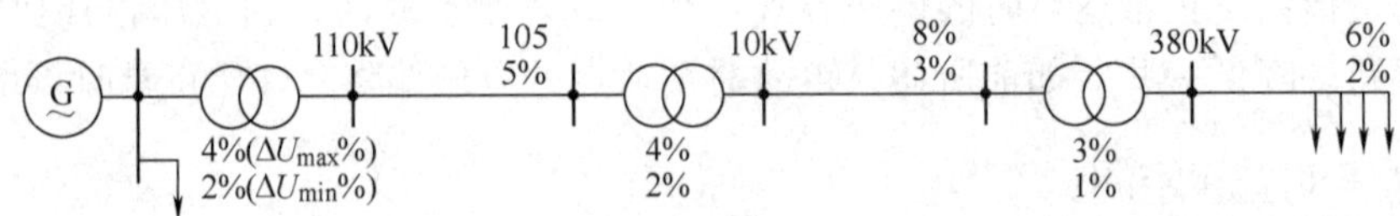

图 6-18　多电压级网络及其电压损耗

2. 改变变压器电压比调压

普通双绕组变压器的高压绕组和三绕组变压器的高、中压绕组都留有几个抽头供调压选择使用。一般容量为 6300kVA 及以下的变压器有三个抽头，分别为 $1.05U_N$、U_N、$0.95U_N$ 处引出，调压范围为 ±5%，其 U_N 为高压侧额定电压，在 U_N 处引出的抽头被称为主抽头。容量为 8000kVA 及以上的变压器有 5 个抽头，分别为 $1.05U_N$、$1.025U_N$、U_N、$0.975U_N$、$0.95U_N$ 处引出，调压范围为 ±（2×2.5%）U_N。

普通变压器不能带负荷调分接头，只能停电后改变分接头，因此需要事先选择好一个合适的分接头，以使系统在最大、最小运行方式下电压偏移均不超出允许波动范围。

（1）普通双绕组变压器

图 6-19a 所示为降压变压器，U_I 为高压母线电压，U_i 为低压母线电压（在高压侧的

值），U_i'为低压母线实际调压要求的电压，ΔU_{I} 为变压器上的电压损耗，$U_{\mathrm{N}i}$为变压器低压侧额定电压，U_{TI} 为变压器高压侧抽头电压，于是变压器的电压比为

$$K = \frac{U_{\mathrm{TI}}}{U_{\mathrm{N}i}} \tag{6-27}$$

由于 $U_i = KU_i'$所以

$$U_{\mathrm{TI}} = U_i \frac{U_{\mathrm{N}i}}{U_i'} \tag{6-28}$$

最大负荷时 $U_{\mathrm{I}\max}$、$\Delta U_{\mathrm{I}\max}$、$U_{i\max}$、$U_{i\max}'$已知，分接头电压为

$$U_{\mathrm{TI}\max} = U_{i\max}\frac{U_{\mathrm{N}i}}{U_{i\max}'} = (U_{\mathrm{I}\max} - \Delta U_{\mathrm{I}\max})\frac{U_{\mathrm{N}i}}{U_{i\max}'} \tag{6-29}$$

最小负荷时 $U_{\mathrm{I}\min}$、$\Delta U_{\mathrm{I}\min}$、$U_{i\min}$、$U_{i\min}'$，已知，分接头电压为

$$U_{\mathrm{TI}\min} = U_{i\min}\frac{U_{\mathrm{N}i}}{U_{i\min}'} = (U_{\mathrm{I}\min} - \Delta U_{\mathrm{I}\min})\frac{U_{\mathrm{N}i}}{U_{i\min}'} \tag{6-30}$$

对于不能带负荷调压的变压器，为使最大、最小负荷两种情况下变压器的分接头均适用，则变压器高压绕组的分接头电压取最大和最小负荷时分接头电压的平均值，即为

$$U_{\mathrm{TI}} = \frac{U_{\mathrm{TI}\max} + U_{\mathrm{TI}\min}}{2} \tag{6-31}$$

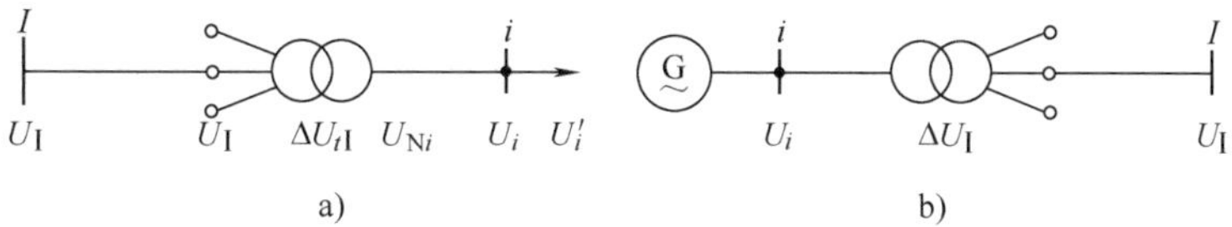

图 6-19　变压器的分接头

a）降压变压器　b）升压变压器

这样计算出分接头电压后，就可选择一个最接近这个计算值的实际分接头，进而可确定变压器的电压比 $K = U_{\mathrm{TI}}/U_{\mathrm{N}i}$。然后，还需按这个电压比返回校验低压侧的电压是否符合调压要求。

其返回校验过程如下：

1）求低压母线电压：

$$\begin{cases} U_{i\max}' = U_{i\max}\dfrac{U_{\mathrm{N}i}}{U_{\mathrm{TI}}} & （最大负荷时）\\ U_{i\min}' = U_{i\min}\dfrac{U_{\mathrm{N}i}}{U_{\mathrm{TI}}} & （最小负荷时）\end{cases} \tag{6-32}$$

2）求电压偏移百分值（或求电压偏移）：

$$\begin{cases} \Delta U_{i\max}\% = \dfrac{U_{i\max}' - U_{\mathrm{N}}}{U_{\mathrm{N}}} \times 100 & （最大负荷时）\\ \Delta U_{i\min}\% = \dfrac{U_{i\min}' - U_{\mathrm{N}}}{U_{\mathrm{N}}} \times 100 & （最小负荷时）\end{cases} \tag{6-33}$$

式（6-33）中 $U_{\mathrm{N}i}$为低压母线的额定电压。通过这样的返回校验，如果在最大、最小负

荷时低压母线电压偏移均在调压要求所允许的电压偏移范围，即说明所选择的分接头合适。如果不满足调压要求，应再改选变压器的其他分接头，或采用有载调压变压器，或考虑采取其他调压措施。

如图 6-19b 所示，发电厂升压变压器分接头的选择，其选择方法与降压变压器分接头的选择方法基本相同，差别仅在于由高压母线电压推算低压母线电压时，因功率是从低压侧流向高压侧的，因此，应将变压器的电压损耗与高压母线电压相加得发电厂低压母线电压。在最大、最小负荷时，升压变压器分接头电压可参照例 6-2 选择。

【例 6-2】 图 6-20 所示为某降压变电所装设一台容量 S_N 为 20MVA、额定电压为 110/11kV 的变压器及其等效电路。要求变压器低压侧的电压偏移在最大、最小负荷时分别不超过额定值的 2.5% 和 7.5%，最大负荷为 18MVA，最小负荷为 7MVA，$\cos\varphi=0.8$，变压器高压侧的电压在任何运行情况下均维持 107.5kV，变压器参数为 $U_k\%=10.5$，$P_k=163\text{kW}$，励磁影响不计，试选择变压器的分接头。

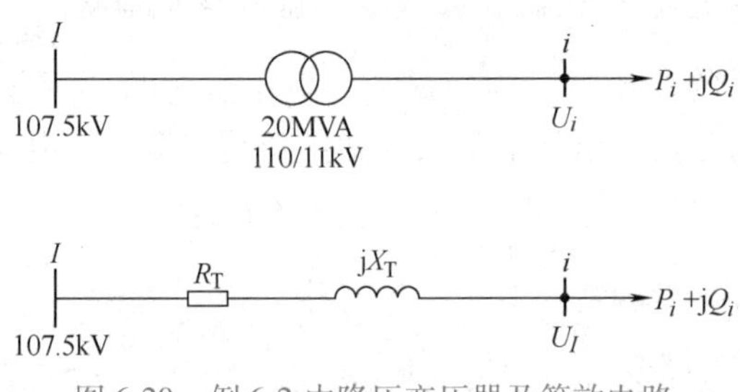

图 6-20 例 6-2 中降压变压器及等效电路

解 变压器的电阻和电抗

$$R_T=\frac{P_k U_N^2}{1000S_N^2}=\frac{163\times110^2}{1000\times20^2}\Omega=4.93\Omega$$

$$X_T=\frac{U_k\%\,U_N^2}{100S_N}=\frac{10.5\times110^2}{100\times20}\Omega=63.5\Omega$$

末端最大、最小负荷为

$$\begin{cases}\dot{S}_{max}=(18\cos\varphi+j18\sin\varphi)\text{MVA}=(18\times0.8+j18\times0.6)\text{MVA}=(14.4+j10.8)\text{MVA}\\ \dot{S}_{min}=(7\cos\varphi+j7\sin\varphi)\text{MVA}=(7\times0.8+j7\times0.6)\text{MVA}=(5.6+j4.2)\text{MVA}\end{cases}$$

最大、最小负荷时低压侧实际调压要求的电压为

$$\begin{cases}U'_{imax}=10\ (1+2.5\%)\ \text{kV}=10.25\text{kV}\\ U'_{imin}=10\ (1+7.5\%)\ \text{kV}=10.75\text{kV}\end{cases}$$

在最大、最小负荷时，低压侧的电压由下式求得：

$$\begin{cases}U_{imax}=U_{\text{I}\,max}-\Delta U_{max}=107.5-\dfrac{14.4\times4.93+10.8\times63.5}{U_{imax}}\\ U'_{imin}=U_{\text{I}\,min}-\Delta U_{min}=107.5-\dfrac{5.6\times4.93+4.2\times63.5}{U_{imin}}\end{cases}$$

解得

$$\begin{cases}U_{imax}=99.9\text{kV}\\ U_{imin}=104.6\text{kV}\end{cases}$$

于是，可按式（6-29）、式（6-30）求最大、最小负荷时分接头电压

$$\begin{cases} U_{\text{T I max}} = U_{i\max}\dfrac{U_{\text{N}i}}{U'_{i\max}} = 99.9 \times \dfrac{11}{10.25}\text{kV} = 107.2\text{kV} \\ U_{\text{T I min}} = U_{i\min}\dfrac{U_{\text{N}i}}{U'_{i\min}} = 104.6 \times \dfrac{11}{10.75}\text{kV} = 107\text{kV} \end{cases}$$

所以由式（6-31）得

$$U_{\text{T I}} = \frac{U_{\text{T I max}} + U_{\text{T I min}}}{2} = \frac{107.2 + 107}{2}\text{kV} = 107.1\text{kV}$$

故选择电压为 110×(1 −2.5%) kV：107.25kV 的分接头。

校验：

按式（6-32）求最大、最小负荷时低压母线电压

$$\begin{cases} U'_{i\max} = U_{i\max}\dfrac{U_{\text{N}i}}{U_{\text{T I}}} = 99.9 \times \dfrac{11}{107.25}\text{kV} = 10.25\text{kV} \\ U'_{i\min} = U_{i\min}\dfrac{U_{\text{N}i}}{U_{\text{T I}}} = 104.6 \times \dfrac{11}{107.25}\text{kV} = 10.73\text{kV} \end{cases}$$

按式（6-33）求最大、最小负荷时电压偏移

$$\begin{cases} \Delta U'_{\max}\% = \dfrac{10.25 - 10}{10} \times 100 = 2.5 \\ \Delta U'_{\min}\% = \dfrac{10.73 - 10}{10} \times 100 = 7.3 \end{cases}$$

可比较知，所选择的分接头满足调压要求。

（2）普通三绕组变压器

三绕组变压器一般在高、中压绕组有分接头可供选择使用，而低压侧没有分接头，高、中压侧分接头的选择方法可两次套用双绕组变压器的选择方法。一般可先按低压侧调压要求，由高、低压侧确定好高压绕组的分接头；然后再用选定的高压绕组的分接头，考虑中压侧的调压要求，由高、中压侧选择中压绕组的分接头。注意，同样也有校验过程，若在最大、最小负荷时，高、中压绕组选择的分接头不能满足调压要求时，往往要采用有载调压变压器。

【例 6-3】 图 6-21a 所示三绕组变压器的额定电压为 110/38.5/6.6kV，各绕组最大负荷时流通的功率如图 6-21b 所示，最小负荷为最大负荷的 1/2。设与该变压器相连的高压母线电压最大、最小负荷时分别为 112 kV、115kV，中、低压母线电压偏移最大、最小负荷时分别允许为 0%、7.5%。试选择该变压器高、中压绕组的分接头。

解 分析思路是先以低压侧调压要求 0%、7.5% 为准，由高、低压侧确定高压绕组的分接头，然后再由高、中压侧确定中压绕组的分接头。

按给定条件求得在最大、最小负荷时各绕组中电压损耗见表 6-1，归算至高压侧的各母线电压见表 6-2。

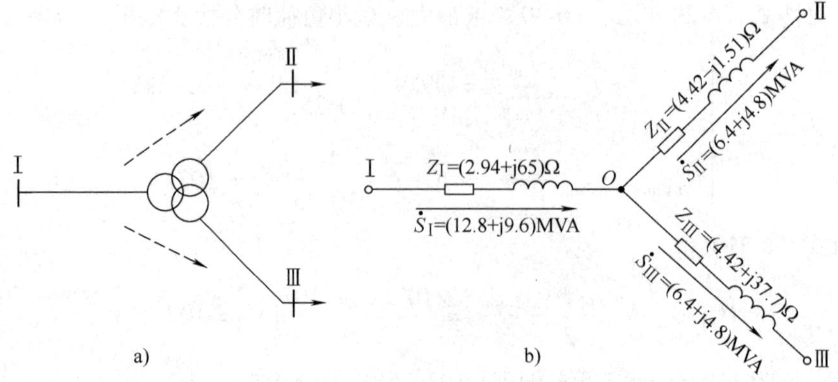

图 6-21　例 6-3 中三绕组变压器及等效电路

a）三绕组变压器　b）等效电路

表 6-1　各绕组电压损耗　　（单位：kV）

负荷水平	高压绕组	中压绕组	低压绕组
最大负荷	5. 91	0. 197	1. 980
最小负荷	2. 88	0. 093	0. 935

表 6-2　各母线电压　　（单位：kV）

负荷水平	高压母线	中压母线	低压母线
最大负荷	112	105. 9	104. 1
最小负荷	115	112. 0	111. 1

1）根据低压母线调压要求，由高、低压两侧选择高压绕组的分接头。低压侧调压要求的电压如下：

最大负荷时

$$U'_{Ⅲ\max}=U_{N3}(1+0\%)=6\times(1+0\%)\text{kV}=6\text{kV}$$

最小负荷时

$$U'_{Ⅲ\min}=U_{N3}(1+7.5\%)=6\times(1+7.5\%)\text{kV}=6.45\text{kV}$$

求高压绕组分接头电压 $U_{TⅠ}$ 如下：

最大负荷时

$$U_{TⅠ\max}=U_{Ⅲ\max}\frac{U_{N3}}{U'_{Ⅲ\max}}=104.1\times\frac{6.6}{6}\text{kV}=114.5\text{kV}$$

最小负荷时

$$U_{TⅠ\min}=U_{Ⅲ\min}\frac{U_{N3}}{U'_{Ⅲ\min}}=111.1\times\frac{6.6}{6.45}\text{kV}=113.7\text{kV}$$

因此

$$U_{TⅠ}=\frac{U_{TⅠ\max}+U_{TⅠ\min}}{2}=\frac{114.5+113.7}{2}\text{kV}=114.1\text{kV}$$

于是，选择110×（1+5%）kV=115.5kV电压的分接头。

2）校验：

低压侧母线电压如下：

最大负荷时

$$U'_{Ⅲmax}=U_{Ⅲmax}\frac{U_{N3}}{U_{TⅠ}}=104.1\times\frac{6.6}{115.5}\text{kV}=5.95\text{kV}$$

最小负荷时

$$U'_{Ⅲmin}=U_{Ⅲmin}\frac{U_{N3}}{U_{TⅠ}}=111.1\times\frac{6.6}{115.5}\text{kV}=6.35\text{kV}$$

电压偏移如下：

最大负荷时

$$\Delta U'_{Ⅲmax}\%=\frac{5.95-6}{6}\times100=-0.833<0$$

最小负荷时

$$\Delta U'_{Ⅲmin}\%=\frac{6.35-6}{6}\times100=5.83<7.5$$

虽然最大负荷时的电压偏移比要求的低0.833%，但由于分接头之间的电压差为2.5%，求得的电压偏移距要求不超过1.25%是允许的，所以，选择的分接头为认可。变压器高、低压电压比 $K_{Ⅰ\text{-}Ⅲ}=115.5/6.6\text{kV}$。

3）根据中压侧的调压要求，由高、中压两侧，选择中压绕组的分接头。中压侧调压要求的电压如下：

最大负荷时

$$U'_{Ⅱmax}=35\times(1+0\%)\text{kV}=35\text{kV}$$

最小负荷时

$$U'_{Ⅱmin}=35\times(1+7.5\%)\text{kV}=37.6\text{kV}$$

求中压分接头电压 $U_{TⅡ}$ 如下：

最大负荷时

$$U_{TⅡmax}=U'_{Ⅱmax}\frac{U_{TⅠ}}{U_{Ⅱmax}}=35\times\frac{115.5}{105.9}\text{kV}=38.2\text{kV}$$

最小负荷时

$$U_{TⅡmin}=U'_{Ⅱmin}\frac{U_{TⅠ}}{U_{Ⅱmin}}=37.6\times\frac{115.5}{112}\text{kV}=38.8\text{kV}$$

因此

$$U_{TⅡ}=\frac{38.2+38.8}{2}\text{kV}=38.5\text{kV}$$

于是,选电压为38.5kV的主抽头。

4)校验:

中压侧母线电压如下:

最大负荷时

$$U'_{\mathrm{II\,max}} = U_{\mathrm{II\,max}}\frac{U_{\mathrm{T\,II}}}{U_{\mathrm{T\,I}}} = 105.9 \times \frac{38.5}{115.5}\mathrm{kV} = 35.3\mathrm{kV}$$

最小负荷时

$$U'_{\mathrm{II\,min}} = U_{\mathrm{II\,min}}\frac{U_{\mathrm{T\,II}}}{U_{\mathrm{T\,I}}} = 112 \times \frac{38.5}{115.5}\mathrm{kV} = 37.3\mathrm{kV}$$

电压偏移如下:

最大负荷时

$$\Delta U'_{\mathrm{II\,max}}\% = \frac{35.3 - 35}{35} \times 100 = 0.86 > 0$$

最小负荷时

$$\Delta U'_{\mathrm{II\,min}}\% = \frac{37.3 - 35}{35} \times 100 = 6.57 < 7.5$$

可见，电压偏移在要求的范围之内，也即满足调压要求。

于是，该变压器按选择的分接头电压，其电压比为115.5/38.5/6.6kV。

(3) 有载调压变压器

有载调压变压器可以在带负荷情况下不停电改变变压器的分接头，因此可以在最大、最小负荷时分别采用不同的分接头来取得不同的电压比以满足调压要求，而且调节范围比较大，一般在15%以上。目前，我国暂定110kV级有载调压变压器有±3×2.5%共七级分接头；220kV级的有±4×2.5%共九级分接头。此外，特殊情况下，还可以有15级、27级和48级分接头等。

有载调压变压器分接头电压的计算与普通变压器相同，但可以根据最大负荷、最小负荷时计算得的值分别选择各自合适的分接头，这样能缩小二次电压的变化幅度，甚至改变电压变化趋势，以达到调压目的。

图6-22所示为内部具有调压绕组的有载调压变压器的原理接线。它的主绕组同一个具有若干个分接头的调压绕组串联，依靠特殊的切换装置可以在负荷电流下改换分接头。切换装置有两个可动触头Ka和Kb，改换分接头时，先将一个可动触头移到另一个分接头上，然后再把另一个可动触头也移到该分接头上。这样在不断开电路的情况下完成了分接头的切换。为了防止可动触头在切换过程中产生电弧，造成变压器绝缘油劣化，在可动触头Ka、Kb上串联两个接触器KMa、KMb，将它们放在单独的油箱里。当变压器切换分接头时，首先断开

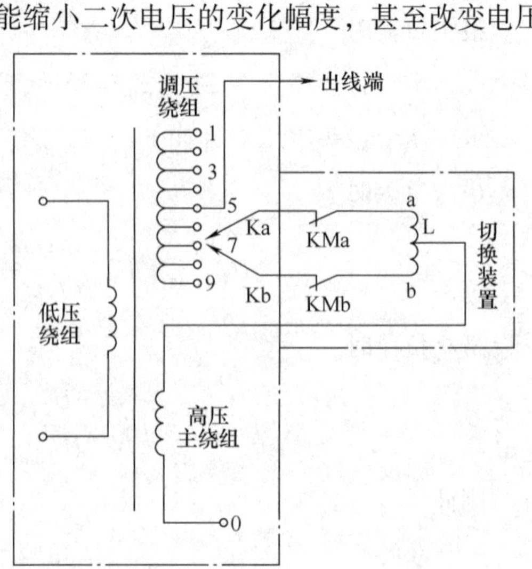

图6-22 有载调压变压器的原理接线

KMa，将 Ka 切换到另一个分接头上，然后将 KMa 接通。另一个触头也采用同样的切换步骤，使两个触头都接到另一个分接头上。切换装置中的电抗器 L 是为了在切换过程中限流用的，当两个可动触头在不同的分接头上时，限制两个分接头之间的短路电流。

对 110kV 及更高电压级的变压器，一般将调压绕组放在变压器中性点侧，因变压器中性点接地后，中性点侧电压很低，可以降低调整装置的绝缘要求。

3. 利用无功补偿设备调压

当系统中某些节点电压偏低的原因是由于无功功率电源不足时，如果仅靠改变变压器电压比是不能实现调压的，而必须在系统中电压较低的点（或其附近）设置无功补偿电源。这样的补偿也常称为并联补偿。设置无功电源的作用和目的归纳为两点：一是可调整网络中的节点电压，使之维持在额定值附近，从而保证系统的电能质量；二是可改变网络中无功功率的分布，以降低网络中功率、电压及电能损耗，提高系统运行的经济性。下面主要从满足调压要求的角度来讨论无功功率补偿容量的选择问题。

图 6-23 所示为具有并联补偿设备的简单电力网，已知线路始端电压为 U_A，Z 为归算到高压侧包括变压器阻抗在内的线路总阻抗，P_i+jQ_i 为负荷功率，求无功功率补偿设备的容量 Q_C。

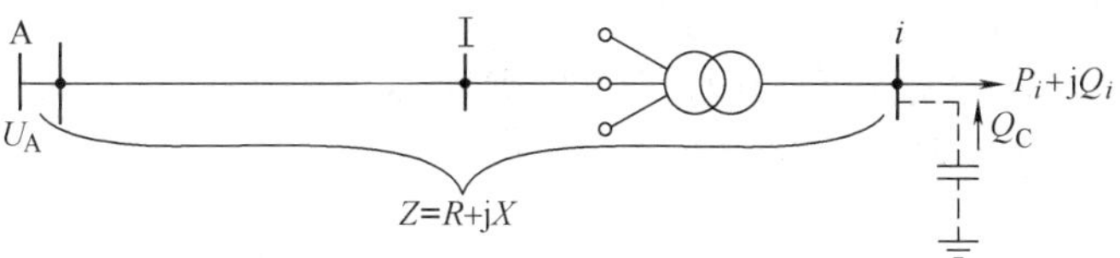

图 6-23　具有并联补偿设备的简单电力网

在变电所末端设置并联补偿设备前，线路始端电压为

$$U_A = U_i + \frac{P_iR + Q_iX}{U_i}$$

式中　U_i——设置无功补偿设备前归算到高压侧的变压所低电母线电压。

设置无功补偿设备后，线路始端电压为

$$U_A = U_{iC} + \frac{P_iR + (Q_i - Q_C)X}{U_{iC}}$$

式中　U_{iC}——设置无功补偿设备后归算到高压侧的变电所低压母线电压。

设补偿前后线路始端电压 U_A 保持不变，则有

$$U_i + \frac{P_iR + Q_iX}{U_i} = U_{iC} + \frac{P_iR + (Q_i - Q_C)X}{U_{iC}}$$

由上式可解得无功功率补偿容量

$$Q_C = \frac{U_{iC}}{X}\left[(U_{iC} - U_i) + \left(\frac{P_iR + Q_iX}{U_{iC}} - \frac{P_iR + Q_iX}{U_i}\right)\right]$$

分析上式可知，等号右边第二个小括号内的数值一般不大，可略去。于是，上式又可改写为

$$Q_C = \frac{U_{iC}}{X}(U_{iC} - U_i) \tag{6-34}$$

可见，无功补偿容量 Q_C 与补偿前后变电所低压母线电压 U_i、U_{iC} 均有关，但 U_{iC} 和 U_i 均为归算到高压侧的电压，考虑到 Q_C 的确定应满足低压侧的调压要求，设低压侧的实际母线调压要求的电压为 U'_{iC}，显然，U'_{iC} 乘以变压器电压比 K 等于 U_{iC}，即 $U_{iC}=KU'_{iC}$，所以式（6-34）又可表示为

$$Q_C=\frac{KU'_{iC}}{X}(KU'_{iC}-U_i)=\frac{K^2U'_{iC}}{X}\left(U'_{iC}-\frac{U_i}{K}\right) \tag{6-35}$$

由此可见，无功补偿容量不仅与低压母线调压要求有关，而且还与变压器电压比选择有关。在满足调压要求的前提下，如果变压器电压比选择合适，就可以使补偿设备的容量小些，较为经济。因此，这就存在着无功功率补偿容量 Q_C 的选择与电压比 K 的选择相互配合问题。而且随着采用无功功率补偿装置的不同，Q_C 与 K 的选择方法也有所不同。

（1）选用静止电容器

对于降压变电所，若在大负荷时电压偏低，小负荷时电压稍高，这种情况下，可采用静止电容器补偿。但静止电容器只能发出无功功率提高节点电压，而不能吸收无功功率来降低电压。为了充分利用补偿容量，则在大负荷时将电容器全部投入，在最小负荷时全部退出。在选用电容器容量时，应分两步来考虑。

第一步是确定变压器电压比。变压器分接头电压应按最小负荷时电容器全部退出的条件来选择，由最小负荷时低压侧调压要求的电压 $U'_{i\min}$ 和变压器二次侧额定电压 U_{Ni} 计算分接头电压

电容器组

$$U_{Ti\min}=U_{i\min}\frac{U_{Ni}}{U'_{i\min}} \tag{6-36}$$

然后选择一个最接近这个计算电压值的分接头，于是变压器电压比就确定了，即 $K=U_{Ti}/U_{Ni}$。

第二步是确定电容器容量。电容器容量按最大负荷时的调压要求来确定。最大负荷时电容器全部投入，低压侧调压要求的电压为 $U'_{iC\max}$，将 $U'_{iC\max}$ 和 K 代入式（6-35），即有

$$Q_C=\frac{K^2U'_{iC\max}}{X}\left(U'_{iC\max}-\frac{U_{i\max}}{K}\right) \tag{6-37}$$

（2）选用调相机

由于调相机既能过励运行发出感性无功功率作为无功功率电源，又能欠励运行吸收感性无功功率作为无功功率负荷，所以调相机可一直处于投入状态。

在最大负荷时调相机可以过励运行发出无功功率，在最小负荷时可欠励运行以吸收无功功率。但在欠励运行时，其容量仅为过励时额定容量的50%，故在最大、最小负荷时，调相机的容量分别为

$$Q_C=\frac{K^2U'_{iC\max}}{X}\left(U'_{iC\max}-\frac{U_{i\max}}{K}\right) \tag{6-38}$$

$$-\frac{1}{2}Q_C=\frac{K^2U'_{iC\min}}{X}\left(U'_{iC\min}-\frac{U_{i\min}}{K}\right) \tag{6-39}$$

式中　$U'_{iC\max}$、$U'_{iC\min}$——分别是并联调相机后低压母线最大、最小负荷时调压要求的电压。

由式（6-38）、式（6-39）可解得变压器电压比为

$$K=\frac{U'_{i\mathrm{Cmax}}U_{i\max}+2U'_{i\mathrm{Cmin}}U_{i\min}}{U'^2_{i\mathrm{Cmax}}+2U'^2_{i\mathrm{Cmin}}} \tag{6-40}$$

求得 K 值后，又可计算变压器分接头电压，然后选择一个合适的分接头。于是，便可确定变压器实际电压比 $K=U_{\mathrm{TI}}/U_{\mathrm{N}i}$。可见，变压器电压比 K 是兼顾最大、最小负荷两种运行方式下的调压要求选择的。

确定电压比后，再按最大负荷时的调压要求来选择调相机的容量。调相机的容量按下式计算：

$$Q_{\mathrm{C}}=\frac{K^2U'_{i\mathrm{Cmax}}}{X}\left(U'_{i\mathrm{Cmax}}-\frac{U_{i\max}}{K}\right)=\frac{U'_{i\mathrm{Cmax}}}{X}\left(U'_{i\mathrm{Cmax}}-U_{i\max}\frac{U_{\mathrm{N}i}}{U_{\mathrm{TI}}}\right)\left(\frac{U_{\mathrm{TI}}}{U_{\mathrm{N}i}}\right)^2 \tag{6-41}$$

以上即按最大、最小负荷两种运行方式选择变压器电压比 K，然后再按最大负荷时选择调相机容量。这样可保证在满足调压要求的前提下，选用的容量较小。在求出无功补偿容量 Q_{C} 后，根据产品目录选出与之相近的调相机。最后按选定的容量进行电压校验。

【例 6-4】 简单输电系统如图 6-24 所示，变压器电压比为 $110\times(1\pm2\times2.5\%)$kV/11kV，若不计变压器励磁支路及线路对地电容，则线路和变压器的总阻抗 $Z=(26+\mathrm{j}130)\Omega$，节点 A 的电压为 118kV，且维持不变，降压变电所低压侧母线要求常调压，保持 10.5kV 的电压。试配合变压器分接头的选择确定受端应设置的无功功率补偿设备分别为静止电容器、调相机的容量。

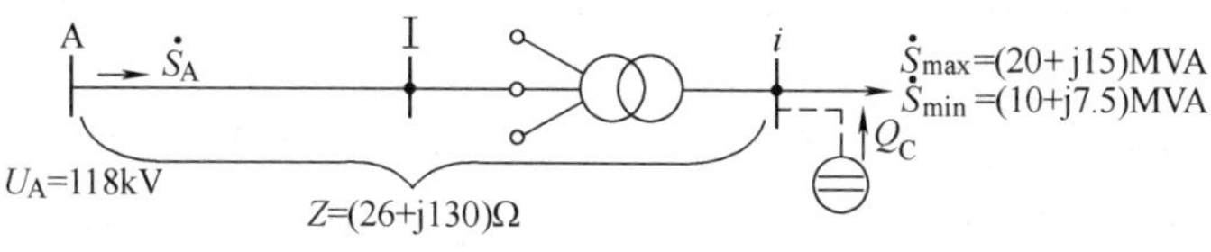

图 6-24　例 6-4 的简单输电系统

解　计算补偿前最大、最小负荷时低压侧归算到高压侧的电压。

先计算功率损耗

$$\Delta\dot{S}_{\max}=\frac{S^2_{\min}}{U^2_{\mathrm{N}}}Z=\frac{20^2+15^2}{110^2}\times(26+\mathrm{j}130)\mathrm{MVA}=(1.34+\mathrm{j}6.71)\mathrm{MVA}$$

$$\Delta\dot{S}_{\min}=\frac{S^2_{\min}}{U^2_{\mathrm{N}}}Z=\frac{10^2+7.5^2}{110^2}\times(26+\mathrm{j}130)\mathrm{MVA}=(0.34+\mathrm{j}1.68)\mathrm{MVA}$$

始端功率为

$$\dot{S}_{\mathrm{Amax}}=\dot{S}_{\max}+\Delta\dot{S}_{\max}=(20+\mathrm{j}15)\mathrm{MVA}+(1.34+\mathrm{j}6.71)\mathrm{MVA}=(21.34+\mathrm{j}21.71)\mathrm{MVA}$$

$$\dot{S}_{\mathrm{Amin}}=\dot{S}_{\min}+\Delta\dot{S}_{\min}=(10+\mathrm{j}7.5)\mathrm{MVA}+(0.34+\mathrm{j}1.68)\mathrm{MVA}=(10.34+\mathrm{j}9.18)\mathrm{MVA}$$

因此，节点 i 电压为

$$U_{i\max}=U_{\mathrm{A}}-\frac{P_{\mathrm{Amax}}R+Q_{\mathrm{Amax}}X}{U_{\mathrm{A}}}=\left(118-\frac{21.34\times26+21.71\times130}{118}\right)\mathrm{kV}=89.38\mathrm{kV}$$

$$U_{i\min}=U_{\mathrm{A}}-\frac{P_{\mathrm{Amin}}R+Q_{\mathrm{Amin}}X}{U_{\mathrm{A}}}=\left(118-\frac{10.34\times26+9.18\times130}{118}\right)\mathrm{kV}=105.61\mathrm{kV}$$

（1）选择电容器容量。先按最小负荷时电容器全部退出的条件选择变压器电压比，由式（6-36）有

$$U_{TI}=U_{i\min}\frac{U_{Ni}}{U'_{i\min}}=105.61\times\frac{11}{10.5}\text{kV}=110.64\text{kV}$$

于是，可选 110kV 电压的主抽头，即 $U_{TI}=110\text{kV}$，则变压器电压比 $K=110/11=10$。

再按最大负荷时的要求，求无功补偿容量 Q_C，由式（6-37）得

$$Q_C=\frac{K^2U'_{iC\max}}{X}\left(U'_{iC\max}-\frac{U_{i\max}}{K}\right)=\frac{10^2\times10.5}{130}\left(10.5-\frac{89.38}{10}\right)\text{Mvar}=12.62\text{Mvar}$$

（2）选择调相机容量。按最大、最小负荷两种运行情况确定电压比 K，由式（6-40）有

$$K=\frac{10.5\times89.38+2\times10.5\times105.61}{10.5^2+2\times10.5^2}=9.54$$

从而可计算分接头电压：$U_{TI}=KU_{Ni}=9.54\times11\text{kV}=104.94\text{kV}$，于是，选择 $110\times(1-2\times2.5\%)\text{kV}=104.5\text{kV}$ 电压的分接头，可确定电压比 $K=104.5/11=9.5$。

按最大负荷时的运行条件选择无功补偿容量，由式（6-37）有

$$Q_C=\frac{K^2U'_{iC\max}}{X}\left(U'_{iC\max}-\frac{U_{i\max}}{K}\right)=\frac{9.5^2\times10.5}{130}\left(10.5-\frac{89.38}{9.5}\right)\text{Mvar}=7.96\text{Mvar}$$

在以上求得无功补偿容量 Q_C 后，应按产品标准规格选择容量相近的无功功率补偿装置。加上无功功率补偿装置后，还需再校验低压侧母线电压是否符合要求。

4. 利用串联补偿电容器调压

通过对电力系统正常运行情况下的分析和计算可知，引起网络末端电压偏移的直接原因是在线路和变压器上有电压损耗。因此，如果能设法减小网络中的电压损耗也可以实现调压。由电压降落的纵向分量 $\Delta U=(PR+QX)/U$ 可看出，改变网络参数，可以使电压损耗减小。一般网络中 $X\gg R$，所以，利用改变网络中的电抗来调压的效果较为明显。

线路串联电容器主要用来补偿线路的电抗，通过改变线路参数，起到调压作用。假如在加串联电容器前后，线路始端电压和线路电流都相同，由于串联了电容器，电容器的容抗和线路的感抗互相补偿，减小了线路电抗，从而减小了网络中的电压损耗，就会使末端电压比未加串联电容时有所提高。

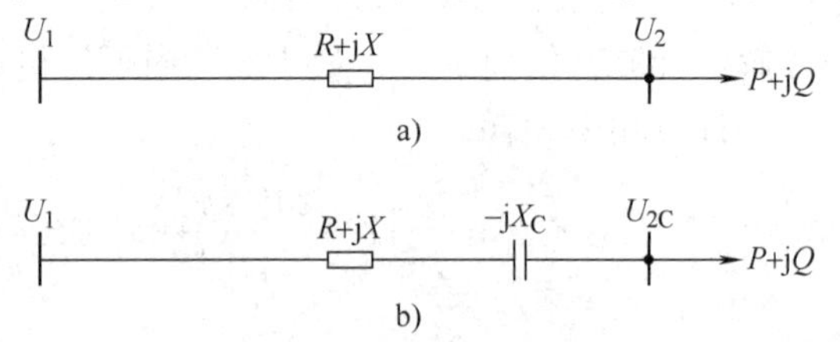

图 6-25　串联电容器补偿

a）补偿前　b）补偿后

下面就如何选择串联电容器的电抗 X_C 和容量 Q_C 进行讨论。

串联电容器补偿如图 6-25 所示，设线路末端电压在串联电容器前为 U_2，在串联电容器后为 U_{2C}，末端负荷为 $P+jQ$，而首端电压 U_1 在补偿前后不变。

补偿前

$$U_1=U_2+\frac{PR+QX}{U_2}$$

补偿后

$$U_1=U_{2C}+\frac{PR+Q(X-X_C)}{U_{2C}}$$

于是，有

$$U_2+\frac{PR+QX}{U_2}=U_{2C}+\frac{PR+Q(X-X_C)}{U_{2C}}$$

因此有

$$X_C=\frac{U_{2C}}{Q}\left[(U_{2C}-U_2)+\left(\frac{PR+QX}{U_{2C}}-\frac{PR+QX}{U_2}\right)\right] \tag{6-42}$$

一般等号右边第二个小括号内的数值很小，可略去，则有

$$X_C=\frac{U_{2C}}{Q}(U_{2C}-U_2)=\frac{U_{2C}}{Q}\Delta U \tag{6-43}$$

若近似认为 U_{2C}接近额定电压 U_N，则有

$$X_C\approx\frac{U_N}{Q}\Delta U \tag{6-44}$$

式（6-44）中 $\Delta U=(U_{2C}-U_2)$，正是由于串联电容器后减小的电压损耗，也即补偿后线路末端电压升高的数值，所以可根据线路末端要求提高电压的数值来确定补偿电容器的电抗值。

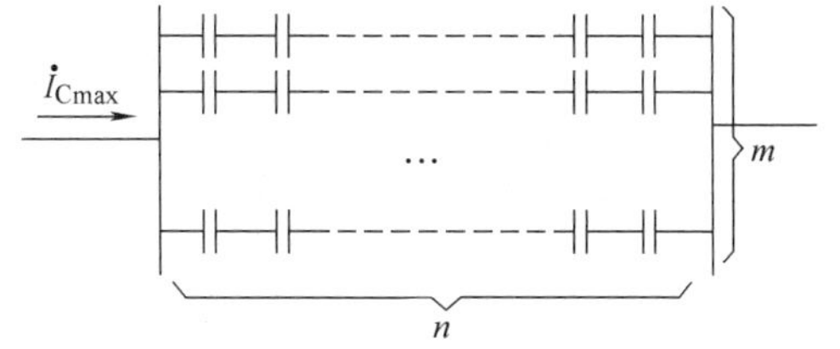

图 6-26　串联电容器组

实际上，串联电容器都是由若干个电容器串、并联组成的串联电容器组。假如串联电容器组是由 n 电容器组成一串，而一串电容器不能承受很大的负荷电流，所以可用 m 串电容器并联起来，如图 6-26 所示，n 的确定取决于调压的大小，m 的确定取决于载流量的大小。如果每个电容器的额定电流为 I_{NC}，额定电压为 U_{NC}，则可根据线路通过的最大负荷电流 I_{Cmax} 和所需容抗值 X_C 计算出电容器串、并联的个数，它们应满足

$$\begin{cases} mI_{NC}\geqslant I_{Cmax} \\ nU_{NC}\geqslant I_{Cmax}X_C \end{cases} \tag{6-45}$$

式（6-45）表明，m 串并联电容器的额定电流之和不小于通过的最大负荷电流，n 个电容器的额定电压之和不小于电容器组上流过最大负荷电流时所产生的压降。

如果用 Q_{NC}表示每个电容器的额定容量，则

$$Q_{NC}=U_{NC}I_{NC} \tag{6-46}$$

三相电容器组的总容量为

$$Q_C=3mnQ_{NC}=3mnU_{NC}I_{NC} \tag{6-47}$$

如利用串联电容器调压的方法，加串联电容器后使末端电压提高的数值 $\Delta U=QX_C/U_N$ 随无功功率负荷的增减而增减。这恰与调压要求一致，这是串联电容器调压的一个显著优点。但对于负荷功率因数高（$\cos\varphi>0.95$）或导线截面积较小的线路，线路的电阻对电压损耗影响已经比较大，或者说，线路的电抗对电压损耗的影响具有相对较小的作用，故串联电容器补偿的调压效果不显著。因此，串联电容补偿调压一般用于供电电压为 35kV 或 10kV、负荷波动大而频繁、功率因数又很低的配电线路。

【例 6-5】　一条 35kV 线路，全线路阻抗为$(10+j10)\Omega$，输送功率为$(7+j6)$MVA，线路始端电压为 35kV，欲使线路末端电压不低于 33kV，试确定串联补偿电容器的容量。

解　补偿前线路末端电压为

$$U_2 = \left(35 - \frac{7 \times 10 + 6 \times 10}{35}\right)\text{kV} = 31.29\text{kV}$$

补偿后线路末端电压为33kV，则补偿后线路末端要升高的电压为

$$\Delta U = 33\text{kV} - 31.29\text{kV} = 1.71\text{kV}$$

由式（6-44）可得应补偿电容器的电抗为

$$X_C = \frac{35}{6} \times 1.71\Omega = 9.98\Omega$$

选用额定电压 $U_{NC} = 0.6\text{kV}$，额定容量 $Q_{NC} = 20\text{kvar}$ 的单相油浸纸质电容器，则每个电容器的额定电流为

$$I_{NC} = \frac{Q_{NC}}{U_{NC}} = \frac{20}{0.6}\text{A} = 33.33\text{A}$$

每个电容器的电抗为

$$X_{NC} = \frac{U_{NC}}{I_{NC}} = \frac{0.6 \times 1000}{33.33}\Omega = 18\Omega$$

而线路通过的最大负荷电流为

$$I_{Cmax} = \frac{\sqrt{7^2 + 6^2}}{\sqrt{3} \times 35} \times 1000\text{A} = 152.1\text{A}$$

串联电容器组应满足：$mI_{NC} \geqslant I_{Cmax}$，$nU_{NC} \geqslant I_{Cmax}X_C$，于是电容器组需要并联的串数

$$m \geqslant \frac{I_{Cmax}}{I_{NC}} = \frac{152.1}{33.33} = 4.56$$

每串需要串联电容器的个数

$$n \geqslant \frac{I_{Cmax}X_C}{U_{NC}} = \frac{152.1 \times 9.98}{0.6 \times 1000} = 2.53$$

取 $m = 5$，$n = 3$，则串联电容器组由 5 串并联组成，每串有 3 个电容器。此电容器组的总容量为

$$Q_C = 3mnQ_{NC} = 3 \times 5 \times 3 \times 20\text{kvar} = 900\text{kvar}$$

实际补偿的容抗为

$$X_C = \frac{nX_{NC}}{m} = \frac{3 \times 18}{5}\Omega = 10.8\Omega$$

串联电容器组后，线路末端电压为

$$U_{2C} = 35\text{kV} - \frac{7 \times 10 + 6 \times (10 - 10.8)}{35}\text{kV} = 33.14\text{kV} > 33\text{kV}$$

可见，符合要求，即说明选择的电容器组适当。

5. 几种调压措施的比较

如前所述，在各种调压措施中，应首先考虑改变发电机端电压调压，因这种措施不需附加投资，只是通过调节发电机的励磁电流，改变一下运行方式，即能调压。当发电机母线没有负荷时，一般可在 95% ~105% 范围内调节；当发电机母线有负荷时，一般采用逆调压。合理使用发电机调压，通常可大大减轻其他调压措施的负担。

其次，当系统的无功功率比较充裕时，应考虑改变变压器分接头调压，因双绕组变压器的高压侧、三绕组变压器的高中压侧都有若干个分接头供调压选择使用，所以，这也是一种不需再附加投资的调压措施。若作为经常性的调压措施，所谓借改变变压器分接头调压，只能理解为采用有载调压变压器调压。一般有载调压变压器装设在枢纽变电站，或装设在大容量的用户处。

在电力系统无功功率不足的条件下，不宜采用调整变压器分接头的办法实现调压，需要考虑增加无功补偿设备调压的手段，如并联调相机、静止补偿器、电容器等，或在电力线路上串联电容器。这些补偿方法，各有优缺点，只能根据具体调压要求，在不同的节点采用不同的补偿方法。

例如，对网络中的枢纽变电站，可考虑采用调相机，其调压作用大，效果好，能做到平滑调压，可一直投入状态。因调相机能过励运行，又能欠励运行，在高峰负荷时过励运行，低谷负荷时欠励运行。调相机是旋转元件，需要维护和管理，所以最好设置在中枢点。

又例如，并联电容器补偿无功功率容量和串联电容抵偿线路电抗，均可起到调压作用，但究竟采用哪一种调压措施好，则需经过技术经济性能的比较。

从调压作用看，在电力线路上串联电容器，具有负值的电压降落，起直接抵偿线路电压降落的作用，比并联电容器借减少线路上流通的无功功率，从而减少线路电压降落的作用显著得多。但串联补偿的缺点在于，当末端的功率因数提得很高时，串联补偿不起多大作用。串联电容器补偿适用于电压波动频繁的场合，而并联电容器则不适合。并联电容器补偿的优点是可以减小沿线路的无功功率流动，从而降低网络损耗。

从经济角度看，为减小同样大小的电压损耗，并联电容器补偿需要补偿的无功功率容量大，一次投资大；串联电容器需要的无功功率容量小，一次投资小。

从减小网络损耗方面看，并联电容器补偿，使网络损耗下降的较为直接、明显，此时网络损耗可用下式表示：

$$\Delta P=\frac{P^2+(Q-Q_{\mathrm{C}})^2}{U^2}R$$

而串联电容器时，使网络损耗下降的较为间接。在线路上的电压损耗可表示为

$$\Delta U=\frac{PR+Q(X-X_{\mathrm{C}})}{U}$$

由此式可知，串联电容器后，减小了线路的总电抗，减小了电压损耗，因之末端电压有所提高，此时网络损耗可用下式表示：

$$\Delta P=\frac{P^2+Q^2}{U^2}R$$

由此可见，串联补偿能减小线路功率损耗，是由于提高了线路的电压水平，而并联补偿之所以能减小网损，除了由于线路电压水平提高，还由于通过线路上的无功功率减小了，所以，并联电容补偿使网络损耗下降得多，串联电容使网络损耗下降得少。

采用并联电容器补偿或采用串联电容器补偿各有优缺点，由于整个电力系统中节点较多，每个节点所处的位置不同，用户对电压的要求也不一样，因此必须根据系统的具体要求，在不同的节点，采用不同的调压方法。

严格规定出各种调压方法的应用范围是相当复杂的，有时是不可能的，对调压设备的选

择，往往要通过技术经济的比较后，才能得出合理的解决方案。

最后还要指出，在处理电压调整问题时，保证系统在正常运行方式下有合乎标准的电压质量是最基本的要求。此外还要使系统在某些特殊运行方式下（例如检修或故障后）的电压偏移不超过允许的范围。如果正常状态下的调压措施不能满足这一要求，还应考虑采取特殊运行方式下的补充调压方法。

小　结

电力系统的运行电压与无功功率密切相关，为保证电压质量，需保证系统在正常电压水平下的无功功率平衡，并有一定的储备。本章主要讨论无功功率电源的优化分布和电压调整问题。

首先讨论系统中无功功率平衡问题，系统中的无功功率负荷包括：所有用电设备（如异步电动机等）和变压器、线路中的无功功率损耗等；无功功率电源包括：发电机和无功功率补偿设备（调相机、电容器、静止补偿器等）。发电机是最基本的无功功率电源，此外，在电力系统电压较低的节点（母线）可加无功补偿设备。因此，无功功率平衡方程为

$$\sum Q_{GC} = \sum Q_L + \Delta Q_{\Sigma}$$

电力系统无功功率电源的最优分布包括：无功功率电源的最优分布和无功负荷的最优补偿。无功功率电源优化分布的目的，在于降低网络中的有功功率损耗。因之，重点介绍了利用“等网损微增率准则”进行无功功率电源的最优分布的方法。无功功率负荷的最优补偿是指最优补偿容量的确定、最优补偿设备的分布及最优补偿顺序的选择等问题。

本章重点介绍了电力系统电压管理及调整电压的措施。

在电力系统中选择一些有代表性的节点作为中枢点，据中枢点至分布负荷的距离远近和输送功率的大小，决定在中枢点实行“逆调压”“顺调压”“常调压”等三种不同的调压方式。

本章介绍的 4 种调压措施有：改变发电机端电压调压；改变变压器分接头调压；并联无功补偿设备调压；串联电容器调压。其中改变发电机端电压调压，是借助于发电机的自动励磁调节器实现调压，只介绍了调压原理；对于后三种调压措施均介绍了调压计算方法。

并联无功功率补偿设备调压，是一种常见的调压措施，应会确定无功功率补偿容量 Q_C。若在变电所二次侧并联无功功率补偿设备，为经济起见，可与变压器电压比 K 配合选择，先确定合适的电压比，然后确定适当的无功功率补偿容量。这样确定的无功功率补偿容量较小，一次投资小。随着选择无功功率补偿设备的不同，电压比 K 与无功功率补偿容量 Q_C 的搭配方法不同。如选用电容器时，先按最小负荷运行时的调压要求及电容器全部退出的条件确定变压器电压比，再按最大负荷运行时的调压要求及电容器全部投入的情况确定电容器容量。如选用调相机时，先按最大、最小负荷两种运行方式下的调压要求确定变压器电压比，再按最大负荷运行时的调压要求来确定调相机容量。

电力线路上串联电容器的调压方法，在网络中用得不广泛，但也有用的。串联电容器可减小线路的总电抗，提高线路末端电压，还对提高电力系统运行的稳定性起积极作用（如对波动负荷至电源的线路上串联电容器）。但补偿度要适当，否则易发生谐振。串联电容器作为调压措施，应考虑线路末端所需抬高的电压，来确定串联电容器组的容量、串联电容器

的个数等。串联电容器组一般串联在线路的末端或后半部。

思　考　题

6-1　电力系统的无功功率电源有哪些？无功功率负荷有哪些？无功功率平衡方程是什么？

6-2　对电力系统的电压管理，如何选择中枢点？

6-3　中枢点的调压方式有哪些？何谓逆调压、顺调压及常调压？

6-4　电力系统电压调整的措施有哪些？

6-5　改变变压器分接头，是否能彻底解决调压问题？有载调压变压器分接头的选择与普通变压器分接头的选择有什么不同？

6-6　将并联电容器和串联电容器两种无功功率补偿方法做经济技术比较，各有哪些优缺点？

习　　题

6-1　如图 6-27 所示，两发电厂联合向一负荷供电。图中参数的标幺值表示。设发电厂母线电压均为 1.0；负荷功率$\dot{S}_L=1.2+j0.7$，其有功部分由两厂平均负担。已知：$Z_1=0.1+j0.4$，$Z_2=0.04+j0.08$。试按等网损微增率原则确定无功功率负荷的最优分配。

6-2　简化后的 110kV 等值网络如图 6-28 所示。图中标出各线段的电阻值及各节点无功功率负荷，设无功功率补偿电源总容量为 17Mvar。试确定这些补偿容量的最优分布。

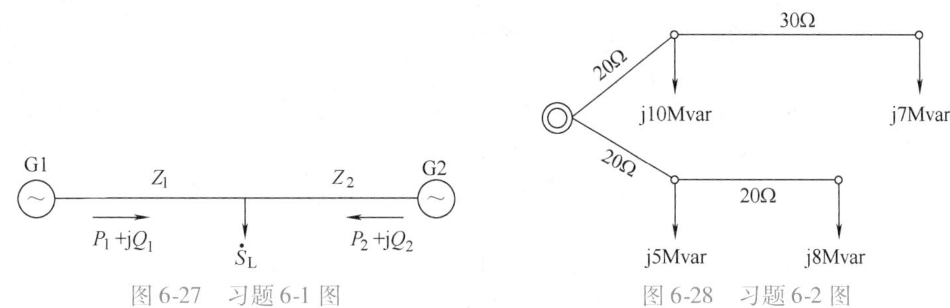

图 6-27　习题 6-1 图　　图 6-28　习题 6-2 图

6-3　如图 6-29 所示，某降压变电所装设一台容量为 20MVA、电压比为 110kV/11kV 的变压器，要求变压器低压侧的偏移在大小负荷时分别不超过额定值的 2.5% 和 7.5%，最大负荷为 18MVA，最小负荷为 7MVA，$\cos\varphi=0.8$，变压器高压侧的电压在任何运行情况下均维持 107.5kV，变压器参数为 $U_k\%=10.5$，$P_k=163$kW，励磁影响不计。试选择变压器的分接头。

图 6-29　习题 6-3 图

6-4　如图 6-30 所示，有一台降压变压器，其归算至高压侧的参数为 $R_T=2.44\Omega$，$X_T=40\Omega$，在最大负荷及最小负荷时通过变压器的功率分别为$\dot{S}_{max}=(28+j14)$MVA，$\dot{S}_{min}=(10+j6)$MVA。最大负荷时高压侧电压为 113kV，而此时低压侧允许电压不小于 6kV，最小负荷时高压侧电压为 115kV，而此时低压允许电压不大于 6.6kV。试选择此变压器分接头。

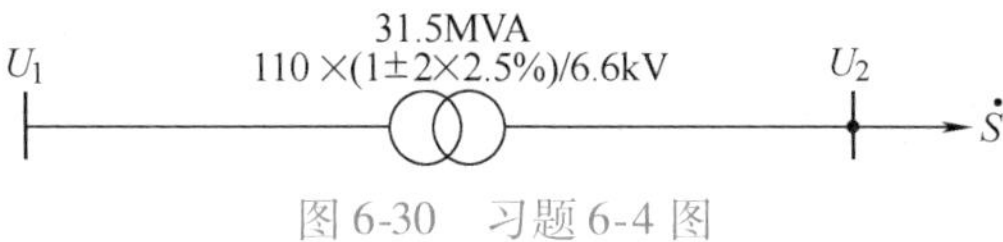

图 6-30　习题 6-4 图

6-5　如图 6-31 所示，某 110kV/11kV 的区域性降压变电所有两台 32MVA 的变压器并联运行，两台变压器的阻抗 $Z_T=(0.94+j21.7)\Omega$，设变电所低压母线最大负荷 42MVA，对应这时高压母线电压为 103kV，最小负荷为 18MVA，电压为 108.5kV。求变压器的电压比，使低压侧母线电压在最大、最小负荷下分别为 $U_{2max}=10.5kV$，$U_{2min}=10kV$。若采用有载调压，变压器分接头电压为 $115\times(1\pm9\times1.78\%)/10.5kV$。

6-6　如图 6-32 所示，某水电厂通过变压器 SFL_1—40000/110 型升压变压器与系统连接，最大负荷与最小负荷时高压母线的电压分别为 112.09kV 及 115.45kV，要求最大负荷时低压母线的电压不低于 10kV，最小负荷时低压母线的电压不高于 11kV，试选择变压器分接头。

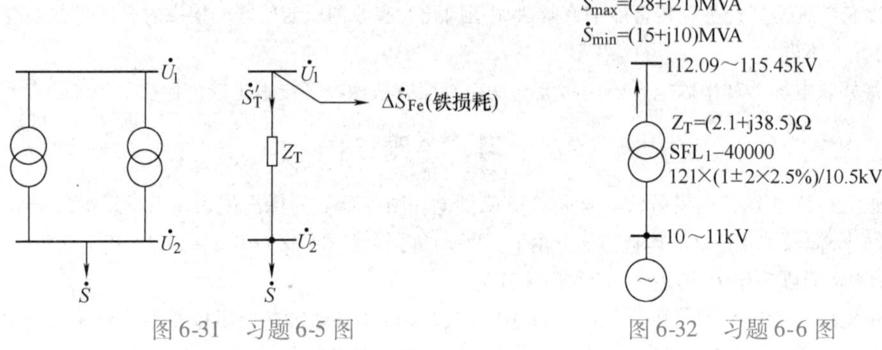

图 6-31　习题 6-5 图　　图 6-32　习题 6-6 图

6-7　某变电所装有两台变压器 $2\times SFL_1$—10000、110/10.5kV，如图 6-33 所示。10kV 侧的最大负荷为 $(15+j11.25)$MVA，接入补偿电容器 $-j11.25$Mvar；最小负荷为$(6+j4.5)$MVA，电容器退出，并切除一台变压器。已知一台变压器的阻抗为 $Z=(9.2+j127)\Omega$，高压母线最大负荷和最小负荷时的电压分别为 106.09kV 和 110.87kV。要求 10kV 侧母线为顺调压，试选择变压器的分接头（变压器参数为 110kV 侧的）。

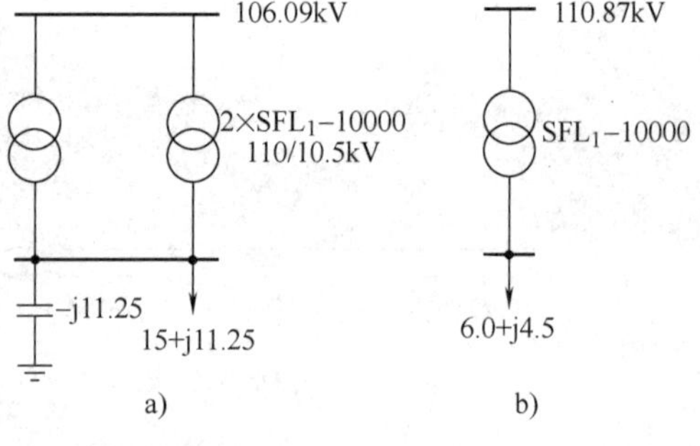

图 6-33　习题 6-7 图

6-8　某变电所装有两台并联工作的降压变压器，电压为 $110\times(1\pm5\times2.5\%)/11kV$，每台变压器容量为 31.5MVA，变压器能带负荷调分接头，试选择分接头，保证变电所二次母线电压偏移不超过额定电压 ±5% 的逆调压。已知变电所二次母线的最大负荷为 42MVA，$\cos\varphi=0.8$，最小负荷为 18MVA，$\cos\varphi=0.7$。变电所的高压母线电压最大负荷时为 103kV，最小负荷时为 108.5kV，变压器阻抗电压为 10.5%，短路功率为 200kW。

6-9　某降压变电所如图 6-34a 所示，三绕组变压器的额定电压为 110/38.5/6.6kV，各绕组最大负荷时流通的功率如图 6-34b 所示，最小负荷为最大负荷的 1/2。

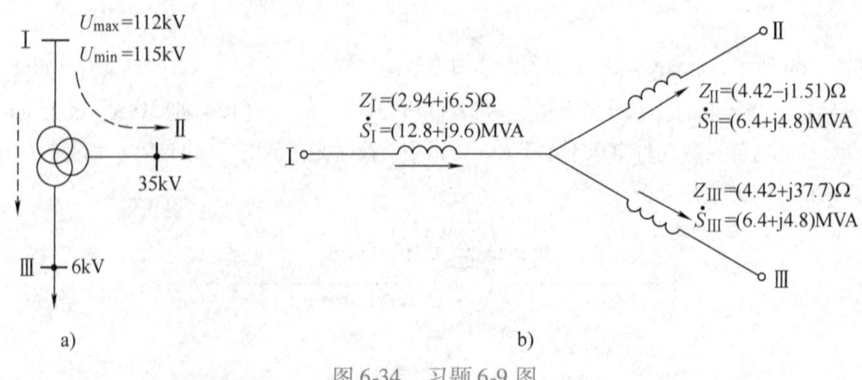

图 6-34　习题 6-9 图

设与该变压器相连的高压母线电压最大、最小负荷时分别为 112kV、115kV，中、低压母线电压偏移最大、最小负荷时分别允许为 0、7.5%。试选择该变压器高、中压绕组的分接头。

6-10 试选择图 6-35 所示的三绕组变压器分接头。变压器参数，最大、最小负荷的兆伏安数及对应的高压母线电压均标于图中，中压侧要求常调压，在最大、最小负荷时，电压均保持在 35 ×（1 +2.5%）kV，低压侧要求逆调压（变压器额定电压为 110/38.5/6.6kV）。

注：（1）变压器参数为归算至高压侧的值；（2）计算时不计变压器功率损耗。

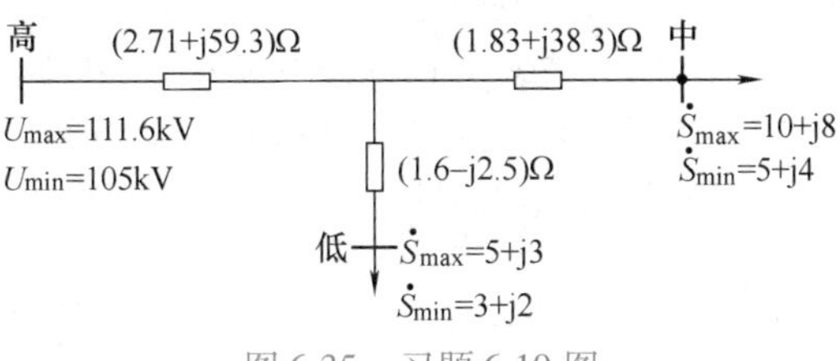

图 6-35 习题 6-10 图

6-11 某变电站装有一台有载调压变压器，型号为 SFSEL—8000，抽头为 110 ×（1 ±3 ×2.5%）/38.5 ×（1 ±5%）/10.5kV，如图 6-36 所示。其中，图 6-36a 分数表示潮流，分子为最大负荷，分母为最小负荷。已知最大、最小负荷时高压母线电压分别为 112.15kV 和 115.75kV。图 6-36b 表示变压器等效电路，阻抗值单位为欧姆，若要求 10kV 母线及 35kV 母线分别满足逆调压，试选择变压器的分接头。

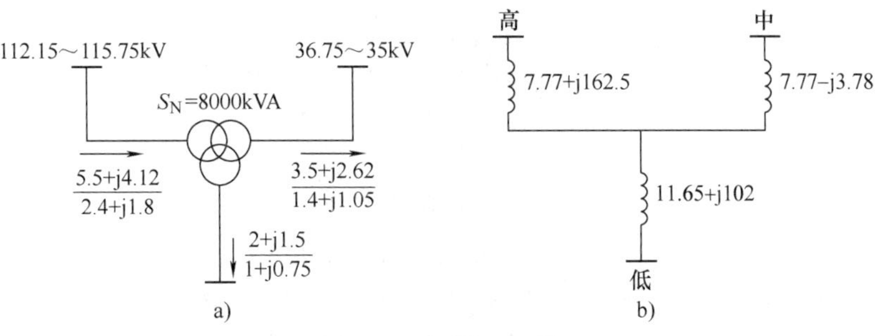

图 6-36 习题 6-11 图

6-12 如图 6-37 所示，一个地区变电所，由双回 110kV 输电线供电，变电所装两台容量均为 31.5MVA 的分接头为 110 ×（1 ±4 ×2.5%）/11kV 的变压器，已知双母线电抗 X_L = 14.6Ω，两台主变压器的电抗 X_T = 20.2Ω（已归算至于 110kV 侧），变电所低压侧母线上的电压归算至高压侧时，在最大负荷时 U_{2max} = 100.5kV，最小负荷时为 U_{2min} = 107.5kV。试作：

（1）并联电容器时，容量和电压比的选择怎样配合？并联调相机时，容量和电压比的选择怎样配合？

（2）当变电所低压侧母线要求为最大负荷时 U'_{2max} = 10.5kV，最小负荷时 U'_{2min} = 10kV，求为保证调压要求所需的最小同步调相机容量 Q_C。

（3）为达到同样的调压目的，选静止电容器容量为多少？

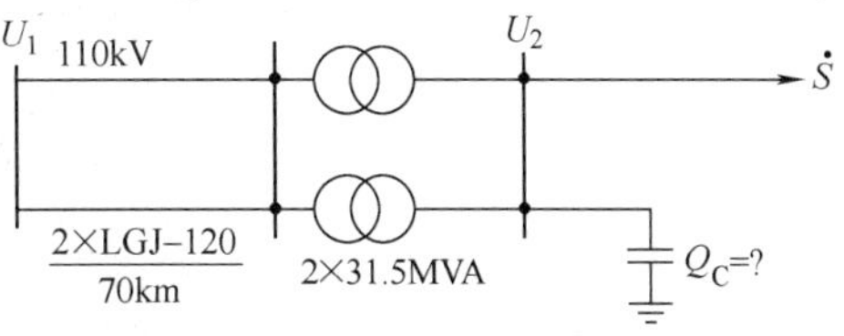

图 6-37 习题 6-12 图

6-13 如图 6-38 所示，有两回 110kV 的平行线路对某降压变电所供电，线路长为 70km，导线型号 LGJ—120，变电所并联着两台 31.5MVA 的变压器，电压比为 110 ×（1 ±4 ×2.5%）kV/11kV。两回线电抗 X'_L = 14.6Ω，两台

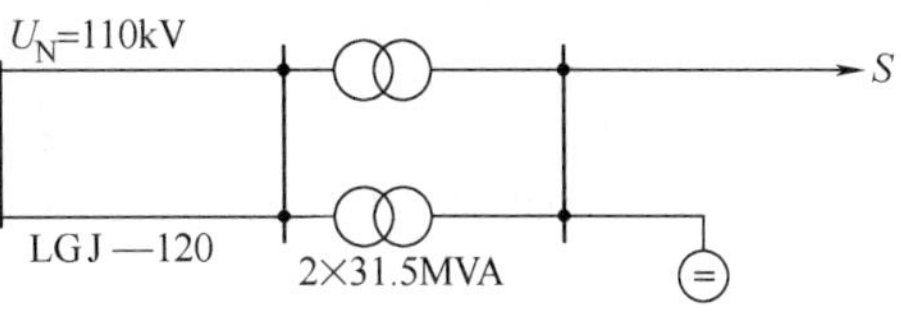

图 6-38 习题 6-13 图

变压器电抗 $X'_T=20.2\Omega$，变电所低压归算到高压侧的电压在最大、最小负荷时分别为 $U'_{2max}=100.5kV$、$U'_{2min}=112kV$，两回线完全对称。试求：

（1）调相机的最小功率，从而保证变电所电压在允许的波动范围，设调相机欠励运行，其容量不超过额定容量的50%；

（2）为达到同样的调压效果，在变电所并联一个电容器，电容器的容量应为多大？

6-14　容量为10000kVA的变电所，现有负荷恰为10000kVA，其功率因数为0.8，今想由该变电所再增功率因数为0.6、功率为1000kW的负荷，为使变电所不过负荷，最小需要装置多少千乏的并联电容器？此时负荷（包括并列电容器）的功率因数是多少（注：负荷所需要的无功功率都是感性的）？

6-15　如图6-39所示，由电站1向用户2供电，为了使 U_2 能维持额定电压运行（$U_N=10kV$），问用户处应装电力电容器的容量是多少（忽略电压降落的横向分量 δU）？

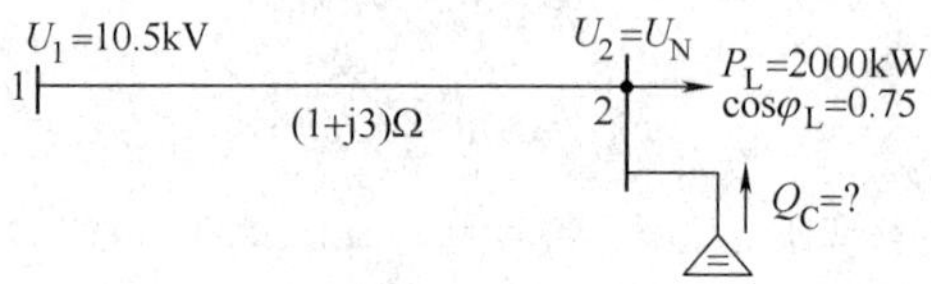

图6-39　习题6-15图

6-16　设由电站1向用户2供电线路如图6-40所示，已知 $U_1=10.5kV$，$P_L=1000kW$，$\cos\varphi=0.8$，若将功率因数提高到0.85，则装设多少容量的并联电容器，此时用户处的电压 U_2 为多大？

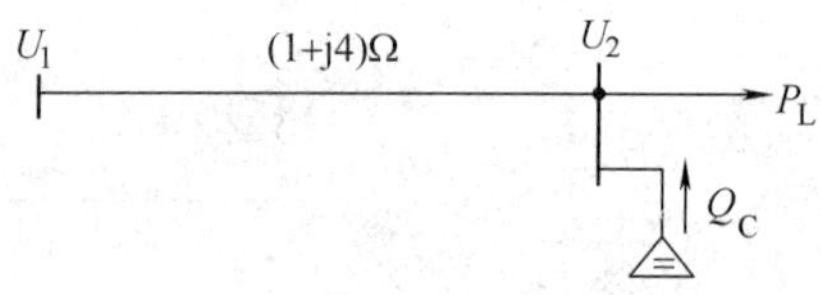

图6-40　习题6-16图

6-17　如图6-41所示（图中参数以标幺值表示），三绕组变压器T高压侧从电源受电，低压侧接同步补偿器，中压供负荷，变压器高压侧绕组漏抗为0.06，变压器中压侧绕组漏抗为0，低压侧绕组漏抗为0.03，电源电动势为1，内电抗为0.14，补偿器电抗为0.2，中压负荷为 $P+jQ=1+j1$（感性），为维持中压侧母线电压为 $U_2=0.9$，试问补偿器应如何运行（供无功功率为多少）？

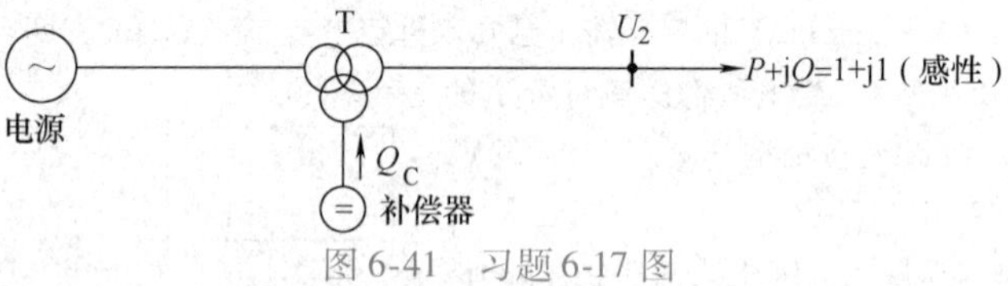

图6-41　习题6-17图

6-18　如图6-42所示，有一区域变电所 i，通过一条35kV郊区供电线向末端变电所 j 供电，35kV线路导线采用LGJ—50，线间几何均距 $D_m=2.5m$，$L=70km$，末端变电所负荷为 $(6.4+j4.8)MVA$，若区域变电所电线电压为38.5kV，末端变电所母线要求维持在31kV，当采用串联电容器进行调压，试计算：

（1）在没装串联电容时，末端变电所的电压是多少？

（2）若要求末端变电所电压不小于31kV时，要装多大容量的串联电容器？当每个电容器 $U_{NC}=0.6kV$，$Q_{NC}=50kvar$ 时，电容器应如何连接？

（3）能否采用并联电容器来达到同样的调压要求，你认为应装在哪里？

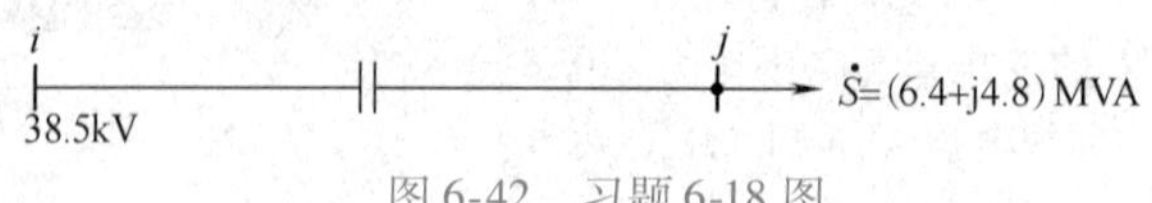

图6-42　习题6-18图

6-19　如图 6-43 所示，一个区域降压变电所 B，通过 80km 长的 110kV 的单回线路与电源中心 A 相连，线路阻抗 $Z_L=(21+j34)\Omega$，变电所的最大负荷是 $\dot{S}=(22+j20)$MVA，在这个运行条件下，线路的压降不得超过 6%，为了减小线路上的压降，在每相线上串联电容器，单相电容器规格为 0.66kV、40kvar（即 $U_N=0.66$kV　$Q_N=40$kvar）。求需要多少台电容器及电容器组额定电压和容量（注：计算时不计线路上的功率损耗）。

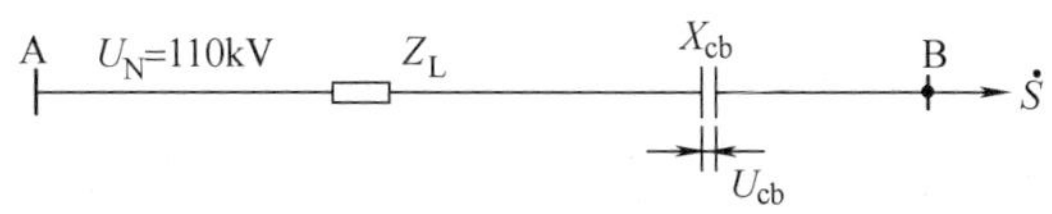

图 6-43　习题 6-19 图

第7章 电力系统三相短路的分析与计算

7.1 电力系统故障概述

在电力系统的运行过程中，时常会发生故障，如短路故障、断线故障等。其中大多数是短路故障（简称短路）。

所谓短路，是指电力系统正常运行情况以外的相与相之间或相与地（或中性线）之间的故障连接。在正常运行时，除中性点外，相与相或相与地之间是绝缘的。表7-1示出了三相系统中短路的基本类型。电力系统的运行经验表明，单相短路接地占大多数。三相短路时三相回路依旧是对称的，故称为对称短路；其他几种短路均使三相回路不对称，故称为不对称短路。上述各种短路均是指在同一地点短路，实际上也可能是在不同地点同时发生短路，例如两相在不同地点短路。

产生短路的主要原因是电气设备载流部分的相间绝缘或相对地绝缘被损坏。例如，架空输电线的绝缘子可能由于受到过电压（例如由雷击引起）而发生闪络，或由于空气的污染使绝缘子表面在正常工作电压下放电。再如，其他电气设备，如发电机、变压器、电缆等的载流部分的绝缘材料在运行中损坏。还有，鸟兽跨接在裸露的导线载流部分以及大风或导线覆冰引起架空线路杆塔倒塌所造成的短路等也是屡见不鲜的。此外，运行人员在线路检修后未拆除地线就加电压等误操作也会引起短路故障。电力系统的短路故障大多数发生在架空线路部分。总之，产生短路的原因有客观的，也有主观的，只要运行人员加强责任心，严格按规章制度办事，就可以把短路故障的发生控制在一个很低的限度内。

表7-1 短路的基本类型

短路种类	短路类型	示意图	符号	发生概率
对称短路	三相短路		$f^{(3)}$	2.0%
不对称短路	单相接地短路		$f^{(1)}$	87.0%
	两相短路		$f^{(2)}$	1.6%
	两相接地短路		$f^{(1,1)}$	6.1%

短路对电力系统的正常运行和电气设备有很大的危害。在发生短路时，由于电源供电回路的阻抗减小以及突然短路时的暂态过程，使短路回路中的短路电流值大大增加，可能超过该回路的额定电流许多倍。短路点距发电机的电气距离愈近（即阻抗愈小），短路电流愈大。例如在发电机机端发生短路时，流过发电机定子回路的短路电流最大瞬时值可达发电机额定电流的 10 ~ 15 倍。在大容量的系统中短路电流可达几万甚至几十万安培。短路点的电弧有可能烧坏电气设备。短路电流通过电气设备中的导体时，其热效应会引起导体或其绝缘的损坏。另一方面，导体也会受到很大的电动力的冲击，致使导体变形，甚至损坏。因此，各种电气设备应有足够的热稳定度和动稳定度，使电气设备在通过最大可能的短路电流时不至损坏。

短路还会引起电网中电压降低，特别是靠近短路点处的电压下降得最多，结果可能使部分用户的供电受到破坏。图 7-1 中示出了一简单供电网在正常运行时和在不同故障点（f_1 和 f_2）发生三相短路时各点电压变化的情况。折线 2 表示 f_1 点短路后的各点电压。f_1 点代表降压变电所的母线，其电压降至零。由于流过发电机和线路 L—1、L—2 的短路电流比正常电流大，而且几乎是纯感性电流，因此发电机内电抗压降增加，发电机端电压下降。同时短路电流通过电抗器和 L—1 引起的电压降也增加，以至配电所母线电压进一步下降。折线 3 表示短路发生在 f_2 点时的情况。电力网电压的降低使由各母线供电的用电设备不能正常工作，例如作为系统中最主要的电力负荷异步电动机，它的电磁转矩与外施电压的二次方成正比，电压下降时电磁转矩将显著降低，使电动机转速减慢甚至完全停转，从而造成产品报废及设备损坏等严重后果。

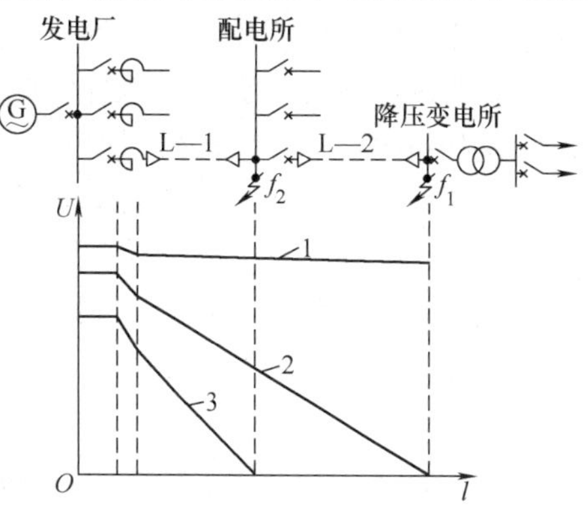

图 7-1　正常运行和短路故障时各点的电压

系统中发生短路相当于改变了电网的结构，必然引起系统中功率分布的变化，而且发电机输出功率也相应地变化。如图 7-1 所示，无论 f_1 或 f_2 点短路，发电机输出的有功功率都要下降。但是发电机的输入功率是由原动机的进汽量或进水量决定的，不可能立即变化，因而发电机的输入和输出功率不平衡，发电机的转速将发生变化，这就有可能引起并列运行的发电机失去同步，破坏系统的稳定，引起大片地区停电。这是短路造成的最严重的后果。

不对称接地短路所引起的不平衡电流产生的不平衡磁通，会在临近的平行的通信线路内感应出相当大的感应电动势，造成对通信系统的干扰，甚至危及设备和人身的安全。

为了减少短路对电力系统的危害，可以采取限制短路电流的措施，例如图 7-1 中所示的，在线路上装设电抗器。但是最主要的措施是迅速将发生短路的部分与系统其他部分隔离。例如在图 7-1 中，f_1 点短路后可立即通过继电保护装置自动将 L—2 的断路器迅速断开，这样就将短路部分与系统分离，发电机可以照常向直接供电的负荷和配电所的负荷供电。由于大部分短路不是永久性的而是短暂性的，就是说当短路处和电源隔离后，短路点不再有短路电流流过，则该处可以重新恢复正常，因此现在广泛采取重合闸的措施。所谓重合闸就是当短路发生后断路器迅速断开，使故障部分与系统隔离，经过一定时间再将断路器合上。对于短暂性故障，系统就因此恢复正常运行，如果是永久性故障，断路器合上后短路仍存在，则必须再次断开断路器。

短路问题是电力技术方面的基本问题之一。在电厂、变电所以及整个电力系统的设计和运行工作中，都必须事先进行短路计算，以此作为合理选择电气接线、选用有足够热稳定度和动稳定度的电气设备及载流导体、确定限制短路电流的措施、在电力系统中合理的配置各种继电保护并整定其参数等的重要依据。为此，掌握短路发生以后的物理过程以及计算短路时各种运行参量（电流、电压等）的计算方法是非常必要的。

电力系统的短路故障有时也称为横向故障，因为它是相对相（或相对地）的故障。还有一种称为纵向故障的情况，即断线故障，例如一相断线使系统发生两相运行的非全相运行情况。这种情况往往发生在当一相上出现短路后，该相的断路器断开，因而形成一相断线。这种一相断线或两相断线故障也属于不对称故障，它们的分析计算方法与不对称短路的分析计算方法类似，在本章中将一并介绍。

在电力系统中的不同地点（两处以上）同时发生不对称故障的情况，称为复杂故障，可参考其它书籍，这里不作介绍。

7.2　无限大功率电源供电的系统三相短路电流分析

本节将分析图 7-2 所示的简单三相电路中发生突然对称短路的暂态过程。在此电路中假设电源电压幅值和频率均为恒定，这种电源称为无限大功率电源，这个名称从概念上是不难理解的：

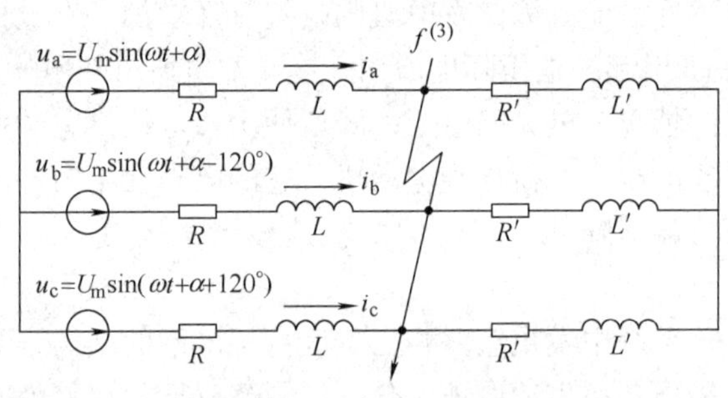

图 7-2　无限大功率电源供电的三相电路突然短路

1）电源功率为无限大时，外电路发生短路（一种扰动）引起的功率改变对电源来说是微不足道的，因而电源的电压和频率（对应于同步发电机的转速）保持恒定。

2）无限大电源可以看作是由多个有限功率电源并联而成，因而其内阻抗为零，电源电压保持恒定。

实际上，真正的无限大功率电源是没有的，而只能是一个相对的概念，往往是以供电电源的内阻抗与短路回路总阻抗的相对大小来判断电源能否作为无限大功率电源。若供电电源的内阻抗小于短路回路总阻抗的 10% 时，则可认为供电电源为无限大功率电源。在这种情况下，外电路发生短路对电源影响很小，可近似地认为电源电压幅值和频率保持恒定。

7.2.1　暂态过程分析

对于图 7-2 所示的三相电路，短路发生前，电路处于稳态，其 a 相的电流表达式为

$$i_a = I_{m|0|}\sin(\omega t + \alpha - \varphi_{|0|}) \tag{7-1}$$

式中

$$I_{m|0|} = \frac{U_m}{\sqrt{(R+R')^2 + \omega^2 (L+L')^2}}$$

$$\varphi_{|0|} = \arctan \frac{\omega(L+L')}{(R+R')}$$

当在短路点f突然发生三相短路时，这个电路即被分成两个独立的回路。左边的回路仍与电源连接，而右边的回路则变为没有电源的回路。在右边回路中，电流将从短路发生瞬间的值不断地衰减，一直衰减到磁场中储存的能量全部变为电阻中所消耗的热能，电流即衰减为零。在与电源相连的左边回路中，每相阻抗由原来的$(R+R')+\mathrm{j}\omega(L+L')$减小为$R+\mathrm{j}\omega L$，其稳态电流值必将增大。短路暂态过程的分析与计算就是针对这一回路的。

假定短路在$t=0$时发生，由于电路仍为对称，可以只研究其中的一相，例如a相，其电流的瞬时值应满足如下微分方程：

$$L\frac{\mathrm{d}i_a}{\mathrm{d}t} + Ri_a = U_m\sin(\omega t+\alpha) \tag{7-2}$$

这是一个一阶常系数线性非齐次的常微分方程，它的特解即为稳态短路电流$i_{\infty a}$，又称交流分量或周期分量i_{pa}，即

$$i_{\infty a} = i_{pa} = \frac{U_m}{Z}\sin(\omega t+\alpha-\varphi) = I_m\sin(\omega t+\alpha-\varphi) \tag{7-3}$$

式中　Z——短路回路每相阻抗（$R+\mathrm{j}\omega L$）的模值；

φ——稳态短路电流和电源电压间的相角$\left(\arctan\frac{\omega L}{R}\right)$；

I_m——稳态短路电流的幅值。

短路电流的自由分量衰减时间常数T_a为微分方程式（7-2）的特征根的负倒数，即

$$T_a = \frac{L}{R} \tag{7-4}$$

短路电流的自由分量电流为

$$i_{\alpha a} = Ce^{-\frac{t}{T_a}} \tag{7-5}$$

又称为直流分量或非周期分量，它是不断衰减的直流电流，其衰减的速度与电路中L/R值有关。式（7-5）中C为积分常数，其值即为直流分量的起始值。

短路的全电流为

$$i_a = I_m\sin(\omega t+\alpha-\varphi) + Ce^{-\frac{t}{T_a}} \tag{7-6}$$

式（7-6）中的积分常数C可由初始条件决定。在含有电感的电路中，根据楞次定律，通过电感的电流是不能突变的，即短路前一瞬间的电流值（用下标|0|表明）必须与短路发生后一瞬间的电流值（用下标0表示）相等，即

$$i_{a|0|} = I_{m|0|}\sin(\alpha-\varphi_{|0|}) = i_{a0} = I_m\sin(\alpha-\varphi) + C = i_{pa0} + i_{\alpha a0}$$

所以

$$C = i_{\alpha a0} = i_{a|0|} - i_{pa0} = I_{m|0|}\sin(\alpha-\varphi_{|0|}) - I_m\sin(\alpha-\varphi) \tag{7-7}$$

将式（7-7）代入式（7-6）中便得

$$i_a = I_m\sin(\omega t+\alpha-\varphi) + [I_{m|0|}\sin(\alpha-\varphi_{|0|}) - I_m\sin(\alpha-\varphi)]e^{-\frac{t}{T_a}} \tag{7-8}$$

由于三相电路对称，只要用（$\alpha-120°$）和（$\alpha+120°$）代替式（7-8）中的α就可分别得到b相和c相电流表达式。现将三相短路电流表达式综合如下：

$$\begin{cases} i_a = I_m\sin(\omega t + \alpha - \varphi) + [I_{m|0|}\sin(\alpha - \varphi_{|0|}) - I_m\sin(\alpha - \varphi)]e^{-\frac{t}{T_a}} \\ i_b = I_m\sin(\omega t + \alpha - 120° - \varphi) + [I_{m|0|}\sin(\alpha - 120° - \varphi_{|0|}) - I_m\sin(\alpha - 120° - \varphi)]e^{-\frac{t}{T_a}} \\ i_c = I_m\sin(\omega t + \alpha + 120° - \varphi) + [I_{m|0|}\sin(\alpha + 120° - \varphi_{|0|}) - I_m\sin(\alpha + 120° - \varphi)]e^{-\frac{t}{T_a}} \end{cases} \tag{7-9}$$

由式（7-9）可见，短路至稳态时，三相中的稳态短路电流为三个幅值相等、相角相差120°的交流电流，其幅值大小取决于电源电压幅值和短路回路的总阻抗。从短路发生到稳态之间的暂态过程中，每相电流还包含有逐渐衰减的直流电流，它们出现的物理原因是电感中电流在突然短路瞬时的前后不能突变。很明显，三相的直流电流是不相等的。

图7-3示出了三相短路电流波形变化的情况（在某一初相角 α 时）。由图可见，短路前三相电流和短路后三相的交流分量均为幅值相等、相角相差120°的三个正弦电流，直流分量电流使 $t=0$ 时短路电流值与短路前瞬间的电流值相等。由于有了直流分量，短路电流曲线便不与时间轴对称，而直流分量曲线本身就是短路电流曲线的对称轴。因此，当已知一短路电流曲线时，可以应用这个性质把直流分量从短路电流曲线中分离出来，即将短路电流曲线的两根包络线间的垂直线等分，如图7-3中 i_c 所示。

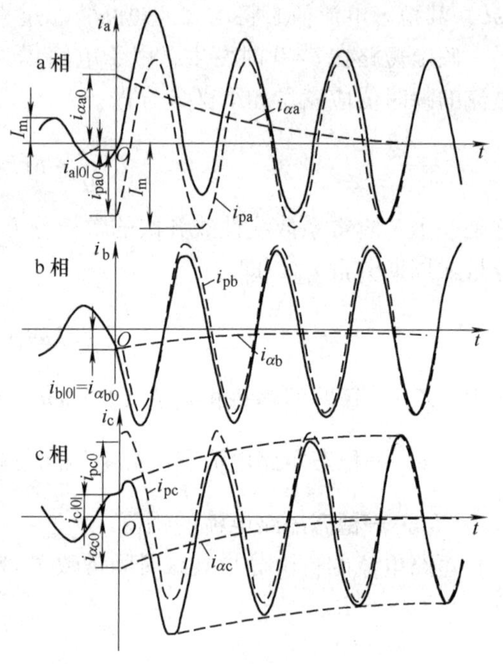

图7-3　三相短路电流波形

由图7-3还可以看出，直流分量起始值越大，短路电流瞬时值越大。在电源电压幅值和短路回路阻抗恒定的情况下，由式（7-9）和式（7-7）可知，直流分量的起始值与电源电压的初始相角 α（相应于 α 时刻发生短路）、短路前回路中的电流值 $I_{m|0|}$ 有关。由式（7-7）可见，由于短路后的电流幅值 I_m 比短路前的电流幅值 $I_{m|0|}$ 大很多，直流分量起始值 $i_{\alpha a0}$ 的最大值（绝对值）出现在 $|i_{a|0|}|$ 的值最小、$|i_{pa0}|$ 的值最大时，即 $|\alpha-\varphi|=90°$、$I_{m|0|}=0$ 时。在高压电力网中，感抗值要比电阻值大得多，即 $\omega L \gg R$，故 $\varphi\approx 90°$，此时，$\alpha=0°$ 或 $\alpha=180°$。

三相中直流电流起始值不可能同时最大或同时为零。在任意一个初相角下，总有一相的直流电流起始值较大，而有一相较小。由于短路瞬时是任意的，因此必须考虑有一相的直流分量起始值为最大值。

根据前面的分析可以得出这样的结论：当短路发生在电感电路中，短路前为空载的情况下直流分量电流最大，若初始相角满足 $|\alpha-\varphi|=90°$，则一相（a 相）短路电流的直流分量起始值的绝对值达到最大值，即等于稳态短路电流的幅值。

7.2.2　短路冲击电流和最大有效值电流

1. 短路冲击电流

短路电流在前述最恶劣短路情况下的最大瞬时值，称为短路冲击电流。

根据以上分析，当短路发生在电感电路中，且短路前空载、其中一相电源电压过零点时，该相处于最严重的情况。以 a 相为例，将 $I_{m|0|}=0$、$\alpha=0°$、$\varphi=90°$代入式（7-9）得 a 相全电流的算式如下：

$$i_a = -I_m\cos\omega t + I_m e^{-\frac{t}{T_a}} \tag{7-10}$$

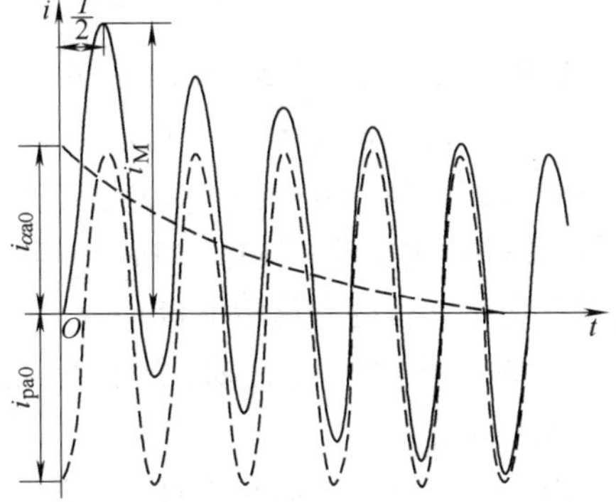

图 7-4　直流分量最大时短路电流波形

i_a 电流波形如图 7-4 所示。从图中可见，短路电流的最大瞬时值，即短路冲击电流，将在短路发生经过约半个周期后出现。当 f 为 50Hz 时，此时间约为 0.01s。由此可得冲击电流值为

$$i_M \approx I_m + I_m e^{-\frac{0.01}{T_a}} = \left(1 + e^{-\frac{0.01}{T_a}}\right)I_m = K_M I_m \tag{7-11}$$

式中　K_M——冲击系数，即冲击电流值对于交流电流幅值的倍数。

很明显，K_M 值为 1 ~2。在实用计算中，K_M 一般取为 1.8 ~1.9。

冲击电流主要用于检验电气设备和载流导体的动稳定度。

2. 最大有效值电流

在短路暂态过程中，任一时刻 t 的短路电流有效值 I_t，是以时刻 t 为中心的一个周期内瞬时电流的方均根值，即

$$I_t = \sqrt{\frac{1}{T}\int_{t-T/2}^{t+T/2} i^2 dt} = \sqrt{\frac{1}{T}\int_{t-T/2}^{t+T/2}(i_{pt}+i_{\alpha t})^2 dt} = \sqrt{(I_m/\sqrt{2})^2 + i_{\alpha t}^2} \tag{7-12}$$

式（7-12）中，假设在 t 前后一周内 $i_{\alpha t}$不变。由图 7-4 可知，最大有效值电流也是发生在短路后半个周期时

$$\begin{aligned} I_M &= \sqrt{(I_m/\sqrt{2})^2 + i_\alpha^2(t=0.01\text{s})} = \sqrt{(I_m/\sqrt{2})^2 + (i_M - I_m)^2} \\ &= \sqrt{(I_m/\sqrt{2})^2 + I_m^2(K_M-1)^2} = \frac{I_m}{\sqrt{2}}\sqrt{1+2(K_M-1)^2} \end{aligned} \tag{7-13}$$

当 $K_M=1.9$ 时，$I_M=1.62\left(\frac{I_m}{\sqrt{2}}\right)$；当 $K_M=1.8$ 时，$I_M=1.52\left(\frac{I_m}{\sqrt{2}}\right)$。

7.2.3　短路功率

在选择电气设备时，为了校验开关的断开容量，要用到短路功率的概念。短路功率即某支路的短路电流与额定电压构成的三相功率，其数值表示式为

$$S_f = \sqrt{3}U_N I_f \tag{7-14}$$

式中　U_N——短路处正常时的额定电压；

I_f——短路处的短路电流，在实用计算中，$I_f=\frac{I_m}{\sqrt{2}}$。

在标幺值计算中，取基准功率 S_B、基准电压 $U_B=U_N$，则有

$$S_{f*} = \frac{S_f}{S_B} = \frac{\sqrt{3}U_N I_f}{\sqrt{3}U_N I_B} = I_{f*} \tag{7-15}$$

也即短路功率的标幺值与短路电流的标幺值相等。利用这一关系短路功率就很容易由短路电流求得。

【例 7-1】 在图 7-5 所示电网中，短路点 f 三相短路时，6.3kV 母线电压保持不变。如设计要求短路冲击电流不得超过 20kA，试确定可平行敷设的电缆线路数。电抗器和电缆的参数如下：电抗器：6kV，200A。$x=4$（%），额定有功功率损耗为每相 1.68kW。

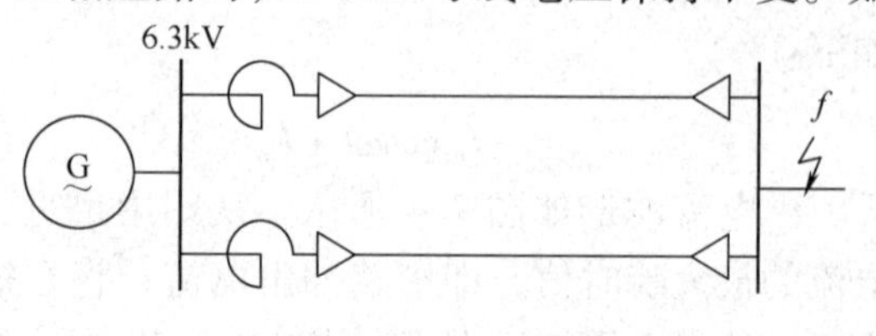

图 7-5　例 7-1 的图

电缆：长 1250m，每千米阻抗 $x_l=0.083\Omega/\text{km}$。

解　电抗器的电抗和电阻分别为

$$x=\frac{4}{100}\frac{6000}{\sqrt{3}\times 200}\Omega=0.693\Omega$$

$$r=\frac{1680}{200^2}\Omega=0.042\Omega$$

电缆的电抗和电阻分别为

$$x=1.25\times 0.083\Omega=0.104\Omega$$

$$r=1.25\times 0.37\Omega=0.463\Omega$$

一条线路（包括电抗器）的电抗、电阻和阻抗分别为

$$x=0.693\Omega+0.104\Omega=0.797\Omega$$

$$r=0.042\Omega+0.463\Omega=0.505\Omega$$

$$z=\sqrt{0.797^2+0.505^2}\,\Omega=0.943\Omega$$

短路电流直流分量的衰减时间常数为

$$T_{\text{a}}=\frac{0.797}{314\times 0.505}\text{s}=0.005\text{s}$$

短路电流冲击系数为

$$K_{\text{M}}=1+\text{e}^{\frac{-0.01}{0.005}}=1.135$$

因为 $i_{\text{M}}=K_{\text{M}}I_{\text{m}}=\sqrt{2}K_{\text{M}}I$，由允许的 i_{M} 值可求短路电流交流分量有效值的允许值为

$$I=\frac{20}{\sqrt{2}\times 1.135}\text{kA}=12.46\text{kA}$$

因此，自 6.3kV 母线到短路点 f 的总阻抗为

$$z_{\Sigma}\geqslant\frac{6.3}{\sqrt{3}\times 12.46}\Omega=0.292\Omega$$

也就是允许平行敷设的电缆数不得超过$\dfrac{0.943}{0.292}=3.23$ 条，即可以平行敷设 3 条电缆电路。

7.3　电力系统三相短路的实用计算

7.2 节讨论无限大电源供电的系统三相短路电流的变化情形时，忽略了电源内部的暂态

变化过程，认为短路后电源电压和频率均保持不变。但是，当短路点距电源较近时，是必须计及电源内部的暂态变化过程的。对于有限大电源发生三相短路后电流的暂态变化过程，由于分析比较繁复，因此本书不做详细讨论。实际上，对于包含有许多台发电机的实际电力系统，在进行短路电流的工程实用计算时，在大多数情况下，只要求计算短路电流基频交流分量（以后略去基频二字）的初始值，也称为次暂态电流 I''，这是由于使用快速保护和高速断路器后，断路器开断时间小于0.1s，此时次暂态电流 I'' 衰减的程度很小。此外，若已知交流分量的初始值，即可以近似决定直流分量以致冲击电流。交流分量初始值的计算原理比较简单，可以手算，但对于大型电力系统来说，则一般仍采用计算机来计算。工程上还用一种运算曲线——按不同类型发电机给出暂态过程中不同时刻短路电流交流分量有效值对发电机与短路点间电抗的关系曲线，它可用来近似计算短路后任意时刻的交流电流。

7.3.1 交流电流初始值的计算

根据同步发电机的电磁暂态过程分析，在短路后的瞬时，发电机可用次暂态电动势和次暂态电抗等效，所以短路交流电流初始值的计算实质上是一个稳态交流电路的计算问题，只是电力系统有些特殊问题需要注意。

1. 计算的条件和近似

1）各台发电机均用次暂态电抗 x''_{d} 作为其等效电抗，即假设 d 轴和 q 轴等效电抗均为 x''_{d}。发电机的等效电动势则为次暂态电动势为

$$\dot{E}''_{|0|} = \dot{U}_{|0|} + \mathrm{j}\,\dot{I}''_{|0|}x''_{\mathrm{d}} \tag{7-16}$$

E'' 虽然不具有 $\dot{E}''_{\mathrm{q}}$ 和 $\dot{E}''_{\mathrm{d}}$ 那种在突然短路前后不变的特性，但从计算角度考虑近似认为 $\dot{E}''$ 不突变是可取的。

调相机虽然没有驱动的原动机，但在短路后瞬间由于惯性，转子速度保持不变，在励磁作用下同发电机一样向短路点送短路电流。在计算 I'' 时它和发电机一样以 x''_{d} 和 $\dot{E}''_{|0|}$ 为其等效参数。调相机在短路前若为欠励运行，即吸收系统无功，根据式（7-16），其 $\dot{E}''_{|0|}$ 将小于端电压 $\dot{U}_{|0|}$，所以只有在短路后端电压小于 $\dot{E}''_{|0|}$ 时，调相机才送出短路电流。

如果在计算中忽略负荷（后详），则短路前为空载状态，所有电源的次暂态电动势均取为额定电压，其标幺值为1，而且同相位。

当短路点远离电源时，可将发电机端电压母线看作是恒定电压源，电压值取为额定电压。

2）在电力网方面，作为短路电流计算时可以比潮流计算简单。一般可以忽略线路对地电容和变压器的励磁回路，因为短路时电网电压较低，这些对“地”支路的电流比正常运行时更小，而短路电流很大。另外，在计算高压电力网时还可以忽略电阻。对于必须计及电阻的低压电力网或电缆线路，为了避免复数运算，可以近似用阻抗模值 $Z=\sqrt{r^2+x^2}$ 进行计算。在标幺值运算中采用近似方法，即不考虑变压器的实际电压比，而认为变压器的电压比均为平均额定电压之比。

3）负荷对短路电流的影响是很难准确估计的，最简单和粗略的估计方法是不计负荷（均断开），即短路前按空载情况决定次暂态电动势，短路后电网上依旧不接负荷。这样近似的可行性是基于负荷电流较短路电流小得多的缘故，但对于计算远距离短路点的支路电流

可能会有较大的误差。

短路前计及负荷只需要应用潮流计算所得的发电机端电压$\dot{U}_{i|0|}$和发电机注入功率$\dot{S}_{i|0|}$，由下式求得各发电机的次暂态电动势：

$$\dot{E}''_{i|0|}=\dot{U}_{i|0|}+\mathrm{j}\frac{P_{i|0|}-\mathrm{j}Q_{i|0|}}{\hat{U}_{i|0|}}x''_{\mathrm{d}}\qquad(i=1,2,\cdots,G)\tag{7-17}$$

式中　G——发电机的台数。

短路后电网中的负荷可以近似用恒定阻抗表示，阻抗值由短路前的潮流计算结果中的负荷端电压$\dot{U}_{\mathrm{D}i|0|}$和$\dot{S}_{\mathrm{D}i|0|}$求得

$$Z_{\mathrm{D}i}=\frac{U_{\mathrm{D}i}^{2}}{P_{\mathrm{D}i|0|}-\mathrm{j}Q_{\mathrm{D}i|0|}}\qquad(i=1,2,\cdots,L)\tag{7-18}$$

式中　L——负荷总数。

这种近似的方法没有计及短路后瞬时电动机倒送短路电流的现象。同时电动机和调相机一样可能送出短路电流。这里将简要分析异步电动机短路后的电流及其计算的方法。异步电动机定子突然三相短路的电流波形如图7-6所示。

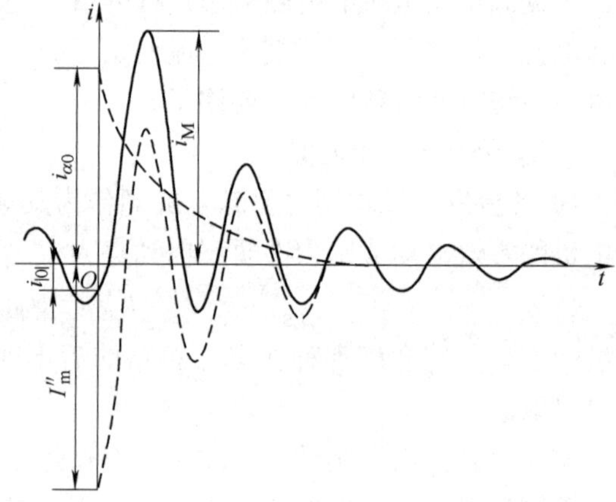

图7-6　异步电动机突然三相短路的电流波形

异步电动机在失去电源后能提供短路电流是机械和电磁惯性作用的结果。由图7-6知，异步电动机短路电流中有交流（接近基频）分量和直流分量。与同步电动机相似、在突然短路时，异步电动机的定子绕组和笼型转子短路条构成的等效绕组的磁链，均不会突变，因而在定子和转子绕组中均感应有直流分量。由此可以推想，异步电动机也可以用一个与转子绕组交链的磁链成正比的电动势，称为次暂态电动势$\dot{E}''$以及相应的次暂态电抗x''（d、q轴相同），作为定子交流分量的等效电动势和电抗。次暂态电动势在短路前后瞬间不变，因此同样可以用$\dot{E}''_{|0|}$和x''计算短路初始电流I''。当短路瞬间异步电动机端电压低于$\dot{E}''_{|0|}$时，异步电动机就变成了一个暂时电源向外供应短路电流。

异步电动机次暂态电抗的等效电路如图7-7所示，其中$x_{\mathrm{r}\sigma}$为转子等效绕组漏抗。x''的表达式为

$$x''=x_{\sigma}+\frac{x_{\mathrm{r}\sigma}x_{\mathrm{ad}}}{x_{\mathrm{r}\sigma}+x_{\mathrm{ad}}}\tag{7-19}$$

实际上，x''和异步电动机起动时的电抗相等。起动瞬间时，转子尚未转动，定子绕组和短接的笼型绕组相应于二次侧短接的双绕组变压器，其等效电路与图7-7所示完全相同，故x''即起动电抗，可直接由起动电流求得。即

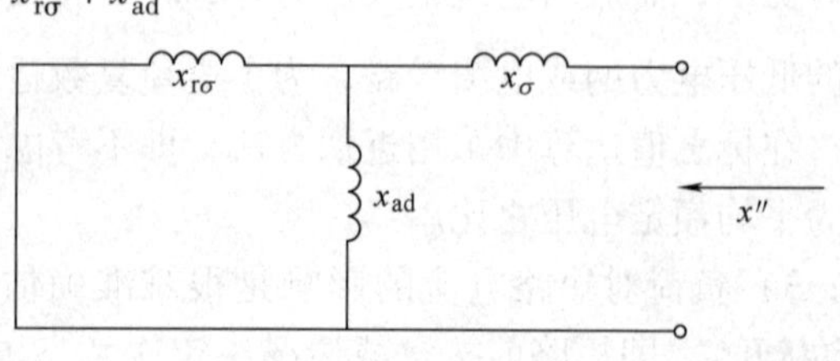

图7-7　异步电动机次暂态电抗的等效电路

$$x'' = x_{st} = 1/I_{st} \tag{7-20}$$

式中　x_{st}——起动电抗标幺值；

I_{st}——起动电流标幺值，一般约等于5，故 x''可近似取0.2。

$\dot{E}''_{|0|}$由正常运行方式计算而得，设正常时电动机端电压为$\dot{U}_{|0|}$，吸收的电流为$\dot{I}_{|0|}$，则

$$\dot{E}''_{|0|} = \dot{U}_{|0|} - \mathrm{j}\,\dot{I}_{|0|}x''_{d} \tag{7-21}$$

其模值为

$$E''_{|0|} = \sqrt{(U_{|0|} - I_{|0|}x''\sin\varphi_{|0|})^2 + (I_{|0|}x''\cos\varphi_{|0|})^2} \approx U_{|0|} - I_{|0|}x''\sin\varphi_{|0|} \tag{7-22}$$

式中　$\varphi_{|0|}$——功率因数角。

式（7-22）中，若短路前为额定运行方式，x''取0.2，$\dot{E}''_{|0|} \approx 0.9$，电动机端点短路的交流电流初始值约为电动机额定电流的4.5倍。

异步电动机没有励磁电源，故短路后的交流最终衰减至零，而且由于电动机转子电阻相对于电抗较大，该交流电流衰减较快，与直流分量的衰减时间常数差不多，数值约为百分之几秒。考虑到此现象，在计算短路冲击电流时虽仍应用公式 $i_M = K_M I''_m$，但一般将冲击系数 K_M 取得较小，如容量为1000kW以上的异步电动机取 $K_M = 1.7 \sim 1.8$。

实际上，负荷是综合性的，很难准确计及电动机对短路电流的影响，而且一般电动机距短路点较远，提供的短路电流不大，因此在实用计算中，对于短路点附近显著提供短路电流的大容量电动机，才按上述方法以$\dot{E}''_{|0|}$、x''作为电动机的等效参数计算 I''。

2. 简单系统 I''计算

图7-8a所示为两台发电机向负荷供电的简单系统及等效电路。母线1、2、3上均接有综合性负荷，现分析母线3发生三相短路时，短路电流交流分量的初始值。图7-8b所示为系统的等效电路。在采用了$\dot{E}''_{|0|} \approx 1$和忽略负荷的近似后，计算用等效电路如图7-8c所示。对于这样的发电机直接与短路点相连的简单电路，短路电流可直接表示（标幺值）为

$$I''_f = \frac{1}{x_1} + \frac{1}{x_2} \tag{7-23}$$

另一种方法是应用叠加原理，其等效电路图如图7-8d所示，则短路电流可直接由故障分量求得，即短路点短路前的开路电压（不计负荷时该电压的标幺值为1）除以电力网对该点的等效阻抗。即

$$I''_f = \frac{1}{x_\Sigma} = \frac{1}{\dfrac{1}{\dfrac{1}{x_1} + \dfrac{1}{x_2}}} = \frac{1}{x_1} + \frac{1}{x_2} \tag{7-24}$$

式中　x_Σ——电力网对短路点的等效阻抗。

这种方法当然具有一般的意义，即电力网中任一点的短路电流交流分量初始值等于该点短路前的开路电压除以电网对该点的等效阻抗（该点向电力网看进去的等效阻抗），这时发电机电抗为 x''_d。

如果是经过阻抗 Z_f 后发生短路，则短路点的电流为

$$I''_f = \frac{1}{\mathrm{j}x_\Sigma + Z_f} \tag{7-25}$$

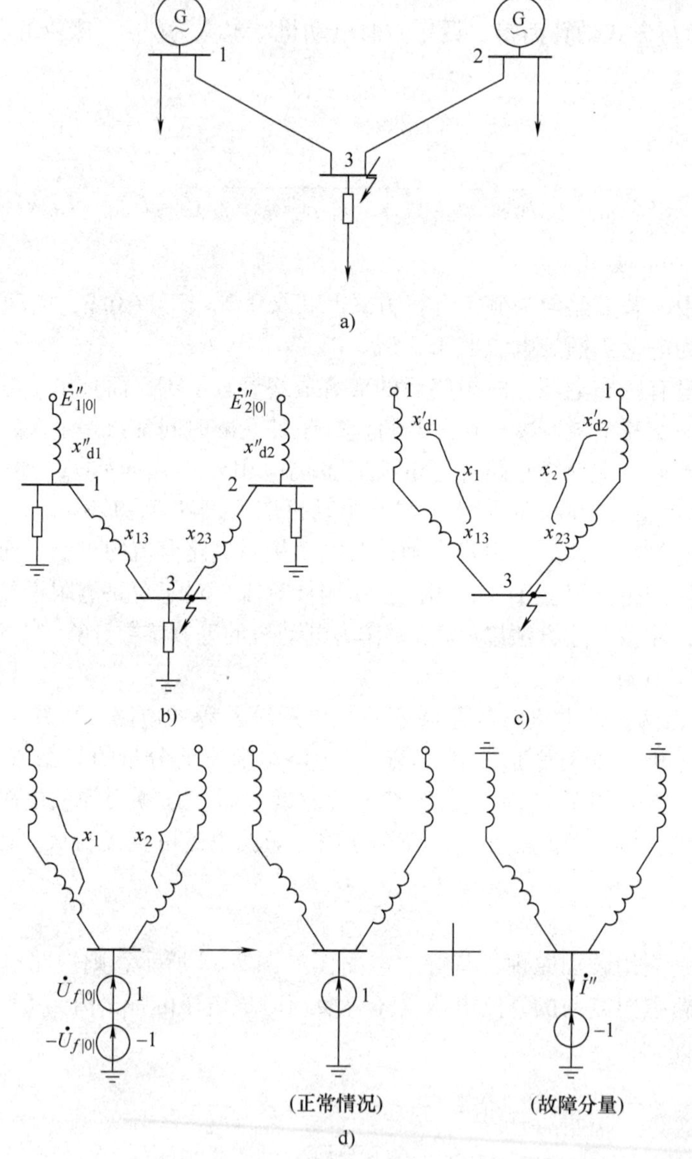

图 7-8 简单系统及等效电路

a）系统图 b）等效电路 c）简化等效电路 d）应用叠加原理的等效电路

【例 7-2】 在图 7-9 所示的简单电力系统中，一台发电机向一台同步电动机供电。发电机和电动机的额定功率均为 30MVA，额定电压均为 10. 5kV，次暂态电抗均为 0. 20。线路电抗，以电机的额定值为基准值的标幺值为 0. 1。设正常情况下电动机消耗的功率为 20MW，功率因数为 0. 8 滞后，端电压为 10. 2kV。若在电动机端点 f 发生三相短路，试求短路后瞬时故障点的短路电流以及发电机和电动机支路电流的交流分量。

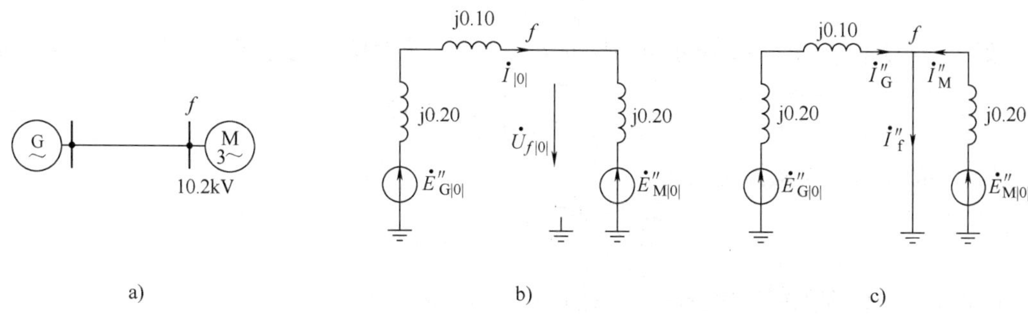

图 7-9　例 7-2 的系统图及等效电路

a）系统图　b）正常情况下等效电路　c）短路后等效电路

解　取基准值 $S_B = 30\text{MVA}$，$U_B = 10.5\text{kV}$，则 $I_B = \dfrac{30\times 10^3}{\sqrt{3}\times 10.5}\text{A} = 1650\text{A}$。

（1）根据短路前等效电路和运行情况计算 $\dot{E}''_{G|0|}$，$\dot{E}''_{G|0|}$（本例题未采取）$\dot{E}''_{|0|}=1$ 的假定。若以 $\dot{U}_{f|0|}$ 为参考相量，即

$$\dot{U}_{f|0|} = \frac{10.2}{10.5}\angle 0^\circ = 0.97\angle 0^\circ$$

则正常情况下电路中的工作电流为

$$\dot{I}_{|0|} = \frac{20\times 10^3}{0.8\times\sqrt{3}\times 10.2}\angle -36.9^\circ\text{A} = 1415\angle -36.9^\circ\text{A}$$

以标幺值（下标中省略符号 *）表示计算如下：

$$\dot{I}_{|0|} = \frac{1415}{1650}\angle -36.9^\circ = 0.86\angle -36.9^\circ = 0.69 - \text{j}0.52$$

发电机的次暂态电动势为

$$\dot{E}''_{G|0|} = \dot{U}_{f|0|} + \text{j}\,\dot{I}_{|0|}x''_{d\Sigma} = 0.97 + \text{j}(0.69 - \text{j}0.52)\times 0.3 = 1.126 + \text{j}0.207$$

电动机的次暂态电动势为

$$\dot{E}''_{M|0|} = \dot{U}_{f|0|} - \text{j}\,\dot{I}_{|0|}x''_{d} = 0.97 - \text{j}(0.69 - \text{j}0.52)\times 0.2 = 0.866 - \text{j}0.138$$

（2）根据短路后等效电路算出各处电流。发电机支路中的电流为

$$\dot{I}''_G = \frac{1.126 + \text{j}0.207}{\text{j}0.3}\times 1650\text{A} = (0.69 - \text{j}3.75)\times 1650\text{A} = (1139 - \text{j}6188)\text{A}$$

电动机支路中的电流为

$$\dot{I}''_M = \frac{0.866 - \text{j}0.138}{\text{j}0.2}\times 1650\text{A} = (-0.69 - \text{j}4.33)\times 1650\text{A} = (-1139 - \text{j}7415)\text{A}$$

短路点的短路电流为

$$\begin{aligned}\dot{I}''_f = \dot{I}''_G + \dot{I}''_M &= [(0.69 - \text{j}3.75) + (-0.69 - \text{j}4.33)]\times 1650\text{A}\\ &= -\text{j}8.08\times 1650\text{A} = -\text{j}13332\text{A}\end{aligned}$$

以下用另一种方法，即运用叠加原理将正常情况和故障情况叠加，如图 7-10 所示。前面已求得各个支路正常电流（标幺值，下同）为

$$\dot{I}_{G|0|} = 0.69 - \text{j}0.52,\ \dot{I}_{M|0|} = -0.69 + \text{j}0.52,\ \dot{I}_{f|0|} = 0$$

短路点 f 的正常电压为

$$\dot{U}_{f|0|}=0.97\underline{/0^{\circ}}$$

故障情况下，将图 7-10c 所示电力网对 f 点化简，求得整个电力网对 f 点的等效阻抗为

$$x_{\Sigma}=\frac{\mathrm{j}0.3\times\mathrm{j}0.2}{\mathrm{j}0.3+\mathrm{j}0.2}=\mathrm{j}0.12$$

由此得故障支路的短路电流为

$$\dot{I}''_{f}=\frac{0.97\underline{/0^{\circ}}}{\mathrm{j}0.12}=-\mathrm{j}8.08$$

将此短路电流按阻抗反比分配到各并联的支路中去，得

$$\Delta\dot{I}''_{\mathrm{G}}=-\mathrm{j}8.08\times\frac{\mathrm{j}0.2}{\mathrm{j}0.5}=-\mathrm{j}3.23$$

$$\Delta\dot{I}''_{\mathrm{M}}=-\mathrm{j}8.08\times\frac{\mathrm{j}0.3}{\mathrm{j}0.5}=-\mathrm{j}4.85$$

短路点电压得故障分量为

$$\Delta\dot{U}_{f}=-0.97\underline{/0^{\circ}}$$

将正常分量和故障分量叠加，可得

$$\dot{I}''_{\mathrm{G}}=(0.69-\mathrm{j}0.52)+(-\mathrm{j}3.23)=0.69-\mathrm{j}3.75$$

$$\dot{I}''_{\mathrm{M}}=(-0.69+\mathrm{j}0.52)+(-\mathrm{j}4.85)=-0.69-\mathrm{j}4.33$$

短路点电压当然为零。

由本例计算可知，大容量同步电动机在短路点附近时，对短路电流的影响较大。

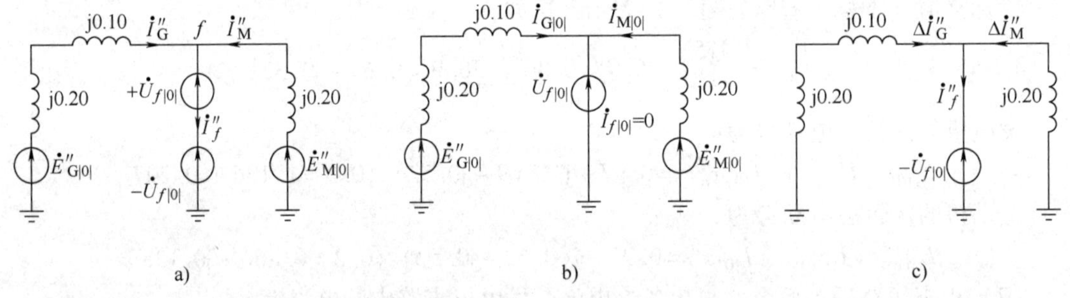

图 7-10　叠加原理的应用

a）等值网络　b）正常情况　c）故障分量

3. 复杂系统计算

复杂系统计算方法的原则和简单系统相同，只是电力网结构复杂必须进行化简。一般讲，若要计及负荷，则应用叠加原理方法方便些，从已知的正常运行情况求得短路点开路电压，然后将所有电源短路接地，化简合并网络求得网络对短路点的等效电抗 x_{Σ}，则可得短路点电流。若要求其他支路电流，还必须计算故障分量电流分布，然后与相应正常电流相加。如果忽略负荷，且认为电源电动势相等，则直接将短路点接地。电源合并，经过网络化简求得电源对短路点（地）的电抗（等于 x_{Σ}），短路电流即等于电源电压除以 x_{Σ}。以下通过两个算例说明计算步骤。

【例 7-3】 图 7-11a 所示为一环形网，已知各元件的参数如下：

发电机：G1 额定容量为 100MVA，G2 额定容量为 200MVA。额定电压均为 10.5kV，次

暂态电抗标幺值为0.2。

变压器：T1 额定容量为100MVA，T2 额定容量为200MVA，电压比为10.5/115kV，短路电压百分值均为10。

线路：三条线路完全相同，长60km，电抗为0.44Ω/km。

负荷：S_{D1}为$(50+j25)$MVA，S_{D3}为$(25+j0)$MVA。

为了选择母线3上的断路器及线路1-3和2-3的继电保护，要求计算母线3短路后瞬时短路点的交流电流，该时刻母线1和2的电压，以及该时刻1-3和2-3线路上的电流。

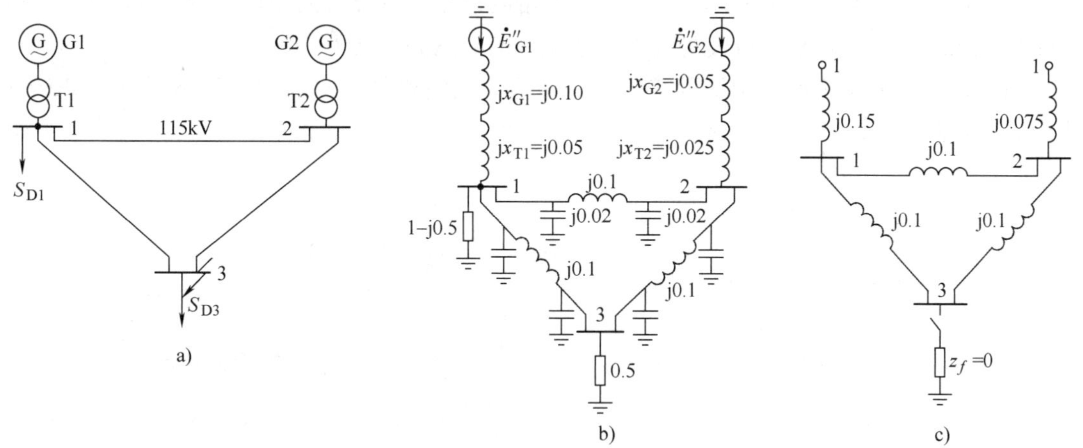

图7-11　例7-3的系统图及等效电路

a）系统图　b）等效电路　c）简化等效电路

解　一般地讲，若应用叠加原理，解决这类问题需要四个步骤：

（1）作出系统在短路前的等效电路。

（2）分析计算短路前的运行状况以及确定短路点开路电压和各待求量的正常分量。

（3）计算短路后各待求量的故障分量。

（4）将（2）和（3）的计算结果叠加，得到各待求量的值。

下面就按上述4个步骤进行解题。

（1）作出系统的等效电路：系统等效电路如图7-11b所示。其中，$\dot{E}''_{G1}$、$\dot{E}''_{G2}$略去了下标｜0｜，所有阻抗、导纳均为标幺值，功率基准值为50MVA，电压基准值为平均的额定电压。所有参数计算如下：

$$x_{G1}=0.2\times\frac{50}{100}=0.10$$

$$x_{G1}=0.2\times\frac{50}{200}=0.05$$

$$x_{T1}=0.1\times\frac{50}{100}=0.05$$

$$x_{T2}=0.1\times\frac{50}{200}=0.025$$

$$x_{L}=0.44\times60\times\frac{50}{115^{2}}=0.1$$

（2）短路前运行状况分析计算：如果要计及正常分量，则必须进行一次潮流计算，以确定短路点的电压以及各待求分量正常运行时的值。这里采用实用计算，则等效电路可简化为图 7-11c 所示，即所有电动势、电压的标幺值均为 1，电流均为零。因此，短路点电压和各待求量的正常值为

$$\dot{U}_{3|0|}=1,\dot{U}_{1|0|}=\dot{U}_{2|0|}=1$$

$$\dot{I}_{1-3|0|}=\dot{I}_{2-3|0|}=0$$

（3）计算故障分量：故障分量就是在短路母线 3 对地之间加一个负电压（-1），如图 7-12a 所示。用此电路即可求得母线 3 的短路电流$\dot{I}_f$（略去右上角的两撇）、线路 1-3 和 2-3 的故障电流 $\Delta\dot{I}_{13}$ 和 $\Delta\dot{I}_{23}$ 以及母线 1 和 2 电压的故障分量 $\Delta\dot{U}_1$ 和 $\Delta\dot{U}_2$。

图 7-12b ~ f 所示为简化网络的步骤。一般讲，网络化简总是从离短路点最远处开始逐步消去除短路点外的其他节点的。

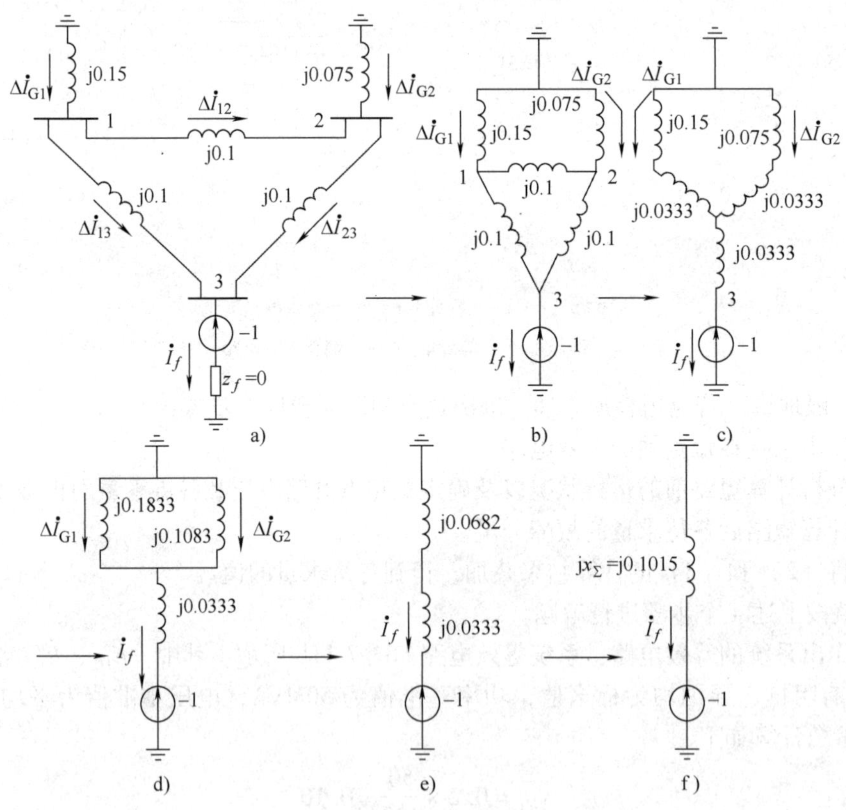

图 7-12　例 7-3 简化网络的步骤

a）~ f）网络简化过程

由图 7-12f 可得

$$\dot{I}_f=\frac{1}{\mathrm{j}0.05}=-\mathrm{j}9.85$$

为了求得网络中各点电压和电流的分布，总是由短路点向网络中其他部分倒退回去计算，例如从图 7-12f ~ d 可求得

$$\Delta\dot{I}_{G1}=\frac{j0.1083}{j0.1083+j0.1833}\dot{I}_f=-j3.66$$

$$\Delta\dot{I}_{G2}=\dot{I}_f-\Delta\dot{I}_{G1}=-j6.19$$

$$\Delta\dot{U}_1=0-(j0.15)(-j3.66)=-0.549$$

$$\Delta\dot{U}_2=0-(j0.075)(-j6.19)=-0.464$$

已知各母线电压即可求得任意线路的电流

$$\Delta\dot{I}_{13}=\frac{\Delta\dot{U}_1-\Delta\dot{U}_3}{j0.1}=\frac{0.451}{j0.1}=-j4.51$$

$$\Delta\dot{I}_{23}=\frac{\Delta\dot{U}_2-\Delta\dot{U}_3}{j0.1}=\frac{0.536}{j0.1}=-j5.36$$

这里顺便求出 $\Delta\dot{I}_{12}$

$$\Delta\dot{I}_{12}=\frac{\Delta\dot{U}_1-\Delta\dot{U}_2}{j0.1}=\frac{-0.085}{j0.1}=j0.85$$

$\Delta\dot{I}_{12}$比 $\Delta\dot{I}_{13}$和 $\Delta\dot{I}_{23}$小得多，它实际上是故障分量中母线 1 和 2 之间的平衡电流。如果要计算短路后的 $\dot{I}_{12}$，不能假定正常时的 $\dot{I}_{12|0|}$为零，因此此时 $\dot{I}_{12|0|}$和$\Delta\dot{I}_{12}$可能是同一数量级的。

（4）计算各待求量的有名值

$$I_f=9.85\times\frac{50}{\sqrt{3}\times115}\text{kA}=2.47\text{kA}$$

$$I_{13}\approx\Delta I_{13}=4.51\times\frac{50}{\sqrt{3}\times115}\text{kA}=1.13\text{kA}$$

$$I_{23}=\Delta I_{23}=5.36\times\frac{50}{\sqrt{3}\times115}\text{kA}=1.35\text{kA}$$

$$U_1=U_{1|0|}+\Delta U_1=(1-0.549)\times115\text{kV}=51.9\text{kV}$$

$$U_2=U_{2|0|}+\Delta U_2=(1-0.464)\times115\text{kV}=61.6\text{kV}$$

【例 7-4】 某发电厂的接线如图 7-13a 所示，试计算图中 f 点短路时的交流分量初始值。已知图中 110kV 母线上短路时由系统 S1 供给的短路电流标幺值为 13.2；35kV 母线短路时由系统 S2 供给的短路电流标幺值为 1.14（功率基准值均为 100MVA）。

解 （1）作出系统等效电路如图 7-13b 所示。取 $S_B=100\text{MVA}$；电压基准值为各段的平均电压，求出各器件的电抗标幺值如下：

发电机 G1

$$x_1=0.135\times\frac{100}{62.5}=0.216$$

发电机 G2、G3

$$x_2=x_3=0.13\times\frac{100}{31.25}=0.416$$

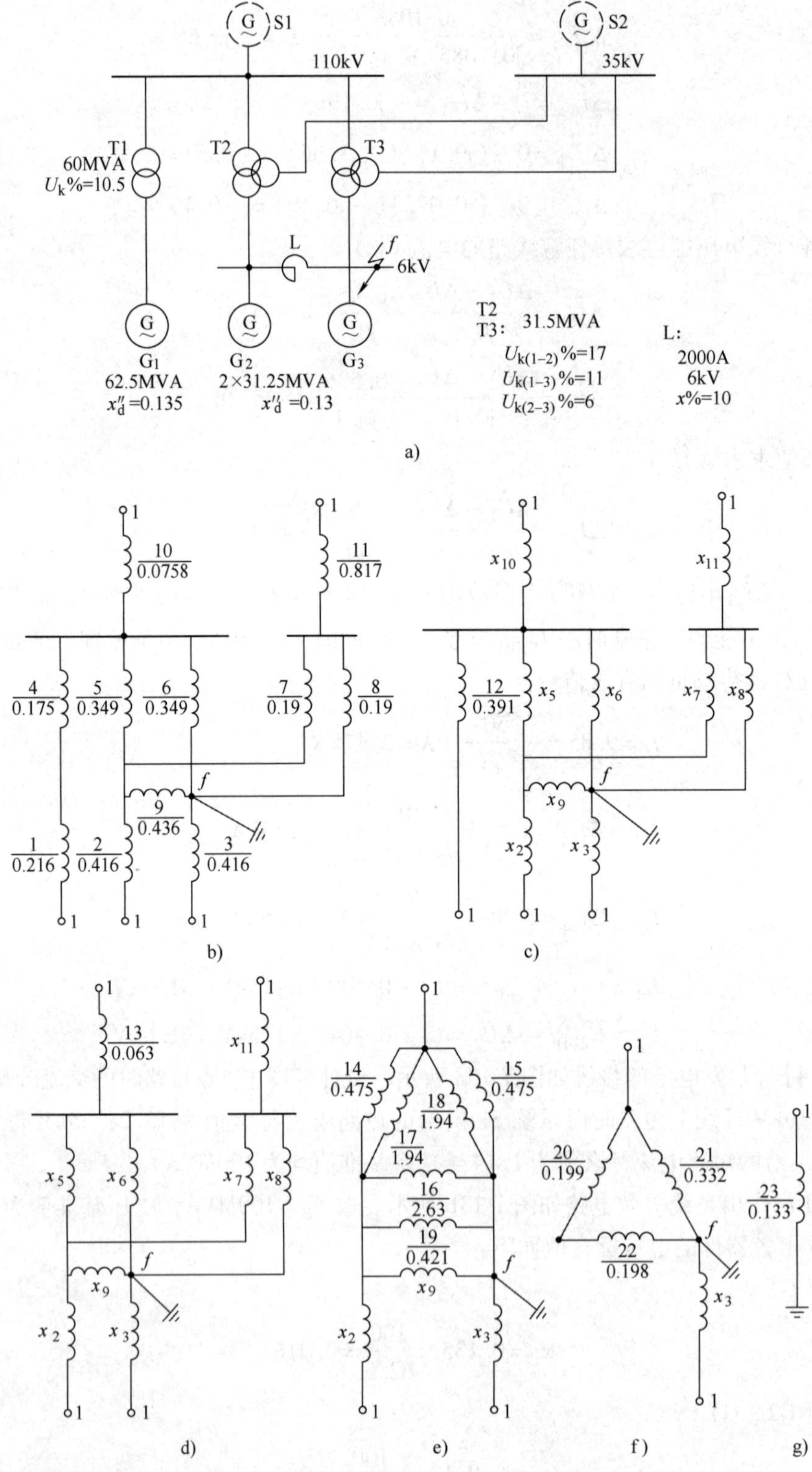

图 7-13　例 7-4 的系统图和网络化简

a）系统图　b）等效电路（图中各电抗旁的分式的分子代表该电抗的序号，分母代表该电抗归算到 S_B 的标幺值）　c）～g）网络简化

变压器 T1

$$x_4 = 0.105 \times \frac{100}{60} = 0.175$$

变压器 T2、T3 的电抗计算如下：

已知变压器阻抗电压百分值如下：110kV 侧与 35kV 侧之间 $U_{k1-2}\% = 17$，35kV 侧与 6kV 侧之间 $U_{k2-3}\% = 6$，110kV 侧与 6kV 侧之间 $U_{k1-3}\% = 11$。变压器的漏抗星形等效电路中各侧漏抗的阻抗电压百分值分别为

$$U_1\% = \frac{1}{2}(U_{k(1-2)}\% + U_{k(1-3)}\% - U_{k(2-3)}\%) = \frac{1}{2}(17 + 11 - 6) = 11$$

$$U_2\% = \frac{1}{2}(U_{k(1-2)}\% + U_{k(2-3)}\% - U_{k(1-3)}\%) = \frac{1}{2}(17 + 6 - 11) = 6$$

$$U_3\% = \frac{1}{2}(U_{k(1-3)}\% + U_{k(2-3)}\% - U_{k(1-2)}\%) = \frac{1}{2}(11 + 6 - 17) = 0$$

于是可得图 7-13b 中

$$x_5 = x_6 = 0.11 \times \frac{100}{31.5} = 0.349$$

$$x_7 = x_8 = 0.06 \times \frac{100}{31.5} = 0.19$$

电抗器

$$x_9 = x\frac{U_N^2}{U_B^2}\frac{S_B}{S_N} = 0.1 \times \frac{6^2}{6.3^2} \times \frac{100}{\sqrt{3} \times 6 \times 2} = 0.436$$

系统 S1 的等效电抗：近似取系统的等效电抗标幺值等于短路电流标幺值的倒数。即

$$x_{10} = \frac{1}{13.2} = 0.0758$$

系统 S2 的等效电抗

$$x_{11} = \frac{1}{1.14} = 0.877$$

（2）简化网络求得短路点的等效阻抗（不用叠加原理）。由于假设电动势相等，则可将电源合并，网络化简的步骤如图 7-13c～g 所示，各图中仅示出变化部分的电抗值。

图 7-13c：x_1 与 x_4 串联得 x_{12}；

图 7-13d：x_{10}与 x_{12}并联得 x_{13}；

图 7-13e：x_{13}、x_5、x_6 星形化成三角形 x_{14}、x_{15}、x_{16}；x_{11}、x_7、x_8 星形化成三角形 x_{17}、x_{18}、x_{19}。且

$$x_{14} = x_{15} = 0.063 + 0.349 + \frac{0.063 \times 0.349}{0.349} = 0.475$$

$$x_{16} = 0.349 + 0.349 + \frac{0.349 \times 0.349}{0.063} = 2.63$$

$$x_{17}=x_{18}=0.877+0.19+\frac{0.877\times0.19}{0.19}=1.94$$

$$x_{19}=0.19+0.19+\frac{0.19\times0.19}{0.877}=0.421$$

图 7-13f：x_{14}、x_{17}和x_2 并联得x_{20}；x_{15}和x_{18}并联得x_{21}；x_{16}、x_{19}和x_9 并联得x_{22}。

图 7-13g：x_{20}和x_{22}串联后和x_{21}、x_3 并联得x_{23}；x_{23}即为故障点的等效阻抗。

f点的短路电流交流分量初始值

$$I_f=\frac{1}{0.133}=7.52$$

实际电流（有名值）：

$$I_f=7.52\times\frac{100}{\sqrt{3}\times6.3}\text{kA}=68.9\text{kA}$$

7.3.2 应用运算曲线求任意时刻的短路电流交流分量有效值

在电力系统的工程计算中，有时还需要计算某一时刻的短路电流，作为选择电气设备及设计、调整继电保护的依据。在工程实用计算中，一般采用运算曲线法计算任意时刻的短路电流交流分量。下面介绍这种运算曲线的制定和使用方法。

1. 运算曲线的制定

图 7-14 所示为制作运算曲线的系统图。其中，图 7-14a 所示为正常运行的系统，发电机运行在额定电压和额定功率情况，50%的负荷在短路点外侧。根据发电机的电抗，可以很方便地算出电动势$E''_{q|0|}$、$E''_{d|0|}$、$E'_{q|0|}$和$E_{q|0|}$。图 7-14b 所示为短路时的系统，只有变压器高压母线上的负荷对短路电流有影响，其等效电抗为

$$Z_D=\frac{U^2}{S_D}(\cos\varphi+\text{j}\sin\varphi)$$

式中 U——负荷点电压，其标幺值取为 1；

S_D——发电机额定功率的 50%，即为 0.5；

$\cos\varphi$——功率因数，取 0.9。

图 7-14 中 x_T 和 x_L 均为以发电机额定值为基准的标幺值，改变 x_L 的值即可表示短路点的远近。

根据图 7-14b 所示的系统，可求出发电机外部电网对发电机的等效阻抗$\left(\text{j}x_T+\frac{\text{j}x_LZ_D}{Z_D+\text{j}x_L}\right)$，将此外部等效阻抗加到发电机的相应参数上，即可用发电机短路电流交流分量有效值时间变化的表达式，计算任意时刻发电机送出的电流。将此电流分流到 x_L 支路后即可得对应的 $I_f(t)$，即为流到短路点的电流。改变 x_L 的值即可得到不同的 $I_f(t)$。绘制曲线时，对于不同时刻 t，以计算电抗 $x_{js}=x''_d+$

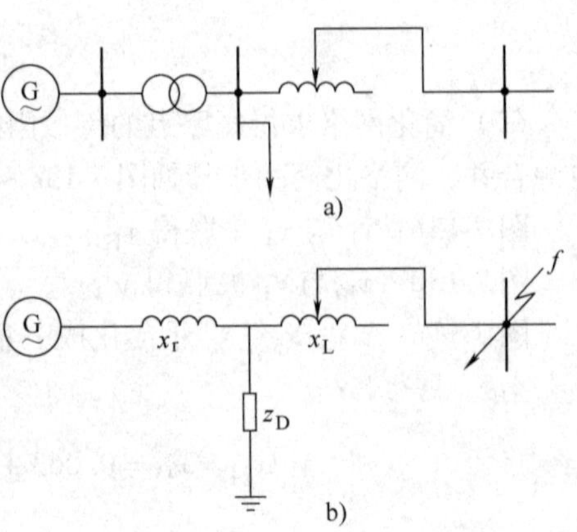

图 7-14 制作运算曲线的系统图

$x_T + x_L$为横坐标及该时刻的$I_f(t)$为纵坐标，把得到的点连成曲线，即运算曲线。

对于不同的发电机，由于其参数不同，其运算曲线是不同的。实际的运算曲线，是按照我国电力系统的统计得到汽轮机（或水轮发电机）的参数，逐台计算在不同的x_L条件下和电抗x_{js}情况下的短路电流，然后取所有这些短路电流的平均值，作为运算曲线在某时刻t和电抗x_{js}情况下的短路电流值。最后，对运算曲线分别提出两种类型，即一套汽轮发电机的运算曲线和一套水轮发电机的运算曲线。

在查用运算曲线时，如果实际发电机的参数（主要是T'_d、T''_d、T''_{ff}和励磁电压最大值u_{fm}）和运算曲线对应的“标准参数”（由运算曲线求得的拟合参数）有较大的差别，则必须进行修正计算，这里就不再详述了。

运算曲线的计算电抗（标幺值）一般只作到$x_{js}=3.50$为止，当$x_{js}>3.50$时，可近似认为短路电流周期分量已不随时间变化，直接用下式计算：

$$I_{ft}=\frac{1}{x_{js}} \tag{7-26}$$

2. 应用运算曲线计算短路电流的方法

在绘制运算曲线时，所用的系统只含一台发电机，但是实际电力系统中有多台发电机，应用运算曲线计算电力系统短路电流时，将各台发电机用其x''_d作为等效电抗，不计网络中负荷（曲线制作时已近似地计及了负荷的影响，对于短路点附近的大容量电动机，必须考虑其影响，要将它的电流加到短路电流上），作出等值网络后进行网络化简，消去短路点和各发电机电动势节点以外的所有节点（又称中间节点），即可得到只含发电机电动势节点和短路点的简化网络，如图7-15所示。由图可见，各电源送到短路点的电流由各电源电动势节点和短路点之间的阻抗所决定，这个阻抗称为该电源对短路点间的转移阻抗。各电源点之间的转移阻抗只影响电源间的平衡电流。由于等值网络中所有阻抗是按统一的功率基准值归算的，必须将各电源与短路点间的转移阻抗分别归算到各电源的额定容量，得到各电源的计算电抗x_{js}，然后才能查运算曲线求得各电源流到短路点的某时刻的电流标幺值。短路点的总电流则为这些标幺值换算得到的有名值之和。

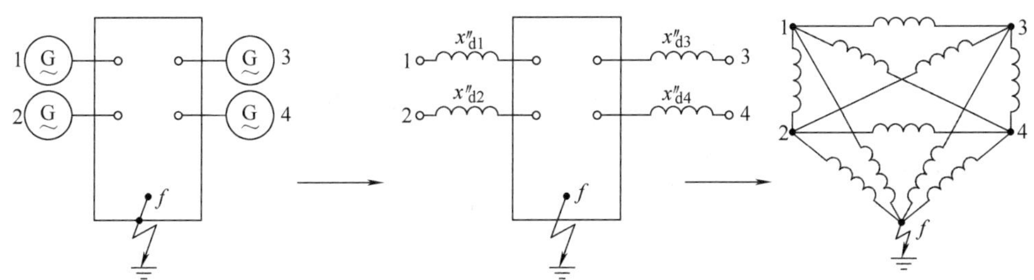

图7-15 应用运算曲线时网络化简

将上述的计算步骤归纳为以下几点：

1）计算统一基准值下各元件电抗的标幺值，作出等值网络。

2）网络化简，得到各电源对短路点的转移阻抗x_{if}。

3）求各电源的计算电抗，将各转移阻抗按各发电机额定功率归算

$$x_{ijs}=x_{if}\frac{S_{Ni}}{S_B} \tag{7-27}$$

式中　i——电源节点号；

x_{ijs}——i 节点发电机对 f 点的计算电抗；

S_{Ni}——i 节点上发电机的额定容量；

S_B——等值网络参数归算时统一的功率基准值。

4）查运算曲线，得到以发电机额定功率为基准值的各电源送至 f 点电流的标幺值 I_{if*}。对于无穷大电源，直接用转移阻抗的倒数求短路电流标幺值。

5）求4）中各电流有名值之和，即为短路点的短路电流。在计算有名值时，已知容量的电源用各自的容量作为功率基准值：$I_{if}=I_{if*}\frac{S_{Ni}}{\sqrt{3}U_B}$；无限大容量电源直接计算：$I_{if}=I_{if*}\frac{S_B}{\sqrt{3}U_B}$。

6）如要求提高计算精度，可进行有关的修正计算。

【例7-5】 试计算图7-16a所示系统中，分别在 f_1、f_2 点发生三相短路后0.2s时的短路电流。图中所有发电机均为汽轮发电机。发电机断路器是断开的。

解 取 $S_B=300\text{MVA}$；电压基准为各段的平均额定电压，求得各元件的电抗标幺值（省略下标中的符号 *）如下：

发电机G1、G2

$$x_1=x_2=0.13\times\frac{300}{30}=1.3$$

系统S

$$x_3=0.5\times\frac{300}{300}=0.5$$

变压器T1、T2

$$x_4=x_5=0.105\times\frac{300}{20}=1.58$$

架空线路 L_6

$$x_6=\frac{1}{2}\times130\times0.4\times\frac{300}{115^2}=0.59$$

电缆线路 L_7

$$x_7=0.08\times1\times\frac{300}{6.3^2}=0.6$$

等效电路如图7-16b所示。

（1）f_1 点短路

1）网络化简，求转移阻抗：如图7-16c所示，将星形 x_5、x_8、x_9 化成网形 x_{10}、x_{11}、x_{12}，即消去了网络中的中间节点，x_{11} 即为系统S对 f_1 点的转移阻抗；x_{12} 即为G1对 f_1 点的转移阻抗

$$x_{10}=1.09+2.88+\frac{1.09\times 2.88}{1.58}=5.96$$

$$x_{11}=1.09+1.58+\frac{1.09\times 1.58}{2.88}=3.27$$

$$x_{12}=1.58+2.88+\frac{1.58\times 2.88}{1.09}=8.63$$

G2 对 f_1 点的转移阻抗 $x_2=1.3$。

2）求各电源的计算电抗

$$x_{\mathrm{Sjs}}=3.27\times\frac{300}{300}=3.27$$

$$x_{1\mathrm{js}}=8.63\times\frac{30}{300}=0.863$$

$$x_{2\mathrm{js}}=1.3\times\frac{30}{300}=0.13$$

3）由计算电抗查运算曲线得各电源 0.2s 短路电流（标幺值）

$$I_{\mathrm{S}}=0.3;\qquad I_1=1.14;\qquad I_2=4.92$$

由曲线可知，当 $x_{\mathrm{js}}\geqslant 3$ 时，各时刻的短路电流均相等，相当于无穷大电源的短路电流，可以用 $1/x_{\mathrm{js}}$ 求得。

4）短路点总短路电流（有名值）

$$I_{0.2}=0.3\times\frac{300}{\sqrt{3}\times 6.3}\mathrm{kA}+1.14\times\frac{30}{\sqrt{3}\times 6.3}\mathrm{kA}+4.92\times\frac{30}{\sqrt{3}\times 6.3}\mathrm{kA}$$
$$=8.25\mathrm{kA}+3.13\mathrm{kA}+13.5\mathrm{kA}=24.9\mathrm{kA}$$

（2）f_2 点短路

1）网络化简，求转移阻抗：如图 7-16d 所示，将星形 x_2、x_7、x_{11}、x_{12} 化成网形，只有有关的转移阻抗 x_{13}、x_{14}、x_{15}，即

$$x_{13}=x_{11}x_7\sum\frac{1}{x}=3.27\times 0.6\left(\frac{1}{3.27}+\frac{1}{8.63}+\frac{1}{1.3}+\frac{1}{0.6}\right)=5.61$$

$$x_{14}=x_{12}x_7\sum\frac{1}{x}=8.63\times 0.6\left(\frac{1}{3.27}+\frac{1}{8.63}+\frac{1}{1.3}+\frac{1}{0.6}\right)=14.8$$

$$x_{15}=x_2x_7\sum\frac{1}{x}=1.3\times 0.6\left(\frac{1}{3.27}+\frac{1}{8.63}+\frac{1}{1.3}+\frac{1}{0.6}\right)=2.23$$

2）求各电源的电抗

$$x_{\mathrm{Sjs}}=5.61$$

$$x_{1\mathrm{js}}=14.8\times\frac{30}{300}=1.48$$

$$x_{2\mathrm{js}}=2.23\times\frac{30}{300}=0.223$$

3）由计算电抗查运算曲线得各电源 0.2s 时短路电流（标幺值）

$$I_{\mathrm{S}}=\frac{1}{5.61}=0.178;\qquad I_1=0.66;\qquad I_2=3.45$$

4）短路点总短路电流（有名值）

$$I_{0.2}=0.178\times\frac{300}{\sqrt{3}\times 6.3}\mathrm{kA}+0.66\times\frac{30}{\sqrt{3}\times 6.3}\mathrm{kA}+3.45\times\frac{30}{\sqrt{3}\times 6.3}\mathrm{kA}$$
$$=4.89\mathrm{kA}+1.81\mathrm{kA}+9.49\mathrm{kA}=16.19\mathrm{kA}$$

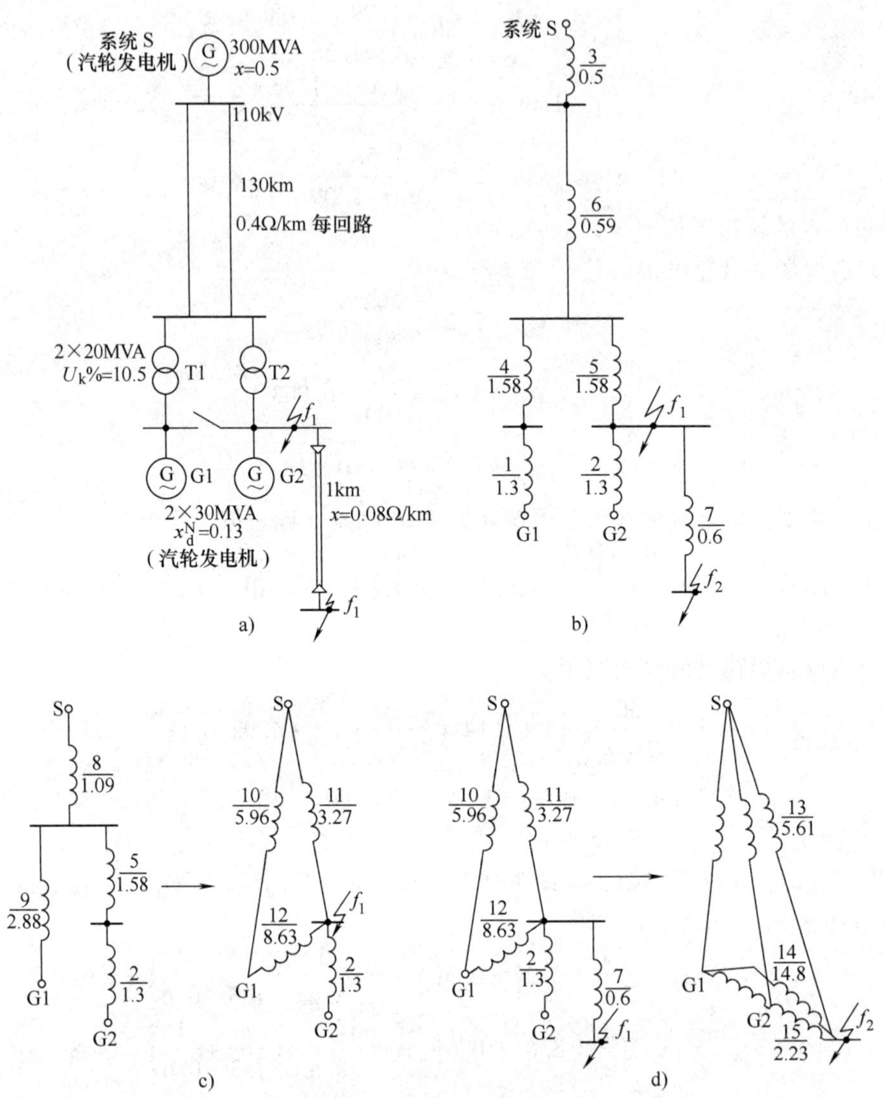

图 7-16　例 7-5 的系统图和网络化简

a）系统图　b）等效电路　c）、d）f_1、f_2 点短路时网络化简

3. 计算的化简

实际系统中发电机台数很多，如果每一台发电机都作为一个电源计算，则计算工作量太大，而且无此必要。可以把短路电流变化规律大体相同的发电机合并成等效机，以减少计算工作量。影响短路电流变化规律的主要因素有两个：一个是发电机的特性（指类型，参数）；另一个是发电机对短路点的电气距离。在离短路点很近的情况下，发电机本身特性的不同对短路电流的变化规律具有决定性的影响，因此，不能将不同类型的发电机合并。如果发电机与短路点之间的阻抗数值很大，不同类型发电机的特性引起的短路电流变化规律的差异受到极大的削弱，在这种情况下，可以将不同类型的发电机合并起来。根据以上原则，一般接在同一母线（非短路点）上的发电机总可以合并成一台等效发电机。

【例 7-6】 对例 7-5 进行简化计算。

解 由图 7-16a 看出系统 S 和 G1 离短路点较远，可将它们合并成一个电源计算。

（1）当 f_1 点短路时。如图 7-17a 所示，电源合并后求得的对 f_1 点的转移阻抗

$$x_{10}=(1.09/\!/2.88)+1.58=2.37$$

S 和 G1 的计算电抗

$$x_{\mathrm{Sjs}}=2.37\times\frac{330}{300}=2.6$$

G2 的计算电抗仍为

$$x_{2\mathrm{js}}=0.13$$

S 和 G1 在 0.2s 时短路电流为

$$I_{\mathrm{S}}=0.37$$

短路点总短路电流（有名值）

$$I_{0.2}=0.37\times\frac{330}{\sqrt{3}\times6.3}\mathrm{kA}+13.5\mathrm{kA}=11.2\mathrm{kA}+13.5\mathrm{kA}=24.7\mathrm{kA}$$

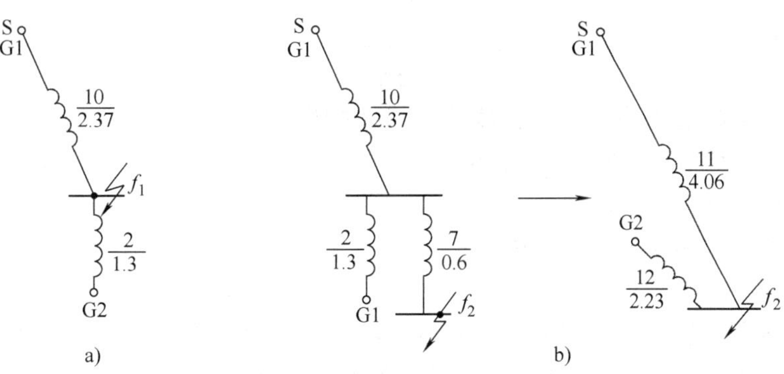

图 7-17 例 7-5 的网络化简

a）f_1 点短路 b）f_2 点短路时网络简化

（2）当 f_2 点短路时。图 7-17b 所示为各电源对 f_2 点的转移阻抗

$$x_{11}=2.37+0.6+\frac{2.37\times0.6}{1.3}=4.06$$

$$x_{12}=1.3+0.6+\frac{1.3\times0.6}{2.37}=2.23$$

S 和 G1 的计算电抗

$$x_{\mathrm{Sjs}}=4.06\times\frac{330}{300}=4.47$$

G2 的计算电抗仍为 0.223。

S 和 G1 在 0.2s 时短路电流为

$$I_S = \frac{1}{4.47} = 0.224$$

短路点总短路电流（有名值）

$$I_{0.2} = 0.224 \times \frac{330}{\sqrt{3} \times 6.3} \mathrm{kA} + 9.49\mathrm{kA} = 6.77\mathrm{kA} + 9.49\mathrm{kA} = 16.26\mathrm{kA}$$

7.3.3 转移阻抗及其求法

在图 7-15 及其说明中曾提到，对于任一复杂网络，如果经过网络化简消去除了电源电动势节点和短路点外的所有中间节点，最后得到的各电源电动势节点和短路点间的直接联系阻抗即为转移阻抗。其中电源对短路点的转移阻抗对于计算短路电流有重要的意义。值得注意的是，所有电源对短路点转移阻抗的并联就是网络对短路点的等效阻抗（即前 x_Σ）。下面给出转移阻抗的更一般的意义及求转移阻抗的几种方法。

对于一个有任意多电源的线性网络，在 f 点短路后，短路点电流（交流分量）总可以表达为

$$\dot{I}_f = \frac{\dot{E}_1}{Z_{1f}} + \frac{\dot{E}_2}{Z_{2f}} + \cdots + \frac{\dot{E}_i}{Z_{if}} + \cdots \tag{7-28}$$

式中　$\dot{E}_i$——某电源 i 的电动势；

Z_{if}——某电源 i 与短路点 f 间的转移阻抗。

式（7-28）实际上是叠加原理在线性网络中的应用。由式（7-28）可得转移阻抗的定义：如果除了电动势 $\dot{E}_i$ 以外，其他电动势均为零（短路接地），则 $\dot{E}_i$ 与此时 f 点电流之比值即为电源 i 与 f 点间的转移阻抗。

下面介绍两种求转移阻抗的方法。

1. 网络化简法

上节即用这种方法求得转移阻抗。如图 7-15 所示，消去除电源电动势节点和短路点以外的所有中间节点后，各电源点与短路点直接联系阻抗即为它们之间的转移阻抗。在最后的网形电路中，若除了某电源节点外其余电源均接地，则该电源节点与短路点间的阻抗，就是该电源电动势和 f 点电流之比值，也即为转移阻抗。

2. 单位电流法

这种方法对于辐射形网最为方便。例如对于图 7-18a 所示的网络，欲求得电源 E_1、E_2、E_3 对 f 点的转移阻抗。令 $\dot{E}_1 = \dot{E}_2 = \dot{E}_3 = 0$，在 f 点加 $\dot{E}_f$ 使支路 x_1 中通过单位电流，即取 $\dot{I}_1 = 1$，如图 7-18b 所示，则可以很方便地求得 $\dot{I}_2$、$\dot{I}_3$ 和 $\dot{E}_f$，即

$$U_b = I_1 x_1 = x_1,\ I_2 = \frac{U_b}{x_2} = \frac{x_1}{x_2},\ I_4 = I_1 + I_2$$

$$U_a = U_b + I_4 x_4,\ I_3 = \frac{U_a}{x_3},\ I_f = I_4 + I_3$$

$$E_f = U_a + I_f x_5$$

根据转移阻抗的定义，各电源支路对短路点之间的转移电抗可方便地按下列公式求出：

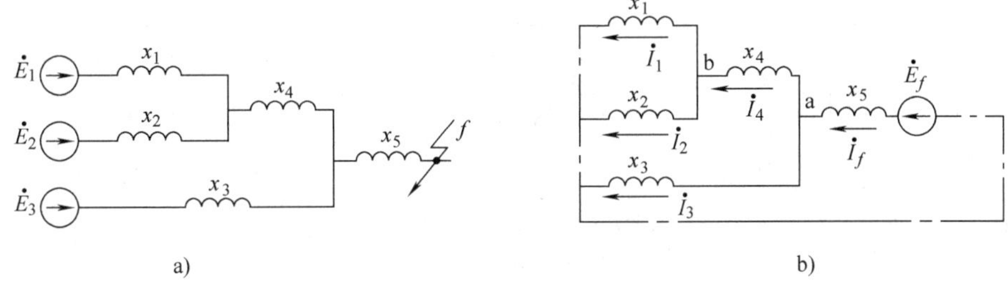

图 7-18 单位电流法求转移阻抗

a）原网络 b）单位电流法示意图

$$x_{1f} = E_f/I_1 = E_f$$

$$x_{2f} = E_f/I_2$$

$$x_{3f} = E_f/I_3$$

7.4 计算机计算复杂系统短路电流交流分量初始值的原理

实际电力系统短路电流交流分量初始值的计算，由于系统结构复杂，一般均用计算机计算。在上机计算前需要完成两部分工作：一是根据计算原理选择计算用的数学模型和计算方法，即计算用的数学公式；二是根据所选定的数学模型和计算方法编制计算程序。本节将仅介绍基本的数学模型和计算方法。

计算短路电流 I''，实质上就是求解交流电路的稳态电流，其数学模型也就是网络的线性方程组，一般选用网络节点方程，即用节点阻抗矩阵或节点导纳矩阵描述的网络方程。以下将先介绍计算用的等值网络，然后分别给出节点阻抗矩阵和节点导纳矩阵计算短路电流和电力网任意时刻电压及电流的公式。

7.4.1 等值网络

图 7-19 所示为计算短路电流 I''（及其分布）的等值网络。在图 7-19a 中，G 代表发电机端电压节点（如果有必要也可以包括某些大容量的电动机），发电机等效电动势为 $\dot{E}''$，电抗为 x''_{d}；D 代表负荷节点，以恒定阻抗代表负荷；f 点为短路点（经 Z_f 短路）。图 7-19b 为应用叠加原理分解成正常运行和故障分量的两个网络，其中正常运行方式的求解必须通过潮流计算求得，故障分量的计算由短路电流计算程序完成。图 7-19c 表示在近似的实用计算中不计负荷的影响时的等值网络。应用叠加原理如图 7-19d 所示，正常运行为空载运行，网络中各点电压均为 1，故障分量网络中，$\dot{U}_{f|0|} = 1$。这里只需作故障分量的计算。

由图 7-19 所示的故障分量网络可见，这个网络与潮流计算时网络的差别，在于发电机节点多接了对地电抗 x''_{d}，负荷节点上多接了对地阻抗 Z_{D}（实用计算没有此阻抗）。当然，如果在短路计算中可以忽略线路电抗和电纳，而且不计变压器的实际电压比，则短路计算网络较潮流计算网络简化，而且网络本身是纯感性的。

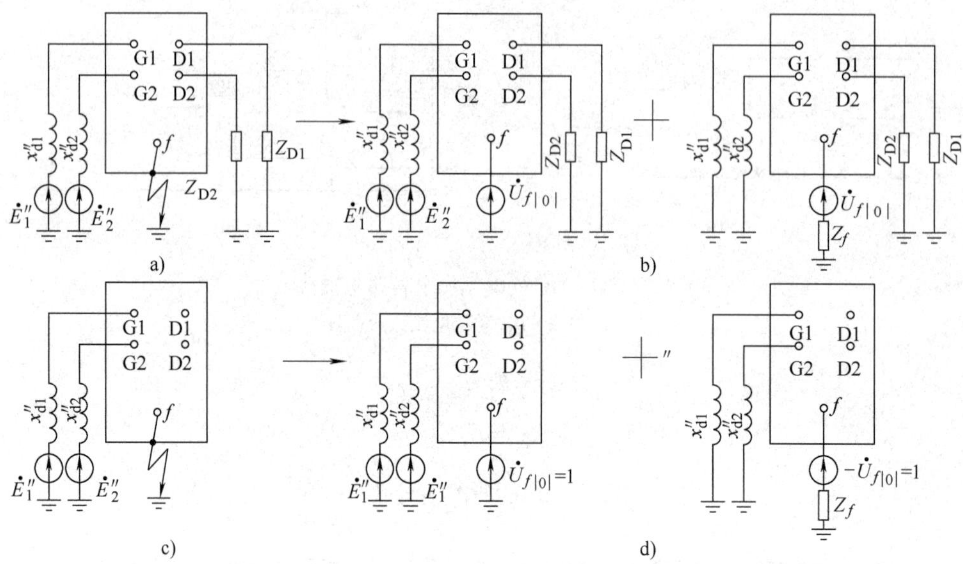

图 7-19　计算短路电流 I'' 等值网络

a)、b）计及负荷　c)、d）不计及负荷

对于故障分量网络，一般用节点方程来描述，即网络的数学模型或者用节点阻抗矩阵或者用节点导纳矩阵。关于这两种矩阵的形成方法，在第 4 章中已有详细介绍，这里不再重复。在短路电流计算程序中，这两种矩阵都有采用的，它们各有优缺点。

7.4.2　用节点阻抗矩阵的计算方法

任一网络用节点阻抗矩阵表示的节点电压方程为

$$\begin{pmatrix} \dot{U}_1 \\ \vdots \\ \dot{U}_i \\ \vdots \\ \dot{U}_j \\ \vdots \\ \dot{U}_n \end{pmatrix} = \begin{pmatrix} Z_{11} & \cdots & Z_{1i} & \cdots & Z_{1j} & \cdots & Z_{1n} \\ \vdots & & \vdots & & \vdots & & \vdots \\ Z_{i1} & \cdots & Z_{ii} & \cdots & Z_{ij} & \cdots & Z_{in} \\ \vdots & & \vdots & & \vdots & & \vdots \\ Z_{j1} & \cdots & Z_{ji} & \cdots & Z_{jj} & \cdots & Z_{jn} \\ \vdots & & \vdots & & \vdots & & \vdots \\ Z_{n1} & \cdots & Z_{ni} & \cdots & Z_{nj} & \cdots & Z_{nn} \end{pmatrix} \begin{pmatrix} \dot{I}_1 \\ \vdots \\ \dot{I}_i \\ \vdots \\ \dot{I}_j \\ \vdots \\ \dot{I}_n \end{pmatrix} \tag{7-29}$$

式（7-29）中，电压相量为网络各节点对“地”电压；电流相量为网络外部向各节点的注入电流；系数矩阵即节点阻抗矩阵。

矩阵对角元素 Z_{ii} 称为自阻抗，可表达为

$$Z_{ii} = \frac{\dot{U}_i}{\dot{I}_i} \Big|_{\dot{I}_j = 0, j \neq i} \tag{7-30}$$

即当除节点 i 外所有其他节点注入电流均为零时，节点 i 电压与注入电流之比，也就是从节点 i 看进网络的等效阻抗，或者说网络对节点 i 的等效阻抗。非对角元素 Z_{ij} 称为互阻抗，可表示为

$$Z_{ij}=Z_{ji}=\frac{\dot{U}_j}{\dot{I}_i}\bigg|_{\dot{I}_j=0,j\neq i} \tag{7-31}$$

即当除节点 i 外所有其他节点注入电流均为零时，节点 j 电压与节点 i 电流之比，或者说是节点 i 单位电流在节点 j 引起的电压值。不难理解 Z_{ij} 是不会为零的，即节点阻抗矩阵总是满阵。

如果已形成了图 7-19 中的故障分量网络（短路支路的阻抗 Z_f 不在内）的节点阻抗矩阵，该网络只有任一短路点 f 有注入电流 $-\dot{I}_f$（$\dot{I}_f$ 由 f 点流向"地"），故节点电压方程为

$$\begin{pmatrix}\Delta\dot{U}_1\\ \vdots\\ \Delta\dot{U}_f\\ \vdots\\ \Delta\dot{U}_n\end{pmatrix}=\begin{pmatrix}Z_{11} & \cdots & Z_{1f} & \cdots & Z_{1n}\\ \vdots & & \vdots & & \vdots\\ Z_{f1} & \cdots & Z_{ff} & \cdots & Z_{fn}\\ \vdots & & \vdots & & \vdots\\ Z_{n1} & \cdots & Z_{nf} & \cdots & Z_{nn}\end{pmatrix}\begin{pmatrix}0\\ \vdots\\ -\dot{I}_f\\ \vdots\\ 0\end{pmatrix}=\begin{pmatrix}Z_{1f}\\ \vdots\\ Z_{ff}\\ \vdots\\ Z_{nf}\end{pmatrix}(-\dot{I}_f) \tag{7-32}$$

短路点电压故障分量为

$$\Delta\dot{U}_f=-\dot{I}_fZ_{ff}=-\Delta\dot{U}_{f|0|}+\dot{I}_fZ_f$$

由此可求得短路电流

$$\dot{I}_f=\frac{\dot{U}_{f|0|}}{Z_{ff}+Z_f}\approx\frac{1}{Z_{ff}+Z_f} \tag{7-33}$$

式（7-33）与式（7-23）是一致的。由此可见，若已知节点阻抗矩阵的对角元素，可以方便地求得任一点短路的短路电流。

已知短路电流 $\dot{I}_f$ 后代入式（7-32）可得任一点电压故障分量，则各节点短路后的电压为

$$\begin{aligned}\dot{U}_1&=\dot{U}_{1|0|}+\Delta\dot{U}_1=\dot{U}_{1|0|}-Z_{1f}\dot{I}_f\approx1-Z_{1f}\dot{I}_f\\ \dot{U}_f&=\dot{U}_{f|0|}+\Delta\dot{U}_f=Z_{ff}\dot{I}_f\\ \dot{U}_n&=\dot{U}_{n|0|}+\Delta\dot{U}_n=\dot{U}_{n|0|}-Z_{nf}\dot{I}_f\approx1-Z_{nf}\dot{I}_f\end{aligned} \tag{7-34}$$

任一支路 i-j 的电流

$$\dot{I}_{ij}=\frac{\dot{U}_i-\dot{U}_j}{Z_{ij}}\approx\frac{\Delta\dot{U}_i-\Delta\dot{U}_j}{Z_{ij}} \tag{7-35}$$

式中　Z_{ij}——i-j 支路的阻抗。

图 7-20 所示为用节点阻抗矩阵计算短路电流的原理框图。从图中可以看出，只要形成了节点阻抗矩阵，计算任一点的短路电流和网络中电压、电流的分布是很方便的，计算工作量很小。但是，形成节点阻抗矩阵的工作量较大，网络变化时的修改也比较麻烦，而且节点阻抗矩阵是满阵，需要计算机的存储量较大。针对这些问题，可以采用将不计算部分的网络

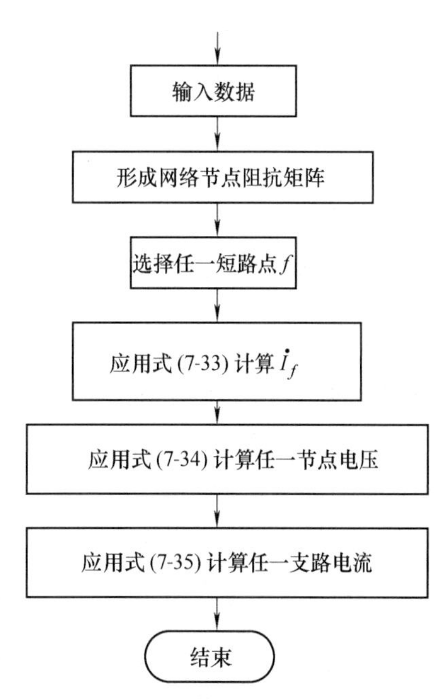

图 7-20　用节点阻抗矩阵计算短路电流的原理框图

化简等方法。

7.4.3 用节点导纳矩阵的计算方法

用节点导纳矩阵表示的网络节点方程为

$$\begin{pmatrix} \dot{I}_1 \\ \vdots \\ \dot{I}_i \\ \vdots \\ \dot{I}_j \\ \vdots \\ \dot{I}_n \end{pmatrix} = \begin{pmatrix} Y_{11} & \cdots & Y_{1i} & \cdots & Y_{1j} & \cdots & Y_{1n} \\ \vdots & & \vdots & & \vdots & & \vdots \\ Y_{i1} & \cdots & Y_{ii} & \cdots & Y_{ij} & \cdots & Y_{in} \\ \vdots & & \vdots & & \vdots & & \vdots \cdots \\ Y_{j1} & \cdots & Y_{ji} & \cdots & Y_{jj} & \cdots & Y_{jn} \\ \vdots & & \vdots & & \vdots & & \vdots \\ Y_{n1} & \cdots & Y_{ni} & \cdots & Y_{nj} & \cdots & Y_{nn} \end{pmatrix} \begin{pmatrix} \dot{U}_1 \\ \vdots \\ \dot{U}_i \\ \vdots \\ \dot{U}_j \\ \vdots \\ \dot{U}_n \end{pmatrix} \tag{7-36}$$

式（7-36）中，节点导纳矩阵是节点阻抗矩阵的逆矩阵，对其对角元素自导纳 Y_{ii} 为

$$Y_{ii} = \frac{\dot{I}_i}{\dot{U}_i} \bigg|_{\dot{U}_j=0} \qquad (j \neq i) \tag{7-37}$$

即除 i 节点外其他节点均接“地”时，自节点 i 看进网络的等效导纳，显然等于与 i 节点相连的支路导纳之和。非对角元素互导纳 Y_{ij} 为

$$Y_{ij} = Y_{ji} = \frac{\dot{I}_j}{\dot{U}_i} \bigg|_{\dot{U}_j=0} \qquad (j \neq i) \tag{7-38}$$

即除 i 节点外其他节点均接“地”时，j 点注入电流与 i 点电压之比，显然等于 i、j 间支路导纳的负值。由于网络中任一节点一般只和相邻的节点有连接支路，所以 Y_{ij} 有很多为零，即节点导纳矩阵是十分稀疏的。由上可见，节点导纳矩阵极易形成，网络结构变化时也容易修改。

1. 应用节点导纳矩阵计算短路电流的原理

应用节点导纳矩阵计算短路电流，实质上是先用它计算与任一短路点 f 有关的节点阻抗矩阵的第 f 列元素：$Z_{1f} \cdots Z_{ff} \cdots Z_{nf}$，然后即可用式（7-33）~式（7-35）进行短路电流的有关计算。

根据前面对节点阻抗矩阵元素的分析，$Z_{1f} \cdots Z_{nf}$ 是在 f 点通以单位电流（其他节点电流均为零）时 1 ~ n 点的电压，故可用式（7-36）求解下列方程：

$$\begin{pmatrix} Y_{11} & \cdots & Y_{1f} & \cdots & Y_{1n} \\ \vdots & & \vdots & & \vdots \\ Y_{f1} & \cdots & Y_{ff} & \cdots & Y_{fn} \\ \vdots & & \vdots & & \vdots \\ Y_{n1} & \cdots & Y_{nf} & \cdots & Y_{nn} \end{pmatrix} \begin{pmatrix} \dot{U}_1 \\ \vdots \\ \dot{U}_f \\ \vdots \\ \dot{U}_n \end{pmatrix} = \begin{pmatrix} 0 \\ \vdots \\ 1 \\ \vdots \\ 0 \end{pmatrix} \leftarrow f\text{点} \tag{7-39}$$

求得的 $U_1 \cdots U_f \cdots U_n$ 即为 $Z_{1f} \cdots Z_{ff} \cdots Z_{nf}$。

求解式（7-39）的线性方程组，有现成的计算方法和程序，例如高斯消去法等。一般电力系统短路电流计算要求计算一批节点分别短路时的短路电流，因而要多次求解与式（7-39）

类似的方程，方程的不同处只在于方程右端的常数向量中 1 所在的行数（对应短路节点号）不同。为了避免每次重复对节点导纳矩阵作消去运算，一般不采用高斯消去法求解式（7-39），而是应用三角分解法或因子表法，这两种方法实质上是相通的。以下介绍三角分解法。

2. 三角分解法求解导纳型节点方程

以节点导纳矩阵表示的网络方程可简写为

$$\boldsymbol{YU}=\boldsymbol{I} \tag{7-40}$$

$\boldsymbol{Y}$ 是个非奇异的对称矩阵，按照矩阵的三角分解法，$\boldsymbol{Y}$ 可表示为

$$\boldsymbol{Y}=\boldsymbol{LDL}^{\mathrm{T}}=\boldsymbol{R}^{\mathrm{T}}\boldsymbol{DR} \tag{7-41}$$

式（7-41）中 $\boldsymbol{D}$ 为对角阵，$\boldsymbol{L}$ 为单位下三角阵，$\boldsymbol{R}$ 为单位上三角阵，$\boldsymbol{L}$ 和 $\boldsymbol{R}$ 互为转置阵。式（7-41）说明 $\boldsymbol{Y}$ 可分解为单位下三角阵、对角阵和单位上三角阵（即单位下三角阵的转置）的乘积。这些因子矩阵元素的表达式为

$$\begin{cases} d_{ii}=Y_{ii}-\sum\limits_{k=1}^{i-1} l_{ik}^2 d_{kk}=Y_{ii}-\sum\limits_{k=1}^{i-1} r_{ki}^2 d_{kk} & (i=1,2,\cdots,n) \\ r_{ij}=\dfrac{1}{d_{ii}}\left(Y_{ij}-\sum\limits_{k=1}^{i-1} r_{ki} r_{kj} d_{kk}\right) & (i=1,2,\cdots,n-1;j=i+1,\cdots,n) \\ l_{ij}=\dfrac{1}{d_{jj}}\left(Y_{ij}-\sum\limits_{k=1}^{j-1} l_{ik} l_{jk} d_{kk}\right) & (i=2,3,\cdots,n;j=1,2,\cdots,i-1) \end{cases} \tag{7-42}$$

式（7-42）中，d、l 和 r 为矩阵 $\boldsymbol{D}$、$\boldsymbol{L}$ 和 $\boldsymbol{R}$ 的相应元素。由于 $\boldsymbol{L}$ 和 $\boldsymbol{R}$ 互为转置，只需算出其中一个即可。

将式（7-41）代入式（7-40）得

$$\boldsymbol{R}^{\mathrm{T}}\boldsymbol{DRU}=\boldsymbol{I} \tag{7-43}$$

式（7-43）可分解为以下的三个方程，并依次求解

$$\begin{cases} \boldsymbol{R}^{\mathrm{T}}\boldsymbol{W}=\boldsymbol{I} \\ \boldsymbol{DX}=\boldsymbol{W} \\ \boldsymbol{RU}=\boldsymbol{X} \end{cases} \tag{7-44}$$

即由已知的节点电流向量 $\boldsymbol{I}$ 求 $\boldsymbol{W}$，由 $\boldsymbol{W}$ 求 $\boldsymbol{X}$，最后由 $\boldsymbol{X}$ 求得节点电压向量 $\boldsymbol{U}$。在这三次求解中，系数矩阵为单位三角阵或对角阵，故计算工作量不大。如果将 $\boldsymbol{DX}=\boldsymbol{W}$ 求解过程中的除法运算改为乘法运算，即 $\boldsymbol{X}=\boldsymbol{D}^{-1}\boldsymbol{W}$（$\boldsymbol{D}^{-1}$的元素为 $\boldsymbol{D}$ 元素的倒数）则可进一步节约计算时间。

综上所述，用三角分解法求得节点导纳矩阵方程包括两部分计算。一是将 $\boldsymbol{Y}$ 三角分解，保存 $\boldsymbol{R}$ 和 $\boldsymbol{D}^{-1}$，为节省存储容量，可将 $\boldsymbol{D}^{-1}$的元素存放在 $\boldsymbol{R}$ 的对角元素 1 的位置上（它实际上就是一种因子表），见下表：

$$\begin{pmatrix} 1/d_{11} & \cdots & r_{1i} & \cdots & r_{1n} \\ & \ddots & & & \vdots \\ & & 1/d_{ii} & & r_{in} \\ & & & \ddots & \vdots \\ & & & & 1/d_{nn} \end{pmatrix}$$

另一部分是由已知 $\boldsymbol{I}$ 用式（7-44）计算得到 $\boldsymbol{U}$，即为对应某短路节点的节点阻抗元素

向量。

图 7-21 所示为用节点导纳矩阵计算短路电流的原理框图。

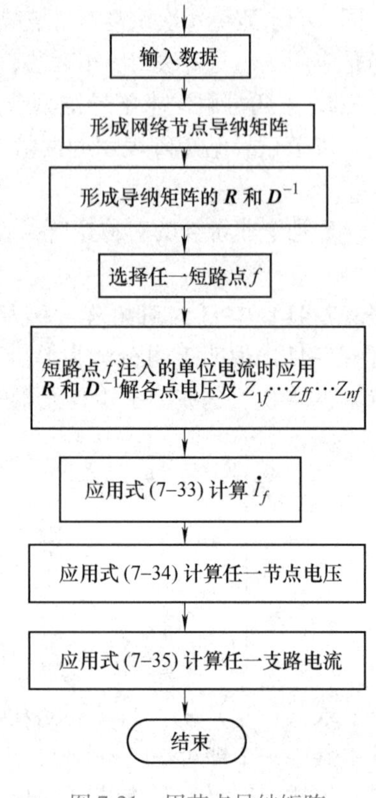

图 7-21　用节点导纳矩阵计算短路电流的原理框图

【例 7-7】 应用计算机算法计算例 7-3 系统中节点 3 短路电流及各节点电压和各支路电流。

解 计及输电线路电纳，但不计负荷。以下只给出计算的中间结果，而不给出计算的过程（参数均以标幺值表示）。

（1）形成节点导纳矩阵

$$\boldsymbol{Y}=\begin{pmatrix} -\mathrm{j}26.626666 & \mathrm{j}10 & \mathrm{j}10 \\ \mathrm{j}10 & -\mathrm{j}33.293333 & \mathrm{j}10 \\ \mathrm{j}10 & \mathrm{j}10 & -\mathrm{j}19.96 \end{pmatrix}$$

（2）形成 $\boldsymbol{R}$ 和 $\boldsymbol{D}^{-1}$ 即因子表

$$\begin{matrix} \mathrm{j}0.037556 & -0.375563 & -0.375563 \\ \mathrm{j}0.033855 & -0.465698 & \mathrm{j}0.102058 \end{matrix}$$

（3）取 $\boldsymbol{I}=\begin{pmatrix}0\\0\\1\end{pmatrix}$，即节点 3 注入单位电流，利用上述因子进行运算，求电压向量即节点 3 的自阻抗和互阻抗

$$\begin{pmatrix} 1 & & \\ -0.375563 & 1 & \\ -0.375563 & -0.465698 & 1 \end{pmatrix}\begin{pmatrix}W_1\\W_2\\W_3\end{pmatrix}=\begin{pmatrix}0\\0\\1\end{pmatrix}\Rightarrow\begin{pmatrix}W_1\\W_2\\W_3\end{pmatrix}=\begin{pmatrix}0\\0\\1\end{pmatrix}$$

$$\begin{pmatrix}X_1\\X_2\\X_3\end{pmatrix}=\begin{pmatrix} \mathrm{j}0.037556 & & \\ & \mathrm{j}0.033855 & \\ & & \mathrm{j}0.102058 \end{pmatrix}\begin{pmatrix}0\\0\\1\end{pmatrix}=\begin{pmatrix}0\\0\\\mathrm{j}0.102058\end{pmatrix}$$

$$\begin{pmatrix} 1 & -0.375563 & -0.375563 \\ & 1 & -0.465698 \\ & & 1 \end{pmatrix}\begin{pmatrix}U_1\\U_2\\U_3\end{pmatrix}=\begin{pmatrix}0\\0\\\mathrm{j}0.102058\end{pmatrix}\Rightarrow\begin{pmatrix}U_1\\U_2\\U_3\end{pmatrix}=\begin{pmatrix}Z_{12}\\Z_{23}\\Z_{33}\end{pmatrix}=\begin{pmatrix}\mathrm{j}0.056179\\\mathrm{j}0.047528\\\mathrm{j}0.102058\end{pmatrix}$$

（4）节点 3 短路时短路电流

$$I_f=\frac{1}{\mathrm{j}0.102058}=-\mathrm{j}9.798350$$

（5）各点电压

$$\dot{U}_1=1-\mathrm{j}0.056179(-\mathrm{j}9.798350)=0.449538$$

$$\dot{U}_2=1-\mathrm{j}0.047528(-\mathrm{j}9.798350)=0.534304$$

（6）线路中故障电流

$$\dot{I}_{21}=\frac{0.534304-0.449538}{\mathrm{j}0.1}=-\mathrm{j}0.847655$$

$$\dot{I}_{13}=\frac{0.449538}{\mathrm{j}0.1}=-\mathrm{j}4.495385$$

$$\dot{I}_{23}=\frac{0.534304}{\mathrm{j}0.1}=-\mathrm{j}5.343040$$

与例 7-3 结果比较可知,略去线路电纳的误差在 1% 以内。

7.4.4 短路点在线路上任意处的计算

若短路不是发生在网络原有节点上,而是如图 7-22 所示,发生在线路的任意点 f 上,则网络增加了一个节点,其阻抗矩阵(和导纳矩阵)增加了一阶,即与 f 点有关的一列和一行元素。显然,采取重新形成网络矩阵的方法是不可取的,以下介绍利用原网络阻抗阵中 j 和 k 两行元素直接计算与 f 点有关的一列阻抗元素($Z_{1f}\cdots Z_{if}\cdots Z_{nf}$)的方法。

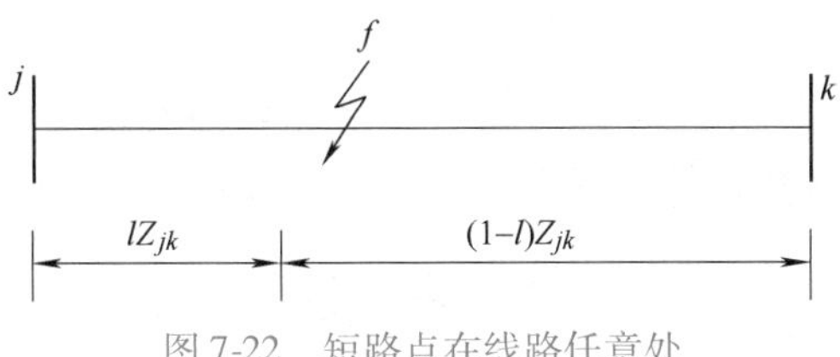

图 7-22　短路点在线路任意处

1. $Z_{fi}(=Z_{if})$

根据节点阻抗矩阵元素的物理意义,当网络中任意节点 i 注入单位电流,而其余节点注入电流均为零时,f 点的对地电压即为 Z_{fi},故

$$Z_{fi}=\dot{U}_f=\dot{U}_j-\dot{I}_{jk}lZ_{jk}=Z_{ji}-\frac{Z_{ji}-Z_{ki}}{Z_{jk}}lZ_{jk}=(1-l)Z_{ij}+lZ_{ik} \tag{7-45}$$

式中　Z_{ji} 和 Z_{ki}——已知的原网络的 j、k 对 i 的互阻抗元素。

2. Z_{ff}

当 f 点注入单位电流时,f 点对地电压即为 Z_{ff}。则有

$$\frac{\dot{U}_f-\dot{U}_j}{jZ_{jk}}+\frac{\dot{U}_f-\dot{U}_k}{(1-l)Z_{jk}}=1$$

将电压用相应的阻抗元素表示,则得

$$\frac{Z_{ff}-Z_{if}}{lZ_{jk}}+\frac{Z_{ff}-Z_{kf}}{(1-l)Z_{jk}}=1$$

化简后得

$$Z_{ff}=(1-l)Z_{jf}+lZ_{kf}+l(1-l)Z_{jk}$$

上式中的 Z_{jf} 和 Z_{kf} 用式(7-28)代入,则

$$Z_{ff}=(1-l)^2Z_{jj}+l^2Z_{kk}+2l(1-l)Z_{jk}+l(1-l)Z_{jk} \tag{7-46}$$

式(7-46)中,Z_{jj}、Z_{kk}、Z_{jk} 和 Z_{kj} 均已知。由式(7-45)和式(7-46)即可求得 f 列的

阻抗元素，从而可用式（7-33）~式（7-35）作短路电流的有关计算。

小　结

本章主要阐明了以下几方面的问题：

1）电力系统中的故障大部分是短路。短路分为对称短路和不对称短路，而不对称短路的简单故障有三种。引起短路的主要原因和短路的危害。限制短路电流的措施和计算短路电流的目的。

2）无限大功率电源供电的系统发生三相短路后短路电流包含周期分量和衰减的直流分量。短路冲击电流和最大有效值电流的基本概念和计算方法。

3）三相短路电流的实用计算是电力系统中必须掌握的重点内容。当采用了一系列假设条件后，其计算原理分非常简单，短路电流周期分量起始值的实用计算就是一般的交流短路电流计算。

4）在工程计算中，计算任意时刻短路点的短路电流交流分量有效值时采用运算曲线法。本章给出了用运算曲线法计算短路电流交流分量有效值的计算步骤。

思　考　题

7-1　什么是短路？简述短路的现象和危害？

7-2　无限大功率电源的特点是什么？

7-3　什么是短路冲击电流？出现冲击电流的条件是什么？

7-4　什么是电力系统短路故障？故障的类型有哪些？

7-5　由无限大电源供电的系统，发生三相短路时，其短路电流包含哪些分量？各分量的衰减情况如何？

7-6　简述运算曲线法计算三相短路电流的步骤。

7-7　转移电抗和计算电抗有何区别？怎样换算？

习　　题

7-1　如图 7-23 所示网络。

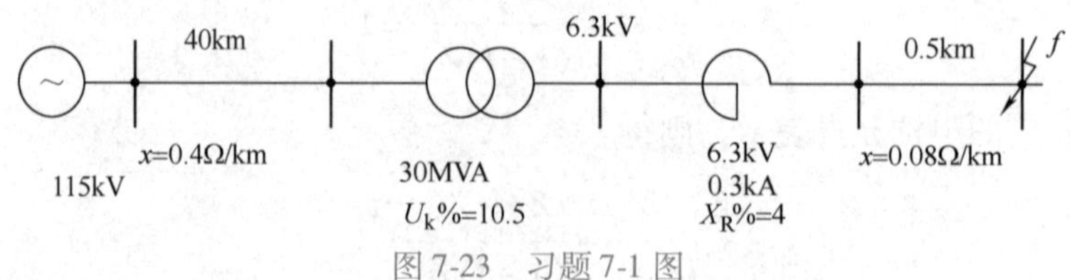

图 7-23　习题 7-1 图

今设三相基准功率 $S_B = 100\text{MVA}$，基准电压为网络的平均额定电压，即 $U_B = U_{av}$，冲击系数 $K_M = 1.8$。求：

（1）在 f 点发生三相短路时的冲击电流是多少？短路电流的最大有效值是多少？短路功率是多少？

（2）简述短路冲击电流的意义，何种情况下短路，其冲击电流最大。

7-2　简单系统如图 7-24 所示，f 点发生三相短路，求：（1）短路处起始次暂态电流和短路容量；（2）发电机起始次暂态电流；（3）变压器 T2 高压母线的起始残压（即短路瞬间的电压）。图中负荷，24MVA，$\cos\varphi = 0.9$（滞后），它可看成由两种负荷并联组成：①电阻性负荷（照明器），6MW，$\cos\varphi = 1$；

②电动机负荷，等效电抗 $x''=0.3$，短路前负荷母线的电压为 10.6kV。

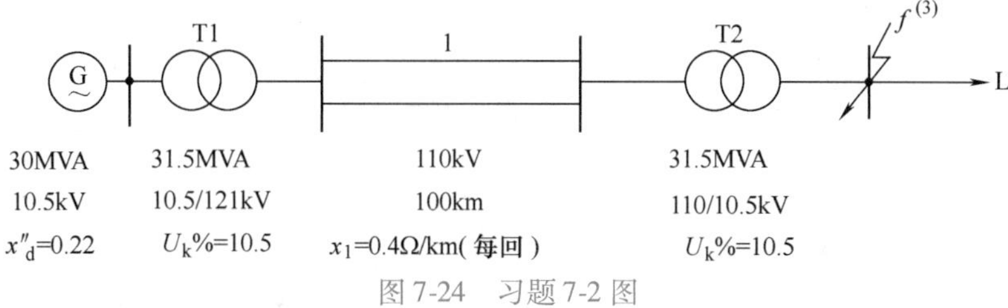

图 7-24　习题 7-2 图

7-3　电力系统接线如图 7-25 所示，元件参数标于图中，发电机均装有自动电压调节器，当 f 点发生三相短路时，试计算：（1）次暂态电流初始有效值 I''；（2）冲击电流值 i_M。

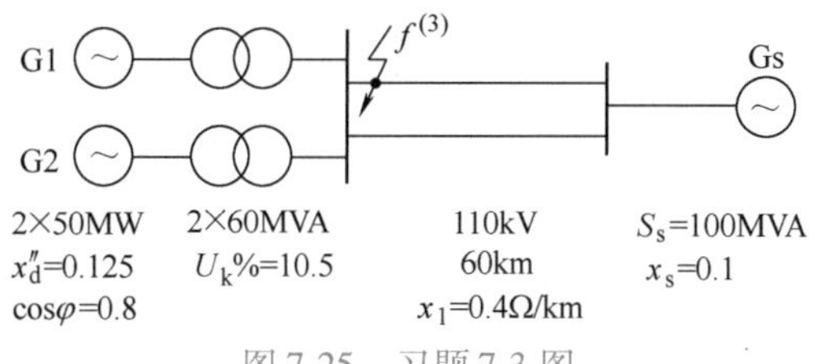

图 7-25　习题 7-3 图

7-4　电力系统接线如图 7-26 所示，A 系统的容量不详，只知断路装置 S 的切断容量为 3500MVA，B 系统的容量为 100MVA，电抗 $x_B=0.3$，试计算当 f 点发生三相短路时的起始次暂态电流 I''及冲击电流 i_M。

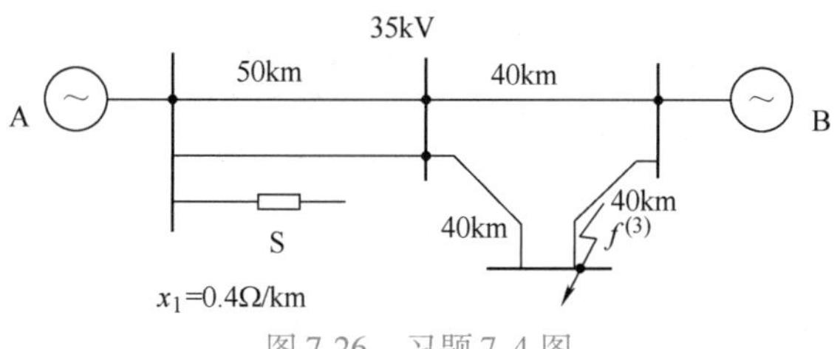

图 7-26　习题 7-4 图

7-5　计算图 7-27 所示系统在 f 点发生三相短路时短路点的总电流及各发电机支路的电流。（S_B = 100MVA）

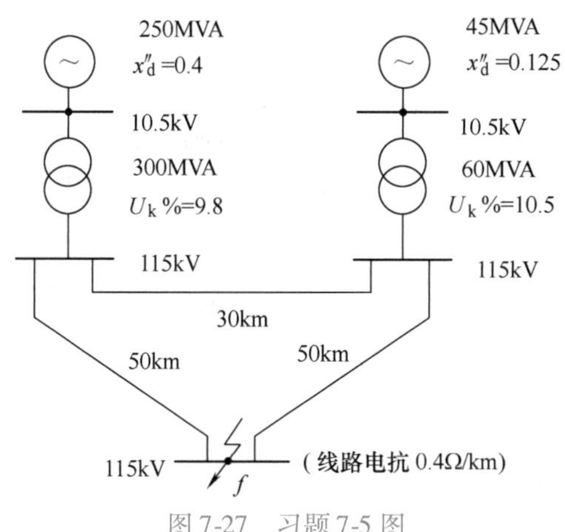

图 7-27　习题 7-5 图

7-6　在图 7-28 中的 f 点发生三相短路，若要使短路后 0.2s 时的功率 S_d 不大于 100MVA，试求电抗 X 的有名值。

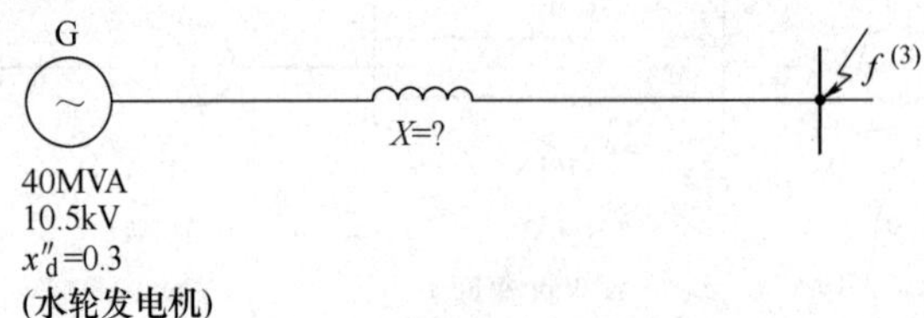

图 7-28　习题 7-6 图

7-7　系统接线如图 7-29 所示。当 f 点发生三相短路时，试计算：（1）次暂态电流初始有效值 I''；（2）0.2s 电流有效值 $I_{0.2}$；（3）短路电流稳态值 I_∞（注：求 I_∞ 可查有关运算曲线）。

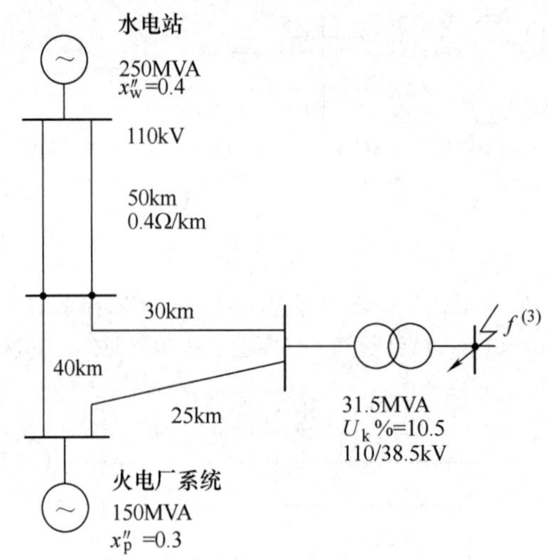

图 7-29　习题 7-7 图

7-8　如图 7-30 所示系统，在 f 点发生三相短路，试求：$t=0$s、$t=0.6$s 时的短路电流周期分量。

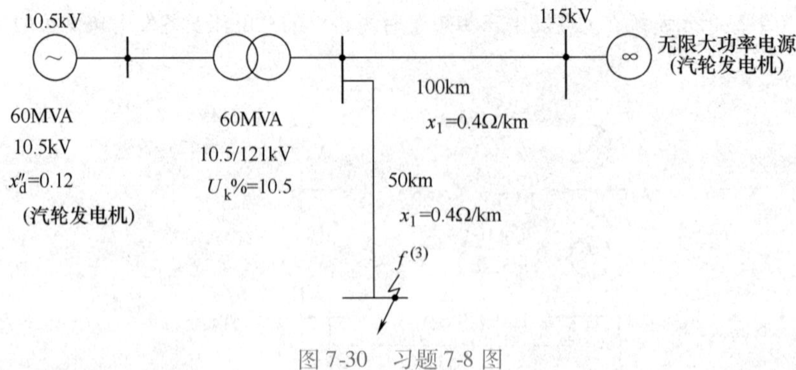

图 7-30　习题 7-8 图

第 8 章　电力系统不对称故障的分析与计算

8.1　对称分量法

本章将分析电力系统发生不对称故障（包括不对称短路和不对称断线）后电流和电压的变化情况。实际电力系统中的短路故障大多数是不对称的，为了保证电力系统和它的各种电气设备的安全运行，必须进行各种不对称故障的分析和计算。在电力系统中突然发生不对称短路时，必然会引起基频分量电流的变化，并产生直流的自由分量（电感电路的特点）。除此之外，不对称短路将会产生一系列的谐波。要准确地分析不对称短路的过程是相当复杂的，在本章中只介绍分析基频分量的方法。

8.1.1　对称分量法的计算

图 8-1a、b、c 所示为三组对称的三相相量。第 2 组 $\dot{F}_{a(1)}$、$\dot{F}_{b(1)}$、$\dot{F}_{c(1)}$ 幅值相等，相位为 a 超前 b120°，称为正序，且与电力系统在正常对称运行方式下的相序相同；第 3 组 $\dot{F}_{a(2)}$、$\dot{F}_{b(2)}$、$\dot{F}_{c(2)}$ 幅值相等，但相序与正序相反，称为负序；第 3 组 $\dot{F}_{a(0)}$、$\dot{F}_{b(0)}$、$\dot{F}_{c(0)}$ 幅值和相位均相同，称零序。在图 8-1d 中将每一组带下标 a 的三个相量合成 $\dot{F}_a$，带下标 b 的三个相量合成 $\dot{F}_b$，带下标 c 的三个相量合成 $\dot{F}_c$，显然 $\dot{F}_a$、$\dot{F}_b$、$\dot{F}_c$ 是三个不对称的相量，即三组对称的相量合成得三个不对称的相量。写成数学表达式为

$$\begin{cases}\dot{F}_a=\dot{F}_{a(1)}+\dot{F}_{a(2)}+\dot{F}_{a(0)}\\ \dot{F}_b=\dot{F}_{b(1)}+\dot{F}_{b(2)}+\dot{F}_{b(0)}\\ \dot{F}_c=\dot{F}_{c(1)}+\dot{F}_{c(2)}+\dot{F}_{c(0)}\end{cases}\tag{8-1}$$

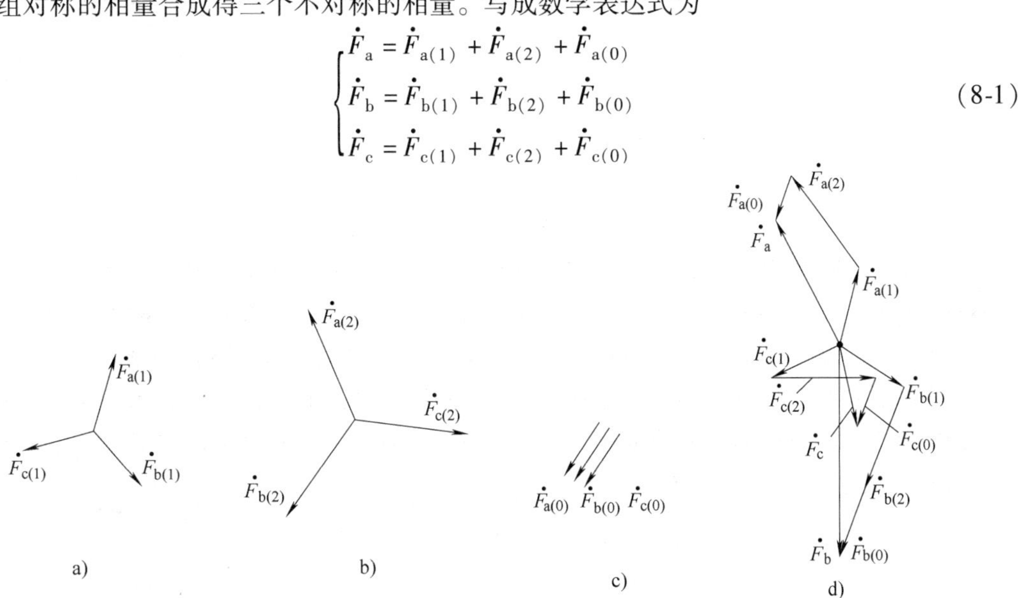

图 8-1　对称分量

a）正序分量　b）负序分量　c）零序分量　d）合成相量

假定以 a 相为参考相量，由于每一组是对称的，故有下列关系：

$$\begin{cases}\dot{F}_{b(1)}=e^{j240°}\dot{F}_{a(1)}=a^2\dot{F}_{a(1)}\\ \dot{F}_{c(1)}=e^{j120°}\dot{F}_{a(1)}=a\dot{F}_{a(1)}\\ \dot{F}_{b(2)}=e^{j120°}\dot{F}_{a(2)}=a\dot{F}_{a(2)}\\ \dot{F}_{c(2)}=e^{j240°}\dot{F}_{a(2)}=a^2\dot{F}_{a(2)}\\ \dot{F}_{b(0)}=\dot{F}_{c(0)}=\dot{F}_{a(0)}\end{cases} \tag{8-2}$$

式（8-2）中，算子 $a=e^{j120°}=-\frac{1}{2}+j\frac{\sqrt{3}}{2}$；$a^2=e^{j240°}=-\frac{1}{2}-j\frac{\sqrt{3}}{2}$，任何一个相量乘以算子 a 表示该相量逆时针旋转 120°。

将式（8-2）代入式（8-1）可得

$$\begin{cases}\dot{F}_{a}=\dot{F}_{a(1)}+\dot{F}_{a(2)}+\dot{F}_{a(0)}\\ \dot{F}_{b}=a^2\dot{F}_{a(1)}+a\dot{F}_{a(2)}+\dot{F}_{a(0)}\\ \dot{F}_{c}=a\dot{F}_{a(1)}+a^2\dot{F}_{a(2)}+\dot{F}_{a(0)}\end{cases} \tag{8-3}$$

此式表示上述三个不对称相量与三组对称的相量中 a 相相量的关系。其矩阵形式为

$$\begin{pmatrix}\dot{F}_a\\ \dot{F}_b\\ \dot{F}_c\end{pmatrix}=\begin{pmatrix}1&1&1\\ a^2&a&1\\ a&a^2&1\end{pmatrix}\begin{pmatrix}\dot{F}_{a(1)}\\ \dot{F}_{a(2)}\\ \dot{F}_{a(0)}\end{pmatrix} \tag{8-4}$$

或简写为

$$\boldsymbol{F}_P=\boldsymbol{T}^{-1}\boldsymbol{F}_S \tag{8-5}$$

式(8-4)和式（8-5）说明三组对称相量合成得三个不对称相量。其逆关系为

$$\begin{pmatrix}\dot{F}_{a(1)}\\ \dot{F}_{a(2)}\\ \dot{F}_{a(0)}\end{pmatrix}=\frac{1}{3}\begin{pmatrix}1&a&a^2\\ 1&a^2&a\\ a&1&1\end{pmatrix}\begin{pmatrix}\dot{F}_a\\ \dot{F}_b\\ \dot{F}_c\end{pmatrix} \tag{8-6}$$

或写为

$$\boldsymbol{F}_S=\boldsymbol{T}^{-1}\boldsymbol{F}_P \tag{8-7}$$

式（8-6）和式（8-7）说明三个不对称的相量可以唯一地分解成为三组对称的相量（即对称分量）：正序分量、负序分量和零序分量。实际上，式（8-4）和式（8-6）表示三个相量 $\dot{F}_a$、$\dot{F}_b$、$\dot{F}_c$ 和另外三个相量 $\dot{F}_{a(1)}$、$\dot{F}_{a(2)}$、$\dot{F}_{a(0)}$ 之间的线性变换关系。

如果电力系统某处发生不对称短路，尽管除短路点外三相系统的元件参数都是对称的，但三相电路电流和电压的基频分量都变成了不对称的相量。将式（8-6）的变换关系应用于基频电流（或电压），则有

$$\begin{pmatrix}\dot{I}_{a(1)}\\ \dot{I}_{a(2)}\\ \dot{I}_{a(0)}\end{pmatrix}=\frac{1}{3}\begin{pmatrix}1&a&a^2\\ 1&a^2&a\\ a&1&1\end{pmatrix}\begin{pmatrix}\dot{I}_a\\ \dot{I}_b\\ \dot{I}_c\end{pmatrix} \tag{8-8}$$

即将三相不对称电流（以后略去“基频”二字）$\dot{I}_a$、$\dot{I}_b$、$\dot{I}_c$ 经过线性变换后，可分解成三组

对称的电流。a 相电流分解成 $\dot{I}_{a(1)}$、$\dot{I}_{a(2)}$、$\dot{I}_{a(0)}$；b 相电流分解成 $\dot{I}_{b(1)}$、$\dot{I}_{b(2)}$、$\dot{I}_{b(0)}$；c 相电流分解成 $\dot{I}_{c(1)}$、$\dot{I}_{c(2)}$、$\dot{I}_{c(0)}$。而其中 $\dot{I}_{a(1)}$、$\dot{I}_{b(1)}$、$\dot{I}_{c(1)}$ 是一组对称的相量，称为正序分量电流；$\dot{I}_{a(2)}$、$\dot{I}_{b(2)}$、$\dot{I}_{c(2)}$ 也是一组对称的相量，但是与正序相反，称为负序分量电流；$\dot{I}_{a(0)}$、$\dot{I}_{b(0)}$、$\dot{I}_{c(0)}$ 也是一组对称的相量，三个相量完全相等，称为零序分量电流。

由式（8-8）知，只有当三相电流之和不等于零时才有零序分量。如果三相系统是三角形联结，或者没有中性线（包括以地代中线）的星形联结，三相线电流之和总为零，不可能有零序分量电流。只有在有中性线的星形联结中才有可能 $\dot{I}_a+\dot{I}_b+\dot{I}_c\neq 0$，则中性线中的电流 $\dot{I}_n=\dot{I}_a+\dot{I}_b+\dot{I}_c=3\dot{I}_{a(0)}$，即为三倍零序电流，如图 8-2 所示。可见，零序电流必须以中性线为通路。

三相系统的电压之和总为零，因此，三个线电压分解成对称分量时，其中总不会有零序分量。

【例 8-1】 图 8-3 所示的简单电路中，c 相断开，流过 a、b 两相的电流均为 10A。试以 a 相电流为参考相量，计算线电流的对称分量。

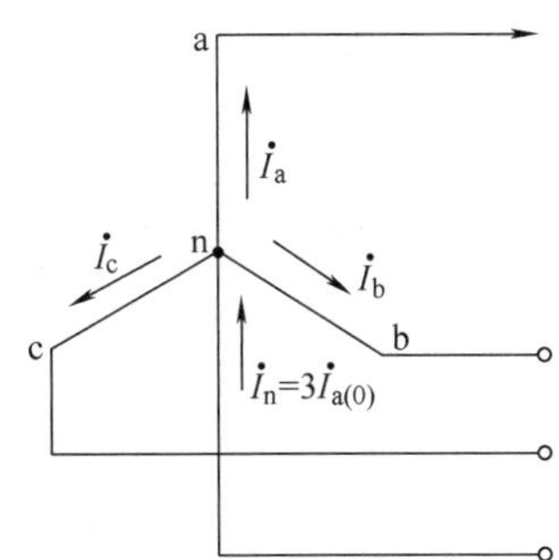

图 8-2 零序电流以中性线作通路

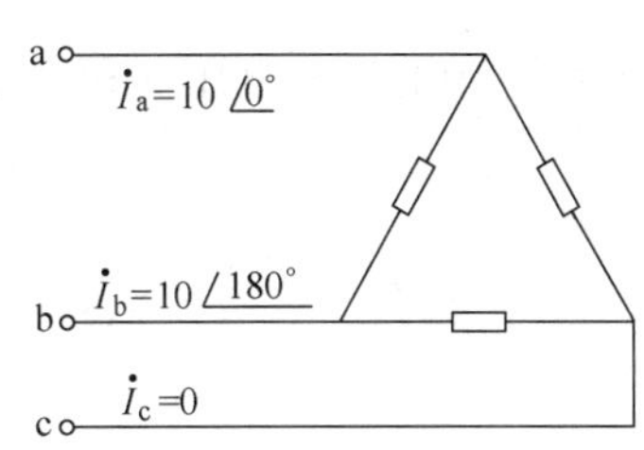

图 8-3 例 8-1 的电路

解 线电流为

$$\dot{I}_a=10\angle 0°\ \text{A},\ \dot{I}_b=10\angle 180°\ \text{A},\ \dot{I}_c=0$$

按式（8-8），a 相线电流的各序电流分量为

$$\dot{I}_{a(1)}=\frac{1}{3}(10\angle 0°+10\angle 180°+120°+0°)\ \text{A}=(5-\text{j}2.89)\ \text{A}=5.78\angle -30°\ \text{A}$$

$$\dot{I}_{a(1)}=\frac{1}{3}(10\angle 0°+10\angle 180°+240°+0°)\ \text{A}=(5+\text{j}2.89)\ \text{A}=5.78\angle 30°\ \text{A}$$

$$\dot{I}_{a(0)}=\frac{1}{3}(10\angle 0°+10\angle 180°+0°)\ \text{A}=0\text{A}$$

按式(8-2)，b、c 相线电流的各序电流分量为

$$\dot{I}_{b(1)}=5.78\angle -150°\ \text{A},\ \dot{I}_{c(1)}=5.78\angle 90°\ \text{A}$$

$$\dot{I}_{b(2)}=5.78\angle 150°\ \text{A},\ \dot{I}_{c(2)}=5.78\angle -90°\ \text{A}$$

$$\dot{I}_{b(0)}=0,\ \dot{I}_{c(0)}=0$$

三个线电流中没有零序分量电流。另外，虽然 c 相电流为零，但分解后的对称分量却不为零，它的对称分量之和仍为零。其他两相的对称分量之和也仍为它们原来的值。

对称分量法实质上是一种线性叠加的方法，所以只有在线性系统时才能应用。

8.1.2 对称分量法在不对称故障分析中的应用

首先要说明，在一个三相对称的元器件中（例如线路、变压器和发电机），如果流过三相正序电流，则在元器件上的三相电压降也是正序的，这一点从物理意义上很容易理解。同样的，如果流过负序或零序电流，则元器件上的三相电压降也是负序的或零序的。这就是说，对于三相对称的元器件，各序分量是独立的，即正序电压只与正序电流有关，负序、零序也是如此。下面以一回三相对称的线路为例说明这个问题。

设该线路每相的自感阻抗为 z_s，相间的互感阻抗为 z_m，如果在线路上流过三相不对称的电流（由于其他地方发生不对称故障），则虽然三相阻抗是对称的，但三相电压降并不是对称的。三相电压降与三相电流有如下关系：

$$\begin{pmatrix}\Delta\dot{U}_{\mathrm{a}}\\ \Delta\dot{U}_{\mathrm{b}}\\ \Delta\dot{U}_{\mathrm{c}}\end{pmatrix}=\begin{pmatrix}z_s & z_m & z_m\\ z_m & z_s & z_m\\ z_m & z_m & z_s\end{pmatrix}\begin{pmatrix}\dot{I}_{\mathrm{a}}\\ \dot{I}_{\mathrm{b}}\\ \dot{I}_{\mathrm{c}}\end{pmatrix} \tag{8-9}$$

可简写为

$$\Delta \boldsymbol{U}_P=\boldsymbol{Z}_P\boldsymbol{I}_P \tag{8-10}$$

将式（8-10）中的三相电压降和三相电流用（8-5）变换为对称分量，则

$$\boldsymbol{T}\Delta\boldsymbol{U}_S=\boldsymbol{Z}_P\boldsymbol{T}\boldsymbol{I}_S$$

即

$$\Delta\boldsymbol{U}_S=\boldsymbol{T}^{-1}\boldsymbol{Z}_P\boldsymbol{T}\boldsymbol{I}_S=\boldsymbol{Z}_S\boldsymbol{I}_S \tag{8-11}$$

式中

$$\boldsymbol{Z}_S=\boldsymbol{T}^{-1}\boldsymbol{Z}_P\boldsymbol{T}=\begin{pmatrix}z_s-z_m & 0 & 0\\ 0 & z_s-z_m & 0\\ 0 & 0 & z_s+2z_m\end{pmatrix} \tag{8-12}$$

$\boldsymbol{Z}_S$ 即为电压降的对称分量和电流的对称分量之间的阻抗矩阵。式（8-12）说明各序分量是独立的，即

$$\begin{cases}\Delta\dot{U}_{\mathrm{a}(1)}=(z_s-z_m)\dot{I}_{\mathrm{a}(1)}=z_{(1)}\dot{I}_{\mathrm{a}(1)}\\ \Delta\dot{U}_{\mathrm{a}(2)}=(z_s-z_m)\dot{I}_{\mathrm{a}(2)}=z_{(2)}\dot{I}_{\mathrm{a}(2)}\\ \Delta\dot{U}_{\mathrm{a}(0)}=(z_s+2z_m)\dot{I}_{\mathrm{a}(0)}=z_{(0)}\dot{I}_{\mathrm{a}(0)}\end{cases} \tag{8-13}$$

式（8-13）中，$z_{(1)}$、$z_{(2)}$、$z_{(0)}$ 分别称为此线路的正序、负序、零序阻抗。对于静止的元件，如线路、变压器等，正序和负序阻抗是相等的。对于旋转电机，正序和负序阻抗是不相等的，后面还将分别进行讨论。

由于存在式(8-2)的关系，式（8-13）可扩充为

$$\begin{cases}\Delta\dot{U}_{\mathrm{a}(1)}=z_{(1)}\dot{I}_{\mathrm{a}(1)};\Delta\dot{U}_{\mathrm{b}(1)}=z_{(1)}\dot{I}_{\mathrm{b}(1)};\Delta\dot{U}_{\mathrm{c}(1)}=z_{(1)}\dot{I}_{\mathrm{c}(1)}\\ \Delta\dot{U}_{\mathrm{a}(2)}=z_{(2)}\dot{I}_{\mathrm{a}(2)};\Delta\dot{U}_{\mathrm{b}(2)}=z_{(2)}\dot{I}_{\mathrm{b}(2)};\Delta\dot{U}_{\mathrm{c}(2)}=z_{(2)}\dot{I}_{\mathrm{c}(2)}\\ \Delta\dot{U}_{\mathrm{a}(0)}=z_{(0)}\dot{I}_{\mathrm{a}(0)};\Delta\dot{U}_{\mathrm{b}(0)}=z_{(0)}\dot{I}_{\mathrm{b}(0)};\Delta\dot{U}_{\mathrm{c}(0)}=z_{(0)}\dot{I}_{\mathrm{c}(0)}\end{cases} \tag{8-14}$$

式（8-14）进一步说明了，对于三相对称的元件中的不对称电流、电压问题的计算，可

以分解成三组对称的分量，分别进行计算。由于每组分量的三相是对称的，只需分析一相，如 a 相即可。

下面结合图 8-4 所示的简单系统中发生 a 相接地短路的情况，介绍用对称分量法分析其短路电流及短路故障点电压（均是指基频分量，以后不再说明）的方法。

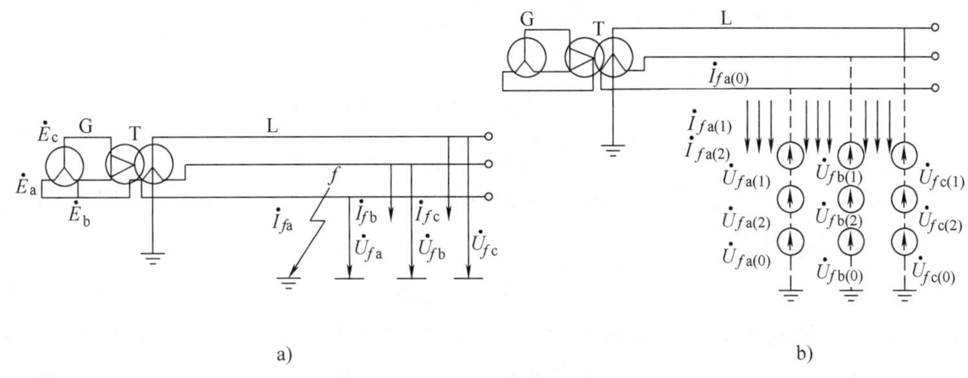

图 8-4　简单系统不对称短路分析

a）系统图　b）故障点电压、电流的各序分量

图 8-4a 中，短路点 f 发生的不对称短路，使 f 点的三相对地电压 $\dot{U}_{fa}$、$\dot{U}_{fb}$、$\dot{U}_{fc}$ 和由 f 点流出的三相电流（即短路电流）$\dot{I}_{fa}$、$\dot{I}_{fb}$、$\dot{I}_{fc}$ 均为三相不对称，而这时发电机的电动势仍为三相对称的正序电动势，各元件的三相参数也对称。如果将故障处电压和短路电流分解成三组对称分量，如图 8-4b 所示，则根据前面的分析，发电机、变压器和线路上各序电压只与各序电流有关。由于各序本身对称，只需写出 a 相的电压平衡关系

$$\begin{cases} \dot{E}_{a} - \dot{U}_{fa(1)} = \dot{I}_{fa(1)} z_{\Sigma(1)} \\ -\dot{U}_{fa(2)} = \dot{I}_{fa(2)} z_{\Sigma(2)} \\ -\dot{U}_{fa(0)} = \dot{I}_{fa(0)} z_{\Sigma(0)} \end{cases} \tag{8-15}$$

式（8-15）中，$z_{\Sigma(1)}$、$z_{\Sigma(2)}$、$z_{\Sigma(0)}$ 为从短路点看进去的等效阻抗，$\dot{E}_{a}$ 为等效电源电动势。

图 8-5 所示为 a 相各序的等效电路，或称为三序序网图，图中 f 为故障点，n 为各序的零电位点。三序网中的电压平衡关系显然就是式（8-15）。图中 $z_{\Sigma(1)} = z_{G(1)} + z_{T(1)} + z_{L(1)}$；$z_{\Sigma(2)} = z_{G(2)} + z_{T(2)} + z_{L(2)}$；$z_{\Sigma(0)} = z_{T(0)} + z_{L(0)}$ 为各序对于短路点 f 的等效阻抗。

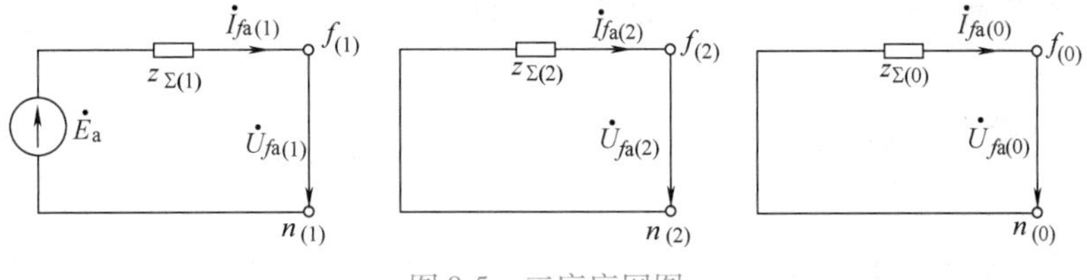

图 8-5　三序序网图

在式（8-15）中有 6 个未知数（故障点的三序电压和三序电流），但方程只有三个，故还不能求解故障处的各序电压和电流。这是很明显的，因为式（8-15）没有反映短路点的不对称性质，而只是一般地列出了各序分量的电压平衡关系。现在分析图 8-4 中短路点的不对

称性质，短路点是 a 相接地，故有如下关系：

$$\dot{U}_{fa}=0;\dot{I}_{fb}=\dot{I}_{fc}=0 \tag{8-16}$$

将这些关系转换为用 a 相对称分量表示，则

$$\dot{U}_{fa(1)}+\dot{U}_{fa(2)}+\dot{U}_{fa(0)}=0$$

$$a^2\dot{I}_{fa(1)}+a\dot{I}_{fa(2)}+\dot{I}_{fa(0)}=a\dot{I}_{fa(1)}+a^2\dot{I}_{fa(2)}+\dot{I}_{fa(0)}=0$$

不难算得

$$\begin{cases}\dot{U}_{fa(1)}+\dot{U}_{fa(2)}+\dot{U}_{fa(0)}=0\\ \dot{I}_{fa(1)}=\dot{I}_{fa(2)}=\dot{I}_{fa(0)}\end{cases} \tag{8-17}$$

式（8-17）的三个关系式又称为边界条件。利用式（8-15）和式（8-17）即可求得 $\dot{U}_{fa(1)}$、$\dot{U}_{fa(2)}$、$\dot{U}_{fa(0)}$ 和 $\dot{I}_{fa(1)}$、$\dot{I}_{fa(2)}$、$\dot{I}_{fa(0)}$，再利用变换关系式(8-4)即可计算得短路点的三相电压和短路电流（其中 $\dot{U}_{fa}=0$；$\dot{I}_{fb}=\dot{I}_{fc}=0$ 是已知的）。

由上述可见，用对称分量法分析电力系统的不对称问题，首先要列出各序的电压平衡方程，然后结合短路点的边界条件，即可算得短路点 a 相的各序分量，最后求得各相的量。

实际上，联立求解式（8-15）和式（8-17）的这个计算步骤，可用图 8-6 所示的等效电路来模拟。这个等效电路又称复合序网，它是将满足式（8-15）的三个序网图，在短路点按式（8-17）的边界条件连接起来的。式（8-17）的边界条件显然要求三个序网在短路点串联。复合序网中的电动势和阻抗已知，即可求得短路点各序电压和电流，其结果当然与联立求解式（8-15）和式（8-17）是一样的。

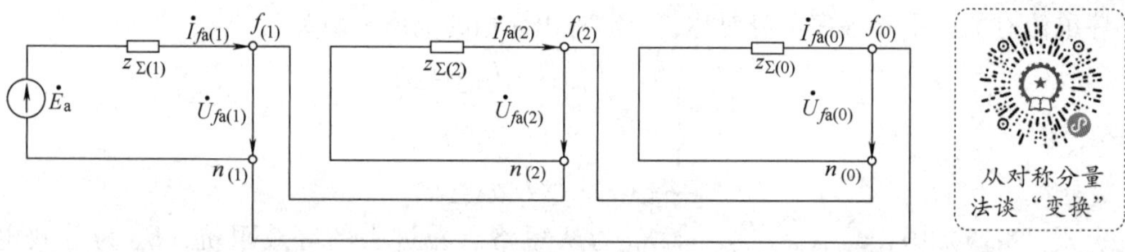

图 8-6　a 相接地的复合序网等效电路

以下将进一步讨论系统中各元件的各序阻抗。由式（8-13）知，所谓元件的序阻抗，即为该元件中流过某序电流时，其产生的相应序电压与电流之比值。对于静止元件，正序阻抗和负序阻抗总是相等的，因为改变相序并不改变相间的互感。而对于旋转电机，各序电流通过时引起不同的电磁过程，三序阻抗总是不相等的。

8.2　电力系统元件的序参数和等效电路

8.2.1　同步发电机的各序参数

1. 同步发电机的正序电抗

同步发电机对称运行时，只有正序电流存在，相应的电机参数就是正序参数。稳态时的同步 x_d、x_q，暂态过程中的 x'_d、x''_d 和 x''_q，都属于正序电抗。

2. 同步发电机的负序电抗

为分析同步发电机的负序和零序电抗，需要先了解不对称短路时同步发电机内部的电磁关系。

不对称短路时，定子电流也包含基频交流分量和直流分量。与三相短路不同，基频交流分量三相不对称，可以分解为正、负零序分量。其正序分量和三相短路时的基频交流分量一样，在气隙中产生以同步转速顺转子旋转方向旋转的磁场，它给发电机带来的影响与三相短路时相同。基频零序分量在三相绕组中产生大小相等、相位相同的脉动磁场。但定子三绕组在空间对称，零序磁场不可能在转子空间形成合成磁场，而只是形成各相绕组的漏磁场，从而对转子绕组没有任何影响。这个结论适用于任何频率的定子电流零序分量。

定子电流中负序分量在气隙中产生以同步转速与转子旋转方向相反的旋转磁场，它与转子的相对转速为两倍同步转速，并在转子绕组中感生 2 倍基频的交流电流，进而产生 2 倍基频脉动磁场，如图 8-7 所示。与转子旋转方向相反而以 2 倍同步转速旋转的磁场与定子电流基频负序分量产生的旋转磁场相对静止；顺转子旋转方向以 2 倍同步转速旋转的磁场，将在定子绕组中感应出 3 倍基频的正序电动势。但由于定子电路处于不对称状态，这组电动势将在定子电路中产生 3 倍基频的三相不对称电流。而这组电流又可以分解为 3 倍基频的正、负、零序分量。其中，正序电流产生的磁场与顺转子方向以 2 倍同步转速旋转的转子磁场相对静止；零序电流产生的磁场却要在定子和转子绕组中形成新的电流分量。

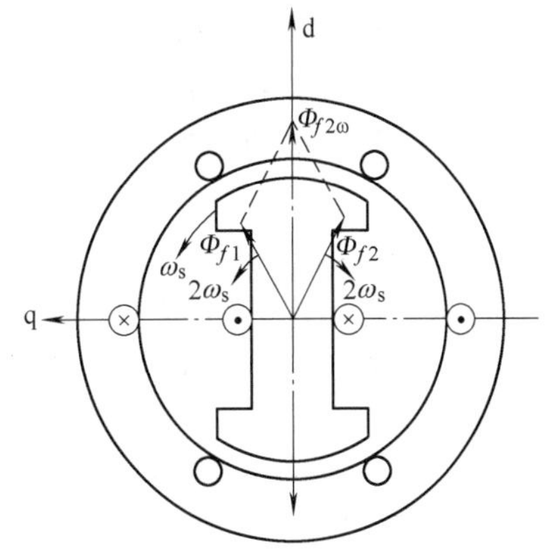

图 8-7　转子脉动磁场的分解

定子电流中 3 倍基频负序分量产生的磁场，以 3 倍同步转速与转子旋转方向相反旋转，它在转子绕组中感应出 4 倍基频的交流电流。这个 4 倍基频交流电流在转子中产生 4 倍基频的脉动磁场，又可分解为两个旋转磁场：反转子旋转方向以 4 倍同步速度旋转的磁场与定子电流 3 倍基频负序分量产生的旋转磁场相对静止；顺转子旋转方向以 4 倍同步转速旋转的磁场，又将在定子绕组中感应 5 倍基频的正序电动势。这种不断相互作用的结果是，定子电流将含有无限多的奇次谐波分量，而转子电流则含有无限多的偶次谐波分量。这些高次谐波均由定子电流基频分量所派生，而后者又与基频正序分量密切相关。所以，在暂态过程中，这些高次谐波分量和基频正序分量一样衰减，至稳态时仍存在。

定子电流直流分量产生在空间静止不动的磁场，过去已讨论过，它在转子绕组中将引起基频脉动磁场。这一脉动磁场可分解为两个旋转磁场：反转子方向以同步转速旋转的磁场与定子中直流电流的磁场相对静止；顺转子方向旋转的则在定子绕组中感应 2 倍基频的正序电动势。由于定子电路处于不对称状态，这组正序电动势将在定子中产生 2 倍基频的正、负、零序电流。同样的，正序电流的磁场与顺转子旋转方向以同步转速旋转的转子磁场相对静止；零序电流的磁场对转子绕组没有影响；而负序电流的磁场将在转子绕组中感应 3 倍基频的交流电流，这个电流的脉动磁场又可以分解成两个旋转磁场，其中顺转子旋转方向旋转的磁场又将在定子绕组中感应 4 倍基频的正序电动势。如此等等，结果是定子电流中含有无限多的偶次谐波分量，而转子电流中含有无限多的奇次谐波分量。这些高次谐波分量与定子电流直流分量一样衰减，最后衰减为零。

上述高次谐波的大小是随着谐波次数的增大而减小的。另外，如果发电机转子交轴方向具有与直轴方向完全相同的绕组，则定子电流中基频负序分量和直流分量的磁场将在转子直轴和交轴绕组中感应同样频率的交流电流，它们将在各自的绕组中产生脉动磁场。这两个磁场在时间和空间的相位都相差90°，因而将合成一个旋转磁场，其旋转方向和旋转速度则分别与定子电流基频负序分量和直流分量产生的磁场相同，因而两两相对静止。这样，即使定子电路处于不对称状态，在定子和转子电流中也不会出现高次谐波分量。隐极式发电机和凸极式有阻尼绕组发电机转子直轴和交轴方向在电磁方面较对称，电流的谐波分量较小，可以略去不计。

由上述结果可见，伴随着同步发电机定子的负序基频分量，定子绕组中包含有许多高频分量。为了避免混淆，通常将同步发电机负序电抗定义为：发电机端点的负序电压基频分量和注入绕组的负序基频电流分量的比值。按这样的定义，在不同的不对称情况下，同步发电机的负序电抗有不同的值，见表8-1（两相短路接地时的负序电抗的表示式较繁复，未列出）。

表8-1中，$x_{(0)}$为即将介绍的同步发电机零序电抗。在需要计及外电路电抗x时，表中所有的x''_d、x''_q、$x_{(0)}$都相应以（x''_d+x）、（x''_q+x）、（$x_{(0)}+x$）替代。在求得包含外电路电抗的负序电抗后，从中减去x即得这种情况下发电机的负序电抗。

表8-1　同步发电机的负序电抗

不对称状态	负序电抗	不对称状态	负序电抗
绕组中流过基频负序正弦电流	$\frac{x''_d+x''_q}{2}$	两相短路	$\sqrt{x''_d x''_q}$
端点施加基频负序正弦电压	$\frac{2x''_d x''_q}{x''_d+x''_q}$	单相接地短路	$\sqrt{\left(x''_d+\frac{x_{(0)}}{2}\right)\left(x''_q+\frac{x_{(0)}}{2}\right)}$

实际上，表8-1中4种不同形式的负序电抗相差并不大。而且，这种差别随外电抗的增加而减小，并最后都渐近于（$x''_d+x''_q$）/2。因此，实用计算中，通常就取$x_{(2)}=\frac{x''_d+x''_q}{2}$。

3. 同步发电机的零序电抗

同步发电机的零序电抗定义为：施加在发电机端点的零序电压基频分量与流入定子绕组的零序电流基频分量的比值。如前所述，定子绕组的零序电流只产生定子绕组漏磁通，与此漏磁通相对应的电抗就是零序电抗。这些漏磁通与正序电流产生的漏磁通不同，因为漏磁通与相邻中的电流有关。实际上，零序电流产生的漏磁通比正序的要小些，其减小程度与绕组形式有关。零序电抗的变化范围为

$$x_{(0)}=(0.15\sim0.6)x''_d$$

表8-2列出了不同类型同步发电机$x_{(2)}$和$x_{(0)}$的大致范围（标幺值）。

表 8-2　同步发电机的电抗 $x_{(2)}$、$x_{(0)}$ 的大致范围（标幺值）

电抗＼类型	水轮电动机		汽轮发电机	补偿器
	有阻尼绕组	无阻尼绕组		
$x_{(2)}$	0. 15 ~ 0. 35	0. 32 ~ 0. 55	0. 134 ~ 0. 18	0. 24
$x_{(0)}$	0. 04 ~ 0. 125	0. 04 ~ 0. 125	0. 036 ~ 0. 08	0. 08

必须指出，发电机中性点通常是不接地的，即零序电流不能通过发电机，这时发电机的等效零序电抗为无限大。

8. 2. 2　异步电动机的各序电抗

异步电动机在扰动瞬时正序电抗为 x''。现在分析其负序电抗。假设异步电动机在正常情况下转差率为 s，则转子对负序磁通的转差率应该是 $2-s$。因此，异步电动机的负序参数可以按转差率 $2-s$ 来确定。图 8-8 所示为异步电动机的等效电路和电抗、电阻与转差率的关系曲线。图中，$x_{m}s$、$r_{m}s$ 是电动机转差率为 s 时的电抗和电阻。从图中可以看出，在转差率小的部分，曲线变化很陡，而当转差率增加到一定值后，曲线变化缓慢，特别在转差率为 1 ~ 2 之间变化不大。因此，异步电动机的负序参数可以用 $s=1$，即转子制动情况下的参数代替，故

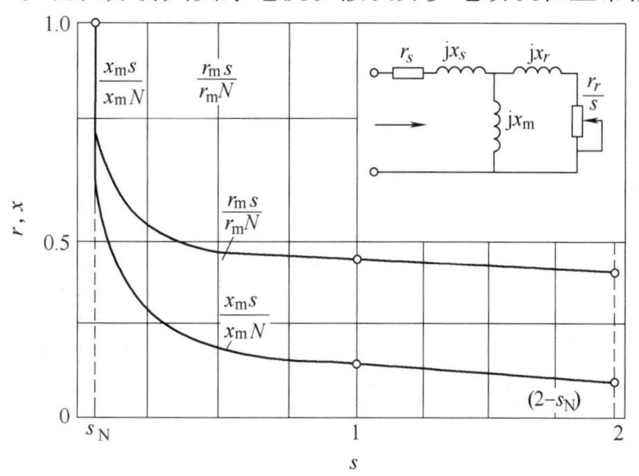

图 8-8　异步电动机等效电路和电抗、电阻与转差率关系曲线

$$x_{(2)} \approx x'' \tag{8-18}$$

实际上，当系统中发生不对称故障时，异步电动机端点的正序电压低于正常值，使电动机的驱动转矩相应减小。另一方面，端点的负序电压产生制动转矩$\left(\text{转矩正比于}\frac{r_r}{2-s}-r_r=\frac{1-s}{2-s}r_r\text{，即为负值}\right)$，这就使电动机的转速迅速下降，转差率 s 增大，即转子相对于负序的转差率 $2-s$ 接近于 1，与上面的分析也是一致的。

异步电动机三绕组通常接成三角形或不接地星形，因而即使在其端点施加零序电压，定子绕组中也没有零序电流流过，即异步电动机的零序电抗 $x_{(0)}=\infty$。

8. 2. 3　变压器的各序电抗和等效电路

稳态运行时变压器的等效电抗（双绕组变压器即为两个绕组漏抗之和）就是它的正序或负序电抗。变压器的零序电抗和正序、负序电抗是很不相同的。当在变压器端点施加零序电压时，其绕组中有无零序电流以及零序电流的大小与变压器三绕组的接线方式和变压器的结构密切相关。现就各类变压器分别讨论如下。

1. 双绕组变压器

零序电压施加在变压器绕组的三角形侧或不接地星形侧时，无论另一侧绕组的接线方式如何，变压器中都没有零序电流流通。这种情况下，变压器的零序电抗 $x_{(0)}=\infty$。

零序电压施加在绕组连接成接地星形一侧时,大小相等、相位相同的零序电流将通过三相绕组经中性点流入大地,构成回路。但在另一侧,零序电流流通的情况则随该侧的接线方式而异。

(1) YNd（$Y_0/\triangle$）联结变压器

变压器星形侧流过零序电流时，在三角形侧各绕组中将感应零序电动势，接成三角形的三相绕组为零序电流提供通路。但因零序电流三相大小相等、相位相同，它只在三角形绕组中形成环流，而流不到绕组以外的线路上去，如图 8-9a 所示。

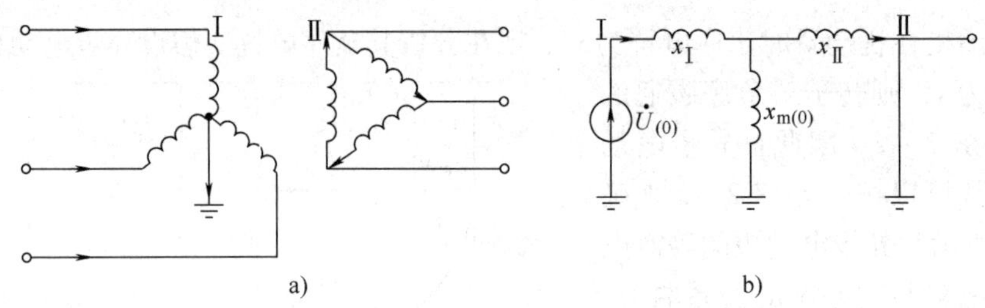

图 8-9　YNd 联结变压器的零序等效电路

a）零序电流的流通　b）零序等效电路

零序系统是对称三相系统，其等效电路也可以用一相表示。就一相而言，三角形侧感应的电动势以电压降的形式完全降落于该侧的漏电抗中，相当于该侧绕组短接。故变压器的零序等效电路如图 8-9b 所示。其零序电抗则为

$$x_{(0)}=x_{Ⅰ}+\frac{x_{Ⅱ}x_{m(0)}}{x_{Ⅱ}+x_{m(0)}} \tag{8-19}$$

式中　$x_{Ⅰ}$、$x_{Ⅱ}$——分别为两侧绕组的漏抗；

$x_{m(0)}$——零序励磁电抗。

(2) YNy（Y_0/Y）联结变压器

变压器星形侧流过零序电流，星形侧各相绕组中将感应零序电动势。但星形侧中性点不接地，零序电流没有通路，星形侧没有零序电流，如图 8-10a 所示。这种情况下变压器相当于空载，零序等效电路如图 8-10b 所示，其零序电抗为

$$x_{(0)}=x_{Ⅰ}+x_{m(0)} \tag{8-20}$$

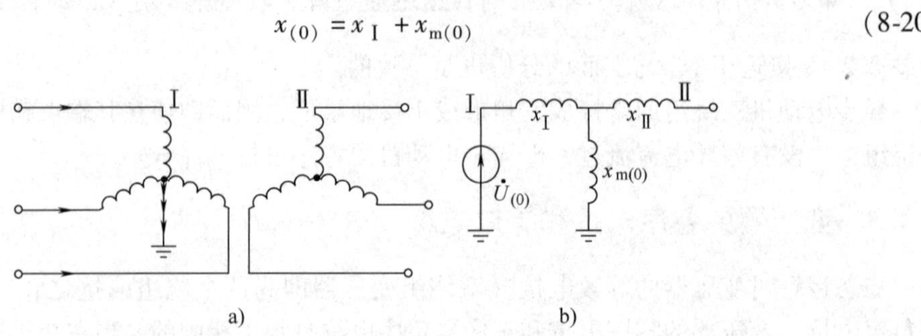

图 8-10　YNy 联结变压器的零序等效电路

a）零序电流的流通　b）零序等效电路

（3）YNyn（Y_0/Y_0）联结变压器

变压器一次星形侧流过零序电流，二次星形侧各绕组中将感应零序电动势。若与二次星形侧相连的电路中还有另一个接地中性点，则二次绕组中将有零序电流流通，如图 8-11b 所示，图中还包含了外电路电抗。如果二次绕组回路中没有其他接地中性点，则二次绕组中没有零序电流流通，变压器的零序电抗与 YNy 联结变压器的相同。

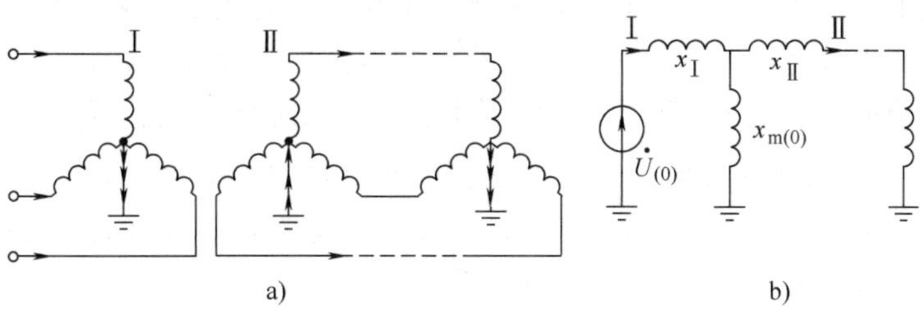

图 8-11　YNyn 联结变压器的零序等效电路

a）零序电流的流通　b）零序等效电路

在前面讨论的几种变压器的零序等效电路中，特别是星形联结的变压器，零序励磁电抗对等效零序电抗影响很大。正序的励磁电抗都是很大的，这是由于正序励磁磁通均在铁心内部，磁阻较小。零序的励磁电抗和正序的不一样，它与变压器的结构有很大关系。

由三个单相变压器组成的三相变压器，各相磁路独立，正序和零序磁通都按相在本身的铁心中形成回路，因而各序励磁电抗相等，而且数值很大，以致可以近似认为励磁电抗为无限大。对于三相五柱式和壳式变压器，零序磁通可以通过没有绕组的铁心部分形成回路，零序励磁电抗也相当大，也可近似认为 $x_{m(0)}=\infty$。

三相三柱式变压器的零序励磁电抗将大不相同，这种变压器的铁心如图 8-12a 所示（每相只画出了一个绕组）。在三绕组上施加零序电压后，三相磁通同相位，磁通只能由油箱壁返回。同时由于磁通经油箱壁返回，在箱壁中将感应电流，如图 8-12b 所示，这样，油箱壁类似一个具有一定阻抗的短路绕组。因此，这种变压器的零序励磁电抗较小，其值可用试验方法求得，它的标幺值一般很少超过 1.0。

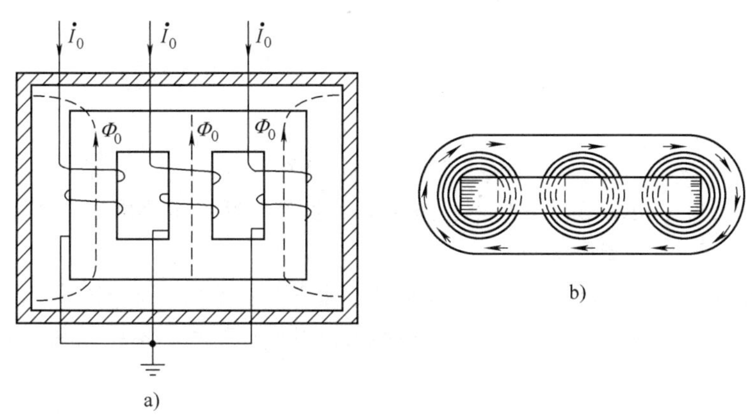

图 8-12　三相三柱式变压器

a）铁心和零序磁通路径　b）油箱壁中感应电流

综上所述，三个单相变压器组成的变压器组或其他非三相三柱式变压器，由于 $x_{m(0)}=\infty$，当为 YNd 和 YNyn 联结时，$x_{(0)}=x_{\mathrm{I}}+x_{\mathrm{II}}=x_{(1)}$；当为 YNy 联结时，$x_{(0)}=\infty$。对于三相三柱式变压器，由于 $x_{m(0)}\neq\infty$，需计入 $x_{m(0)}$ 的具体数值。在 YNd 联结变压器的零序等效电路中，励磁电抗 $x_{m(0)}$ 与二次绕组漏抗 x_{II} 并联，$x_{m(0)}$ 比起 x_{II} 大得较多，在实用计算中可以近似取 $x_{(0)}\approx x_{\mathrm{I}}+x_{\mathrm{II}}=x_{(1)}$。

如果变压器的星形侧中性点经过阻抗接地，在变压器流过正序或负序电流时，三相电流之和为零，中性线上没有电流通过，当然中性点的阻抗不需要反映在正、负序等效电路中。当三相为零序电流时，在图 8-13a 所示的情况下，中性点阻抗上流过 $3\dot{I}_{(0)}$ 电流，变压器中性点电位为 $3\dot{I}_{(0)}Z_{n}$，因此中性点阻抗必须反映在等效电路中。由于等效电路是单相的，其中流过电流为 $\dot{I}_{(0)}$，所以在等效电路中应以 $3Z_{n}$ 反映中性点阻抗。图 8-13b 所示为 YNd 联结变压器星形侧中性点经阻抗 Z_{n} 接地时的等效电路。

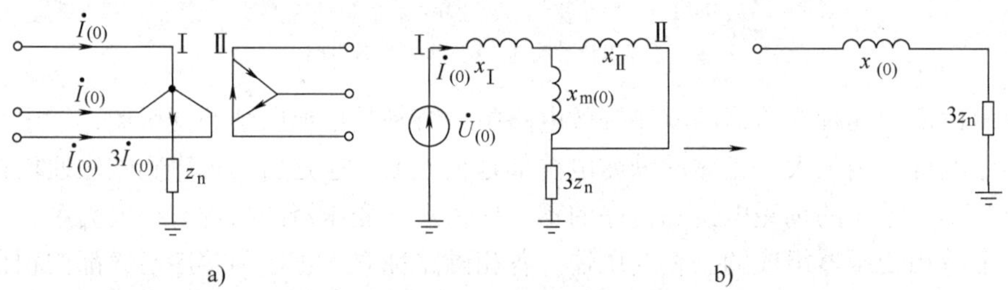

图 8-13　中性点经阻抗接地的 YNd 联结变压器及其等效电路

a）中性点经阻抗接地的 YNd 联结变压器　b）等效电路

在分析具有中性点接地阻抗的其他类型变压器的零序等效电路时，同样要注意中性点阻抗实际流过的电流，以便将中性点阻抗正确地反映在等效电路中。

2. 三绕组变压器

在三绕组变压器中，为了消除 3 次谐波磁通的影响，使变压器的电动势接近正弦波，一般总有一个绕组是连接成三角形的，以提供 3 次谐波电流的通路。通常的联结形式为 YNdy（Y_0/△/Y）、YNdyn（Y_0/△/Y_0）和 YNdd（Y_0/△/△）等。三绕组变压器有一个绕组是三角形联结，可以不计入 $x_{m(0)}$。

图 8-14a 所示为 YNdy 联结变压器，绕组Ⅲ中没有零序电流通过，因此变压器的零序电抗为

$$x_{(0)}=x_{\mathrm{I}}+x_{\mathrm{II}}=x_{\mathrm{I-II}} \tag{8-21}$$

图 8-14b 所示为 YNdyn 联结变压器，绕组Ⅱ、Ⅲ都可通过零序电流，Ⅲ绕组中能否有零序电流取决于外电路中有无接地点。

图 8-14c 所示为 YNdd 联结变压器，绕组Ⅱ、Ⅲ各自成为零序电流的闭合回路。绕组Ⅱ、Ⅲ中的电压降相等，并等于变压器的感应电动势，因而在等效电路中 x_{II} 和 x_{III} 并联。此时变压器的零序电抗等于

$$x_{(0)}=x_{\mathrm{I}}+\frac{x_{\mathrm{II}}x_{\mathrm{III}}}{x_{\mathrm{II}}+x_{\mathrm{III}}} \tag{8-22}$$

应当注意的是，在三绕组变压器零序等效电路中的电抗 x_{I}、x_{II} 和 x_{III} 和正序的情况一

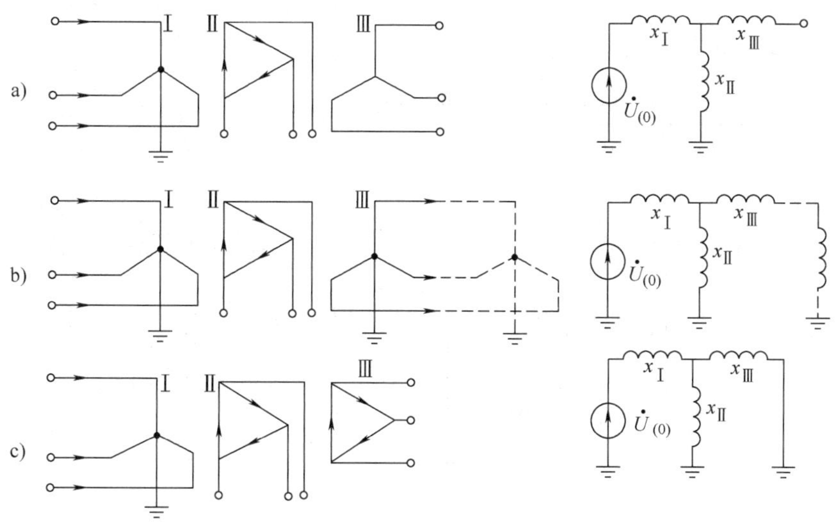

图 8-14　三绕组变压器零序等效电路

a）YNdy 联结　b）YNdyn 联结　c）YNdd 联结

样，它们不是各绕组的漏电抗，而是等效的电抗。

3. 自耦变压器

自耦变压器一般用以联系两个中性点接地系统，它本身的中性点一般也是接地的。因此，自耦变压器一、二次绕组都是 YN 联结。如果有第三绕组，一般是三角形联结。

（1）中性点直接接地的 YNa（Y_0/Y_0）和 YNad（$Y_0/Y_0/\triangle$）联结自耦变压器

图 8-15 所示为这两种变压器零序电流流通情况和零序等效电路。图中，设 $x_{m(0)}=\infty$。它们的等效电路和普通的双绕组、三绕组变压器完全相同。需注意的是，由于自耦变压器绕组间有直接电的联系，从等效电路中不能直接求取中性点的入地电流，而必须算出一、二侧的电流有名值 $\dot{I}_{(0)Ⅰ}$、$\dot{I}_{(0)Ⅱ}$，则中性点的电流为 3（$\dot{I}_{(0)Ⅰ}-\dot{I}_{(0)Ⅱ}$）。

（2）中性点经电抗接地的 YNa 和 YNad 联结自耦变压器

这种情形如图 8-16 所示。对于 YNa 联结变压器，设一、二次侧端点与中性点之间的电位差的有名值分别为 $U_{Ⅰn}$、$U_{Ⅱn}$，中性点电位为 U_n，则中性点直接接地时 $U_n=0$，归算到一次侧的一、二次绕组端点间的电位差为 $U_{Ⅰn}-U_{Ⅱn}\dfrac{U_{ⅠN}}{U_{ⅡN}}$（$U_{ⅠN}$和 $U_{ⅡN}$是一、二次额定电压）。因此，归算到一次侧的等效零序电抗（即为Ⅰ-Ⅱ间漏电抗）为

$$x_{Ⅰ-Ⅱ}=\left(U_{Ⅰn}-U_{Ⅱn}\frac{U_{ⅠN}}{U_{ⅡN}}\right)\bigg/ I_{(0)Ⅰ}$$

当中性点经电抗接地时，则归算到一次侧的等效零序电抗为

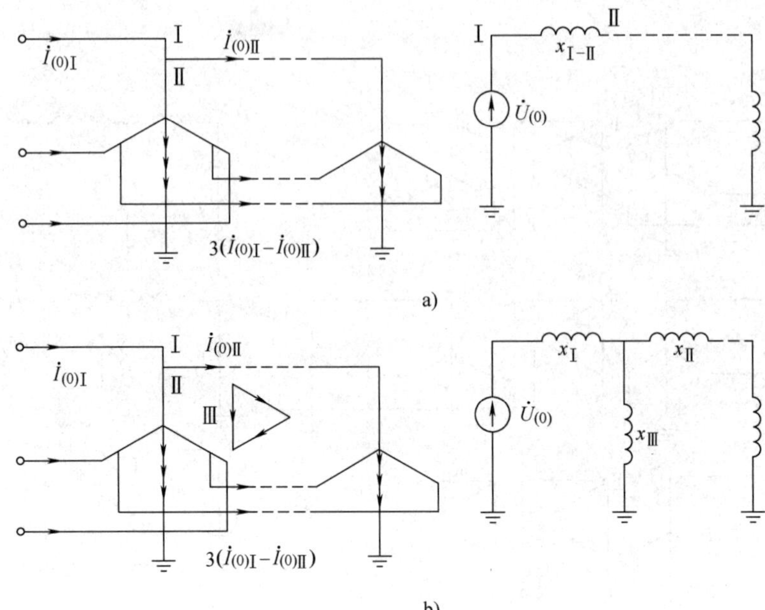

图 8-15 中性点直接接地的自耦变压器的零序等效电路

a）YNa 联结 b）YNad 联结

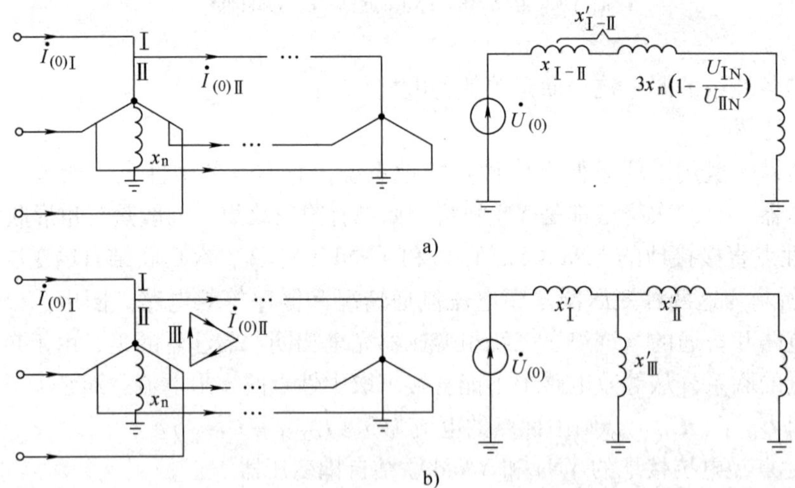

图 8-16 中性点经电抗接地的自耦变压器零序等效电路

a）YNa 联结 b）YNad 联结

$$x'_{\mathrm{I-II}}=\frac{(U_{\mathrm{In}}+U_{\mathrm{n}})-(U_{\mathrm{IIn}}+U_{\mathrm{n}})\dfrac{U_{\mathrm{IN}}}{U_{\mathrm{IIN}}}}{I_{(0)\mathrm{I}}}=\frac{U_{\mathrm{In}}-U_{\mathrm{IIn}}U_{\mathrm{IN}}/U_{\mathrm{IIN}}}{I_{(0)\mathrm{I}}}+\frac{U_{\mathrm{n}}}{I_{(0)\mathrm{I}}}\left(1-\frac{U_{\mathrm{IN}}}{U_{\mathrm{IIN}}}\right)$$

$$=x_{\mathrm{I-II}}+\frac{3x_{\mathrm{n}}(I_{(0)\mathrm{I}}-I_{(0)\mathrm{II}})}{I_{(0)\mathrm{I}}}\left(1-\frac{U_{\mathrm{IN}}}{U_{\mathrm{IIN}}}\right)=x_{\mathrm{I-II}}+3x_{\mathrm{n}}\left(1-\frac{I_{(0)\mathrm{II}}}{I_{(0)\mathrm{I}}}\right)\left(1-\frac{U_{\mathrm{IN}}}{U_{\mathrm{IIN}}}\right)$$

$$= x_{\mathrm{I-II}} + 3x_n \left(1 - \frac{U_{\mathrm{IN}}}{U_{\mathrm{IIN}}}\right)^2 \tag{8-23}$$

其等效电路如图 8-16a 所示。

对于 YNad 联结变压器，除了上述的Ⅲ绕组断开时的 $x'_{\mathrm{I-II}}$，还可以列出将Ⅱ回路开路，归算到Ⅰ侧的Ⅰ、Ⅲ侧之间的零序电抗为

$$x'_{\mathrm{II-III}} = x_{\mathrm{I-III}} + 3x_n \tag{8-24a}$$

Ⅰ侧绕组断开，归算到Ⅰ侧的Ⅱ、Ⅲ侧之间的零序电抗为

$$x'_{\mathrm{II-III}} = x_{\mathrm{II-III}} + 3x_n \left(\frac{U_{\mathrm{IN}}}{U_{\mathrm{IIN}}}\right)^2 \tag{8-24b}$$

按照求三绕组变压器各绕组等效电抗的计算公式，可求得星形零序等效电路中归算到一次侧的各电抗为

$$\begin{cases} x'_{\mathrm{I}} = \dfrac{1}{2}(x'_{\mathrm{I-II}} + x'_{\mathrm{I-III}} - x'_{\mathrm{II-III}}) = x_{\mathrm{I}} + 3x_{\mathrm{N}}\left(1 - \dfrac{U_{\mathrm{IN}}}{U_{\mathrm{IIN}}}\right) \\ x'_{\mathrm{II}} = \dfrac{1}{2}(x'_{\mathrm{I-II}} + x'_{\mathrm{II-III}} - x'_{\mathrm{I-III}}) = x_{\mathrm{II}} - 3x_{\mathrm{N}}\left(1 - \dfrac{U_{\mathrm{IN}}}{U_{\mathrm{IIN}}}\right)\dfrac{U_{\mathrm{IN}}}{U_{\mathrm{IIN}}} \\ x'_{\mathrm{III}} = \dfrac{1}{2}(x'_{\mathrm{I-III}} + x'_{\mathrm{II-III}} - x'_{\mathrm{I-II}}) = x_{\mathrm{III}} + 3x_{\mathrm{N}}\dfrac{U_{\mathrm{IN}}}{U_{\mathrm{IIN}}} \end{cases} \tag{8-25}$$

以上是按有名值讨论的。如果用标幺值表示，只需将以上所得各电抗除以相应于一次侧的电抗基准值即可。

8.2.4　输电线路的序阻抗和等效电路

三相输电线的正序阻抗就是稳态运行时的输电线的阻抗。因输电线是静止元件，改变相序并不改变相间的互感，故负序阻抗与正序阻抗相等。

零序阻抗是当三相线路流过零序电流——完全相同的三相交流电流时每相的等效阻抗。这时三相电流之和不为零，不能像三相流过正、负序电流那样，三相线路互为回路，三相零序电流必须另有回路。图 8-17 示出了三相架空地线零序电流以大地和架空地线（接地避雷线）作回路的情形。

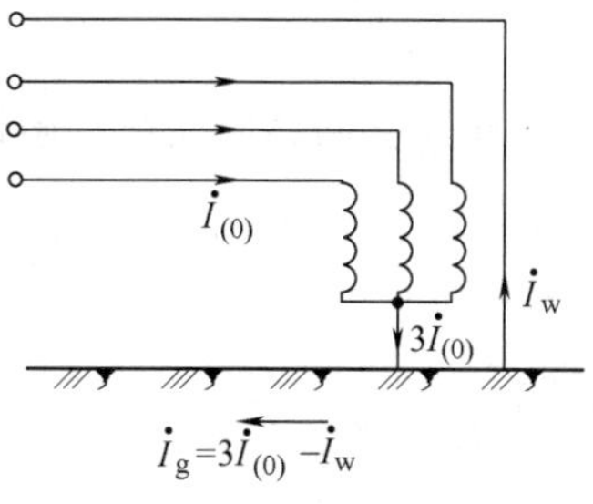

图 8-17　零序电流流通

以下将主要讨论架空输电线的零序阻抗。为便于进行讨论，先介绍单根导线以地为回路时的阻抗，然后，讨论单回路和双回路架空输电线的零序阻抗。

1. 单根导线以地为回路时的阻抗

1）单根导线——大地回路的自阻抗。图 8-18a 所示的一根导线 aa′，其中流过电流 $\dot{I}_a$，经大地流回。电流在大地中要流经相当大的范围，分析表明，在导线垂直下方大地表面的电流密度较大，愈往大地纵深电流密度愈小，而且，这种倾向随电流频率和土壤电导率的增大而愈显著。这种回路的阻抗参数的分析计算是比较复杂的，20 世纪 20 年代，卡尔逊（J. R. Carson）曾经比较精确地分析了这种“导线——大地”回路的阻抗。分析结果表明，这种回路中的大地可以用一根虚设的导线 gg′来代替，如图 8-18b 所示。其中 D_{ag} 为实际导线与虚构导线之间的距离。

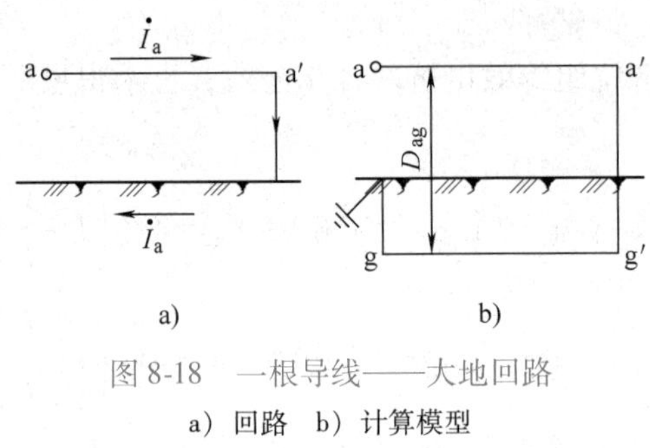

图 8-18　一根导线——大地回路

a）回路　b）计算模型

在此回路中，导线 aa′的电阻 R_a（Ω/km）一般是已知的。大地电阻 R_g（Ω/km），根据卡尔逊的推导为

$$R_g = \pi^2 \times 10^{-4} \times f$$

在 $f = 50\text{Hz}$ 时，$R_g = 0.05\Omega/\text{km}$。

下面分析回路的电抗。当在一根导线（严格说应为无限长导线）中通以电流 I 时，沿导线单位长度，从导线中心线到距离为 D 处，交链导线的磁链 Ψ（Wb/m）（包括导线内部的磁链）的公式为

$$\Psi = I \times 2 \times 10^{-7} \times \ln \frac{D}{r'} \tag{8-26}$$

式中　r'——导线的等效半径。

若 r 为单根导线的实际半径，则对非铁磁材料的圆形实心线，$r' = 0.779r$；对铜或铝的绞线股数有关，一般 $r' = (0.724 \sim 0.771)r$；钢芯铝线取 $r' = 0.95r$；若为分裂导线，r'应为导线相应等效半径。

应用式（8-26）可得图 8-19b 中 aa′g′g 回路所交链的磁链 Ψ（Wb/m）为

$$\Psi = \left(I_a \times 2 \times 10^{-7} \times \ln \frac{D_{ag}}{r'} + I_a \times 2 \times 10^{-7} \times \ln \frac{D_{ag}}{r_g} \right) \tag{8-27}$$

式中　r_g——虚构导线的等效半径。

回路的单位长度电抗 x（Ω/m）为

$$x = \frac{W\Psi}{I_a} = 2\pi f \times 2 \times 10^{-7} \times \ln \frac{D_{ag}^2}{r' r_g} = 0.1445\lg \frac{D_{ag}^2}{r' r_g} = 0.1445\lg \frac{D_g}{r'} \tag{8-28}$$

式中　D_g——等效深度。

根据卡尔逊的推导，等效深度 D_g（m）为：

$$D_g = D_{ag}^2/r_g = \frac{660}{\sqrt{f/\rho}} = \frac{660}{\sqrt{f\nu}} \tag{8-29}$$

式中　ρ——土壤电阻率（Ωm）；

ν——土壤电导率（S/m）。

当土壤电导率不确定时，在一般计算中可取 $D_g = 1000\text{m}$。

综上所述，单根导线——大地回路单位长度的自阻抗 z_s（Ω/m）为

$$z_s = \left(R_a + 0.05 + \text{j}0.1445\lg\frac{D_g}{r'}\right) \tag{8-30}$$

2）两个“导线——大地”回路的互阻抗。图 8-19a 示出了两根导线均以大地作回路的情况，图 8-19b 为其等效导线模型，其中两根地线回路是重合的。

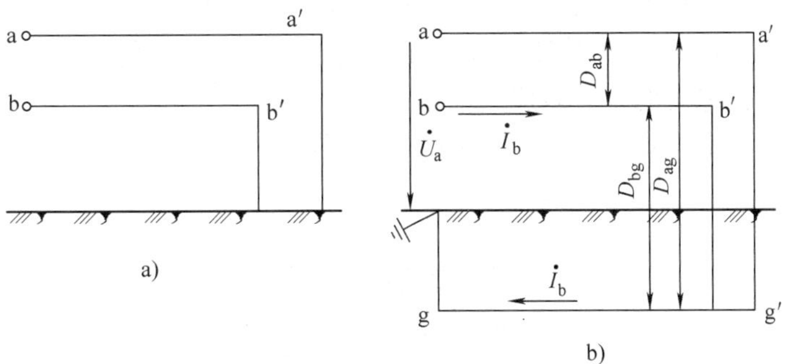

图 8-19　两根导线—大地回路

a）回路　b）等效导线模型

当在图 8-19 中的 bg 回路通过电流 $\dot{I}_b$ 时，则会在 ag 回路产生电压 $\dot{U}_a$（V/km），于是两个回路之间的互阻抗 z_{ab}（Ω/km）为

$$z_{ab} = \dot{U}_a/\dot{I}_b = R_g + \text{j}x_{ab}$$

为了确定互感抗 x_{ab}，先分析两个回路磁链的交链情况。当在 bg 回路中流过电流 $\dot{I}_b$ 时，在 ag 回路所产生的磁链由两部分组成，一部分是由 bb′中 $\dot{I}_b$ 产生，另一部分由 gg′中的 $\dot{I}_b$ 产生。已知在一根导线中流过电流 I 时，沿导线单位长度，在距离导线中心为 D_1 和 D_2 之间的磁链 Ψ（Wb/m）为

$$\Psi = I\times 2\times 10^{-7}\times\ln\frac{D_2}{D_1} \tag{8-31}$$

应用式（8-31）可求得图 8-20b 中 a、b 两回路的互磁链 Ψ（Wb//m）为

$$\Psi_{ab} = 2\times 10^{-7}\times\left[I_b\ln\frac{D_{bg}}{D_{ab}} + I_b\ln\frac{D_{ag}}{r_g}\right] = 2\times 10^{-7}\times I_b\ln\frac{D_{bg}D_{ag}}{D_{ab}r_g}$$

因为 $D_{bg}\approx D_{ag}$，所以 $D_{bg}D_{ag}/r_g\approx D_g$，代入上式后，得两回路之间的互感抗 x_{ab}（Ω/m）为

$$x_{ab} = W\frac{\Psi_{ab}}{I_b} = 2\times 10^{-7}\times 2\pi f\ln\frac{D_g}{D_{ab}}$$

所以，两回路间单位长度的互阻抗 z_m（Ω/m）为

$$z_m = R_g + \text{j}0.1445\lg\frac{D_g}{D_{ab}} \tag{8-32}$$

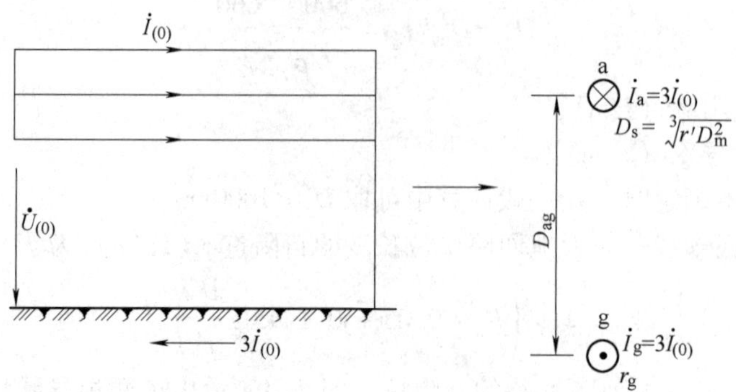

图 8-20　三相零序回路及其等效电路

三相架空输电线可看作由三个“导线——大地”回路所组成，下面就以导线——大地回路的自阻抗 z_s 和互阻抗 z_m 为基础分析各类架空输电线的零序阻抗。

2. 单回路架空输电线的零序阻抗

如果三相导线不是对称排列，则每两个“导线——大地”回路间的互电抗是不相等的，即

$$x_{ab}=0.1445\lg\frac{D_g}{D_{ab}}$$

$$x_{ac}=0.1445\lg\frac{D_g}{D_{ac}}$$

$$x_{bc}=0.1445\lg\frac{D_g}{D_{bc}}$$

但若经过完全换位，则电抗 x_m（Ω/m）就可能接近相等，即

$$x_m=\frac{1}{3}(x_{ab}+x_{ac}+x_{bc})=0.1445\lg\frac{D_g}{D_m} \tag{8-33}$$

式中　D_m——D_m 几何均距，$D_m=\sqrt[3]{D_{ab}D_{ac}D_{bc}}$。

当三相零序电流 $\dot{I}_{(0)}$ 流过三相输电线，从大地流回时每一相的等效零序电抗为 $z_{(0)}$（Ω/m)，有如下关系：

$$\dot{I}_{(0)}z_{(0)}=\dot{I}_{(0)}z_s+\dot{I}_{(0)}z_m+\dot{I}_{(0)}z_m=\dot{I}_{(0)}(z_s+2z_m)$$

即

$$\begin{aligned}z_{(0)}&=z_s+2z_m=R_a+R_g+\mathrm{j}0.1445\lg\frac{D_g}{r'}+2R_g+\mathrm{j}2\times0.1445\lg\frac{D_g}{D_m}\\&=(R_a+3R_g)+\mathrm{j}0.4335\lg\frac{D_g}{\sqrt[3]{r'D_m^2}}\end{aligned} \tag{8-34}$$

这个零序阻抗也可以从图 8-20 的等效电路中推导。在图 8-20 中，将三根输电线看作为一根组合导线，其中流过 $3\dot{I}_{(0)}$ 电流，组合导线的等效半径为 $D_s=\sqrt[3]{r'D_m^2}$，或称为几何平均半

径。则组合导线的压降 $\dot{U}_{(0)}$（V/km）为

$$\dot{U}_{(0)}=3\dot{I}_{(0)}\left(\frac{R_a}{3}+R_g+\mathrm{j}0.1445\lg\frac{D_g}{D_s}\right)$$

每相的零序等效阻抗 $z_{(0)}$（Ω/km）为：

$$z_{(0)}=\frac{\dot{U}_{(0)}}{\dot{I}_{(0)}}=3\left(\frac{R_a}{3}+R_g+\mathrm{j}0.1445\lg\frac{D_g}{D_s}\right)=\left(R_a+3R_g+\mathrm{j}0.4335\lg\frac{D_g}{D_s}\right)$$

与式（8-34）是一致的。

由式（8-34）可见，零序电抗较之正序电抗几乎大 3 倍，这是由于零序电流三相有相同的相位，相间的互感使每相的等效电感增大的缘故。零序阻抗（包括以后讨论的各种情况）。与大地状况有关，一般需要实测才能得出较准确的数值。在近似估算时可以根据土壤情况选择合适的电导率用公式计算。

3. 双回路架空输电线的零序阻抗

平行架设的双回路三相架空输电线中通过方向相同的零序电流时，不仅第一回路的任意两相对第三相的互感产生助磁作用，反过来也一样。这就使这种线路的零序阻抗进一步增大。

下面先讨论两平行回路间的互阻抗。如果不进行完全换位，两回路间任意两相的互阻抗是不相等的。在某一段内，第二回路（a′、b′、c′）对第一回路中 a 相的互阻抗为

$$\begin{aligned}z_{\mathrm{I-II}(0)}&=\left(R_g+\mathrm{j}0.1445\lg\frac{D_g}{D_{aa'}}\right)+\left(R_g+\mathrm{j}0.1445\lg\frac{D_g}{D_{ab'}}\right)+\left(R_g+\mathrm{j}0.1445\lg\frac{D_g}{D_{ac'}}\right)\\&=3R_g+\mathrm{j}0.4335\lg\frac{D_g}{\sqrt[3]{D_{aa'}D_{ab'}D_{ac'}}}\end{aligned}$$

经过完全换位后，第二回路对第一回路 a 相（对其他两相也如此）的互阻抗 $z_{\mathrm{I-II}(0)}$（Ω/km）为

$$\begin{aligned}z_{\mathrm{I-II}(0)}&=\frac{1}{3}\left(3R_g+\mathrm{j}0.4335\lg\frac{D_g}{\sqrt[3]{D_{aa'}D_{ab'}D_{ac'}}}\right)+\\&\quad\frac{1}{3}\left(3R_g+\mathrm{j}0.4335\lg\frac{D_g}{\sqrt[3]{D_{ba'}D_{bb'}D_{bc'}}}\right)+\\&\quad\frac{1}{3}\left(3R_g+\mathrm{j}0.4335\lg\frac{D_g}{\sqrt[3]{D_{ca'}D_{cb'}D_{cc'}}}\right)\\&=3R_g+\mathrm{j}0.4335\lg\frac{D_g}{\sqrt[9]{D_{aa'}D_{ab'}D_{ac'}D_{ba'}D_{bb'}D_{bc'}D_{ca'}D_{cb'}D_{cc'}}}\\&=0.15+\mathrm{j}0.4335\lg\left(\frac{D_g}{D_{\mathrm{I-II}}}\right)\end{aligned}\tag{8-35}$$

式（8-35）中，$D_{\mathrm{I}-\mathrm{II}}$称为两个回路之间的几何均距，$D_{\mathrm{I}-\mathrm{II}}$愈大，则互感值愈小。

下面讨论图 8-21a 所示的双回路的零序阻抗。如果两个回路参数不同，零序自阻抗分别为$z_{\mathrm{I}(0)}$和$z_{\mathrm{II}(0)}$，由图 8-21a 可列出这种双回路的电压方程式为

$$\begin{cases}\Delta\dot{U}_{(0)}=z_{\mathrm{I}(0)}\dot{I}_{\mathrm{I}(0)}+z_{\mathrm{I}-\mathrm{II}(0)}\dot{I}_{\mathrm{II}(0)}\\ \Delta\dot{U}_{(0)}=z_{\mathrm{II}(0)}\dot{I}_{\mathrm{II}(0)}+z_{\mathrm{I}-\mathrm{II}(0)}\dot{I}_{\mathrm{I}(0)}\end{cases} \tag{8-36}$$

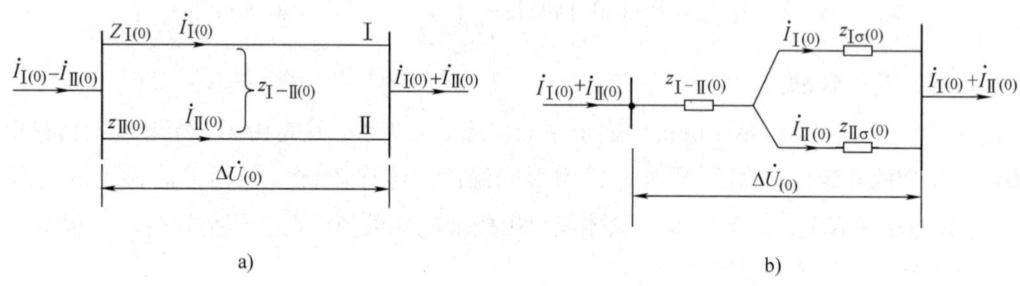

图 8-21　平行双回线路的零序等效电路

a）零序电流的流通　b）零序等效电路

将上式改写为

$$\begin{cases}\Delta U_{(0)}=[z_{\mathrm{I}(0)}-z_{\mathrm{I}-\mathrm{II}(0)}]\dot{I}_{\mathrm{I}(0)}+z_{\mathrm{I}-\mathrm{II}(0)}(\dot{I}_{\mathrm{I}(0)}+\dot{I}_{\mathrm{II}(0)})\\ \qquad\quad =z_{\mathrm{I}\sigma(0)}\dot{I}_{\mathrm{I}(0)}+z_{\mathrm{I}-\mathrm{II}(0)}(\dot{I}_{\mathrm{I}(0)}+\dot{I}_{\mathrm{II}(0)})\\ \Delta U_{(0)}=[z_{\mathrm{II}(0)}-z_{\mathrm{I}-\mathrm{II}(0)}]\dot{I}_{\mathrm{II}(0)}+z_{\mathrm{I}-\mathrm{II}(0)}(\dot{I}_{\mathrm{I}(0)}+\dot{I}_{\mathrm{II}(0)})\\ \qquad\quad =z_{\mathrm{II}\sigma(0)}\dot{I}_{\mathrm{II}(0)}+z_{\mathrm{I}-\mathrm{II}(0)}(\dot{I}_{\mathrm{I}(0)}+\dot{I}_{\mathrm{II}(0)})\end{cases} \tag{8-37}$$

式中

$$\begin{aligned}z_{\mathrm{I}\sigma(0)}&=r_{\mathrm{I}}+0.15+\mathrm{j}0.4335\lg\left(\frac{D_{\mathrm{g}}}{D_{\mathrm{sI}}}\right)-\left[0.15+\mathrm{j}0.4335\lg\left(\frac{D_{\mathrm{g}}}{D_{\mathrm{I}-\mathrm{II}}}\right)\right]\\&=r_{\mathrm{I}}+0.15+\mathrm{j}0.4335\lg\left(\frac{D_{\mathrm{I}-\mathrm{II}}}{D_{\mathrm{sI}}}\right)\end{aligned}$$

$$\begin{aligned}z_{\mathrm{II}\sigma(0)}&=r_{\mathrm{II}}+0.15+\mathrm{j}0.4335\lg\left(\frac{D_{\mathrm{g}}}{D_{\mathrm{sII}}}\right)-\left[0.15+\mathrm{j}0.4335\lg\left(\frac{D_{\mathrm{g}}}{D_{\mathrm{I}-\mathrm{II}}}\right)\right]\\&=r_{\mathrm{II}}+0.15+\mathrm{j}0.4335\lg\left(\frac{D_{\mathrm{I}-\mathrm{II}}}{D_{\mathrm{sI}}}\right)\end{aligned}$$

式（8-37）中的$z_{\mathrm{I}\sigma(0)}$和$z_{\mathrm{II}\sigma(0)}$的单位为（Ω/km）

按式（8-37）可绘制平行双回路的零序等效电路如图 8-21b 所示。如果两个回路完全相同，$z_{\mathrm{I}(0)}=z_{\mathrm{II}(0)}$，则每一回路的零序阻抗$z_{(0)}^{(2)}$（Ω/km）为

$$z_{(0)}^{(2)}=z_{(0)}+z_{\mathrm{I}-\mathrm{II}(0)} \tag{8-38}$$

如果零序电流并不如图 8-21a 所示从双回路端流入，而是从某回路当中流入，如图 8-22a 所示，即不对称故障发生在线路中间，则可对于故障点两侧应用等效电路，如图 8-22b 和图 8-23b 所示。

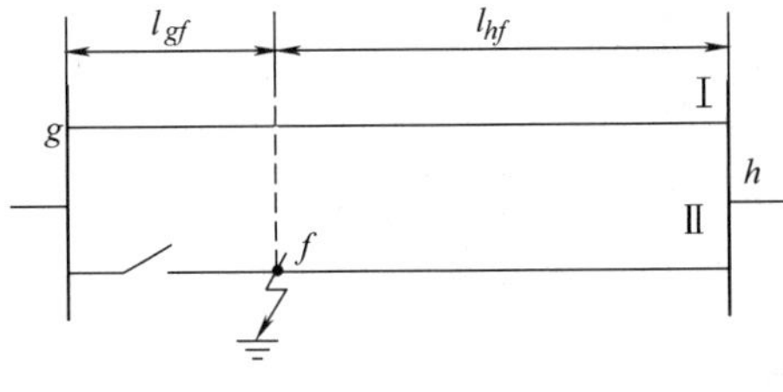

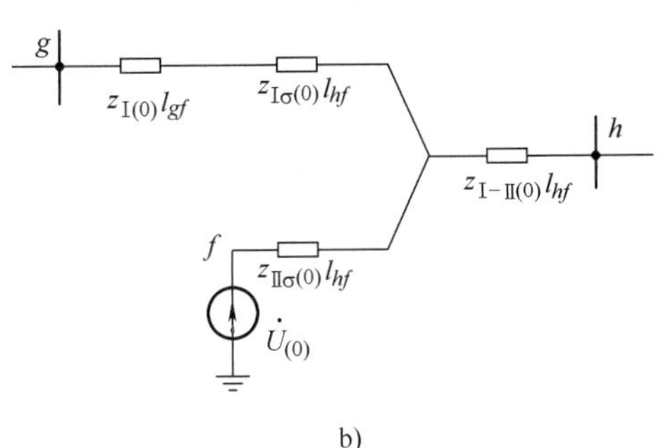

图 8-22 故障回路一端断开的零序等效电路

a）回路 b）等效电路

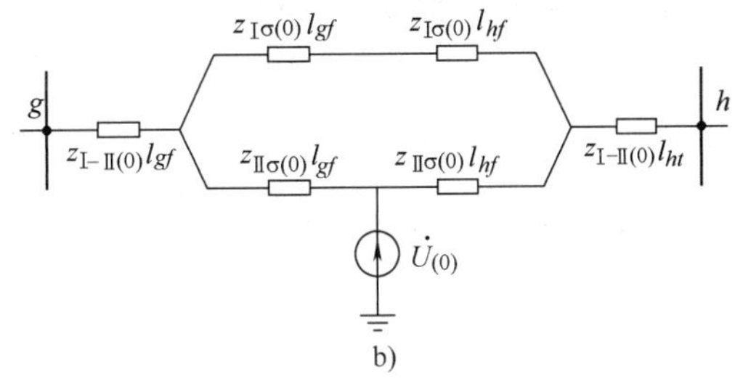

图 8-23 一回线路故障的零序等效电路

a）回路 b）等效电路

4. 有架空地线的单回路架空输电线的零序阻抗

对于具有架空地线的三相输电线，导线中零序电流以大地和架空地线为回路，如图 8-24a 所示。设流经大地和架空地线的电流分别为 $\dot{I}_{\mathrm{g}}$ 和 $\dot{I}_{\mathrm{w}}$，则有

$$\dot{I}_{\mathrm{g}}+\dot{I}_{\mathrm{w}}=3\dot{I}_{(0)}$$

相对于一相电流来讲，大地中和架空地线中的零序电流分别为

$$\dot{I}_{\mathrm{g}(0)}=\frac{1}{3}\dot{I}_{\mathrm{g}},\ \dot{I}_{\mathrm{w}(0)}=\frac{1}{3}\dot{I}_{\mathrm{w}}$$

架空地线也可以看作是一个“导线——大地”回路。它的自阻抗也可以用式（8-30）表示。由于 $\dot{I}_{\mathrm{w}(0)}=\frac{1}{3}\dot{I}_{\mathrm{w}}$，在以一相表示的等效电路中，它的阻抗应放大 3 倍，即架空地线的零序自阻抗 $z_{\mathrm{w}(0)}$（Ω/km）为

$$z_{\mathrm{w}(0)}=\left(3R_{\mathrm{w}}+0.15+\mathrm{j}0.4335\lg\frac{D_{\mathrm{g}}}{r'_{\mathrm{w}}}\right)\tag{8-39}$$

式中 r'_{w}——架空地线的几何平均半径。

与式（8-35）相似，三相导线和架空地线间的零序互阻抗 $z_{\mathrm{cw}(0)}$（Ω/km）为

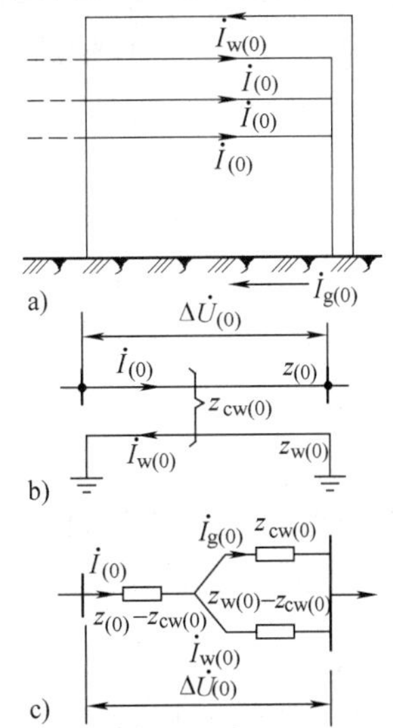

图 8-24 有架空地线的单回线路的零序等效电路

a）零序电流流通图 b）单相回路图 c）零序等效电路

$$z_{cw(0)}=\left(0.15+j0.4335\lg\frac{D_g}{D_{c\text{-}w}}\right) \tag{8-40}$$

式中　$D_{c\text{-}w}$——三相导线和架空地线间的几何平均距离，$D_{c\text{-}w}=\sqrt[3]{D_{aw}D_{bw}D_{cw}}$。

以一相表示的回路如图 8-24b 所示。由图可列出其电压方程式为

$$\begin{cases}\Delta\dot{U}_{(0)}=z_{(0)}\dot{I}_{(0)}+z_{cw(0)}\dot{I}_{w(0)}\\0=z_{w(0)}\dot{I}_{w(0)}+z_{cw(0)}\dot{I}_{(0)}\end{cases} \tag{8-41}$$

由式（8-41）的第二式可得

$$\dot{I}_{w(0)}=\frac{z_{cw(0)}}{z_{w(0)}}\dot{I}_{(0)}$$

代入式(8-41)的第一式后得

$$\Delta\dot{U}_{(0)}=\left(z_{(0)}-\frac{z^2_{cw(0)}}{z_{w(0)}}\right)\dot{I}_{(0)}$$

由此可得，有架空地线的单回路架空输电线的每相的零序阻抗 $z^{(w)}_{(0)}$（Ω/km）为

$$z^{(w)}_{(0)}=z_{(0)}-\frac{z^2_{cw(0)}}{z_{w(0)}}=z_{(0)}-z_{cw(0)}+\frac{z_{cw(0)}(z_{w(0)}-z_{cw(0)})}{z_{cw(0)}+(z_{w(0)}-z_{cw(0)})} \tag{8-42}$$

按此式绘制得零序等效电路如图 8-24c 所示。

由式（8-42）可见，由于架空地线的影响，线路的零序阻抗将减小。这是因为架空地线相当于导线旁边的一个短路线圈，它对导线起去磁作用。架空地线距导线愈近，$z_{cw(0)}$愈大，这种去磁作用也愈大。

如果架空地线由两根组成，如图 8-25 所示，线路的零序阻抗仍可用式（8-42）表示，只是其中 $z_{w(0)}$（Ω/km）为

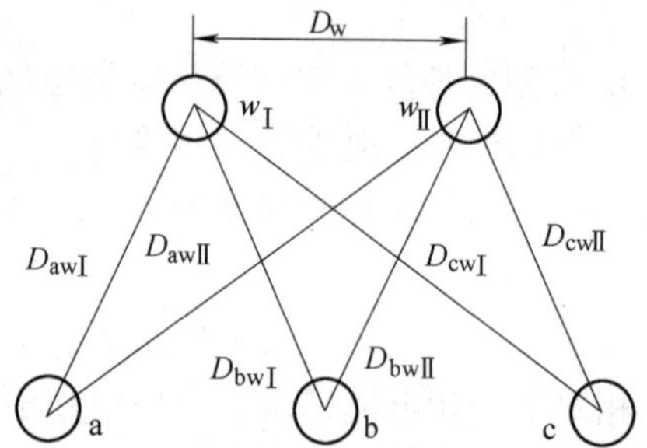

图 8-25　有两根架空地线的单回线路

$$z_{w(0)}=\left(3\times\frac{R_w}{2}+0.15+j0.4335\lg\frac{D_g}{D_{sw}}\right) \tag{8-43}$$

式中　D_{sw}——架空地线的等效几何平均半径，$D_{sw}=\sqrt{r'_w D_w}$

另外，$z_{cw(0)}$的表达式（8-40）中的 $D_{c\text{-}w}$应改为

$$D_{c\text{-}w}=\sqrt[6]{D_{awⅠ}D_{bwⅠ}D_{cwⅠ}D_{awⅡ}D_{bwⅡ}D_{cwⅡ}} \tag{8-44}$$

对于其他类型的架空输电线路的零序阻抗，均可用类似的方法进行分析，即列出各回路的电压平衡方程，然后消去架空地线方程，由此可得等效电路和阻抗。但必须注意，由于架空线路路径长，沿线路的情况复杂，包括土壤电导率、导线在杆塔上的布置、平行线路之间的距离等，变化不一，运用前述公式计算其零序阻抗相当困难，而且计算结果也未必准确。因此，对已建成的线路一般都通过实测确定其零序阻抗。当线路情况不明时，作为近似估算，可采用表 8-3 中所列数据。

表 8-3 不同类型架空线路的零序阻抗 ①

线路类型	$\frac{x_{(0)}}{x_{(1)}}$	线路类型	$\frac{x_{(0)}}{x_{(1)}}$
无架空地线单回路	3.5	有磁铁导体架空地线双回路	4.7
无架空地线双回路	5.5	有良好导体架空地线单回路	2.0
有磁铁导体架空地线单回路	3.0	有良好导体架空地线双回路	3.0

① $x_{(1)}\approx 0.4\Omega/\text{km}$。

关于架空输电线的零序电纳可参阅其他书籍，这里不再作介绍。

8.2.5 电缆线路的零序阻抗

电缆芯间距较小，其线路的正序（或负序）电抗比架空线路小得多。通常电缆的正序电阻和电抗的数值由制造厂商提供。

下面讨论电缆的零序阻抗。电缆的铅（铝）包护层在电缆的两端和中间一些点是接地的，因此，电缆线路的零序电流可以同时经大地和铅（铝）包护层返回，护层相当于架空地线。但返回的零序电流在大地和护层之间的分配则与护层本身的阻抗和它的接地阻抗有关，而后者又因电缆的敷设方式等因素而异。因此，准确计算电缆线路的零序阻抗比较困难，它可能介于以下两种情况之间：

1）铅（铝）包护层各处都有良好的接地，大地和护层中有零序电流流通。在这种情况下，地中电流达到最大值，而护层中电流达到最小值。这时护层中电流的去磁作用最小，零序电抗达到最大值。

2）铅（铝）包护层在各处都经相当大的阻抗接地，从而可以近似认为零序电流只通过护层返回，零序电抗达到最小值。

第一种情况类似于有架空地线的架空线路，其零序阻抗可用图 8-24c 所示的等效电路。所不同的是，护层将三相芯线完全包围，其中流过电流所产生的磁通全部与芯线匝链。因此护层的零序自电抗也就是它和芯线间的互电抗，也就是说，护层漏电抗为零。

对于上述第二种情况，地中电流 $\dot{I}_g=0$，只需断开图 8-24c 所示等效电路中流过 $\dot{I}_{g(0)}$ 的支路，即得相应的零序阻抗。

电缆埋在地下，地中电流的分布与架空线不大相同，但由于埋得不深，故在计算等效电路中的自阻抗、互阻抗时仍可近似应用前述公式。

电缆线路的零序阻抗一般也是通过实测确定。在近似估算中可取 $r_{(0)}=10r_{(1)}$，$x_{(0)}=(3.5\sim4.6)x_{(1)}$。

电力系统中的限流电抗器，相间互感很小，其零序电抗等于正序电抗。

8.2.6 电力系统的零序等效电路

电力系统的正序等效电路即稳态运行时的等效电路在第 3 章已有叙述。负序电流的通路与正序电流完全相同，其等效电路与正序等效电路类似，不同的地方是旋转元件的正序参数和负序参数不同，此外，负序网络为无源网络，故负序等效电路绘制可以模仿正序等效电路，在此不再详细讨论。

零序网络中不包含电源的电动势，只有在不对称故障点，根据不对称的边界条件，分解出零序电压，才可看做是零序分量的电源。零序电流如何流通，与网络的结构，特别是变压器的接线方式和中性点的接线方式有关。一般情况下，零序网络结构总是与正、负序网络不一样，而且元件参数也不一样。

图 8-26 所示为一个构成零序网络的例子。图 8-26a 所示为系统图；图 8-26b 所示为零序网络图，其绘制方法是将各元件的零序等效电路连起来（忽略电阻），其中忽略了 T3 的励磁电抗。由图 8-26b 可见，不对称短路在不同的地方零序电流流通情况是不同的。如果故障点 f 在 L1 上，零序电流流通情况如图 8-26c 所示，零序网络中不包括 x_1 和 x_9（x_5 应分成两部分）。如果故障点在 G1 的端点，则零序电流只能流过 G1，零序网络中只有 x_1。若故障点在 G2 的端点，则没有零序电流，即零序网络是断开的。因此，一般在计算中只按故障点来绘制零序网络，即在故障点加零序电压的情况下，以零序电流可能流通的回路作出零序网络图。

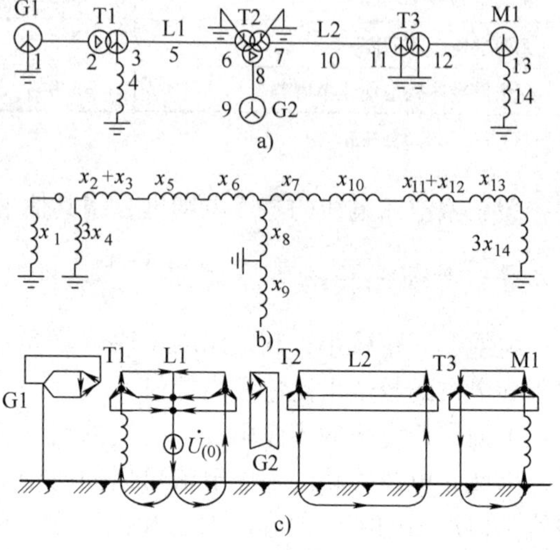

图 8-26　制定零序网络图例

a）系统图　b）零序网络图　c）某线路上故障时零序电流流通图

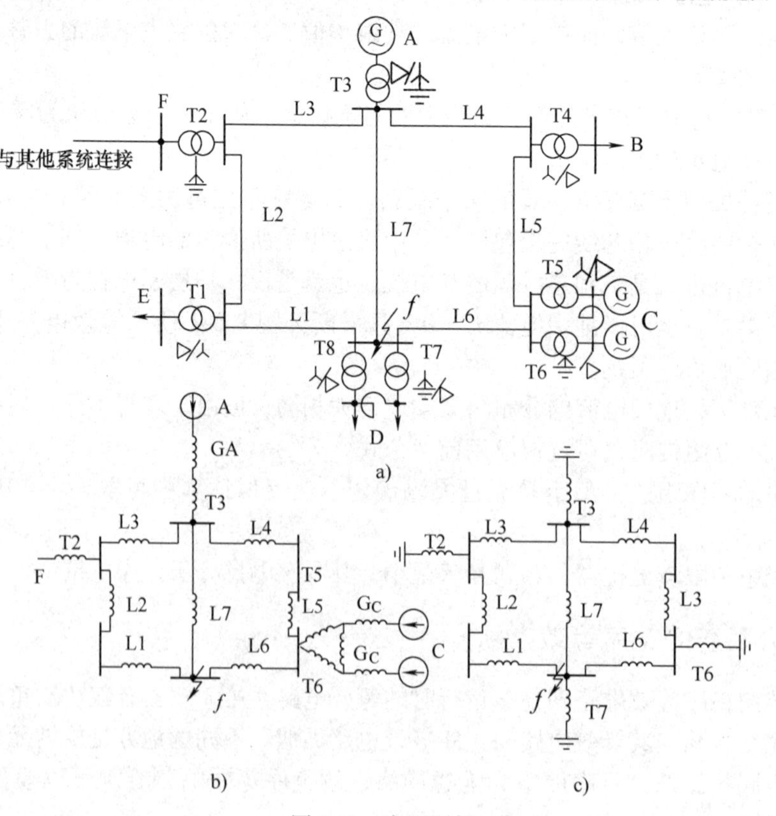

图 8-27　序网图例

a）系统图　b）正序网络　c）零序网络

图 8-27b、c 分别是如图 8-27a 所示的系统在 f 点发生不对称短路时正序和零序网络图。正序网络图和系统接线图相比仅仅是少了与负荷相连的变压器。绘制零序网络时从 f 点出发，在图 8-27a 中 f 点的下方有 T7 可以作为零序电流的通路，f 点上方经过七条线路和 T2、T3、T6 作为零序电流通路。进一步简化网络可以求得从 f 点看进网络的等效正序和零序阻抗 $z_{ff(1)}$ 和 $z_{ff(0)}$。

8.3 不对称短路的分析与计算

8.1 节已结合一个简单系统，介绍了用对称分量法分析不对称故障的基本原理。8.2 节讨论了系统中各元件的各序参数。本节将在此基础上，对各种不对称故障作进一步的分析。

8.3.1 各种不对称短路时故障处的短路电流和电压的计算

图 8-28a 所示为一个任意复杂的电力系统，在 f 点发生不对称短路，G1、G2 代表发电机端点。图 8-28b 表示将故障点短路电流和对地电压分解成对称分量。正序网络及其对短路点的等效电路如图 8-28c、d 所示，节点 $f_{(1)}$ 的自阻抗 $Z_{ff(1)}$ 即为从 $f_{(1)}$ 点看进网络的等效阻抗 $Z_{\Sigma(1)}$，$\dot{U}_{f|0|}$为 $f_{(1)}$ 点正常时电压，即开路电压。负序网络及其等效电路如图 8-28e、f 所示，发电机的负序电抗 x_{G_2} 可近似等于 x''_{d}，同样，$Z_{ff(2)}=z_{\Sigma(2)}$。零序网络及其等效电路如图 8-28g、h 所示。由于发电机中性点往往是不接地的，其零序阻抗开路，零序网络结构和正序网络是不相同的，同样，$Z_{ff(0)}=z_{\Sigma(0)}$。根据三个序网的等效电路，可写出一般的三序电压平衡方程如下：

$$\begin{cases}U_{f|0|}-U_{f(1)}=I_{f(1)}Z_{\Sigma(1)}\\0-U_{f(2)}=I_{f(2)}Z_{\Sigma(2)}\\0-U_{f(0)}=I_{f(0)}Z_{\Sigma(0)}\end{cases}\tag{8-45}$$

式（8-45）中省略了下标 a。式（8-45）是式（8-15）的一般形式。

下面结合各种不对称短路故障处的边界条件，分析短路电流和电压。

1. 单相接地短路

式（8-17）曾给出 a 相接地时边界条件，略去下标 a 则为

$$\begin{cases}U_{f(1)}+U_{f(2)}+U_{f(0)}=0\\I_{f(1)}=I_{f(2)}=I_{f(0)}\end{cases}\tag{8-46}$$

解联立方程式（8-45）和式（8-46），或者直接由图 8-6 所示的复合序网均可解得短路点 f 处的三序电流为

$$\dot{I}_{f(1)}=\dot{I}_{f(2)}=\dot{I}_{f(0)}=\frac{\dot{U}_{f|0|}}{Z_{\Sigma(1)}+Z_{\Sigma(2)}+Z_{\Sigma(0)}}\tag{8-47}$$

故障相（a 相）的短路电流为

$$\dot{I}_{f}=\dot{I}_{f(0)}+\dot{I}_{f(2)}+\dot{I}_{f(0)}=\frac{3\dot{U}_{f|0|}}{z_{\Sigma(1)}+z_{\Sigma(2)}+z_{\Sigma(0)}}\tag{8-48}$$

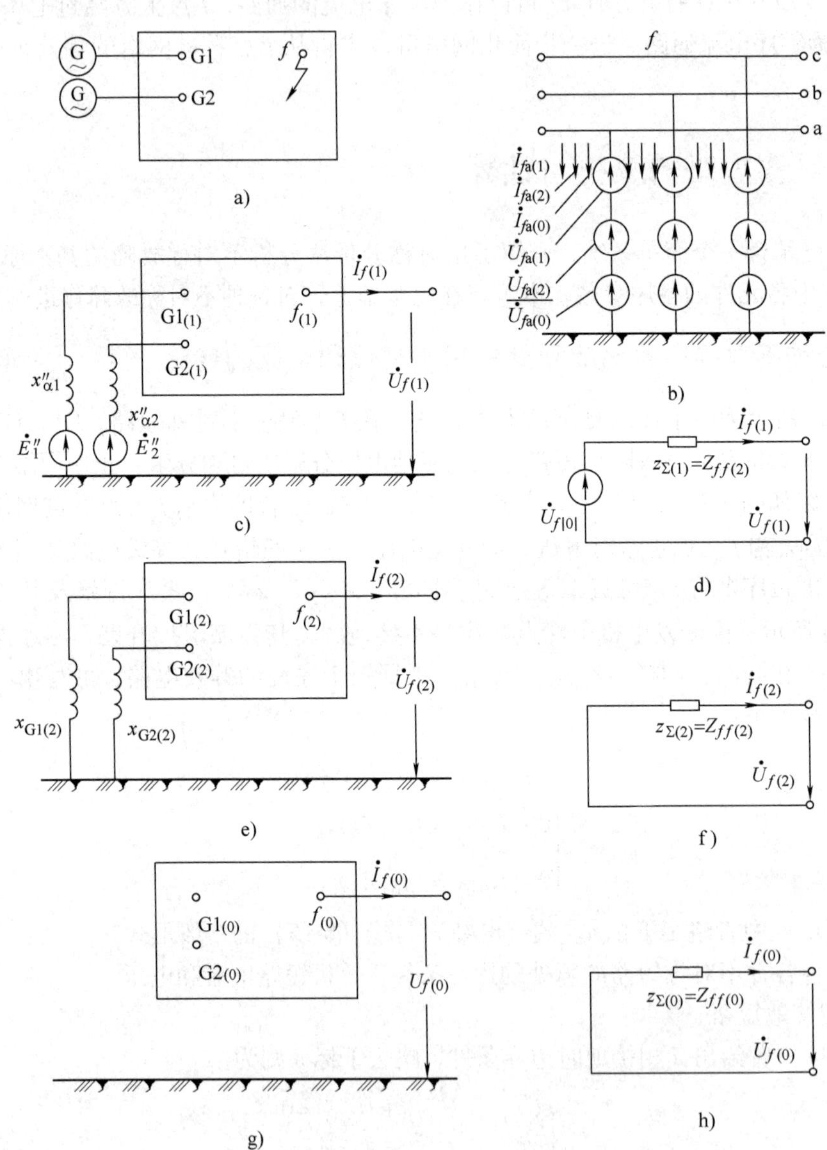

图 8-28 系统各序等效电路

a）复杂系统示意图 b）故障点电流电压的对称分量 c）、d）正序网络及等效电路 e）、f）负序网络及等效电路 g）、h）零序网络及等效电路

一般$z_{\Sigma(1)}$和$z_{\Sigma(2)}$接近相等。因此，如果$z_{\Sigma(0)}$小于$z_{\Sigma(1)}$，则单相短路电流大于同一地点的三相短路电流（$\dot{U}_{f|0|}/z_{\Sigma(1)}$）；反之，则单相短路电流小于三相短路电流。

短路点f处b、c相的电流当然为零。短路点f处各序电压由式（8-45）或者从复合序网求得，即

$$\begin{cases}\dot{U}_{f(1)}=\dot{U}_{f|0|}-\dot{I}_{f(1)}z_{\Sigma(1)}\\ \dot{U}_{f(2)}=0-\dot{I}_{f(2)}z_{\Sigma(2)}\\ \dot{U}_{f(0)}=0-\dot{I}_{f(0)}z_{\Sigma(0)}\end{cases} \tag{8-49}$$

则短路点f处三相电压可由下式求得：

$$\begin{cases}\dot{U}_{fa}=\dot{U}_{f(1)}+\dot{U}_{f(2)}+\dot{U}_{f(0)}=0\\ \dot{U}_{fb}=a^2\dot{U}_{f(1)}+a\dot{U}_{f(2)}+\dot{U}_{f(0)}\\ \dot{U}_{fc}=a\dot{U}_{f(1)}+a^2\dot{U}_{f(2)}+\dot{U}_{f(0)}\end{cases} \tag{8-50}$$

如果忽略电阻，则

$$\begin{aligned}\dot{U}_{fb}&=a^2\dot{U}_{f(1)}+a\dot{U}_{f(2)}+\dot{U}_{f(0)}\\ &=a^2(\dot{U}_{f|0|}-\dot{I}_{f(1)}\mathrm{j}x_{\Sigma(1)})+a(-\dot{I}_{f(2)}\mathrm{j}x_{\Sigma(2)})-\dot{I}_{f(0)}\mathrm{j}x_{\Sigma(0)}\\ &=\dot{U}_{fb|0|}-\dot{I}_{f(1)}\mathrm{j}(x_{\Sigma(0)}-x_{\Sigma(1)})\\ &=\dot{U}_{fb|0|}-\frac{\dot{U}_{fa|0|}}{\mathrm{j}(2x_{\Sigma(1)}+x_{\Sigma(0)})}\mathrm{j}(x_{\Sigma(0)}-x_{\Sigma(1)})\\ &=\dot{U}_{fb|0|}-\dot{U}_{fa|0|}\frac{k_0-1}{2+k_0}\end{aligned} \tag{8-51}$$

同理可得

$$\dot{U}_{fc}=\dot{U}_{fc|0|}-\dot{U}_{fa|0|}\frac{k_0-1}{2+k_0} \tag{8-52}$$

式中

$$k_0=\frac{x_{\Sigma(0)}}{x_{\Sigma(1)}}$$

讨论：

1）当$k_0<1$，即$x_{\Sigma(0)}<x_{\Sigma(1)}$时，非故障相电压比正常时有些降低。如果$k_0=0$，则

$$\dot{U}_{fb}=\dot{U}_{fb|0|}+\frac{1}{2}\dot{U}_{fa|0|}=\frac{\sqrt{3}}{2}\dot{U}_{fb|0|}\angle 30^\circ,\quad \dot{U}_{fc}=\frac{\sqrt{3}}{2}\dot{U}_{c|0|}\angle -30^\circ$$

2）当$k_0=1$，即$x_{\Sigma(0)}=x_{\Sigma(1)}$时，则$\dot{U}_{fb}=\dot{U}_{fb|0|}$，$\dot{U}_{fc}=\dot{U}_{fc|0|}$，故障后非故障相电压不变。

3）当$k_0>1$，即$x_{\Sigma(0)}>x_{\Sigma(1)}$时，故障时非故障相电压比正常时升高，最严重的情况为$x_{\Sigma(0)}=\infty$，则

$$\dot{U}_{fb}=\dot{U}_{fb|0|}-\dot{U}_{fa|0|}=\sqrt{3}\dot{U}_{fb|0|}\angle -30^\circ$$

$$\dot{U}_{fc}=\dot{U}_{fc|0|}-\dot{U}_{fa|0|}=\sqrt{3}\dot{U}_{fc|0|}\angle 30^\circ$$

即相当于中性点不接地系统发生单相接地短路时，中性点电位升至相电压，而非故障相电压升至线电压。

图 8-29a、b 所示为 a 相短路接地时短路点 f 处各序电流、电压的相量，以及由各序量合成的各相的量。图中假设各序阻抗为纯电抗，而且 $x_{\Sigma(0)}>x_{\Sigma(1)}$，所有相量以 $\dot{U}_{fa|0|}$ 为参考相量。显然，这两个相量图与边界条件是一致的。图 8-29c 给出了非故障相电压变化的轨迹。

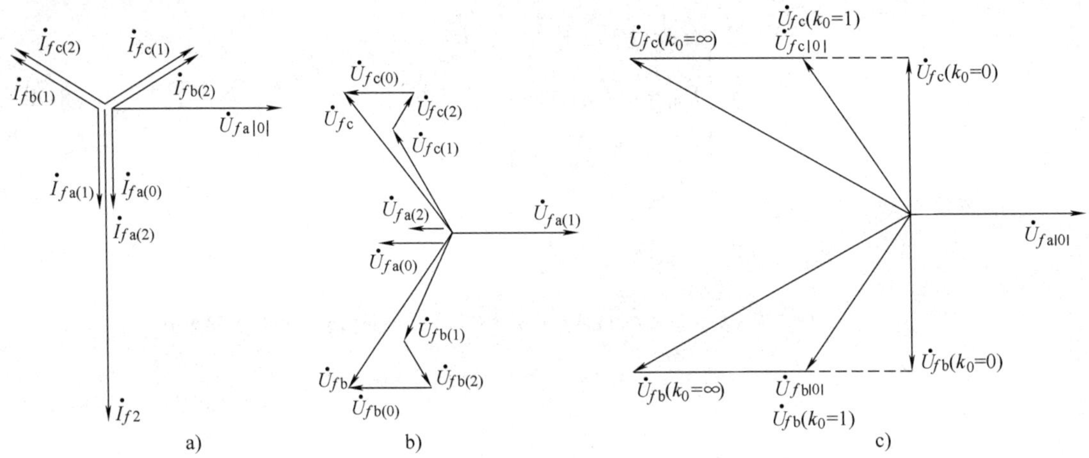

图 8-29　a 相接地故障处相量图

a）电流相量图　b）电压相量图　c）非故障相电压变化轨迹

如果单相短路是经过阻抗接地，如图 8-30a 所示，此时短路点的边界条件为

$$\dot{U}_{fa}=I_{fa}z_f,\quad \dot{I}_{fb}=\dot{I}_{fc}=0 \tag{8-53}$$

将其转换为对称分量，则得

$$\begin{cases}\dot{U}_{f(1)}+\dot{U}_{f(2)}+\dot{U}_{f(0)}=(\dot{I}_{f(1)}+\dot{I}_{f(2)}+\dot{I}_{f(2)})z_f\\ \dot{I}_{f(1)}=\dot{I}_{f(2)}=\dot{I}_{f(0)}\end{cases} \tag{8-54}$$

由式（8-54）和式（8-45）即可联立求解得短路点各序电流、电压。这里介绍另一种简便方法。作图 8-30b，它完全等效于图 8-30a。这样，可以看作系统在 f' 处发生 a 相直接接地。因此，以前的分析方法完全适用，只是把 z_f 看作短路点 f' 与 f 间的串联阻抗。这时的复合序网如图 8-30c 所示，它显然与式（8-54）是相符的。由复合序网立即可得短路点 f 的各序电流和电压

$$\dot{I}_{f(1)}=\dot{I}_{f(2)}=\dot{I}_{f(0)}=\frac{\dot{U}_{f|0|}}{z_{\Sigma(1)}+z_{\Sigma(2)}+z_{\Sigma(0)}+3z_f} \tag{8-55}$$

电压公式同式（8-49）。

2. 两相短路

f 点发生两相（b、c 相）短路，如图 8-31 所示，该点三相对地电压及流出该点的相电

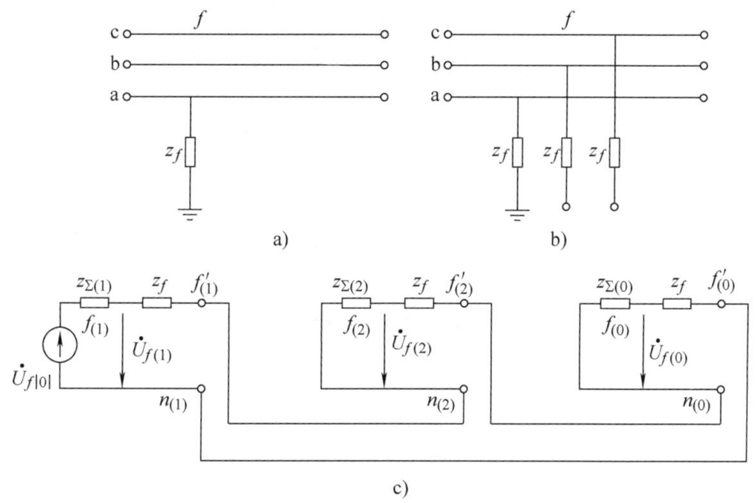

图 8-30　a 相经阻抗接地

a）a 相经阻抗接地　b）图 a 的等效电路　c）复合序网

流（短路电流）具有下列边界条件：

$$\dot{I}_{fa}=0,\dot{I}_{fb}=-\dot{I}_{fc},\dot{U}_{fb}=\dot{U}_{fc} \tag{8-56}$$

将它们转换为用对称分量表示，先转换电流

$$\begin{pmatrix}\dot{I}_{f(1)}\\ \dot{I}_{f(2)}\\ \dot{I}_{f(0)}\end{pmatrix}=\frac{1}{3}\begin{pmatrix}1 & a & a^2\\ 1 & a^2 & a\\ 1 & 1 & 1\end{pmatrix}\begin{pmatrix}0\\ \dot{I}_{fb}\\ -\dot{I}_{fb}\end{pmatrix}=\frac{\mathrm{j}\dot{I}_{fb}}{\sqrt{3}}\begin{pmatrix}1\\ -1\\ 0\end{pmatrix}$$

即为

$$\begin{cases}\dot{I}_{f(0)}=0\\ \dot{I}_{f(1)}=-\dot{I}_{f(2)}\end{cases} \tag{8-57}$$

说明两相短路故障点没有零序电流，因为故障点不与地相连，零序电流没有通路。

由式（8-56）中电压关系可得

$$\dot{U}_{fb}=a^2\dot{U}_{f(1)}+a\dot{U}_{f(2)}+\dot{U}_{f(0)}=\dot{U}_{fc}=a\dot{U}_{f(1)}+a^2\dot{U}_{f(2)}+\dot{U}_{f(0)}$$

即

$$\dot{U}_{f(1)}=\dot{U}_{f(2)} \tag{8-58}$$

式（8-57）和式（8-58）即为两相短路的三个边界条件。即

$$\dot{I}_{f(0)}=0,\quad \dot{I}_{f(1)}=-\dot{I}_{f(2)},\quad \dot{U}_{f(1)}=\dot{U}_{f(2)} \tag{8-59}$$

根据边界条件式（8-59），两相短路时复合序网如图 8-32 所示，即正序网络和负序网络在故障点并联，零序网络断开，两相短路时没有零序分量。

解联立方程式（8-45）和式（8-59）或直接由复合序网可解得

$$\dot{I}_{f(1)}=-\dot{I}_{f(2)}=\frac{\dot{U}_{f|0|}}{z_{\Sigma(1)}+z_{\Sigma(2)}} \tag{8-60}$$

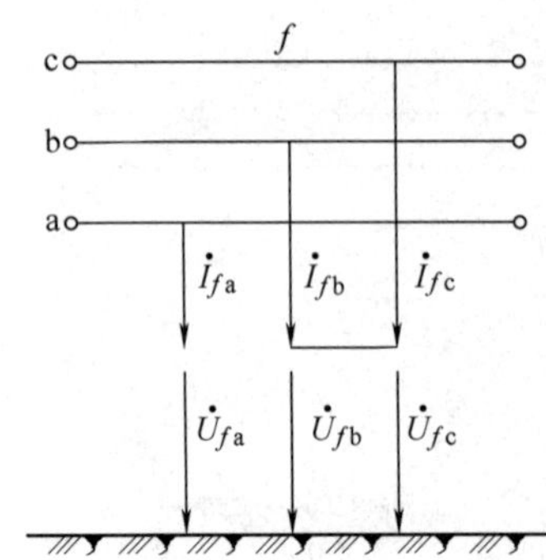

图 8-31　两相短路故障点电流、电压

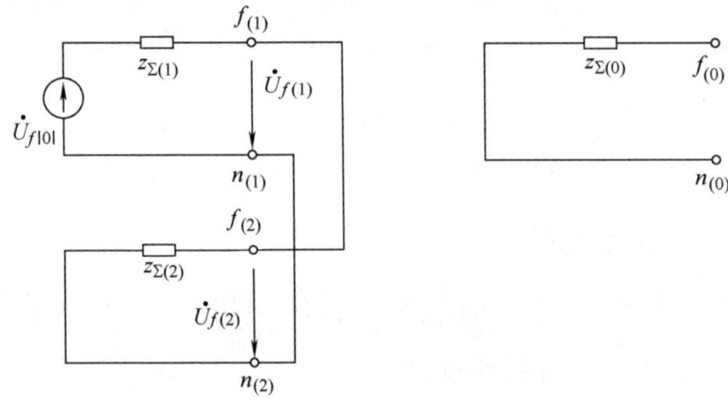

图 8-32　两相短路的复合序网

故障相短路电流为

$$\dot{I}_{f\mathrm{b}} = a^2\dot{I}_{f(1)} + a\dot{I}_{f(2)} = (a^2 - a)\frac{\dot{U}_{f|0|}}{z_{\Sigma(1)} + z_{\Sigma(2)}} = -\mathrm{j}\sqrt{3}\frac{\dot{U}_{f|0|}}{z_{\Sigma(1)} + z_{\Sigma(2)}} \tag{8-61}$$

$$\dot{I}_{f\mathrm{c}} = a\dot{I}_{f(1)} + a^2\dot{I}_{f(2)} = (a - a^2)\frac{\dot{U}_{f|0|}}{z_{\Sigma(1)} + z_{\Sigma(2)}} = \mathrm{j}\sqrt{3}\frac{\dot{U}_{f|0|}}{z_{\Sigma(1)} + z_{\Sigma(2)}} \tag{8-62}$$

由此可见，当$z_{\Sigma(1)} = z_{\Sigma(2)}$时，两相短路电流是三相短路电流的$\sqrt{3}/2$倍。所以，一般讲，电力系统两相短路电流小于三相短路电流。

由复合序网可知，当$z_{\Sigma(1)} = z_{\Sigma(2)}$时，则

$$\dot{U}_{f(1)} = \dot{U}_{f(2)} = \frac{1}{2}\dot{U}_{f\mathrm{a}|0|}$$

$$\dot{U}_{f\mathrm{a}} = \dot{U}_{f(1)} + \dot{U}_{f(2)} = \dot{U}_{f\mathrm{a}|0|}$$

$$\dot{U}_{f\mathrm{b}} = \dot{U}_{f\mathrm{c}} = (a^2 + a)\dot{U}_{f(1)} = -\frac{1}{2}\dot{U}_{f\mathrm{a}|0|}$$

即非故障相电压等于故障前电压，故障相电压幅值降低一半。

图 8-33 所示为 b、c 相短路时，短路点各序电流、电压相量以及合成而得的各相的量。图中假设$x_{\Sigma(1)}$等于$x_{\Sigma(2)}$。

如果两相通过阻抗短路，如图 8-34a 所示。则边界条件为

$$\dot{I}_{f\mathrm{a}} = 0,\quad \dot{I}_{f\mathrm{b}} = -\dot{I}_{f\mathrm{c}},\quad \dot{U}_{f\mathrm{b}} - \dot{U}_{f\mathrm{c}} = z_f\dot{I}_{f\mathrm{b}} \tag{8-63}$$

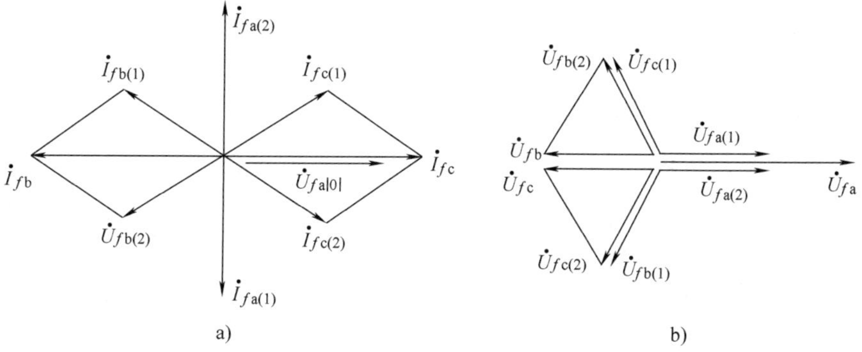

图 8-33　两相短路故障处相量图

a）电流相量图　b）电压相量图

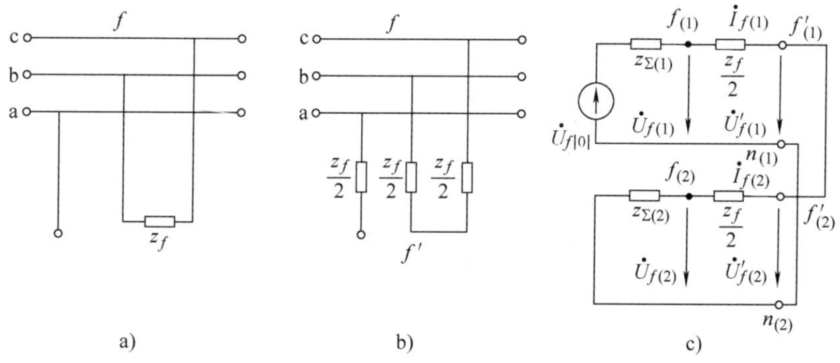

图 8-34　两相经阻抗短路的复合序网

a）两相经阻抗短路　b）等效于图 a　c）复合序网

转换为对称分量为

$$\dot{I}_{f(0)}=0,\quad \dot{I}_{f(1)}=-\dot{I}_{f(2)},\quad \dot{U}_{f(1)}-\dot{U}_{f(2)}=z_f\dot{I}_{f(1)} \tag{8-64}$$

此边界条件与网络方程联立求解即得短路点电流、电压。但若直接将故障情况处理成图 8-34b 所示，则可视为 f' 点两相直接短路，立即可作出图 8-34c 所示的复合序网。则

$$\dot{I}_{f(1)}=-\dot{I}_{f(2)}=\frac{\dot{U}_{f|0|}}{z_{\Sigma(1)}+z_{\Sigma(2)}+z_f} \tag{8-65}$$

$$\dot{I}_{f\mathrm{b}}=-\dot{I}_{f\mathrm{c}}=-\mathrm{j}\sqrt{3}\frac{\dot{U}_{f|0|}}{z_{\Sigma(1)}+z_{\Sigma(2)}+z_f} \tag{8-66}$$

3. 两相短路接地

f 点发生两相（b、c 相）短路接地，如图 8-35 所示，其边界条件显然是

$$\dot{I}_{f\mathrm{a}}=0,\quad \dot{U}_{f\mathrm{b}}=\dot{U}_{f\mathrm{c}}=0 \tag{8-67}$$

式（8-67）与单相短路接地的边界条件很类似，只是电压和电流互换，因此其转换为对称分量的形式必为

$$\begin{cases}\dot{U}_{f(1)}=\dot{U}_{f(2)}=\dot{U}_{f(0)}\\ \dot{I}_{f(1)}+\dot{I}_{f(2)}+\dot{I}_{f(0)}=0\end{cases} \tag{8-68}$$

显然，满足此边界条件的复合序网如图 8-36 所示，即三个序网在短路点并联。

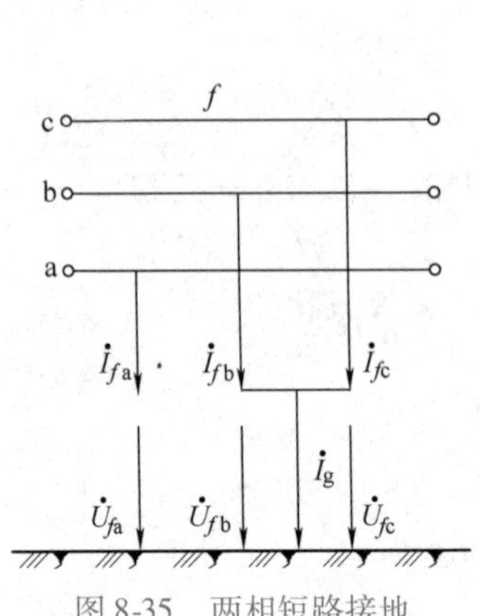

图 8-35　两相短路接地

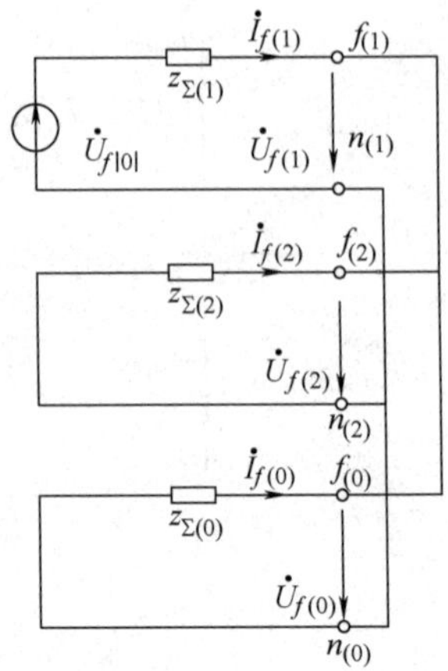

图 8-36　两相短路接地复合序网

由复合序网可求得短路点各序电流为

$$\begin{cases}\dot{I}_{f(1)}=\dfrac{\dot{U}_{f|0|}}{z_{\Sigma(1)}+\dfrac{z_{\Sigma(2)}z_{\Sigma(0)}}{z_{\Sigma(2)}+z_{\Sigma(0)}}}\\ \dot{I}_{f(2)}=-\dot{I}_{f(1)}\dfrac{z_{\Sigma(0)}}{z_{\Sigma(0)}+z_{\Sigma(2)}}\\ \dot{I}_{f(0)}=-\dot{I}_{f(1)}\dfrac{z_{\Sigma(2)}}{z_{\Sigma(0)}+z_{\Sigma(2)}}\end{cases} \tag{8-69}$$

故障相的短路电流为

$$\begin{cases}\dot{I}_{f\mathrm{b}}=a^2\dot{I}_{f(1)}+a\dot{I}_{f(2)}+\dot{I}_{f(0)}=\dot{I}_{f(1)}\left(a^2-\dfrac{z_{\Sigma(2)}+az_{\Sigma(0)}}{z_{\Sigma(0)}+z_{\Sigma(2)}}\right)\\ \dot{I}_{f\mathrm{c}}=a\dot{I}_{f(1)}+a^2\dot{I}_{f(2)}+\dot{I}_{f(0)}=\dot{I}_{f(1)}\left(a-\dfrac{z_{\Sigma(2)}+a^2z_{\Sigma(0)}}{z_{\Sigma(0)}+z_{\Sigma(2)}}\right)\end{cases} \tag{8-70}$$

当各序阻抗为纯电抗时，式（8-70）可表达为

$$\begin{cases}\dot{I}_{f\mathrm{b}}=\dot{I}_{f(1)}\left(a^2-\dfrac{x_{\Sigma(2)}+ax_{\Sigma(0)}}{x_{\Sigma(0)}+x_{\Sigma(2)}}\right)\\ \dot{I}_{f\mathrm{c}}=\dot{I}_{f(1)}\left(a-\dfrac{x_{\Sigma(2)}+a^2x_{\Sigma(0)}}{x_{\Sigma(0)}+x_{\Sigma(2)}}\right)\end{cases} \tag{8-71}$$

对式（8-71）两端取模值，经整理后可得故障相短路电流的有效值为

$$I_{f\mathrm{b}}=I_{f\mathrm{c}}=\sqrt{3}\times\sqrt{1-\frac{x_{\Sigma(2)}x_{\Sigma(0)}}{(X_{\Sigma(2)}+X_{\Sigma(0)})^2}}I_{f(1)} \tag{8-72}$$

如果 $x_{\Sigma(1)}=x_{\Sigma(2)}$，令 $k_0=x_{\Sigma(0)}/x_{\Sigma(2)}$，则

$$\dot{I}_{f\mathrm{b}}=\dot{I}_{f\mathrm{c}}=\sqrt{3}\times\sqrt{1-\frac{k_0}{(k_0+1)^2}}\frac{1+k_0}{1+2k_0}\dot{I}_f^{(3)} \tag{8-73}$$

式中　$\dot{I}_f^{(3)}$——f 点三相短路时短路电流。

1）当 $k_0=0$ 时，$\dot{I}_{f\text{b}}=\dot{I}_{f\text{c}}=\sqrt{3}\dot{I}_f^{(3)}$。

2）当 $k_0=1$ 时，$\dot{I}_{f\text{b}}=\dot{I}_{f\text{c}}=\dot{I}_f^{(3)}$。

3）当 $k_0=\infty$ 时，$\dot{I}_{f\text{b}}=\dot{I}_{f\text{c}}=\dfrac{\sqrt{3}}{2}\dot{I}_f^{(3)}$。

两相短路接地时流入地中的电流为

$$\dot{I}_\text{g}=\dot{I}_{f\text{b}}+\dot{I}_{f\text{c}}=3\dot{I}_{f(0)}=-3\dot{I}_{f(1)}\frac{z_{\Sigma(2)}}{z_{\Sigma(2)}+z_{\Sigma(0)}} \tag{8-74}$$

由复合序网可求得短路点电压的各序分量为

$$\dot{U}_{f(1)}=\dot{U}_{f(2)}=\dot{U}_{f(0)}=\dot{I}_{f(1)}\frac{z_{\Sigma(2)}z_{\Sigma(0)}}{z_{\Sigma(2)}+z_{\Sigma(0)}}=\dot{U}_{f\text{a}|0|}\frac{z_{\Sigma(2)}z_{\Sigma(0)}}{z_{\Sigma(1)}z_{\Sigma(2)}+z_{\Sigma(1)}z_{\Sigma(0)}+z_{\Sigma(2)}z_{\Sigma(0)}} \tag{8-75}$$

则短路点非故障相电压为

$$\dot{U}_{f\text{a}}=\dot{U}_{f(1)}+\dot{U}_{f(2)}+\dot{U}_{f(0)}=3\dot{U}_{f(1)} \tag{8-76}$$

若为纯电抗，且 $x_{\Sigma(1)}=x_{\Sigma(2)}$，则

$$\dot{U}_{f\text{a}}=3\dot{U}_{f\text{a}|0|}\frac{k_0}{1+2k_0} \tag{8-77}$$

讨论

1）当 $k_0=0$ 时，$\dot{U}_{f\text{a}}=0$。

2）当 $k_0=1$ 时，$\dot{U}_{f\text{a}}=\dot{U}_{f\text{a}|0|}$。

3）当 $k_0=\infty$ 时，$\dot{U}_{f\text{a}}=1.5\dot{U}_{f\text{a}|0|}$。

可以看出，对于中性点不接地系统，非故障相电压升高最多，为正常电压的1.5倍，但仍小于单相接地时电压的升高。

图8-37所示为短路点f处短路电流及电压的相量图。其电流相量图与单相接地时电压相量图类似；其电压相量图则与单相接地时电流相量图类似。

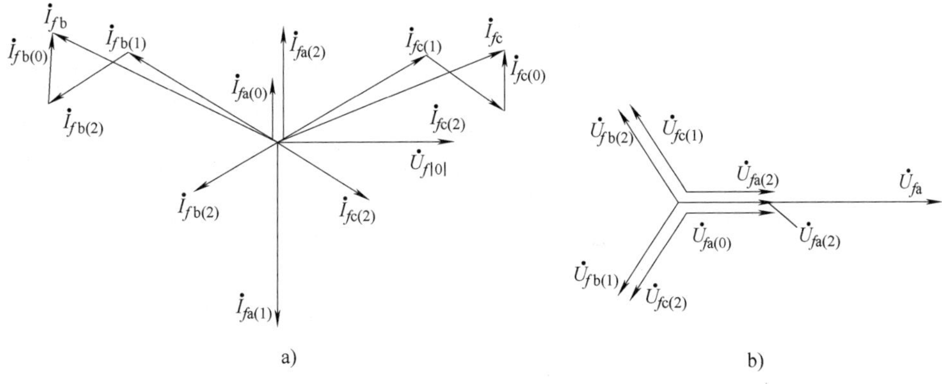

图8-37　两相短路接地故障处相量图

a）电流相量图　b）电压相量图

假定 b、c 两相短路后经 z_f 接地，如图 8-38a 所示，则短路点的边界条件为

$$\dot{I}_{fa}=0,\quad \dot{U}_{fb}=\dot{U}_{fc}=(\dot{I}_{fb}+\dot{I}_{fc})z_f \tag{8-78}$$

由 $\dot{I}_{fa}=0$ 及 $\dot{U}_{fb}=\dot{U}_{fc}$，可得各序分量关系为

$$\dot{I}_{f(1)}+\dot{I}_{f(2)}+\dot{I}_{f(0)}=0,\quad \dot{U}_{f(1)}=\dot{U}_{f(2)}$$

另由 $\dot{U}_{fb}=(\dot{I}_{fb}+\dot{I}_{fc})z_f$ 可得

$$\begin{aligned}\dot{U}_{fb}&=a^2\dot{U}_{f(1)}+a\dot{U}_{f(2)}+\dot{U}_{f(0)}=(a^2+a)\dot{U}_{f(1)}+\dot{U}_{f(0)}\\&=-\dot{U}_{f(1)}+\dot{U}_{f(0)}=3\dot{I}_{f(0)}z_f\end{aligned}$$

总的边界条件为

$$\dot{I}_{f(1)}+\dot{I}_{f(2)}+\dot{I}_{f(0)}=0,\quad \dot{U}_{f(1)}=\dot{U}_{f(2)}=\dot{U}_{f(0)}-3\dot{I}_{f(0)}z_f \tag{8-79}$$

其复合序网如图 8-38b 所示，即零序网络串联 $3z_f$ 后在短路点和正序、负序网并联。这是不难理解的，因为 z_f 上只有 3 倍零序电流流过形成的压降 $3\dot{I}_{f(0)}z_f$。

在两相短路经阻抗接地的计算中，仍可用式（8-69）~式（8-74）来计算电流，但只需将其中 $z_{\Sigma(0)}$ 代之以 $z_{\Sigma(0)}+3z_f$。

电压计算公式为

$$\begin{aligned}\dot{U}_{fa}&=\dot{U}_{f(1)}+\dot{U}_{f(2)}+\dot{U}_{f(0)}=2\dot{I}_{f(1)}\frac{z_{\Sigma(2)}(z_{\Sigma(0)}+3z_f)}{z_{\Sigma(2)}+z_{\Sigma(0)}+3z_f}+\dot{I}_{f(1)}\frac{z_{\Sigma(2)}z_{\Sigma(0)}}{z_{\Sigma(2)}+z_{\Sigma(0)}+3z_f}\\&=3\dot{I}_{f(1)}\frac{z_{\Sigma(2)}(z_{\Sigma(0)}+2z_f)}{z_{\Sigma(2)}+z_{\Sigma(0)}+3z_f}\end{aligned} \tag{8-80}$$

$$\dot{U}_{fb}=\dot{U}_{fc}=3\dot{I}_{f(0)}z_f=-3\dot{I}_{f(1)}\frac{z_{\Sigma(2)}z_f}{z_{\Sigma(2)}+z_{\Sigma(0)}+3z_f} \tag{8-81}$$

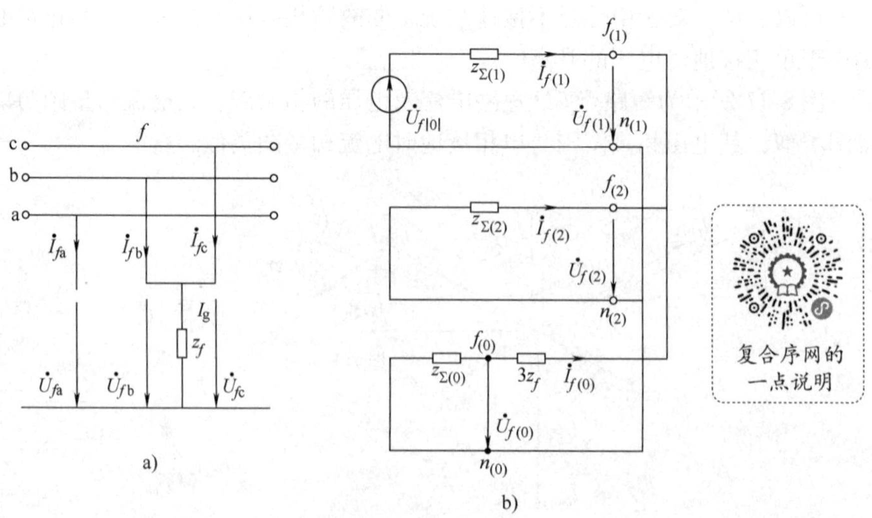

图 8-38　两相短路经阻抗接地

【例 8-2】　在例 7-3 的系统中，又已知两台发电机中性点均不接地；两台变压器均为 YDd 联结（发电机侧为三角形）；经实验测得三条输电线的零序电抗标幺值均为 0.20（以 50MVA 为基准值）。

要求计算节点 3 分别发生单相短路接地、两相短路和两相短路接地时故障处的短路电流和电压（初始瞬间基波分量）。

解 （1）形成系统的三个序网图（图中参数以标幺值）。正序网络可参见图 7-11c 所示；负序网络与正序网络相同，但无电源，其中假设发电机负序电抗近似等于 x''，如图 8-39a 所示；零序网络如图 8-39b 所示。

（2）计算三个序网络对故障点的等效阻抗。在例 7-3 中已求得正序电抗为

$$z_{\Sigma(1)} = \text{j}0.1015$$

故

$$z_{\Sigma(2)} = z_{\Sigma(1)} = \text{j}0.1015$$

零序网络的化简过程如图 8-39c 所示，得

$$z_{\Sigma(0)} = \text{j}0.1179$$

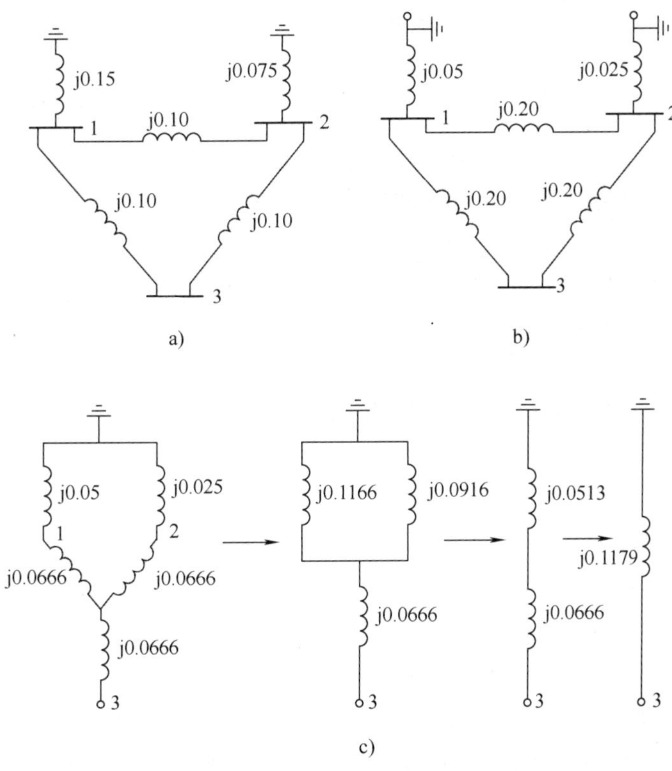

图 8-39　例 8-2 的网络图

a）负序网络　b）零序网络　c）零序网络化简

（3）计算故障处各序电流（假设短路点在正常电压时为 1）。

1）a 相短路接地

$$\dot{I}_{3(1)} = \dot{I}_{3(2)} = \dot{I}_{3(0)} = \frac{1}{\text{j}0.1015 + \text{j}0.1015 + \text{j}0.1179} = -\text{j}3.12$$

2）b、c 两相短路

$$\dot{I}_{3(1)} = -\dot{I}_{3(2)} = \frac{1}{\text{j}0.1015 + \text{j}0.1015} = -\text{j}4.93$$

3）b、c 两相短路接地

$$\dot{I}_{3(1)}=\frac{1}{\text{j}0.1015+\dfrac{\text{j}0.1015\times\text{j}0.1179}{\text{j}0.1015+\text{j}0.1179}}=-\text{j}6.41$$

$$\dot{I}_{3(2)}=\text{j}6.41\frac{\text{j}0.1179}{\text{j}0.1015+\text{j}0.1179}=\text{j}3.44$$

$$\dot{I}_{3(0)}=\text{j}6.41\frac{\text{j}0.1015}{\text{j}0.1015+\text{j}0.1179}=\text{j}2.97$$

（4）计算故障处相电流有名值。

1）a 相短路接地时 a 相短路电流

$$\dot{I}_{3\text{a}}=3\dot{I}_{3(1)}I_{\text{B}}=3(-\text{j}3.12)\frac{50}{\sqrt{3}\times115}\text{kA}=-\text{j}9.36\times0.25\text{kA}=-\text{j}2.34\text{kA}$$

2）b、c 两相短路时 b、c 相短路电流

$$\dot{I}_{3\text{b}}=-\text{j}\sqrt{3}\dot{I}_{3(1)}I_{\text{B}}=-\text{j}\sqrt{3}(-\text{j}4.93)\times0.25\text{kA}=-2.13\text{kA}$$

$$\dot{I}_{3\text{c}}=-\dot{I}_{3\text{b}}=2.13\text{kA}$$

3）b、c 两相短路接地时 b、c 相短路电流

$$\begin{aligned}\dot{I}_{3\text{b}}&=[a^2\dot{I}_{3(1)}+a\dot{I}_{3(2)}+\dot{I}_{3(0)}]I_{\text{B}}\\&=[(-0.5-\text{j}0.866)(-\text{j}6.41)+(-0.5+\text{j}0.866)(\text{j}3.44)+\text{j}2.97]\times0.25\text{kA}\\&=(-8.53+\text{j}4.45)\times0.25\text{kA}=(-2.13+\text{j}1.11)\text{kA}\end{aligned}$$

$$\begin{aligned}\dot{I}_{3\text{c}}&=[a\dot{I}_{3(1)}+a^2\dot{I}_{3(2)}+\dot{I}_{3(0)}]I_{\text{B}}\\&=(8.53+\text{j}4.45)\times0.25\text{kA}=(2.13+\text{j}1.11)\text{kA}\end{aligned}$$

$$I_{3\text{b}}=I_{3\text{c}}=2.40\text{kA}$$

（5）计算故障处相电压（先用式（8-45）求各序电压，然后求相电压）。

1）a 相短路接地

$$\dot{U}_{3(1)}=1-\text{j}0.1015(-\text{j}3.12)=1-0.316=0.684$$

$$\dot{U}_{3(2)}=-\text{j}0.1015(-\text{j}3.12)=-0.316$$

$$\dot{U}_{3(0)}=-\text{j}0.1179(-\text{j}3.12)=-0.368$$

$$\begin{aligned}\dot{U}_{3\text{b}}&=a^2\dot{U}_{3(1)}+a\dot{U}_{3(2)}+\dot{U}_{3(0)}\\&=(-0.5-\text{j}0.866)\times0.684+(-0.5+\text{j}0.866)(-0.316)-0.368\\&=-0.551-\text{j}0.866\end{aligned}$$

$$\dot{U}_{3\text{c}}=-0.551+\text{j}0.866$$

$$U_{3\text{b}}=U_{3\text{c}}=1.03$$

2）b、c 两相短路

$$\dot{U}_{3(1)}=\dot{U}_{3(2)}=-\text{j}4.93\times\text{j}0.1015=0.5$$

$$\dot{U}_{3\text{a}}=\dot{U}_{3(1)}+\dot{U}_{3(2)}=1$$

$$\dot{U}_{3\text{b}}=(a^2+a)\dot{U}_{3(1)}=-0.5$$

$$\dot{U}_{3\text{c}}=-0.5$$

3）b、c 两相短路接地

$$\dot U_{3(1)}=\dot U_{3(2)}=\dot U_{3(0)}=-\mathrm{j}3.44\times \mathrm{j}0.1015=0.35$$

$$\dot U_{3a}=3\dot U_{3(1)}=3\times 0.35=1.05$$

【例 8-3】 图 8-40a 所示的简单网络中，如母线 3 的 a 相经电阻 $r_f=10\Omega$ 接地短路，试计算短路点各相电流、电压。已知各元件参数如下：

发电机 G

$$50\mathrm{MVA},\ 10.5\mathrm{kV},\ x''_{\mathrm{d}*}=0.125$$

变压器 T1

$$60\mathrm{MVA},\ 10.5\mathrm{kV}/38.5\mathrm{kV},\ U_{\mathrm{k}}\%=10.5$$

变压器 T2

$$20\mathrm{MVA},\ 35\mathrm{kV}/6.6\mathrm{kV},\ U_{\mathrm{k}}\%=5$$

线路 L

$$z_{\mathrm{L}(1)}=(3.42+\mathrm{j}6.84)\Omega,\ z_{\mathrm{L}(0)}=(6+\mathrm{j}23.9)\Omega$$

负荷 D

$$10\mathrm{MW},\ 6.3\mathrm{kV},\ \cos\varphi=0.894$$

解 （1）计算各参数的标幺值。取 $S_{\mathrm{B}}=20\mathrm{MVA}$；电压基准值为各段电压平均值，并假定各变压器电压比为平均额定电压的比值：

发电机 G

$$x_{\mathrm{G}}=\mathrm{j}0.125\times\frac{20}{50}=\mathrm{j}0.05$$

变压器 T1

$$x_{\mathrm{T1}}=\mathrm{j}0.105\times\frac{20}{60}=\mathrm{j}0.035$$

变压器 T2

$$x_{\mathrm{T2}}=\mathrm{j}0.05$$

线路 L

$$z_{\mathrm{L1}}=(3.42+\mathrm{j}6.84)\times\frac{20}{37^2}=0.05+\mathrm{j}0.1$$

$$z_{\mathrm{L}(0)}=(6+\mathrm{j}23.9)\times\frac{20}{37^2}=0.088+\mathrm{j}0.35$$

负荷 D

$$r_{\mathrm{D}}=\frac{U^2}{P^2+Q^2}\frac{S_{\mathrm{B}}}{U_{\mathrm{B}}^2}P=\frac{6.3^2}{10^2+5^2}\times\frac{20}{6.3^2}\times 10=1.6$$

$$x_{\mathrm{D}}=\frac{U^2}{P^2+Q^2}\frac{S_{\mathrm{B}}}{U_{\mathrm{B}}^2}Q=\frac{6.3^2}{10^2+5^2}\times\frac{20}{6.3^2}\times 5=0.8$$

（2）正序网络等效阻抗和电动势。正序网络如图 8-40b 所示，从短路点 3 观察到的等效阻抗为

$$z_{\Sigma(1)}=\frac{(0.05+\mathrm{j}0.185)(1.6+\mathrm{j}0.85)}{1.65+\mathrm{j}1.035}=0.179\angle 70.8^\circ=0.059+\mathrm{j}0.069$$

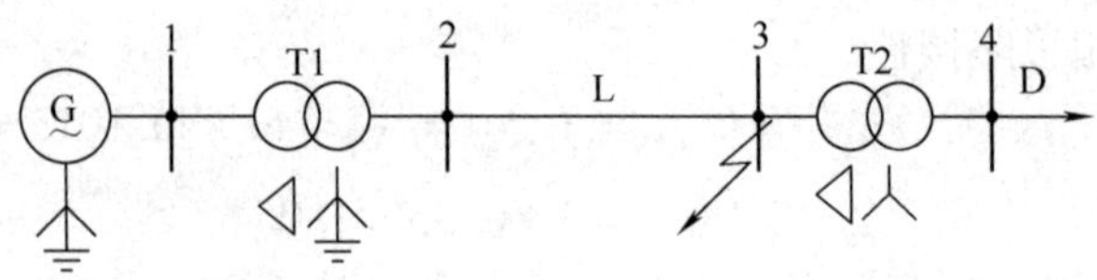

a)

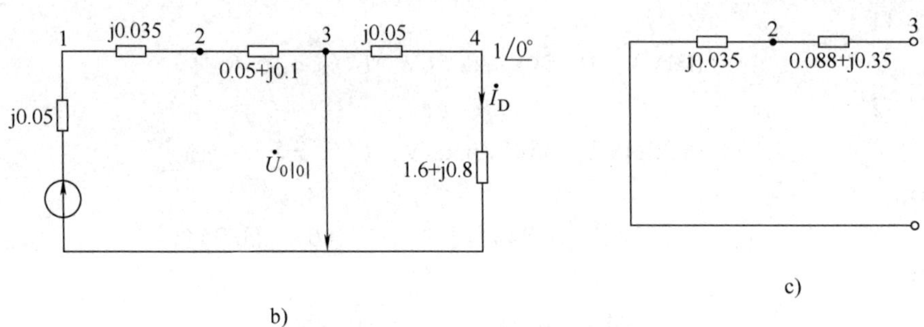

b)

c)

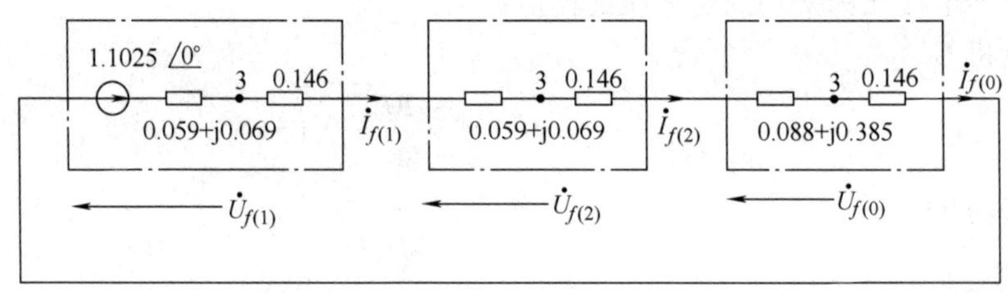

d)

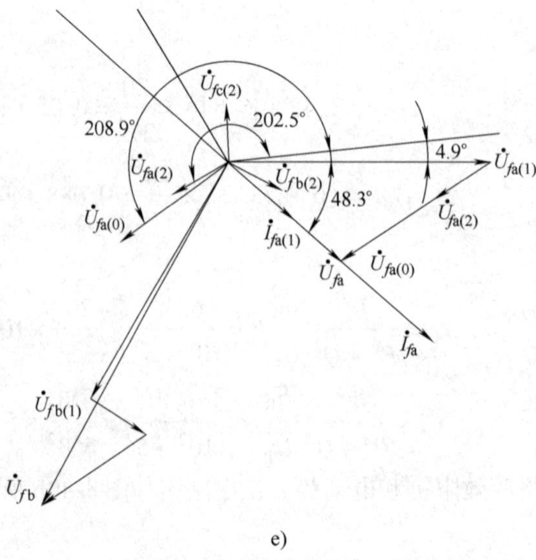

e)

图 8-40　例 8-3 的网络图和相量图

a）网络图　b）正序网络图　c）零序网络图　d）复合序网　e）短路点电流、电压相量图

等效电动势即为短路点的开路电压。先求正常运行时负荷电流。若以负荷端电压为参考相量，则负荷电流为

$$\dot{I}_{\mathrm{D}}=\frac{\frac{10}{20}}{0.894}\underline{/\arccos 0.894}=0.56\underline{/-26.6^{\circ}}=0.5-\mathrm{j}0.25$$

短路点的开路电压为

$$\dot{U}_{f|0|}=(1+\mathrm{j}0)+(0.5-\mathrm{j}0.25)(\mathrm{j}0.05)=1.1025\underline{/1.41^{\circ}}$$

在计算短路时，可以取$\dot{U}_{3\mathrm{a}|0|}$为参考相量，即

$$\dot{U}_{f\mathrm{a}|0|}=1.1025\underline{/0^{\circ}}$$

（3）负序网络等效阻抗。假设发电机和负荷的负序阻抗与正序相等，则负序网络除了无源以外，与正序网络完全一样

$$z_{\Sigma(2)}=z_{\Sigma(1)}=0.179\underline{/70.8^{\circ}}=0.059+\mathrm{j}0.069$$

（4）零序网络等效阻抗。零序网络与正序网络不相同，如图 8-40c 所示。零序等效阻抗为

$$z_{\Sigma(0)}=0.088+\mathrm{j}0.385=0.395\underline{/77.2^{\circ}}$$

（5）复合序网。复合序网为三个序网各经 z_f 后串联，如图 8-40d 所示，其中

$$z_f=10\times\frac{20}{37^2}=0.146$$

（6）短路点各相电流。先求各序电流：

复合序网的总阻抗为

$$z_{\Sigma}=z_{\Sigma(1)}+z_{\Sigma(2)}+z_{\Sigma(0)}+3z_f=0.644+\mathrm{j}0.723=0.968\underline{/48.3^{\circ}}$$

则短路点的各序电流为

$$\dot{I}_{f\mathrm{a}(1)}=\dot{I}_{f\mathrm{a}(2)}=\dot{I}_{f\mathrm{a}(0)}=\frac{1.0125}{0.968\underline{/48.3^{\circ}}}=1.046\underline{/-48.3^{\circ}}$$

因此，短路点故障相电流

$$\dot{I}_{f\mathrm{a}}=3\dot{I}_{f\mathrm{a}(1)}=3.138\underline{/-48.3^{\circ}}$$

（7）短路点各相电压。短路点各序电压为

$$\begin{aligned}\dot{U}_{f\mathrm{a}(1)}&=\dot{U}_{f\mathrm{a}|0|}-z_{\Sigma(1)}\dot{I}_{f\mathrm{a}(1)}=1.0125-(0.179\underline{/70.8^{\circ}})(1.046\underline{/-48.3^{\circ}})\\&=0.84-\mathrm{j}0.072=0.843\underline{/-4.9^{\circ}}\\\dot{U}_{f\mathrm{a}(2)}&=-z_{\Sigma(2)}\dot{I}_{f\mathrm{a}(2)}=-(0.179\underline{/70.8^{\circ}})(1.046\underline{/-48.3^{\circ}})\\&=-0.187\underline{/22.5^{\circ}}=0.187\underline{/202.5^{\circ}}=-0.1725-\mathrm{j}0.072\\\dot{U}_{f\mathrm{a}(0)}&=-z_{\Sigma(0)}\dot{I}_{f\mathrm{a}(0)}=-(0.395\underline{/77.2^{\circ}})(1.046\underline{/-48.3^{\circ}})\\&=-0.413\underline{/28.9^{\circ}}=0.413\underline{/208.9^{\circ}}=-0.361-\mathrm{j}0.199\end{aligned}$$

由此可得短路点故障相电压为

$$\dot{U}_{f\mathrm{a}}=\dot{U}_{f\mathrm{a}(1)}+\dot{U}_{f\mathrm{a}(2)}+\dot{U}_{f\mathrm{a}(0)}=0.3065-\mathrm{j}0.343=0.46\underline{/-48.3^{\circ}}$$

也可用下式求得

$$\dot{U}_{f\mathrm{a}}=z_f\dot{I}_{f\mathrm{a}}=(0.146)(3.138\underline{/-48.3^{\circ}})=0.458\underline{/-48.3^{\circ}}$$

此外,短路点非故障相电压为

$$\dot{U}_{f\mathrm{b}}=a^2\dot{U}_{f\mathrm{a}(1)}+a\dot{U}_{f\mathrm{a}(2)}+\dot{U}_{f\mathrm{a}(0)}=0.843\underline{/235.1^{\circ}}+0.187\underline{/322.5^{\circ}}+0.413\underline{/208.9^{\circ}}$$

$= -0.695 - j1.004 = 1.22 \angle 235.3°$

$\dot{U}_{fc} = a\dot{U}_{fa(1)} + a^2\dot{U}_{fa(2)} + \dot{U}_{fa(0)} = 0.843 \angle 115.1° + 0.187 \angle 82.5° + 0.413 \angle 208.9°$

$= -0.695 + j0.75 = 1.022 \angle 132.8°$

图 8-40e 示出了用相量合成法求得的各相电流、电压。

4. 正序增广网络（正序等效定则）的应用

综合上面讨论的三种不对称短路电流的分析结果，可以看出这三种情况下短路电流的正序分量的计算式（8-55）、式（8-65）、式（8-69）和三相短路电流$\dot{U}_{f|0|}/z_{\Sigma(1)}$在形式上很相似，只是阻抗为$z_{\Sigma(1)}+z_{\Delta}$，$z_{\Delta}$是附加阻抗。在单相短路时附加阻抗为$z_{\Sigma(2)}$和$z_{\Sigma(0)}$（或$z_{\Sigma(0)}+3z_f$）的串联；两相短路时附加阻抗为$z_{\Sigma(2)}$（或$z_{\Sigma(2)}+z_f$）；两相短路接地时为$z_{\Sigma(2)}$和$z_{\Sigma(0)}$（或$z_{\Sigma(0)}+3z_f$）的并联。这些结论也可直接从复合序网图 8-30c、图 8-34c、图 8-38b 观察到。因此，对于任一种不对称短路，其短路电流的正序分量可以利用图 8-41 所示的正序增广网络计算。

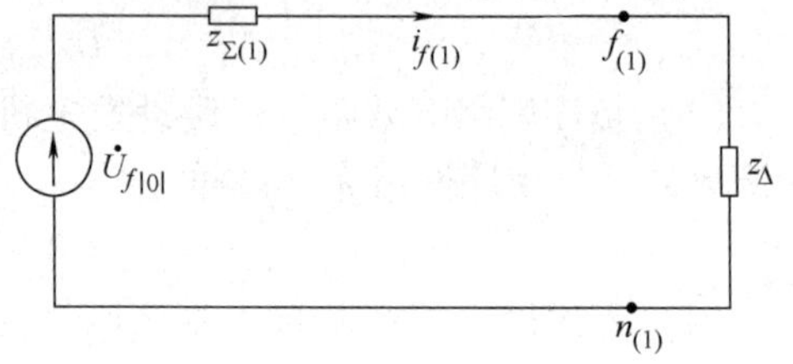

图 8-41　正序增广网络

由式（8-48）、式（8-66）、式（8-72）可看出，故障相短路电流的值和正序分量有一定关系。因此，可以归纳得出下面的公式：

$$\begin{cases}\dot{I}_{f(1)} = \dfrac{\dot{U}_{f|0|}}{z_{\Sigma(1)}+z_{\Delta}} \\ I_f = MI_{f(1)}\end{cases} \tag{8-82}$$

式中　z_{Δ}——正序增广网络中附加阻抗；

M——故障相短路电流对正序分量的倍数。

表 8-4 列出了各种短路时z_{Δ}和M的值，对于两相短路接地，表中的M值只适用于纯电抗的情况。

表 8-4　各种短路时的 z_{Δ} 和 M 值

短路种类	z_{Δ}	M
三相短路	0	1
单相短路	$z_{\Sigma(2)}+(z_{\Sigma(0)}+3z_f)$	3
两相短路	$z_{\Sigma(2)}+z_f$	$\sqrt{3}$
两相短路接地	$\dfrac{z_{\Sigma(2)}(z_{\Sigma(0)}+3z_f)}{z_{\Sigma(2)}+z_{\Sigma(0)}+3z_f}$	$\sqrt{3}\sqrt{1-\dfrac{x_{\Sigma(2)}(x_{\Sigma(0)}+3x_f)}{(x_{\Sigma(2)}+x_{\Sigma(0)}+3x_f)^2}}$

5. 应用运算曲线求故障处正序短路电流

前面介绍的方法只能用来计算某时刻（例题中均为$t=0$时）的短路电流。如果要求计算任意时刻的电流（电压），可以应用运算曲线。如前所述，在各种不对称短路时，故障处的正序电流相当于短路点f经过阻抗z_{Δ}后发生三相短路时的短路电流（显然是正序的）。因此，可以在正序网络中的短路点f上接一阻抗z_{Δ}，然后应用运算曲线求得在经过z_{Δ}后发生三相短路时任意时刻的电流，即为f点不对称短路时的正序电流。z_{Δ}必须通过负序和零序网络化简后才能求得。求得正序电流后的其他计算步骤则与前述的完全不同。

【例 8-4】 应用运算曲线计算例 8-2 的系统中节点 3 发生单相短路接地时，$t=0\text{s}$ 和 $t=0.2\text{s}$ 的短路电流（图中参数以标幺值表示）。

解 （1）作出正序增广网络如图 8-42 所示。将数字代入下式：

$$z_{\Delta}=Z_{33(2)}+Z_{33(0)}=\text{j}0.1015+\text{j}0.1179=\text{j}0.2194$$

经过网络化简得电源 1、2 对 f' 的转移阻抗为

$$x_{1f'}=\text{j}0.1833+\text{j}0.2527+\frac{\text{j}0.1833\times\text{j}0.2527}{\text{j}0.1083}=\text{j}0.864$$

$$x_{2f'}=\text{j}0.1083+\text{j}0.2527+\frac{\text{j}0.1083\times\text{j}0.2527}{\text{j}0.1833}=\text{j}0.51$$

计算电抗分别为

$$x_{1\text{js}}=0.864\times\frac{100}{50}=1.728$$

$$x_{2\text{js}}=0.51\times\frac{200}{50}=2.04$$

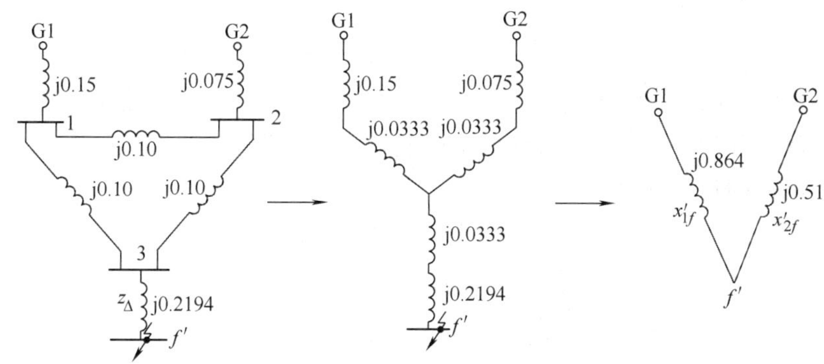

图 8-42 例 8-4 的正序增广网络及其化简

（2）查运算曲线计算正序电流

$$I''_{1(1)}=0.59,\quad I''_{2(1)}=0.51$$

$$I''_{1,0.2(1)}=0.56,\quad I''_{2,0.2(1)}=0.48$$

故

$$I''_{(1)}=0.59\times\frac{100}{\sqrt{3}\times115}\text{kA}+0.51\times\frac{200}{\sqrt{3}\times115}\text{kA}=0.808\text{kA}$$

$$I''_{0.2(1)}=0.56\times\frac{100}{\sqrt{3}\times115}\text{kA}+0.48\times\frac{200}{\sqrt{3}\times115}\text{kA}=0.763\text{kA}$$

（3）根据边界条件计算故障相短路电流。依式（8-82）的第二式

$$I''=3\times0.808\text{kA}=2.42\text{kA}$$

$$I_{0.2}=3\times0.763\text{kA}=2.29\text{kA}$$

8.3.2 非故障处电流和电压的计算

前面的分析只解决了不对称短路时故障处短路电流和电压的计算。若要分析计算网络中

任意处的电流和电压，必须先在各序网中求得该处电流和电压的各序分量，然后再合成为三相电流和电压。非故障处电流、电压一般是不满足边界条件的。

1. 计算各序网中任意处各序电流、电压

通过复合序网求得从短路点流出的$\dot{I}_{f(1)}$、$\dot{I}_{f(2)}$、$\dot{I}_{f(0)}$后，可以进而计算各序网中任一处的各序电流、电压。

对于正序网络，由于短路点$\dot{I}_{f(1)}$已知，根据叠加原理可将正序网络分解成正常情况和故障分量两部分，如图 8-43 所示。在近似计算中，正常运行情况作为空载运行。故障分量的计算比较简单，因为网络中只有节点电流$\dot{I}_{f(1)}$，由它可求得网络各节点电压以及电流分布。

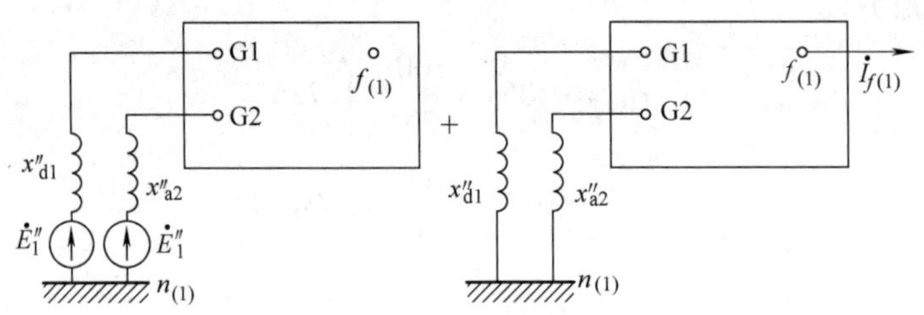

图 8-43　正序网络分解为正常情况和故障分量

对于负序和零序网络，因为没有电源，故只有故障分量。即在网络中只有短路点有节点电流，与正序故障分量一样，可以方便的求得网络中任一节点电压和任一支路电流。

任一节点电压的各序分量为

$$\begin{cases}\dot{U}_{i(1)} = \dot{U}_{i|0|} - Z_{if(1)}\dot{I}_{f(1)} \\ \dot{U}_{i(2)} = -Z_{if(2)}\dot{I}_{f(2)} \\ \dot{U}_{i(0)} = -Z_{if(0)}\dot{I}_{f(0)}\end{cases} \tag{8-83}$$

式中　$\dot{U}_{i(0)}$——正常运行时该点的电压；

Z_{if}——各序网阻抗矩阵中与短路点 f 相关的一列元素。

任一支路电流的各序分量为

$$\begin{cases}\dot{I}_{ij(1)} = \dfrac{\dot{U}_{i(1)} - \dot{U}_{j(1)}}{Z_{ij(1)}} \\ \dot{I}_{ij(2)} = \dfrac{\dot{U}_{i(2)} - \dot{U}_{j(2)}}{Z_{ij(2)}} \\ \dot{I}_{ij(0)} = \dfrac{\dot{U}_{i(0)} - \dot{U}_{j(0)}}{Z_{ij(0)}}\end{cases} \tag{8-84}$$

各序分量的电压、电流，按后面将要介绍的对称分量经变压器变换适当相位后，即可合成得该处的相电压和电流。

图 8-44 所示为一单电源系统在各种不同类型短路时，各序电压有效值的分布情况。从各序网络中可以看出，这种电压分布具有普遍性。

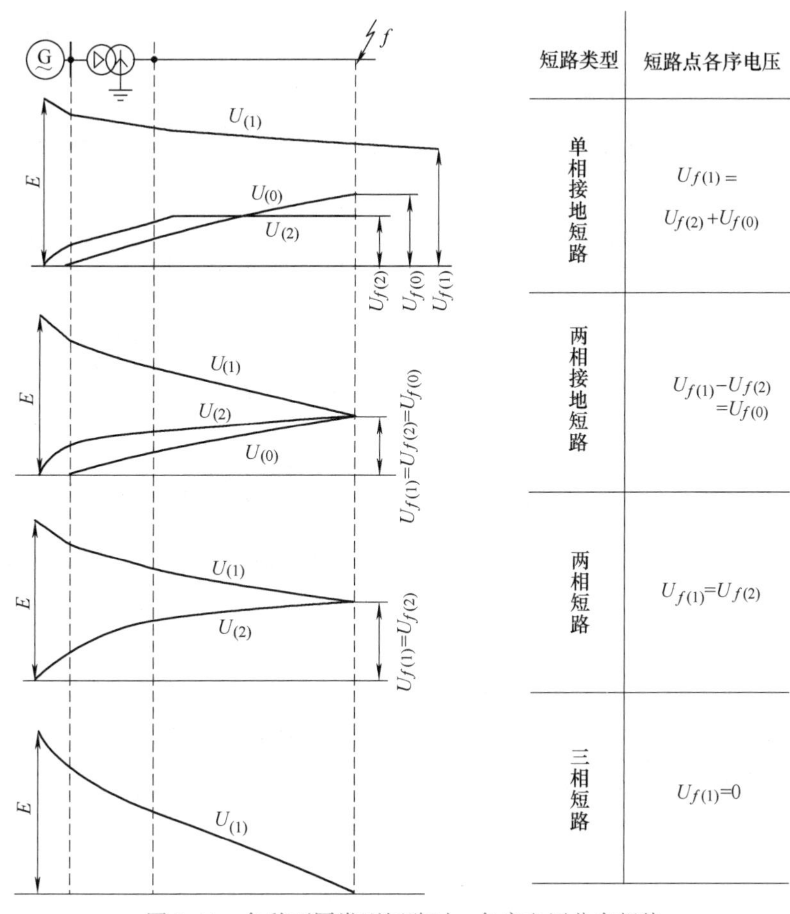

短路类型	短路点各序电压
单相接地短路	$U_{f(1)}=U_{f(2)}+U_{f(0)}$
两相接地短路	$U_{f(1)}=U_{f(2)}=U_{f(0)}$
两相短路	$U_{f(1)}=U_{f(2)}$
三相短路	$U_{f(1)}=0$

图 8-44　各种不同类型短路时，各序电压分布规律

1）越靠近电源正序电压数值越高，越靠近短路点正序电压数值就越低。三相短路时，短路点电压为零，系统其他各点电压降低最严重；两相短路接地时正序电压降低的情况仅次于三相短路；单相接地时正序电压值降低最小。

2）越靠近短路点负序和零序电压的有效值总是越高，这相当于在短路点有个负序和零序的电源。越远离短路点，负序和零序电压数值就越低。在发电机中性点上负序电压为零。

2. 对称分量经变压器后的相位变化

各序网图是将三相等效为星形联结的一相等效电路。如果待求电流（或压）的某支路（或节点）与短路点之间的变压器均为 Yy0（Y/Y-12）联结，则从各序网求得的该支路（或节点）的正、负序和零序电流（若可能流通）或电压，就是该支路（或节点）的实际的各序电流（或电压），而不必转相位。应用这些序分量即可合成得到各相电流和电压。图 8-45 所示表明了 Yy0 联结变压器在正序和负序情况下两侧电压均为同相位。显然，两侧电流相量也是同相位的。

若待计算处与短路点间有星形/三角形联结的变压器，则从各序网求得的该处正、负序电流、电压必须分别转为不同的相位才是该处的实际各序分量。应用实际的正、负序电流，电压才能合成得到该处的各相电流和电压。

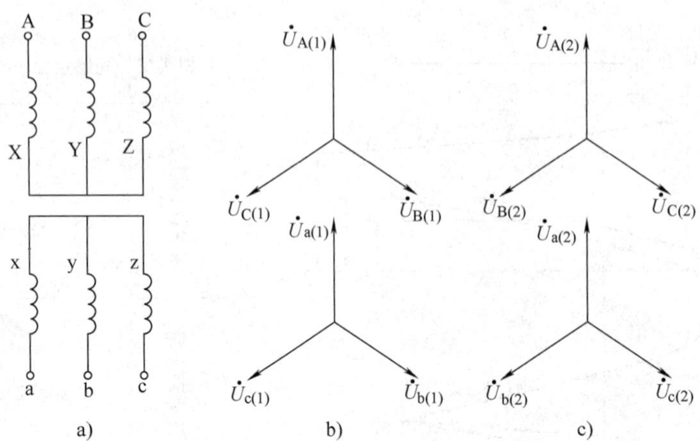

图 8-45　Yy0 联结变压器两侧电压相量

a）连接方式　b）正序分量　c）负序分量

对于图 8-46 所示的 Yd11（Y/△-11）联结变压器，其两侧正序电压相位关系如图 8-47a 所示；两侧负序电压相位关系则如图 8-47b 所示。可用如下的关系式表达：

$$\begin{cases}\dot{U}_{a(1)} = \dot{U}_{A(1)}e^{j30°} = \dot{U}_{A(1)}e^{-j330°}\\ \dot{U}_{a(2)} = \dot{U}_{A(2)}e^{j-30°} = \dot{U}_{A(2)}e^{j330°}\end{cases} \tag{8-85}$$

即对于正序分量三角形侧电压较星形侧超前 30°（即 11 点钟）或落后 330°，对于负序分量则正好相反，即落后 30°或超前 330°。

显然，电流也有相同的关系，即

$$\begin{cases}\dot{I}_{a(1)} = \dot{I}_{A(1)}e^{j30°} = \dot{I}_{A(1)}e^{-j330°}\\ \dot{I}_{a(2)} = \dot{I}_{A(2)}e^{j-30°} = \dot{I}_{A(2)}e^{j330°}\end{cases} \tag{8-86}$$

电流和电压转为相同的相位是不难理解的，因为两侧功率相等，则功率因数角必须相等。

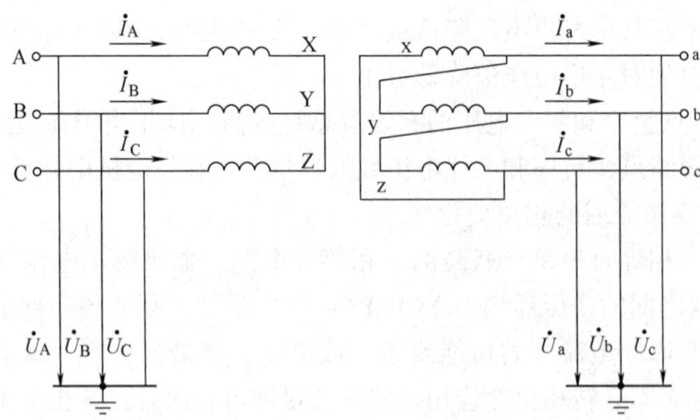

图 8-46　Yd11 联结变压器两侧电压、电流

对于星形/三角形的其他不同联结方式，若表示为 Ydk（Y/△-k，k 为正序时三角形侧电压相量作为短时针所代表的钟点数），则式（8-85）可以推广为

$$\begin{cases}\dot{U}_{a(1)} = \dot{U}_{A(1)}e^{-jk\times 30°}\\ \dot{U}_{a(2)} = \dot{U}_{A(2)}e^{jk\times 30°}\end{cases} \tag{8-87}$$

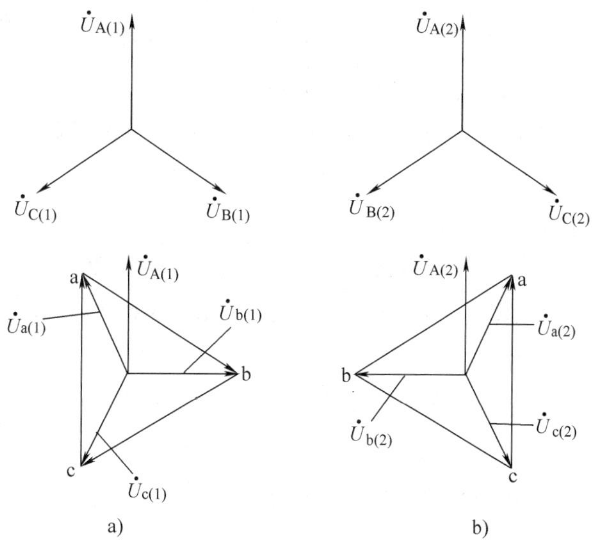

图 8-47　Yd11 变压器两侧电压对称分量的相位关系

a）两侧正序电压相位关系　b）两侧负序电压相位关系

电流关系式为

$$\begin{cases}\dot{I}_{a(1)} = \dot{I}_{A(1)}\mathrm{e}^{-\mathrm{j}k\times 30^{\circ}} \\ \dot{I}_{a(2)} = \dot{I}_{A(2)}\mathrm{e}^{\mathrm{j}k\times 30^{\circ}}\end{cases} \tag{8-88}$$

零序电流不可能经星形/三角形联结的变压器流出，所以不存在转相位问题。

【例 8-5】 计算例 8-2 中节点 3 单相短路接地瞬时的电流与电压值：（1）节点 1 和 2 的电压；（2）线路 1-3 的电流；（3）发电机 G1 的端电压。网序中的电流分布如图 8-48 所示（图中参数以标幺值表示）。

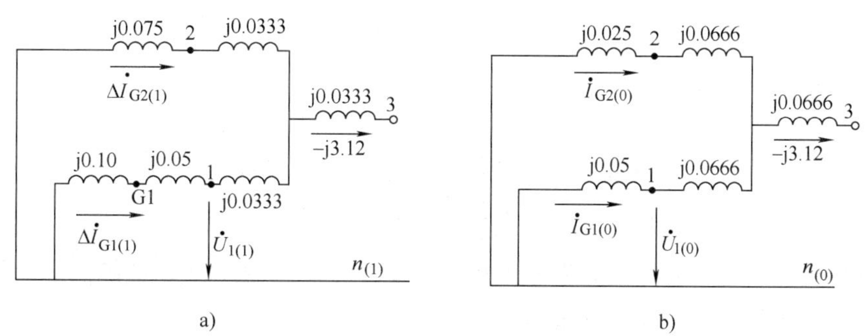

图 8-48　例 8-5 的序网中电流分布

a）正、负序网络　b）零序网络

解　（1）求节点 1 和 2 的电压。首先由正序故障分量网络（也是负序网络），如图 8-48a 所示，计算两台发电机的正序电流（故障分量）和负序电流为

$$\Delta\dot{I}_{G1(1)} = \dot{I}_{G1(2)} = -\mathrm{j}3.12\frac{\mathrm{j}0.1083}{\mathrm{j}0.1833+\mathrm{j}0.1083} = -\mathrm{j}1.159$$

$$\Delta \dot{I}_{G2(1)} = \dot{I}_{G2(2)} = -j3.12 \frac{j0.1833}{j0.1833 + j0.1083} = -j1.961$$

图 8-48a 中，节点 1、2 的正序电压故障分量

$$\Delta \dot{U}_{1(1)} = 0 - (-j1.159) \times j0.15 = -0.174$$

$$\Delta \dot{U}_{2(1)} = 0 - (-j1.961) \times j0.075 = -0.147$$

节点 1、2 的正序电压：

$$\dot{U}_{1(1)} = 1 + \Delta \dot{U}_{1(1)} = 1 - 0.174 = 0.826$$

$$\dot{U}_{2(1)} = 1 + \Delta \dot{U}_{2(1)} = 1 - 0.147 = 0.853$$

节点 1、2 的负序电压为

$$\dot{U}_{1(2)} = \Delta \dot{U}_{1(1)} = -0.174$$

$$\dot{U}_{2(2)} = \Delta \dot{U}_{2(1)} = -0.147$$

节点 1、2 的零序电压由图 8-48b 所示的零序网络求得

$$\dot{U}_{1(0)} = \left(-j3.12 \frac{j0.0916}{j0.0916 + j0.1166} \right) \times j0.05 = -0.069$$

$$\dot{U}_{2(0)} = \left(-j3.12 \frac{j0.1166}{j0.0916 + j0.1166} \right) \times j0.025 = -0.044$$

节点 1、2 的三相电压为

$$\begin{pmatrix} \dot{U}_{1a} \\ \dot{U}_{1b} \\ \dot{U}_{1c} \end{pmatrix} = \begin{pmatrix} 1 & 1 & 1 \\ a^2 & a & 1 \\ a & a^2 & 1 \end{pmatrix} \begin{pmatrix} 0.826 \\ -0.174 \\ -0.069 \end{pmatrix} = \begin{pmatrix} 0.583 \\ -0.395 - j0.866 \\ -0.395 + j0.866 \end{pmatrix}$$

$$\begin{pmatrix} \dot{U}_{2a} \\ \dot{U}_{2b} \\ \dot{U}_{2c} \end{pmatrix} = \begin{pmatrix} 1 & 1 & 1 \\ a^2 & a & 1 \\ a & a^2 & 1 \end{pmatrix} \begin{pmatrix} 0.853 \\ -0.147 \\ -0.044 \end{pmatrix} = \begin{pmatrix} 0.662 \\ -0.40 - j0.866 \\ -0.40 + j0.866 \end{pmatrix}$$

其有效值分别为

$$\begin{pmatrix} U_{1a} \\ U_{1b} \\ U_{1c} \end{pmatrix} = \begin{pmatrix} 0.583 \\ 0.952 \\ 0.952 \end{pmatrix}, \quad \begin{pmatrix} U_{2a} \\ U_{2b} \\ U_{2c} \end{pmatrix} = \begin{pmatrix} 0.662 \\ 0.954 \\ 0.954 \end{pmatrix}$$

由此结果可知，在非故障处 a 相电压并不为零，而 b、c 相电压比故障点处为低。

（2）线路 1-3 的电流。各序分量为

$$\dot{I}_{1\text{-}3(1)} = \frac{\dot{U}_{1(1)} - \dot{U}_{3(1)}}{z_{1\text{-}3(1)}} = \frac{0.826 - 0.683}{j0.10} = -j1.43$$

$$\dot{I}_{1\text{-}3(2)} = \frac{\dot{U}_{1(2)} - \dot{U}_{3(2)}}{z_{1\text{-}3(2)}} = \frac{-0.174 + 0.316}{j0.10} = -j1.43$$

$$\dot{I}_{1\text{-}3(0)} = \frac{\dot{U}_{1(0)} - \dot{U}_{3(0)}}{z_{1\text{-}3(0)}} = \frac{-0.069 + 0.368}{j0.20} = -j1.50$$

线路 1-3 的三相电流为

$$\begin{pmatrix} \dot{I}_{1\text{-}3a} \\ \dot{I}_{1\text{-}3b} \\ \dot{I}_{1\text{-}3c} \end{pmatrix} = \begin{pmatrix} 1 & 1 & 1 \\ a^2 & a & 1 \\ a & a^2 & 1 \end{pmatrix} \begin{pmatrix} -\mathrm{j}1.43 \\ -\mathrm{j}1.43 \\ -\mathrm{j}1.50 \end{pmatrix} = \begin{pmatrix} -\mathrm{j}4.36 \\ -\mathrm{j}0.07 \\ -\mathrm{j}0.07 \end{pmatrix}$$

（3）G1 端电压的正序分量（故障分量）和负序分量由图 8-48a 可得

$$\Delta \dot{U}_{G1(1)} = \dot{U}_{G1(2)} = -(-\mathrm{j}1.159) \times (\mathrm{j}0.10) = -0.116$$

故

$$\dot{U}_{G1(1)} = 1 - 0.166 = 0.884$$

由于发电机端电压的零序分量为零，故三相电压由正、负序合成。考虑到变压器为 Yd11 联结，所以在合成三相电压前正序分量要逆时针方向转 30°，而负序分量要顺时针转 30°，即

$$\begin{pmatrix} \dot{U}_a \\ \dot{U}_b \\ \dot{U}_c \end{pmatrix} = \begin{pmatrix} 1 & 1 & 1 \\ a^2 & a & 1 \\ a & a^2 & 1 \end{pmatrix} \begin{pmatrix} 0.844\mathrm{e}^{\mathrm{j}30°} \\ -0.116\mathrm{e}^{-\mathrm{j}30°} \\ 0 \end{pmatrix} = \begin{pmatrix} 0.665 + \mathrm{j}0.5 \\ -\mathrm{j} \\ -0.665 + \mathrm{j}0.5 \end{pmatrix}$$

它们的有效值为

$$\begin{pmatrix} U_a \\ U_b \\ U_c \end{pmatrix} = \begin{pmatrix} 0.831 \\ 1 \\ 0.831 \end{pmatrix}$$

8.4 非全相运行的分析和计算

非全相运行是指一相或两相断开的运行状态。造成非全相运行的原因很多，例如某一线路单相接地短路后，故障相断路器跳闸；导线一相或两相断线等。电力系统在非全相运行时，在一般情况下没有危险的大电流和高电压产生（在某些情况下，例如对于带有并联电抗器的超高压线路，在一定条件下会产生工频谐振过电压）。但负序电流的出现对发电机转子有危害，零序电流对输电线附近的通信线路有干扰。另外，负序和零序电流也可能引起某些继电保护误动作。因此，必须掌握非全相运行的分析方法。

电力系统中某处发生一相或两相断线的情况，分别如图 8-49a、b 所示。这种情况直接引起三相线路电流（从断口一侧流到另一侧）和三相断口两端间电压不对称，而系统其他各处的参数仍是对称的，所以把非全相运行称为纵向故障。在不对称短路时，故障引起短路点三相电流（从短路点流出的）和短路点对地的三相电压不对称。因此通常称短路故障为横向故障。

和分析不对称短路时类似，将故障处电流、电压，即线路电流和断口间电压分解成三个序分量，如图 8-49c 所示。由于系统其他地方参数是三相对称的，因此三序电压方程是互为独立的。可以与不对称短路时一样作出三序的等值网络。图 8-50 所示为一任意复杂系统的三序网络示意图。这三个序网图与图 8-28 中的三个序网图不同，图 8-50 中的故障点 q 和 k 均为网络中的节点。

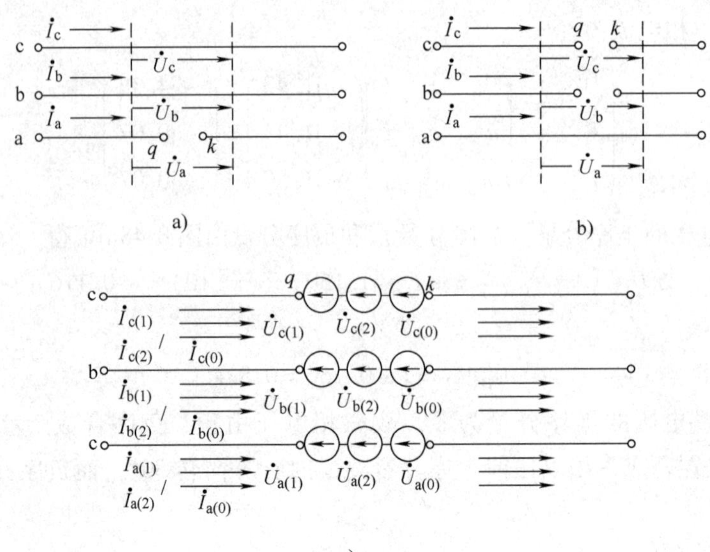

图 8-49　非全相运行示意图

a）单相断线　b）两相断线　c）断口处电压和线路电流各序分量

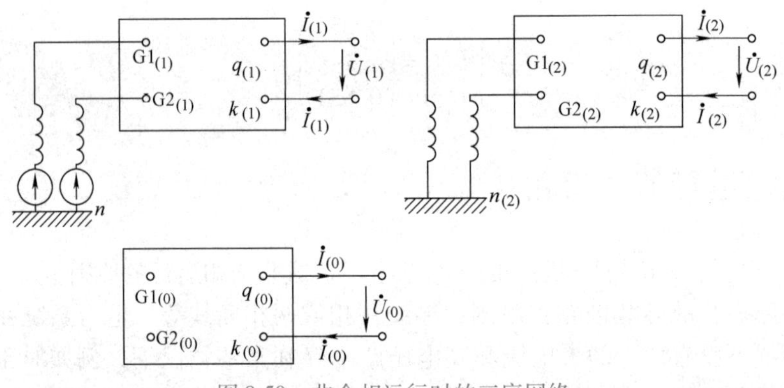

图 8-50　非全相运行时的三序网络

对于这三个序网，可以写出其对故障处的电压平衡方程式如下：

$$\begin{cases}\dot{U}_{qk|0|}-\dot{I}_{(1)}z_{(1)}=\dot{U}_{(1)}\\0-\dot{I}_{(2)}z_{(2)}=\dot{U}_{(2)}\\0-\dot{I}_{(0)}z_{(0)}=\dot{U}_{(0)}\end{cases}\tag{8-89}$$

式（8-89）中，$\dot{U}_{qk|0|}$ 为 q、k 两节点间开路电压，即当 q、k 两节点间三相断开时，在电源作用下 q、k 两节点间的电压；$z_{(1)}$、$z_{(2)}$、$z_{(0)}$ 分别为正、负、零序网络从断口 q、k 看进去的等效阻抗（正序的电压源短路）。

式（8-89）的第一式由戴维南定理可得。

对于图 8-51a 所示的两个电源并联的简单系统，当发生非全相运行时，其三个序网络如图 8-51b 所示。这时

$$z_{(1)}=z_{M(1)}+z_{N(1)},\quad z_{(2)}=z_{M(2)}+z_{N(2)},\quad z_{(0)}=z_{M(0)}+z_{N(0)}$$

$$\dot{U}_{qk|0|}=\dot{E}_M-\dot{E}_N$$

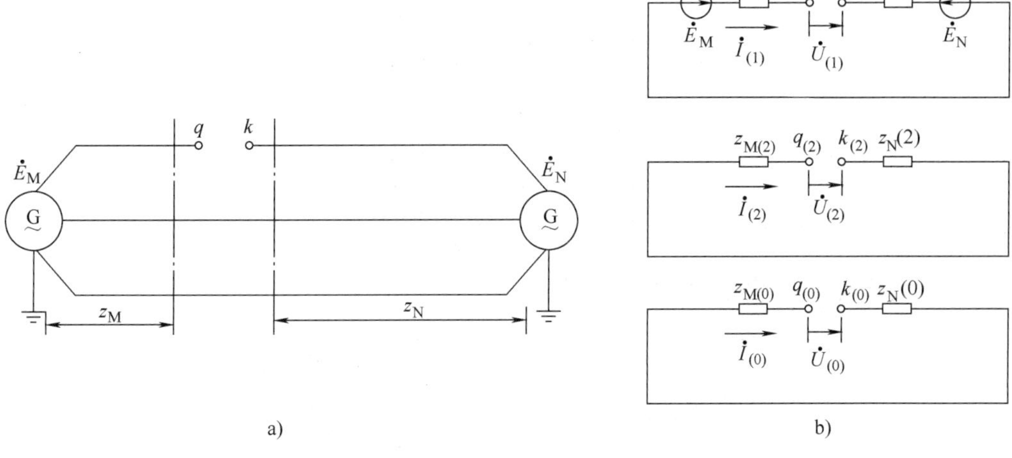

图 8-51　两个电源系统非全相运行

a）系统图　b）三序网络图

三序网对断口的等效阻抗 $z_{(1)}$、$z_{(2)}$、$z_{(0)}$ 和三个序网的节点阻抗矩阵的元素有一定关系。以 $z_{(1)}$ 为例，当电压源短路（$\dot{U}_{qk|0|}=0$），从 q、k 通过一单位电流（从 q 流进，k 流出，即 $\dot{I}_{(1)}=-1$），则由式（8-89）知，这时 q、k 间的电压值即为 $z_{(1)}$ 的数值。根据叠加原理，这也就相当于分别从 q 通入一正单位电流时 q、k 间电压与 k 通入一负单位电流时 q、k 间电压之和。当 q 通入单位电流时 q、k 间电压为 $Z_{qq(1)}-Z_{kq(1)}$，而当 k 通入一负单位电流时 q、k 间电压为 $-Z_{qk(1)}+Z_{kk(1)}$，所以

$$\begin{aligned} z_{(1)} &= Z_{qq(1)}-Z_{kq(1)}-Z_{qk(1)}+Z_{kk(1)} \\ &= Z_{qq(1)}+Z_{kk(1)}-2Z_{qk(1)} \end{aligned} \tag{8-90}$$

同理

$$\begin{cases} z_{(2)}=Z_{qq(2)}+Z_{kk(2)}-2Z_{qk(2)} \\ z_{(0)}=Z_{qq(0)}+Z_{kk(0)}-2Z_{qk(0)} \end{cases} \tag{8-91}$$

式（8-89）给出了各序对断口的电压平衡方程，还必须结合断口处的边界条件，才能计算出断口处电压、电流各序分量。下面分别讨论一相断线和两相断线的情况。

8.4.1　一相断线

对于 a 相断线，不难从图 8-49a 直接看出故障处的边界条件

$$\dot{I}_a=0,\quad \dot{U}_b=\dot{U}_c=0 \tag{8-92}$$

其相应的各序分量边界条件（略去下标 a）为

$$\begin{cases} \dot{I}_{(1)}+\dot{I}_{(2)}+\dot{I}_{(0)}=0 \\ \dot{U}_{(1)}=\dot{U}_{(2)}=\dot{U}_{(0)} \end{cases} \tag{8-93}$$

它与两相短路接地时的边界条件形式上完全一样。应该注意的是，现在的故障处电流是流过断线线路上的电流，故障处的电压是断口间的电压。一相断线时的复合序网如图 8-52a 所示，即在故障处并联。

这时，断线线路上各序电流（即断口电流）为

$$\begin{cases}\dot{I}_{(1)}=\dfrac{\dot{U}_{qk|0|}}{z_{(1)}+\dfrac{z_{(2)}z_{(0)}}{z_{(2)}+z_{(0)}}}\\ \dot{I}_{(2)}=-\dot{I}_{(1)}\dfrac{z_{(0)}}{z_{(2)}+z_{(0)}}\\ \dot{I}_{(0)}=-\dot{I}_{(1)}\dfrac{z_{(2)}}{z_{(2)}+z_{(0)}}\end{cases} \tag{8-94}$$

断口的各序电压可用式（8-89）求得。

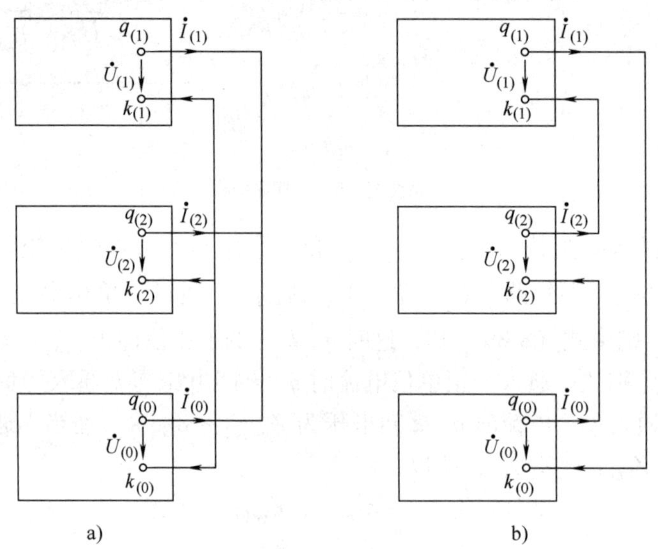

图 8-52　断线故障的复合序网

a）一相断线　b）两相断线

8.4.2　两相断线

由图 8-49b 可得 b、c 相断线处的边界条件

$$\dot{U}_a=0,\dot{I}_b=\dot{I}_c=0 \tag{8-95}$$

其相应的各序分量边界条件为

$$\begin{cases}\dot{U}_{(1)}+\dot{U}_{(2)}+\dot{U}_{(0)}=0\\ \dot{I}_{(1)}=\dot{I}_{(2)}=\dot{I}_{(0)}\end{cases} \tag{8-96}$$

和单相短路接地时的边界条件形式上完全一样。

断线线路上各序电流为

$$\dot{I}_{(1)}=\dot{I}_{(2)}=\dot{I}_{(0)}=\frac{\dot{U}_{qk|0|}}{z_{(1)}+z_{(2)}+z_{(0)}} \tag{8-97}$$

与不对称短路时一样，可以用正序增广网络计算正序分量。正序增广网络为在正序网络的断口处串一附加阻抗 z_Δ。一相断线时 $z_\Delta=\dfrac{z_{(0)}z_{(2)}}{z_{(2)}+z_{(0)}}$；两相断线时 $z_\Delta=z_{(2)}+z_{(0)}$。

8.4.3 应用叠加原理的分析方法

上述不对称断线的计算步骤与不对称短路的基本相同。但是短路点的开路电压$\dot{U}_{f|0|}$即正常运行时f点的电压，可以由正常潮流计算求得，在近似计算中取为1。而$\dot{U}_{qk|0|}$是保持正常运行时电源电动势，开断$q-k$支路后的断口电压，它不能由正常潮流计算求得。

一般断线前的正常运行方式已知，线路电流也是已知的，若把断线看做是突然叠加一个负电流源，则可如图8-53所示，将断线分解成正常运行方式和具有一个不对称电流源的故障分量，故障分量的计算将较为简单。

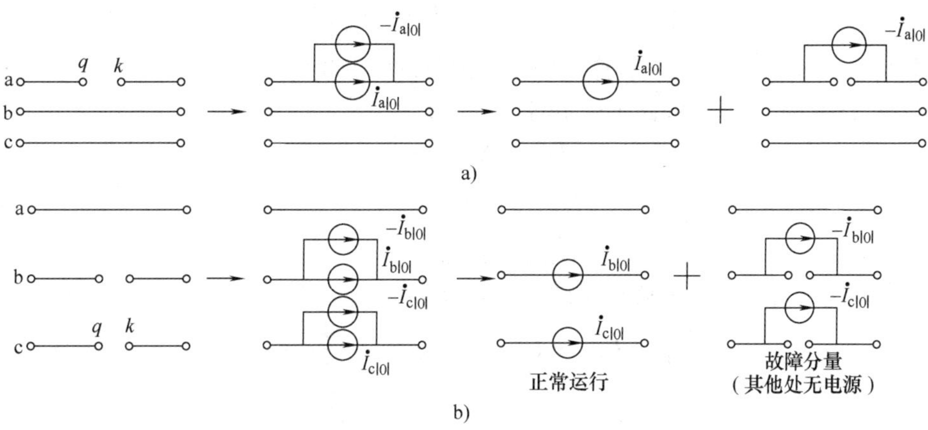

图8-53 不对称断线应用叠加原理

a）一相断线 b）两相断线

1. 一相断线的分析

故障分量的边界条件为

$$\Delta \dot{I}_a = -\dot{I}_{a|0|}, \quad \dot{U}_b = \dot{U}_c = 0 \tag{8-98}$$

转换为各序分量为

$$\begin{cases}\Delta \dot{I}_{a(1)} + \Delta \dot{I}_{a(2)} + \Delta \dot{I}_{a(0)} = -\dot{I}_{a|0|} \\ \dot{U}_{(1)} = \dot{U}_{(2)} = \dot{U}_{(0)}\end{cases} \tag{8-99}$$

其复合序网如图8-54a所示。

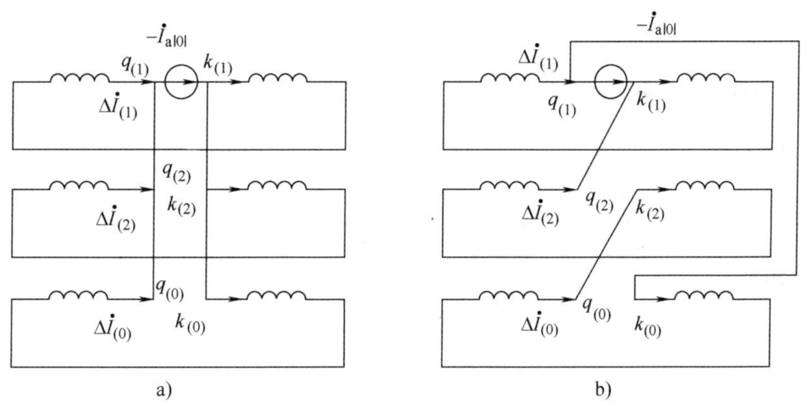

图8-54 故障分量的复合序网

a）一相断线 b）两相断线

由图 8-54a 可得

$$\begin{cases}\Delta\dot{I}_{(1)}=-\dot{I}_{a|0|}\dfrac{1}{\dfrac{1}{z_{(1)}}+\dfrac{1}{z_{(2)}}+\dfrac{1}{z_{(0)}}}\dfrac{1}{z_{(1)}}\\ \Delta\dot{I}_{(2)}=-\dot{I}_{a|0|}\dfrac{1}{\dfrac{1}{z_{(1)}}+\dfrac{1}{z_{(2)}}+\dfrac{1}{z_{(0)}}}\dfrac{1}{z_{(2)}}\\ \Delta\dot{I}_{(0)}=-\dot{I}_{a|0|}\dfrac{1}{\dfrac{1}{z_{(1)}}+\dfrac{1}{z_{(2)}}+\dfrac{1}{z_{(0)}}}\dfrac{1}{z_{(0)}}\end{cases} \tag{8-100}$$

式中　$z_{(1)}$、$z_{(2)}$、$z_{(0)}$——各序网图中两侧阻抗的串联值。

加上正常运行分量后，线路上电流各序分量为

$$\begin{cases}\dot{I}_{(1)}=\Delta\dot{I}_{(1)}+\dot{I}_{a|0|}\\ \dot{I}_{(2)}=\Delta\dot{I}_{(2)}\\ \dot{I}_{(0)}=\Delta\dot{I}_{(0)}\end{cases} \tag{8-101}$$

断口各序电压分量为（故障分量即为实际分量）

$$\dot{U}_{(1)}=\dot{U}_{(2)}=\dot{U}_{(0)}=\dot{I}_{a|0|}\frac{1}{\dfrac{1}{z_{(1)}}+\dfrac{1}{z_{(2)}}+\dfrac{1}{z_{(0)}}} \tag{8-102}$$

2. 两相断线分析

故障分量的边界条件为

$$\dot{U}_a=0,\quad \Delta\dot{I}_b=-\dot{I}_{b|0|},\quad \Delta\dot{I}_c=-\dot{I}_{c|0|} \tag{8-103}$$

其各序分量边界条件为

$$\dot{U}_{(1)}+\dot{U}_{(2)}+\dot{U}_{(0)}=0,\quad \Delta\dot{I}_{(1)}+\dot{I}_{a|0|}=\Delta\dot{I}_{(2)}=\Delta\dot{I}_{(0)} \tag{8-104}$$

式（8-104）中，后面两个等式可由式（8-104）中 $\Delta\dot{I}_b+\Delta\dot{I}_c=\dot{I}_{a|0|}$ 和 $\Delta\dot{I}_b-\Delta\dot{I}_c=-(a^2-a)\dot{I}_{a|0|}$ 推导而得。相应的复合序网如图 8-54b 所示。由图可得

$$\begin{cases}\Delta\dot{I}_{(1)}=-\dot{I}_{a|0|}\dfrac{1}{\dfrac{1}{z_{(1)}}+\dfrac{1}{z_{(2)}+z_{(0)}}}\dfrac{1}{z_{(1)}}=-\dot{I}_{a|0|}\dfrac{z_{(2)}+z_{(0)}}{z_{(1)}+z_{(2)}+z_{(0)}}\\ \Delta\dot{I}_{(2)}=\Delta\dot{I}_{(0)}=\dot{I}_{a|0|}\dfrac{z_{(1)}}{z_{(1)}+z_{(2)}+z_{(0)}}\end{cases} \tag{8-105}$$

线路上各序电流

$$\dot{I}_{(1)}=\dot{I}_{(2)}=\dot{I}_{(0)}=\dot{I}_{a|0|}\frac{z_{(1)}}{z_{(1)}+z_{(2)}+z_{(0)}} \tag{8-106}$$

断口各序电压

$$\begin{cases}\dot{U}_{(1)}=-\Delta\dot{I}_{(1)}z_{(1)}\\ \dot{U}_{(2)}=-\Delta\dot{I}_{(2)}z_{(2)}\\ \dot{U}_{(0)}=-\Delta\dot{I}_{(0)}z_{(0)}\end{cases} \tag{8-107}$$

这种分析方法比较简单，只要知道故障前故障线路的负荷电流即可进行计算。

在已知断口故障分量电流 $\Delta\dot{I}_{(1)}\sim\Delta\dot{I}_{(0)}$ 后，可求网络中任一点电压的故障分量

$$\begin{cases}\Delta\dot{U}_{i(1)}=-(Z_{iq(1)}-Z_{ik(1)})\Delta\dot{I}_{(1)}=-z_{i\text{-}qk(1)}\Delta\dot{I}_{(1)}\\ \Delta\dot{U}_{i(2)}=-(Z_{iq(2)}-Z_{ik(2)})\Delta\dot{I}_{(2)}=-z_{i\text{-}qk(2)}\Delta\dot{I}_{(2)}\\ \Delta\dot{U}_{i(0)}=-(Z_{iq(0)}-Z_{ik(0)})\Delta\dot{I}_{(0)}=-z_{i\text{-}qk(0)}\Delta\dot{I}_{(0)}\end{cases}\tag{8-108}$$

式中　Z_{iq}、Z_{ik}——各序网阻抗矩阵元素；

$z_{i\text{-}qk}$——$q\text{-}k$ 通过单位电流时 i 点的电压值，可理解为 i 点对故障断口的转移阻抗，$z_{i\text{-}qk}=Z_{iq}-Z_{ik}$。

任一点电压的各序分量为

$$\begin{cases}\dot{U}_{i(1)}=\dot{U}_{i|0|}-z_{i\text{-}qk(1)}\Delta\dot{I}_{(1)}\\ \dot{U}_{i(2)}=-z_{i\text{-}qk(2)}\Delta\dot{I}_{(2)}\\ \dot{U}_{i(0)}=-z_{i\text{-}qk(0)}\Delta\dot{I}_{(0)}\end{cases}\tag{8-109}$$

式中　$\dot{U}_{i|0|}$——正常运行时 i 点电压。

任一支路电流各序分量的计算公式可用式（8-88）。

【例 8-6】 对于图 8-55 所示的系统，试计算线路末端 a 相断线时 b、c 两相电流，a 相断口电压以及发电机母线三相电压（图中参数以标幺值表示）。

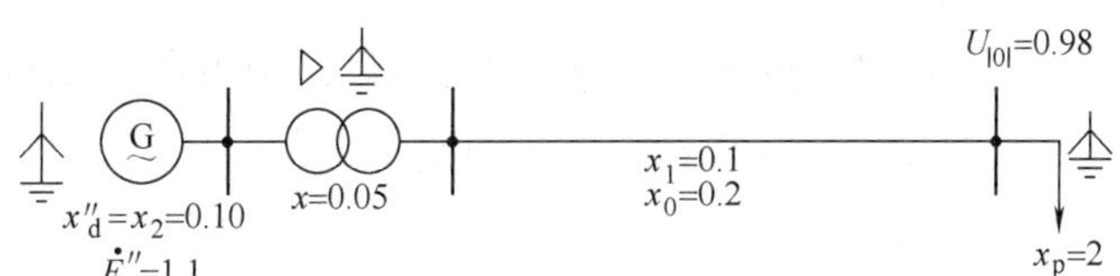

图 8-55　例 8-6 的系统图

解　(1) 用一般方法。本例题系统简单，$\dot{U}_{qk|0|}$ 易求，可用一般方法求解。

1）作出各序网图并连成复合序网，如图 8-56a 所示。

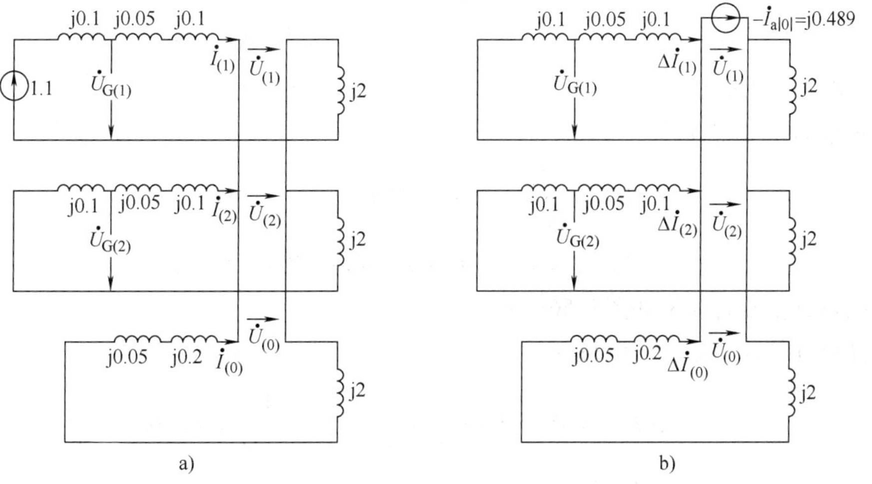

图 8-56　例 8-6 的序网图

a）一般方法　b）叠加原理法

2）由正序网计算出断口电压$\dot{U}_{qk|0|}$

$$\dot{U}_{qk|0|}=\dot{E}''=1.1$$

由三序网得断口各序等效阻抗（直接由序网得出，未利用节点阻抗矩阵）

$$z_{(1)}=z_{(2)}=\mathrm{j}(0.1+0.05+0.1+2)=\mathrm{j}2.25$$

$$z_{(0)}=\mathrm{j}(0.05+0.2+2)=\mathrm{j}2.25$$

这里$z_{(0)}=z_{(1)}$纯属巧合。

3）故障处三序电流为

$$\dot{I}_{(1)}=\frac{1.1}{\mathrm{j}(2.25+2.25/\!/2.25)}=-\mathrm{j}0.326$$

$$\dot{I}_{(2)}=\dot{I}_{(0)}=-(-\mathrm{j}0.326)\times\frac{1}{2}=\mathrm{j}0.163$$

线路 b、c 相电流为

$$\dot{I}_{\mathrm{b}}=a^2(-\mathrm{j}0.326)+a(\mathrm{j}0.163)+\mathrm{j}0.163=-\mathrm{j}a^2\times0.489$$

$$\dot{I}_{\mathrm{c}}=a(-\mathrm{j}0.326)+a^2(\mathrm{j}0.163)+\mathrm{j}0.163=-\mathrm{j}a\times0.489$$

4）断口三序电压为

$$\dot{U}_{(1)}=\dot{U}_{(2)}=\dot{U}_{(0)}=-(\mathrm{j}0.163)\times\mathrm{j}2.25=0.367$$

5）发电机母线三序电压

$$\dot{U}_{\mathrm{G}(1)}=1.1-\mathrm{j}0.1\times(-\mathrm{j}0.326)=1.1-0.0326=1.067$$

$$\dot{U}_{\mathrm{G}(2)}=\mathrm{j}0.1(-\mathrm{j}0.163)=0.016$$

$$\dot{U}_{\mathrm{G}(0)}=0$$

这里正序电压直接由正序网计算，未利用叠加原理。

若变压器为 11 点钟联结，母线三相电压为

$$\begin{pmatrix}\dot{U}_{\mathrm{Ga}}\\ \dot{U}_{\mathrm{Gb}}\\ \dot{U}_{\mathrm{Gc}}\end{pmatrix}=\begin{pmatrix}1 & 1 & 1\\ a^2 & a & 1\\ a & a^2 & 1\end{pmatrix}\begin{pmatrix}1.067\mathrm{e}^{\mathrm{j}30^\circ}\\ 0.016\mathrm{e}^{-\mathrm{j}30^\circ}\\ 0\end{pmatrix}=\begin{pmatrix}1.15\angle 23.15^\circ\\ 0.907\angle -90^\circ\\ 1.15\angle 156.85^\circ\end{pmatrix}$$

（2）用叠加原理法。

1）正常运行方式计算

$$\dot{I}_{\mathrm{a}|0|}=\frac{1.1}{\mathrm{j}2.25}=-\mathrm{j}0.489$$

$$\dot{U}_{\mathrm{Ga}|0|}=1.1-\mathrm{j}0.1\times(-\mathrm{j}0.489)=1.051$$

2）故障分量复合序网如图 8-56b 所示。

3）断口处故障分量三序电流为

$$\Delta\dot{I}_{(1)}=\mathrm{j}0.489\times\left(\frac{1}{3}\times\mathrm{j}2.25\right)\times\frac{1}{\mathrm{j}2.25}=\mathrm{j}0.163$$

$$\Delta\dot{I}_{(2)}=\Delta\dot{I}_{(0)}=\mathrm{j}0.163$$

三序电流为

$$\dot{I}_{(1)} = -\mathrm{j}0.489 + \mathrm{j}0.163 = -\mathrm{j}0.326$$

$$\dot{I}_{(1)} = \dot{I}_{(0)} = \mathrm{j}0.163$$

4）断口处三序电压

$$\dot{U}_{(1)} = \dot{U}_{(2)} = \dot{U}_{(0)} = -(\mathrm{j}0.136) \times \mathrm{j}2.25 = 0.367$$

5）发电机母线三序电压。

故障分量为

$$\Delta\dot{U}_{G(1)} = \Delta\dot{U}_{G(2)} = -\mathrm{j}0.163 \times \mathrm{j}0.1 = 0.016$$

$$\Delta\dot{U}_{G(0)} = 0$$

全量为

$$\dot{U}_{G(1)} = \dot{U}_{G|0|} + \Delta\dot{U}_{G(1)} = 1.051 + 0.016 = 1.067$$

$$\dot{U}_{G(2)} = \Delta\dot{U}_{G(2)} = 0.016$$

以上结果均与一般算法一致。

8.5　不对称故障计算的计算机算法

前面介绍的用对称分量法计算不对称故障的计算步骤是很简明的。图 8-57 所示为计算简单故障（短路或断线）的计算程序原理框图。

下面对图 8-57 所示的原理框图作一简要说明。

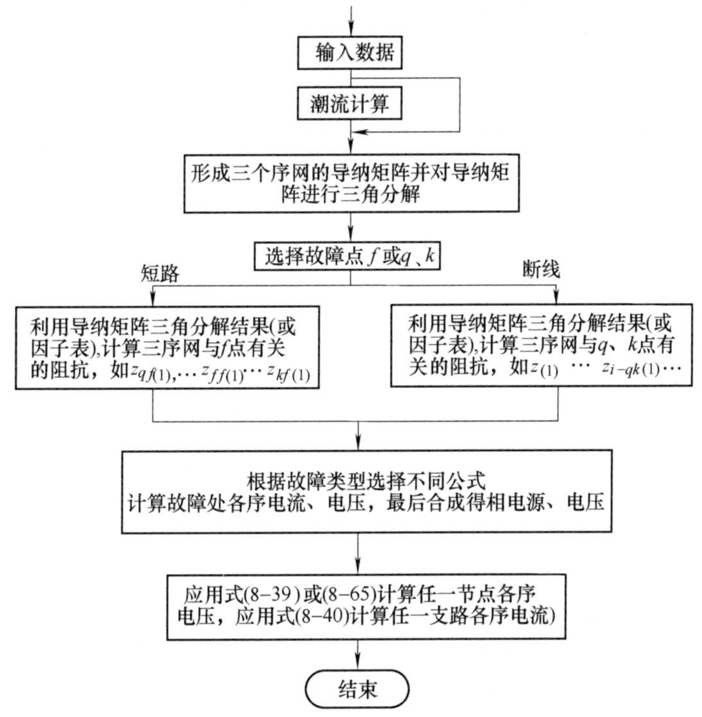

图 8-57　不对称故障计算程序原理框图

1）如果要求准确计算故障前的运行情况，则需进行潮流计算。在近似的实用计算中，

对于短路故障可假设各节点$\dot{U}_{|0|}$均为1。

2）这里采用形成节点导纳矩阵的方法。发电机的正序电抗用x''_{d}，可计算故障后瞬时的量。发电机的负序电抗近似等于x''_{d}。当计算中不计负荷影响时，在正、负序网络中不接入负荷阻抗。如果计及负荷影响，负荷的正序阻抗可通过其额定功率和电压计算。负序阻抗很难确定，一般取$x_{(2)}=0.35$（以负荷额定功率为基准）。负荷的中性点一般不接地，零序无通路。

3）形成三个序网的节点导纳矩阵后，对它们进行三角化或形成因子表。利用三序网的因子表即可求得故障端点的等效阻抗。对于短路故障，只需令$\dot{I}_f=1$（其余节点电流均为零），分别应用三序因子表求解一次所得电压，即为三序网和f点有关的节点阻抗。对于断线故障，则令$\dot{I}_q=1$，$\dot{I}_k=-1$（其余节点的电流均为零），分别应用三序因子表求解得各点电压，则故障端口阻抗为

$$z_{(1)}=\dot{U}_{q(1)}-\dot{U}_{k(1)},\quad z_{(2)}=\dot{U}_{q(2)}-\dot{U}_{k(2)},\quad z_{(0)}=\dot{U}_{q(0)}-\dot{U}_{k(0)} \tag{8-110}$$

而其他任一节点i的电压是i点对故障端口的转移阻抗

$$z_{i\text{-}qk(1)}=\dot{U}_{i(1)},\quad z_{i\text{-}qk(2)}=\dot{U}_{i(2)},\quad z_{i\text{-}qk(0)}=\dot{U}_{i(0)} \tag{8-111}$$

当然，也可以先令$\dot{I}_q=1$求解一次，得到与q有关的节点阻抗，再令$\dot{I}_k=1$求解一次，得与k有关的节点阻抗，则

$$\begin{cases}z_{(1)}=Z_{qq(1)}+Z_{kk(1)}-2Z_{qk(1)}\\ z_{i\text{-}qk(1)}=Z_{iq(1)}-Z_{ik(1)}\end{cases} \tag{8-112}$$

有关节点的负序和零序阻抗，也有类似关系。

4）根据不同的故障，可分别利用表8-5所列公式计算故障处各序电流、电压，进而可合成得三相电流、电压。

表8-5　各类故障处的各序电流、电压计算公式

故障种类	故障端各序电流公式	故障端口各序电压公式
单相短路	$\dot{I}_{f(1)}=\dot{I}_{f(2)}=\dot{I}_{f(0)}=\dfrac{\dot{U}_{f\|0\|}}{z_{ff(1)}+z_{ff(2)}+z_{ff(0)}+3z_f}$	$\dot{U}_{f(1)}=\dot{U}_{f\|0\|}-\dot{I}_{f(1)}z_{ff(1)}$ $\dot{U}_{f(2)}=-\dot{I}_{f(2)}z_{ff(2)}$ $\dot{U}_{f(0)}=-\dot{I}_{f(0)}z_{ff(0)}$
两相短路	$\dot{I}_{f(1)}=-\dot{I}_{f(2)}=\dfrac{\dot{U}_{f\|0\|}}{z_{ff(1)}+z_{ff(2)}+z_f}$	$\dot{U}_{f(1)}=\dot{U}_{f\|0\|}-\dot{I}_{f(1)}z_{ff(1)}$ $\dot{U}_{f(2)}=-\dot{I}_{f(2)}z_{ff(2)}$
两相短路接地	$\dot{I}_{f(1)}=\dfrac{\dot{U}_{f\|0\|}}{z_{ff(1)}+\dfrac{z_{ff(2)}(z_{ff(0)}+3z_f)}{z_{ff(2)}+(z_{ff(0)}+3z_f)}}$ $\dot{I}_{f(2)}=-\dot{I}_{f(1)}\dfrac{z_{ff(0)}+3z_f}{z_{ff(2)}+(z_{ff(0)}+3z_f)}$ $\dot{I}_{f(0)}=\dot{I}_{f(1)}\dfrac{z_{ff(2)}}{z_{ff(2)}+(z_{ff(0)}+3z_f)}$	同单相短路

（续）

故障种类	故障端各序电流公式	故障端口各序电压公式
一相断线	$\dot{I}_{(1)}=\dot{I}_{a\|0\|}-\dot{I}_{a\|0\|}\dfrac{1}{\dfrac{1}{z_{(1)}}+\dfrac{1}{z_{(2)}}+\dfrac{1}{z_{(0)}}}\dfrac{1}{z_{(1)}}$ $\dot{I}_{(2)}=-\dot{I}_{a\|0\|}\dfrac{1}{\dfrac{1}{z_{(1)}}+\dfrac{1}{z_{(2)}}+\dfrac{1}{z_{(0)}}}\dfrac{1}{z_{(2)}}$ $\dot{I}_{(0)}=-\dot{I}_{a\|0\|}\dfrac{1}{\dfrac{1}{z_{(1)}}+\dfrac{1}{z_{(2)}}+\dfrac{1}{z_{(0)}}}\dfrac{1}{z_{(0)}}$	$\dot{U}_{(1)}=\dot{U}_{(2)}=\dot{U}_{(0)}$ $=-\dot{I}_{(2)}z_{(2)}=-\dot{I}_{(0)}z_{(0)}$ $=\dot{I}_{a\|0\|}\dfrac{1}{\dfrac{1}{z_{(1)}}+\dfrac{1}{z_{(2)}}+\dfrac{1}{z_{(0)}}}$
两相断线	$\dot{I}_{(1)}=\dot{I}_{(2)}=\dot{I}_{(0)}$ $=\dot{I}_{a\|0\|}\dfrac{z_{(1)}}{z_{(1)}+z_{(2)}+z_{(0)}}$	$\dot{U}_{(1)}=\dot{I}_{a\|0\|}\dfrac{z_{(2)}+z_{(0)}}{z_{(1)}+z_{(2)}+z_{(0)}}z_{(1)}$ $\dot{U}_{(2)}=-\dot{I}_{(2)}z_{(2)}$ $=-\dot{I}_{a\|0\|}\dfrac{z_{(1)}}{z_{(1)}+z_{(2)}+z_{(0)}}z_{(2)}$ $\dot{U}_{(0)}=-\dot{I}_{(0)}z_{(0)}$ $=-\dot{I}_{a\|0\|}\dfrac{z_{(1)}}{z_{(1)}+z_{(2)}+z_{(0)}}z_{(0)}$

5）计算网络中任一点电压时负序和零序电压只需计算由故障点电流引起的电压。对于正序则还需加上正常运行时的电压。对于短路故障应用式（8-83）计算，断线故障则应用式（8-109）计算。

无论短路或断线故障，任一支路的各序电流均可用式（8-84）计算。

关于将各序分量合成相量的问题，涉及计算处与故障点之间变压器的联结形式，框图中没有说明。

以上介绍的是网络中只有故障的情况，称为简单故障。电力系统中故障还可以是多重的，即不止一处发生故障，称为复杂故障。常见的复杂故障是一处发生不对称短路，而有一处或两处的断路器非完全跳闸。对称分量法应用于分析简单故障的原理也适用于复杂故障。两重故障时可将两个故障端口（如可由短路处短路点和“地”组成一个端口）的电流、电压总共分解为 12 个序分量求解。当然，也可以用复合序网来代表网络方程和边界条件联立求解。这方面的内容本书不再进行详细的叙述。

还有一点必须指出的是，前面所有的不对称故障分析中，均以 a 相作为故障的特殊相。例如单相短路时 a 相接地；两相短路时 b、c 相短路等，这样可以使以 a 相为代表的序分量边界条件比较简单。例如，当 b 接地时，故障处的边界条件为

$$\dot{U}_{fb}=0,\quad \dot{I}_{fb}=\dot{I}_{fc}=0 \tag{8-113}$$

转换为各序量的关系为

$$\begin{cases}a^2\dot{U}_{fa(1)}+a\dot{U}_{fa(2)}+\dot{U}_{fa(0)}=0\\ a^2\dot{I}_{fa(1)}=a\dot{I}_{fa(2)}=\dot{I}_{fa(0)}\end{cases} \tag{8-114}$$

若 c 相接地时，则边界条件为

$$\dot{U}_{fc}=0;\quad \dot{I}_{fb}=\dot{I}_{fa}=0 \tag{8-115}$$

转换为各序量的关系为

$$\begin{cases} a\dot{U}_{fa(1)}+a^2\dot{U}_{fa(2)}+\dot{U}_{fa(0)}=0 \\ a\dot{I}_{fa(1)}=a^2\dot{I}_{fa(2)}=\dot{I}_{fa(0)} \end{cases} \tag{8-116}$$

式（8-114）和式（8-116）与 a 相接地的边界条件式（8-46）在形式上类似，只是正序、负序分量前的系数不同，为 1 或 a 或 a^2。a 相为特殊相时正、负序分量系数均为 1；b 相为特殊相时正序分量系数为 a^2，负序为 a；c 相为特殊相时正好相反。其他类型的不对称故障均有类似的情况。总之，当特殊相不是 a 相时，边界条件中含有算子 a 和 a^2，这会使计算过程复杂。

显然，在简单故障情况下，无论实际故障发生在哪一相，均可假设 a 相为特殊相，因为电压、电流的相对关系是一样的。当系统有两重以上故障时每处故障的特殊相可能不相同，则必然会出现特殊相不是 a 相的情况。

小　　结

本章阐明了以下几方面的问题：

1）在分析不对称故障时，需要用对称分量法将不对称的各相相量分解为对称相量进行计算，本章介绍了对称分量法的基本概念及其在分析不对称故障中的应用；详细讨论了电力系统各元器件的序阻抗，静止的元器件正序阻抗和负序阻抗相等，旋转的元器件一般正序阻抗和负序阻抗是不相等的，零序阻抗和零序电流的通路有关，尤其是变压器还要考虑联接组和铁心结构。

2）简单不对称故障的计算，讨论了正序、负序、零序序网图的形成，给出了故障处三种不对称故障电流、电压的计算方法，并进行了分析讨论和纵横向的比较。在此基础上介绍了正序等效定则和应用运算曲线求故障处正序短路电流的方法。

3）不对称故障时非故障处的电流、电压的计算，需要在各序网中计算电流、电压的分布，然后才能将各序网相应支路电流和节点电压合成。在正序、负序分量经过 Yd 联结的变压器后，相位都发生了变化，与联结组的钟点数有关，而零序分量不能通过 Yd 联结的变压器。

4）非全相运行的分析计算，原则上与不对称短路计算方法相同，但由于求取断口电压比较复杂，可应用叠加原理进行计算。

5）简要介绍了简单不对称故障的计算机算法。

思　考　题

8-1　简述利用对称分量法进行不对称故障分析的基本思路。

8-2　分析为什么变压器的零序阻抗和联接组标号有关？

8-3　比较下列几种情况下输电线路阻抗的大小：

（1）单回输电线零序阻抗 $Z_{(0)}$ 和双回输电线零序阻抗 $Z_{(0)}^{(2)}$；

（2）单回输电线零序阻抗 $Z_{(0)}$ 和有架空地线的单回输电线零序阻抗 $Z_{(0)}^{(w)}$；

（3）单回输电线零序阻抗 $Z_{(0)}$ 和单回输电线正序阻抗 $Z_{(1)}$。

8-4　系统三相短路电流一定大于单相接地短路电流吗？为什么？

8-5　试分析比较各种短路故障时故障点电流、电压变化情况。

习　　题

8-1　已知 A 相电流的相序分量（参数以标幺值表示）为$\dot{I}_{a1}=5$，$\dot{I}_{a2}=-j5$，$\dot{I}_{a0}=-1$。试求 A、B、C 三相电流，并作相量图。

8-2　系统接线如图 8-58 所示，当 f 点发生单相接地短路时，试画出单相零序网络图，并按各元件号码注明各元件的电抗。

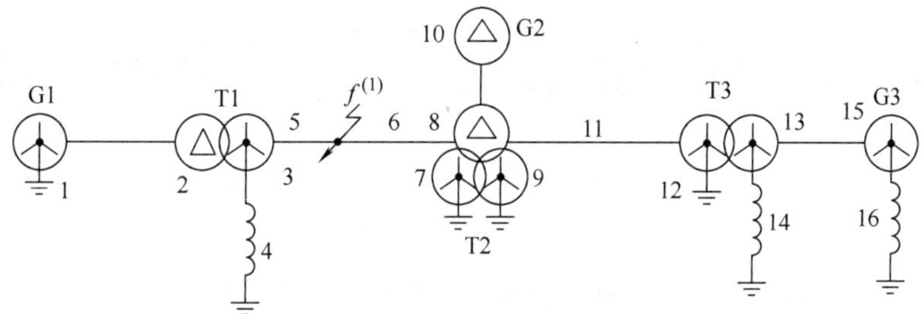

图 8-58　习题 8-2 图

8-3　图 8-59 所示网络中，f 点发生单相跳闸故障，试组成它的零序等效电路。

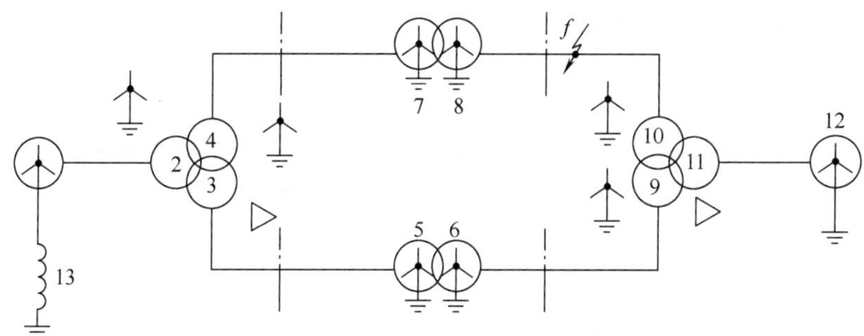

图 8-59　习题 8-3 图

8-4　图 8-60 中 b 点及 f 点分别发生接地短路时，试画出它的零序等效电路。

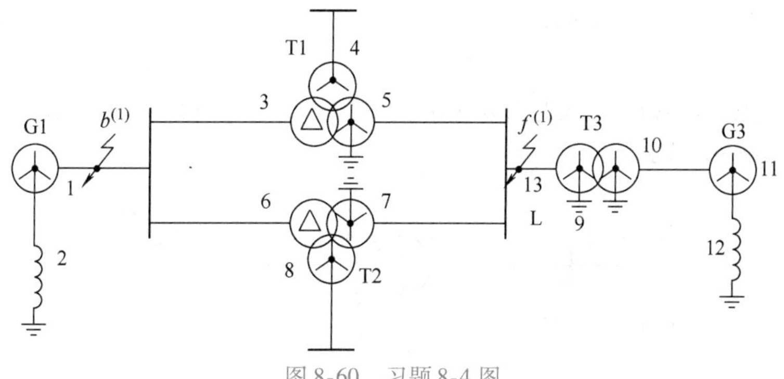

图 8-60　习题 8-4 图

8-5　已知系统接线如图 8-61 所示，双回线中的一条正检修中（为了安全两端都接地）当在 f 点发生不对称接地故障时，试制定该系统的零序等值网络图。

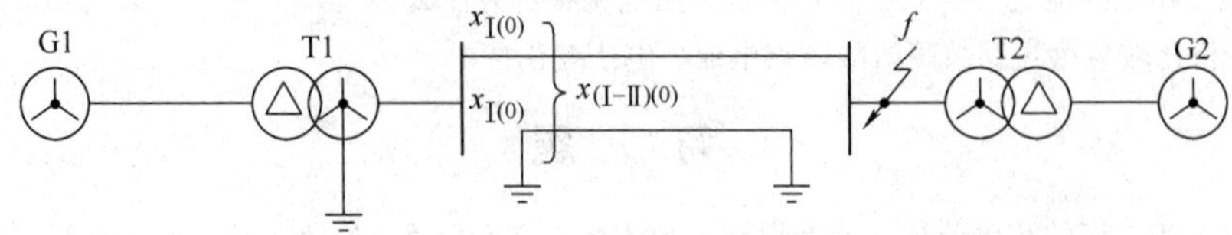

图 8-61　习题 8-5 图

8-6　已知系统接线如图 8-62 所示，各元件的序电抗均已知，当 f 点发生不对称接地短路时，试制定正序、负序、零序网络（变压器铁心为三相三柱式）。

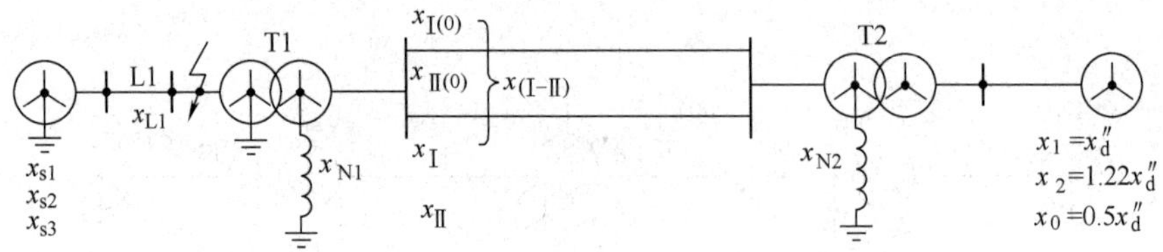

图 8-62　习题 8-6 图

8-7　图 8-63 所示系统中 f 点发生单相接地故障，试组成复合序网，图中发电机中性点经 x_{pg} 接地。

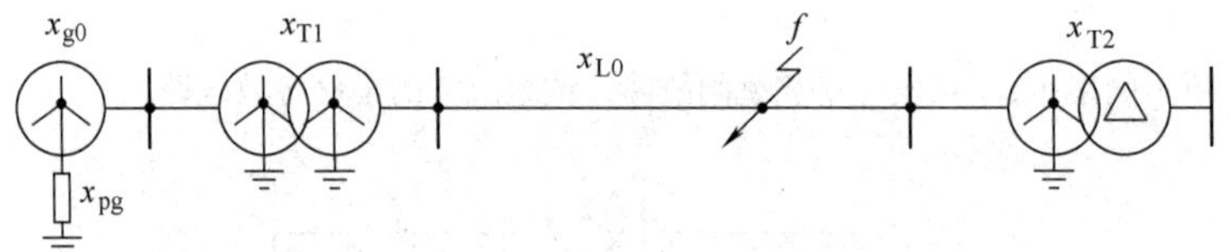

图 8-63　习题 8-7 图

8-8　设 A、B 发电机暂态电动势 $E'=1.0$，当在 f 点分别发生（1）单相接地短路；（2）两相接地短路；（3）两相短路时，试计算故障处的 A、B、C 三相电流（图 8-64 中，各元件参数均为归算到统一基准值后的标幺值）。

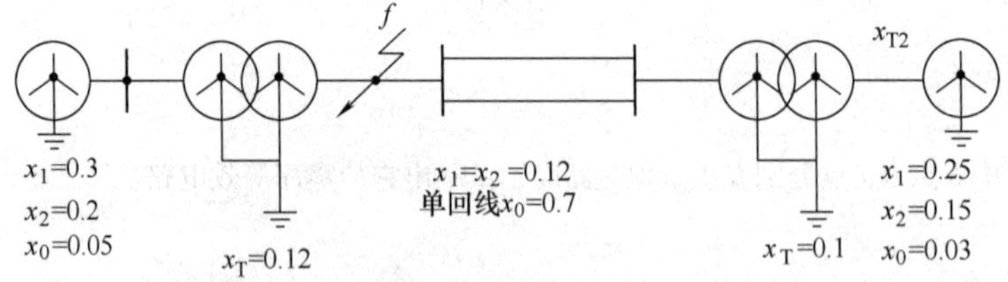

图 8-64　习题 8-8 图

8-9　系统接线如图 8-65 所示，变压器采用 Y0d11 联结，各元件标幺值参数标于图中，当高压母线上 f 点发生两相接地短路时，试求：

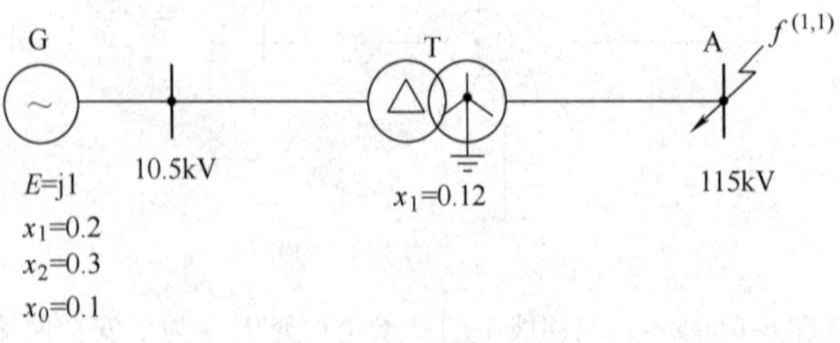

图 8-65　习题 8-9 图

（1）计算短路点 f 处 A 相的电流电压相序分量；

（2）计算变压器低压侧各相短路电流和电压值，并作其相量图。

8-10　图 8-66 所示系统中，f 点发生两相短路接地，求变压器中性点接地电抗为（1）$x_p=0$；（2）$x_p=46\Omega$，这两种情况下故障点（$t=0$）的各序电流以及在各相中分布。试考虑：x_p 通过正序、负序电流吗？x_p 的大小对正序、负序电流有影响吗？

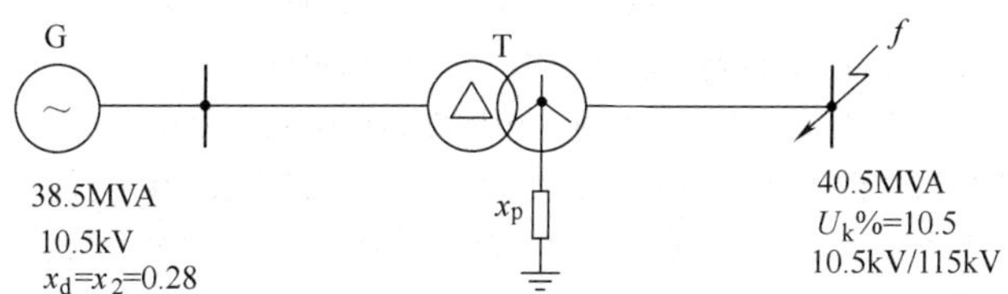

图 8-66　习题 8-10 图

8-11　如图 8-67 所示系统，电抗为归算到统一基准值下的标幺值（$S_B=100\text{MVA}$，$U_B=$平均额定电压），用正序等效定则计算以下各种情况短路时，短路点的 A 相正序电流有名值。（1）三相短路；（2）A 相接地短路；（3）BC 相接地短路；（4）两相短路。

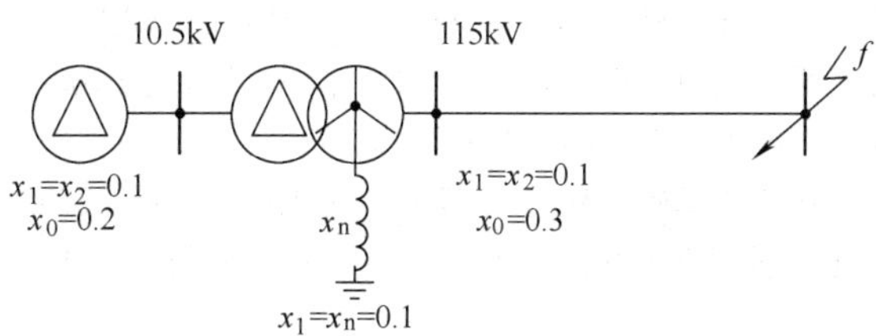

图 8-67　习题 8-11 图

参考文献

[1] 西安交通大学，等．电力系统计算［M］．北京：水利电力出版社，1978.

[2] 杨以涵．电力系统基础［M］．北京：中国电力出版社，2003.

[3] 王锡凡．现代电力系统分析［M］．北京：科学出版社，2003.

[4] 韩祯祥．电力系统分析［M］．杭州：浙江大学出版社，2005.

[5] 陈珩．电力系统稳态分析［M］.3 版．北京：中国电力出版社，2007.

[6] 李光琦．电力系统暂态分析［M］.3 版．北京：中国电力出版社，2007.

[7] 何仰赞，温增银．电力系统分析：上册，下册［M］.3 版．武汉：华中科技大学出版社，2002.

[8] 刘天琪，邱晓燕．电力系统分析理论［M］．北京：科学出版社，2005.

[9] 周荣光．电力系统故障分析［M］．北京：清华大学出版社，1988.

[10] 杨淑英．电力系统概论［M］．北京：中国电力出版社，2003.

[11] 杨淑英．电力系统分析同步训练［M］．北京：中国电力出版社，2004.

[12] 杨淑英，邹永海．电力系统分析复习指导与习题精解［M］.2 版．北京：中国电力出版社，2009.

[13] 徐政．电力系统分析学习指导［M］．北京：机械工业出版社，2003.

[14] 吴希再，熊信银，张国强．电力工程［M］．武汉：华中科技大学出版社，2003.

[15] 鞠平．电力工程［M］．北京：机械工业出版社，2009.

[16] 韩学山，张文．电力系统工程基础［M］．北京：机械工业出版社，2008.

[17] 刘天琪．现代电力系统分析理论与方法［M］．北京：中国电力出版社，2007.